城市建筑环境设计指南
——综合方法

城市建筑环境设计指南
——综合方法

[英] 曼特·桑塔莫瑞斯 编

任 浩 译

中国建筑工业出版社

著作权合同登记图字：01-2007-2482号

图书在版编目（CIP）数据

城市建筑环境设计指南——综合方法 /（英）桑塔莫瑞斯编；任浩译. —北京：中国建筑工业出版社，2014.10
ISBN 978-7-112-16897-2

Ⅰ.①城… Ⅱ.①桑… ②任… Ⅲ.①建筑设计—环境设计—指南 Ⅳ.①TU-856

中国版本图书馆CIP数据核字（2014）第104852号

本书由英国EARTHSCAN出版社授权翻译出版。

责任编辑：戚琳琳　程素荣　张鹏伟
责任设计：董建平
责任校对：陈晶晶　张　颖

城市建筑环境设计指南
——综合方法

[英] 曼特·桑塔莫瑞斯　编
任　浩　译
*
中国建筑工业出版社出版、发行（北京西郊百万庄）
各地新华书店、建筑书店经销
华鲁印联（北京）科贸有限公司制版
北京建筑工业印刷厂印刷
*
开本：850×1168毫米　1/16　印张：18³/₄　字数：566千字
2015年3月第一版　2015年3月第一次印刷
定价：68.00元
ISBN　978-7-112-16897-2
　　　（25687）

目录

作者名单

斯皮罗斯·阿莫及斯（Spyros Amourgis）是希腊远程教育大学（Hellenic Open University）（EAP）的副校长，EAP生物气候建筑教授，加州州立理工大学波莫那分校（CSPU，California State Polytechnic University，Pomona）名誉教授，环境设计学院（College of Environmental Design，CSPU）前任系主任，美国建筑学院学会（ACSA，Collegiate Schools of Architecture）理事会前任秘书长。他曾在伦敦建筑联盟学院（AA）教授设计，在洛桑联邦理工学院（EPF Lausanne）任客座教授，还在巴尔的摩的约翰·霍普金斯大学（The Johns Hopkins University, Baltimore）都市规划研究中心（Center of Metropolitan Planning and Research）担任高级研究员。

西里尔·阿尔卡（Ciril Arkar）是斯洛文尼亚卢布尔雅那大学（University of Ljubljana, Slovenia）健康中心学院（University College of Health Care）及机械工程与建筑系（Faculties of Mechanical Engineering and Architecture）的助教。他的研究领域是可再生资源，以及建筑的热传递和物质传递。他参与了国际项目CEC JOULE II, OPET and SAVE和国家项目的研究。

马克·布莱克（Marc Blake）是加利福尼亚和希腊的注册建筑师。最近刚刚成为以度假酒店和工业建筑设计见长的雅典AMK建筑设计事务所的合伙人。他在加州州立理工大学波莫那分校完成了大学课程，并曾前往意大利的佛罗伦萨和希腊雅典进行了为期一年的学习。他在一年一度的巴黎杯竞赛（Paris Prize Competition）中获第二名，并在UCLA获得建筑学硕士学位，期间在城市创新小组（Urban Innovations Group）和Panos Kouolermos建筑师事务所工作。毕业后，他来到希腊雅典，先后在OTOME和AMK工作。他还曾教授雅典CSPUP暑期培训。

埃万杰洛斯·埃万杰利诺斯（Evangelos Evangelinos）是雅典国家技术大学（NTUA，National Technical University of Athens）的教授。他本科毕业于NTUA的建筑工程系，在伦敦建筑联盟学院获能源研究硕士学位。近来主要从事建筑技术和设计、建筑构造、生物气候学和可持续建筑方面的教学。他作为研究者和主要研究负责人参与了大量可持续和生物气候建筑的项目，同时还为希腊远程教育大学撰写了一系列有关可持续设计和生物气候建筑方面的文章。

瓦西李奥斯·格罗斯（Vassilios Geros）是雅典大学（NKUA，National and Kapodistrian University of Athens）的助理研究员。他拥有物理学学位（雅典大学，希腊），建筑设计方法DEA（UNTPE-INSA de lyon, Université de Chambéry，法国）以及夜间通风技术热学性能方面的博士学位（INSA de Lyon，法国）。他参与了若干关于建筑能源设计、建筑自动控制和建筑规范方面的研究和项目。他还参与了能源与环境设计以及建筑认证方面的继续教育材料和软件工具的编制工作。

塞缪尔·哈西德（Samuel Hassid）从1990年开始担任位于海法的以色列工程技术学院（Technion, Israel Institute of Technology）环境工程系（Civil and Environmental Engineering Department of Technion）的副教授一职。他拥有伦敦大学玛丽皇后学院（Queen Mary College of the University of London）核工程学士和硕士学位和Technion的博士学位。近来主要教授建筑气候学、热传递和计算流体力学。他曾参与一系列以色列的被动太阳能建筑和建筑能源研究项目，以及能源塔项目（Energy Towers Project）。

斯塔瓦若拉·卡拉塔索（Stavroula Karatasou）是一位物理学家。她毕业于雅典大学物理系，获环境物理硕士学位，近期成为雅典大学建筑环境研究小组的助理研究员，参与大量国家级和欧洲的研究项目，以及节能、建筑可再生能源综合、室内空气质量、热舒适性和被动供冷方面的应用项目。

萨索·梅德韦德（Sašo Medved）是卢布尔雅那大学副教授。其主要研究领域是建筑的热传递和物质传递、可再生能源、建筑计算机模拟以及建筑设备系统。他是机械工程系（Faculty of Mechanical Engineering）供热、卫生和太阳能技术实验室（Laboratory for Heating, Sanitary and Solar Technology）可再生能源部门（Department of Renewable Energy Sources）的负责人，曾撰写5本著作，超过30篇科学和研究文章，编制若干软件和多媒体工具。

达娜·雷丹（Dana Raydan）是一位实践建筑师，是RMJM公司多种学科的高级专家，负责投资达百万英镑的诺维奇的东英格兰大学护理和助产学校项目（于2005年12月建成）。她是英国和黎巴嫩的注册建筑师，在1998年迁往英国前她曾在黎巴嫩工作。她在1994年成为马丁建筑与城市研究中心城市设计专业的博士候选人，1998年成为马丁中心欧盟资助项目（科恩·斯蒂莫斯负责）的研究员，研究可再生能源应用于城市环境方面的可能性。她在2005年黎巴嫩召开的被动和低能耗建筑（PLEA, Passive and Low Energy Architecture）第22届国际系列会议担任委员会的代表，协助主办大学进行会议的组织工作。达娜曾在国际论坛学报（《REBUILD 1999》，《PLEA 2000》和《PLEA 2005》）以及《环境和建筑》（2003年1月第31卷第1期）等刊物上发表了大量关于环境建筑和设计的论文，并撰写了《庭院住宅：过去，现在和未来》（2006年）中的一章。她同时还是《PLEA 2005会议学报》的编辑。

曼特·桑塔莫瑞斯（Mat Santamouris）是雅典大学能源物理专业的副教授。他是《太阳能学报》（Solar Energy Journal）的副主编（associate editor），以及《太阳能国际学报》（International Journal of Solar Energy）、《能源与建筑学报》（Journal of Energy and Buildings）和《通风学报》（Journal of Ventilation）的编委会成员。他为伦敦的James and James出版社（科学类出版机构）和Earthscan出版社编辑了一系列有关建筑、能源和太阳能技术的书籍。他曾完成9本关于建筑太阳能和节能问题的国际书籍，还作为客座编辑参与了6本各类科学刊物的专刊编辑。他与众多国际研究项目合作，撰写了近120篇发表于国际科学刊物的论文，目前是伦敦城市大学（Metropolitan University of London）的客座教授。

科恩·斯蒂莫斯（Koen Steemers）在2002年被任命为马丁建筑与城市研究中心主任（该中心由莱斯利·马丁爵士和莱昂内尔·马奇于1967年成立，是剑桥大学建筑系出资的研究分支）。他领导的团队承接了来自欧洲、澳大利亚、中国和美国的环境建筑研究项目。他写作发表的出版物超过100项，其中包括《建筑环境多样性》（Environmental Diversity in Architecture, 2004）、《选择环境》（The Selective Environment, 2002）、《建筑采光设计》（Daylight Design of Buildings, 2002）和《建筑中的能源和环境》（Energy and Environment in Architecture, 2000）。他组织协调由研究人员和博士组成的团队，并指导建筑学环境设计方面的博士课程。斯蒂莫斯同时还是注册建筑师（在英国、德国和荷兰等地开展实践工作）、环境设计咨询专家（CAR Ltd主管）、PLEA主席（超过2000名与会者的国际论坛）、剑桥大学沃弗森学院委员会成员以及中国重庆大学（Chongqing Unversity）和丹麦奥尔堡大学（Aalborg University）的客座教授。

埃利亚斯·扎哈罗普洛斯（Elias Zacharopoulos）是一名建筑师，同时也是NTUA的副教授。他曾在NTUA（建筑工程专业）和布里斯托大学（University of Bristol）（获建筑先进功能设计技术领域硕士学位）学习。目前教授建筑技术和设计、建筑构造和生态气候建筑课程。

第1章

城市环境设计

达娜·雷丹、科恩·斯蒂莫斯

本章范围

本章从大背景出发讨论城市环境设计的问题，概述已有的相关知识、研究和经验。重点讨论在较为广义的城市范围中一些相关的乡土或传统实例；近年城市设计实践的经验和问题；以及对于近期城市环境问题科技和社会方面的评价。

学习目标

当你完成本章的学习后，你会：
• 了解城市建筑节能设计的历史、技术和社会背景；
• 开始了解这项工作相关的广阔领域。

关键词

关键词包括：
• 乡土城市规划；
• 城市小气候；
• 城市能源；
• 城市设计实践。

序言：当今城市环境情况

很多研究关注于城市环境问题的来源和它们对全球环境衰退的影响。本文则意不在此，而是要为本书提供一个概括的背景和介绍，确立它的来龙去脉，并对针对城市建设项目的环境和能源研究进行评价。

本文内容涉及广泛，在这一引言后，首先对乡土城市规划进行了总体概括，接着介绍了一系列近来出现的与城市气候学、能源利用、能源再生和环境保护相结合的建筑形式。最后一部分则结合节能城市设计的背景，提出与城市规划有关的，如怡人、公平和美观等方面的问题。

据曾有过的估计，在20世纪80年代全球约有共100万km^2的土地为城市所占据（占全球土地总面积的0.2%），并以每年近2万km^2的速度递增（每年增长0.004%）[欧克（Oke），1988]。根据1991年的统计数据，全世界有45%的人口居住在城市，并以每年3%的速度递增[沙迪克（Sadik），1991]。布朗特兰报告（Brundtland Report）曾预计，在2000年，世界上将有接近一半的人口生活在城市聚居区[世界环境及发展委员会（WCED），1987]，而在20世纪初，则只有10%的人口居住在城镇当中[联合国人类居住中心（UNCHS），1996]。

因此，持续增长的城市人口和土地消耗导致了对照明、供暖、供冷、运输等的高需求都集聚于城市之中。最新的统计数据显示，75%的污染来源于城市环境——其中约45%来自建筑物，30%来自交通（Rogers，1995）。特别是运输，占二氧化碳排放量的20%，而二氧化碳则是导致全球变暖的主要因素（见图1.1）[H·巴顿（H. Barton），布雷赫尼（Breheny）编，1992]。

工业革命使得城市化进程加速，而健康，作为个人环境和生活条件导致的结果，最早在19世纪初就通过科学而现代的方式得到医学上的关注[（戴维斯（Davies）、凯利（Kelly），1993）]。

对于我们城市周边环境和健康状况衰退的现状，约翰·T·莱尔（John T. Lyle，1993）的总结更为充分：

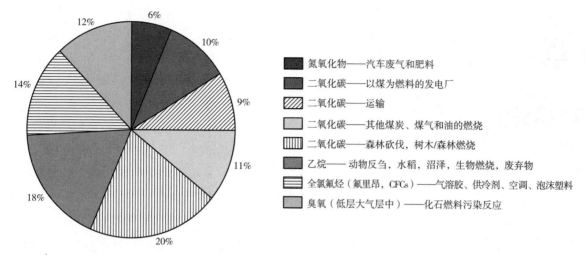

来源：巴顿，布雷赫尼编，1992年

图1.1　各种温室气体对温室效应的影响

工业时代的城市通过大量使用化石燃料的方式，有意地用机器设备取代自然的措施。他们不去利用洒落在街道和建筑物上的太阳能，将其视为无用的热量。与此同时，他们又引入大量各种类型的，其中大部分来自于从地下深处开采出来的石油……因此，无法避免的消耗和污染问题就成为我们以这种方式改造城市环境的副产品。

增长中的城市可持续需求

化石燃料成本的增长，环境危害产生的健康问题，不可再生资源的消耗，以及由此导致的污染和可再生资源的需求，这些都使得城市的可持续化成为全球环境议程中一项必要的任务。

城市可持续化这一目标的现实性究竟如何？欧文斯（Owens）提出可持续的城市发展是有些自相矛盾的提法，因为城市地区的存在需要更大范围的环境所提供的资源来维系（S·欧文斯，布雷赫尼编，1992）。其他学者则认为城市作为一个空间实体，其自身就是可持续性的体现［引自A·吉莱斯皮（A. Gillespie），布雷赫尼编，1992］。

为了便于交流，人们来到了城市。远距离通信时间的减少和新通信技术所具有的时间跨度相结合，在时间和空间上瓦解了向心性的城市，某种程度上产生了"没有城的城市文明"。

乡土城市规划：来自过去的经验？

如今，由于对更为清晰的结构、更为和谐的景观和更为和谐的社区的需求越来越迫切，我们重新在规划/设计过程中采用贯穿关注环境因素意识的设计方法。这种方法——作为以往设计者的本能——总是一再被遗忘，又一再被重新发现［西蒙兹（Simmonds），1994］。

许多学者都认为乡土聚落具有较高的气候适应方面的能力，并且进行了高度评价。例如，莫里斯（Morris，1994）比较了庭院平面在干热气候的流行和罗马统治者试图在北方较凉爽地区的城市规划中推广这种形式所受到的抵制。可以确信，由于在天气温和的北部地区缺少气候压力，房子就没有必要聚集在一起，并且形成一个内向型的庭院以抵御恶劣天气。常见的住宅类型更为外向，而且经常是独立的（莫里斯，1994）。

如今的城市正在不知不觉中努力向"乡土城市生活"回归。采取的方法通常是选择"显而易见"的最低资源密集型（resource-intensive）的方式（如聚居区的位置靠近交通路线——运河和河流等——以及城市规划的气候适应原则）。这方面的乡土聚落的例子包括纳瓦霍和安那萨西村庄等美国土著印第安人聚落［格兰尼（Golany），1983］，还有中东地区通过密集规划以抵御干热气候恶劣条件的聚落（Rudofsky,1964），如乌尔（Ur）、欧伦托斯（Olynthus）和科尔多瓦（Cordoba）等地的村落（1994）（英里斯，1994）。

今天的城市是对过往的传承

我们现在居住的城市大多是从最初的核心开始发展，并经历了数世纪文明的交叠而逐渐形成的。因此，回顾我们城市的起源有助于了解现在城市设计中的问题。

人类文明最初的城市往往采用普遍的物质形态，如网格，笔直的街道，主要建筑朝向太阳运行轨迹，还有围成一圈的堡垒。等级、占卜和星象也都作为规划的概念出现在古埃及、中国和尼日尔的城市当中。古埃及的社会等级就体现在坟墓群中，法老的金字塔位于其中心，周围围绕着高级官员的坟墓，而不太重要的坟墓则分布在外围（见图1.2）[芒福汀（Moughtin），1996]。

中国的城市环境布局，遵循着复杂的吉凶理论（风水）（芒福汀，1996）。而尼日尔前伊斯兰教时期的古代城市是通过星象来组织的。文艺复兴城市通过数学规则和统一来表现权力。巴洛克城市的规划则运用相交的轴线和向宗教建筑开放的景观展现了教会的权力。这一原则也同样被其他作为权力象征的城市所采用[如朗方（L'Enfant）规划的华盛顿和奥斯曼（Hausmann）规划的巴黎]。现代城市用高楼——尤其是金融和商业机构——作为城市地标，通过它的尺度来控制整个城市。自远古以来，政治、宗教和其他特定利益都曾在城市中得到体现，而且经常是显著的（见图1.3）（莫里斯，1994）。

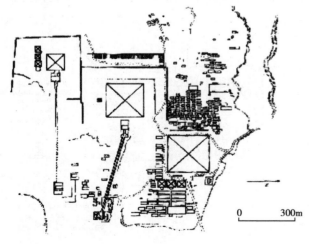

来源：芒福汀，1996年

图1.2 埃及吉萨死城

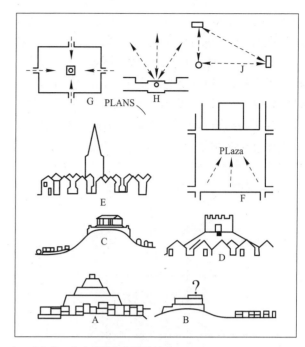

注：以上是一些古老城市的图解剖面。

A. 闪族城市及其金字塔（ziggurat）

B. 哈拉帕城市和西侧的堡垒

C. 古希腊城市及其卫城中的神庙

D. 11世纪英格兰的诺曼底人城堡，控制着撒克逊人的城镇

E. 欧洲中世纪村庄的教堂

F. 拉美城市的教堂

G. 皇家广场的雕像

H. 法国凡尔赛君主式的宏伟（aggrandizement）

J. 华盛顿特区民主式的宏伟

来源：莫里斯，1994年

图1.3 古老城市的剖面

今天的可持续城市：来自过往的教训

在一个可持续性成为首要条件的时代，芒福汀（1996）认为可持续城市需要新的象征性，既有益于人类，也有益于环境。

多种学术理论都试图解释历史上的城市形态。林奇（Lynch，1960）将这些努力分为三种主要类型：

• 一种是神化的理解，试图把城市与宇宙以及自然界相联系。

• 第二是将城市当作机器。这种观点存在于较早的文明中。而现代的例子则是勒·柯布西耶的"现代城市"（Cité Radieuse）（见图1.4）和加尼

埃（Garnier）的"工业城市"（Cité Industrielle）
（见图1.5）。在古代，作为机器的城市也出现在
法老时代埃及的工人村落（见图1.6），希腊的城
市（见图1.8）和罗马的要塞（见图1.7）中（芒福
汀，1996）。这种机器模式重视城市形态的各个部
分，甚过将城市作为一个整体。因此，这种对城市
的类比对于必须是全盘考虑的可持续城市来说并不
理想。

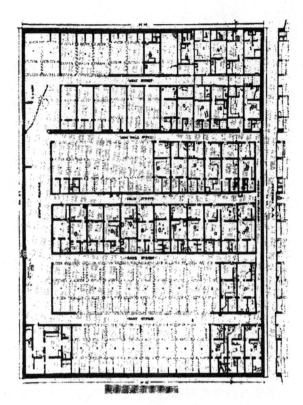

来源：芒福汀，1996年

图1.6　法老时代埃及由规则的网格组成的工人村落

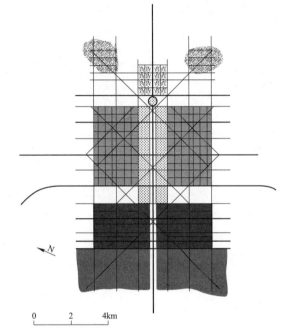

来源：芒福汀，1996年

图1.4　勒·柯布西耶的"现代城市"

• 第三种是将城市类比为由细胞组成的有机
体，城市被看作"大多数都按照可持续的特性发
展"（芒福汀，1996）。以往采用这种模式的
聚落，尽管"经过设计和规划，但其建造是尊重
环境而非驾驭环境的"。有机规划的原则是"城
市由多个社区组成，每个社区都是自给自足的单
元，强调协作而非竞争"（见图1.9）（芒福汀，
1996）。

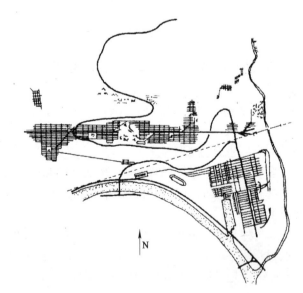

来源：芒福汀，1996年

图1.5　加尼埃的"工业城市"

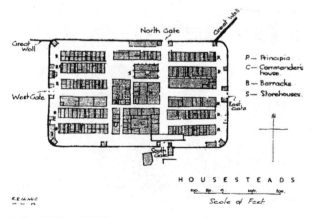

来源：芒福汀，1996年

图1.7　罗马要塞平面

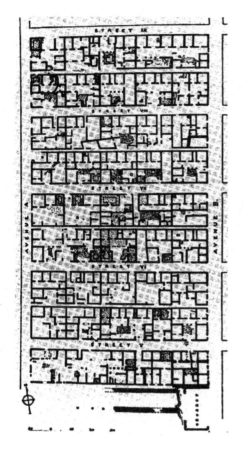

来源：芒福汀，1996年

图1.8 希腊城市平面

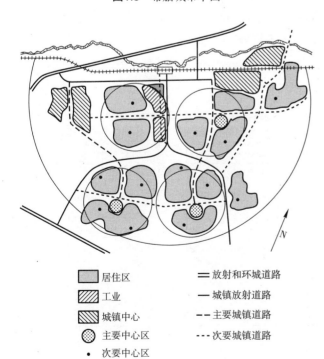

居住区 ▢
工业 ▨
城镇中心 ▧
主要中心区 ◎
次要中心区 •

放射和环城道路 ═
城镇放射道路 ━
主要城镇道路 ╌
次要城镇道路 ┄

来源：芒福汀，1996年

图1.9 哈罗新城，有机规划原则图解

根据亚历山大［亚历山大（Alexander）等人，1987］的解释，"有机理论"最重要的目标"是城市作为自然界—部分的整体观念"，其过程和形式都是：

……最初时，模式是种子……在可持续城市中，模式来自于设计中采用的原则和各部分之间的联系……有机城市的结构是非几何性的：道路沿着弯曲的路径延伸……尽管如此，有机城市的限制并不在于，它们并不像它们的有机自然组成部分那样，能够自我生产和自我修复，其改变的主要因素来自于人（亚历山大等人，1987）。

当代对于乡土城市规划模式有意识的吸收

因此，当代城市的设计和规划开始有意识地吸收乡土城市规划的理念。例如在芬兰，建筑各自独立，基础设施管线也分散设置的功能主义时代过去以后，院落型的住宅又再次出现。乡土建筑那种南向的院落规划的复活有其充足的理由。除了能够在建筑的夹角处形成温暖而"聚集热量"的阳光角（sun pocket）之外，这样的形式还能抵挡寒风以及街道的污染（交通、噪声、灰土和颗粒物等），并且能够充分利用建筑用地。在挪威、瑞典、瑞士等地都能找到［门蒂（Mänty），1988］。在如此极端恶劣气候的城市环境中，院落建筑的形态需要精心设计，为了让阳光射入院落空间，南侧的建筑要比其他各边的矮。采用特定的院落比例能够确保这种保护效果（门蒂，1988）。此外，院落在形成有益于儿童，带有保护性的室外空间方面起到了重要作用，大人可以在周边的房子里观察到整个院子（门蒂，1988）。

在干热气候下，狭长的院子限制了阳光的射入，避免扬尘的进入，担负着抵御攻击的作用（莫里斯，1994）。在一些古代城市中可以发现这一方式的延伸，这些城市高耸的城墙满足了两方面的需求：抵抗外敌和风沙，增加建筑密度[产生狭窄的有遮蔽的小巷；拉哈明（Rahamimoff）、柏恩斯坦（Bornstein），1982]。下面一段引自法帝（Fathy）对狭窄、有机的街道模式的描述（法帝，1973）：

体验到沙漠地区的恶劣气候，人们自然就会用狭窄和朝向恰当的街道来获取荫凉，用蜿蜒曲折而又封闭的街巷来避免酷热的沙漠风。

对于和建筑形态相关的城市气候学的实践研究

欧克开创并实现的实质性工作，将城市形态及其环境性能联系起来，并特别关注于街道尺度和建筑密度（欧克，1988）。此项研究类似于PRECis项目（欧盟发起的评价城市可再生能源潜力的研究项目），但更为理论化，范围更窄[斯帝摩尔（Steemers），2000]，主要研究各种情况导致的后果和影响。尽管欧克将他的研究控制于概括地、独立地去解决各自独立的问题，但最终往往演变为各种问题的冲突。例如，在中高纬度气候（寒冷）条件下：

• 高密度紧凑的城市形态，能够避免强风的袭击，但缺乏开放性、独立性和低密度，不利于污染的消散。

• 紧凑能够获得温暖，但是与接受阳光照射需要的开放性相矛盾。

因此，根据朝向和主导风向（也就是气候条件）等具体情况，与城市形态相结合的形式可能更为适用。例如，南北向的城市街谷（urban canyon）不需要像东西向的街道那样，让阳光照射到立面的全部，因为在日出和日落的时候太阳的高度角本来就很低；但需要考虑到主导风向对于驱散污染的作用。在设计城市中作出的选择，是对各种目标的混合体的满足；但并不能满足全部，有时甚至是有所矛盾的，因此需要对各种目标的优先性进行判断。为了获得满意的设计结果，需要界定相关的各种气候参数的折中程度，形成一个"兼容区间"（即获得一个"足够好"的解决方法，而不是试图找到一个不可能的"最恰当"的方法（欧克，1988）。

这些观察是对不同城市形态的环境性能的观察的一部分，是最基本的，但也是最重要的。更新更科学的论证工作，已经在城市语境下的全球能源会议框架中启动［1998、1999和2000年被动和低能耗建筑（PLEA）会议，详见www.plea~arch.org］。

能源消耗与城市空间结构

城市环境消耗了大量的化石燃料。在发达国家，比如说英国，建筑占据了化石燃料消耗总量的50%（见图1.10），而运输消耗占据了输出能源的21.2%（见表1.1）。

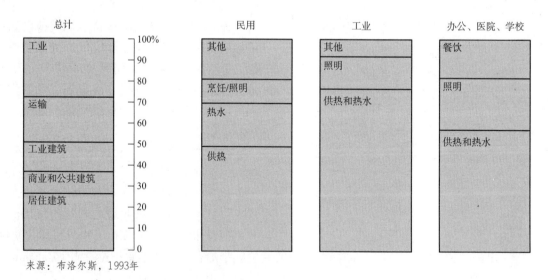

来源：布洛尔斯，1993年

图1.10　英国能源使用分类

英国输出能源的最终用途类型比例

表1.1

最终用途	占输出能源的比例（%）
低温热（<80℃）	34.8
高温热（>80℃）	25.0
电力	4.1
运输	21.2
非能源使用	11.0

来源：欧文斯，1986年

本节探讨能源使用与城市空间结构的联系，侧重于城市形态和与运输相关的城市设计构造，并在这一节的最后，将会有一个简单的列表，推荐经过各种研究有助于形成理想的节能城市形态的措施。

与运输相关的能源使用与城市空间结构

运输是城市环境问题的一个主要来源；除了会加重能源消耗的紧张，它也会导致空气污染、噪声和交通拥堵。因此，解决日益严重的与运输相关的问题是减少城市环境侵害的有效步骤。沃伦（Warren）指出，即使在交通工具设计中运用了改进技术（例如轻便、超强、非燃料消耗或较少燃料消耗、小型化），虽然有可能降低空气污染，但仍然会存在交通拥堵、停车面积增加和其他方面的问题（沃伦，1998）。一些学者，如欧文斯（1986）已对于运输导致的能源密集（energy-intensive）城市现象开展了广泛的研究，他尤其关注于运输与城市能源消耗之间的城市空间关系。班尼斯特（Banister）调查了运输在资源消耗中所起的作用，试图证明运输路线长度、交通工具占有量和居住区类型之类的因素使得城市形态对于能源使用产生影响（班尼斯特，布雷赫尼编，1992）。

运输方面的节能可以通过空间的（表现城市形态和基础设施）和非空间的（改换更为节能的汽车）两种选择来实现。由运输造成的环境问题以及对健康和幸福的影响，增加了建筑的能源消耗，而其产生的原因是日益增长的对封闭室内环境的需求，即人工照明和空调装置的使用。减轻大气和噪声污染也因此成为一柄双刃剑，既可以提供更为健康的城市室外环境，也因此减少对于

人工的，即能源密集型的室内舒适措施的依赖。欧文斯认为，能源短缺所导致的运输能源市场对空间结构的影响或产生的变化，其程度仍未可知（欧文斯，1986）。

运输造成的环境问题所产生的能源使用[1]

削弱交通噪声，是一项需要专门考虑到包括道路交通噪声、人的反应、建筑特征和城市形态等各种因素之间关系的学科交叉措施［基尔曼（Kihlman）、克洛普（Kropp），1998］。运用城市形态削弱交通噪声是一个人们较少涉及的研究领域。第16届国际声学大会（1998）提出了对此类研究的需求，建议将建筑物作为声音屏障，遮挡噪声以形成安静的区域。他们提出这样可以在减少噪声方面获得双方面的收益，使住宅一面朝向喧闹，而另一面则拥有宁静。

了解交通噪声的传播和变换是如何被若干环境和物理因素所影响是非常重要的。声音会因距离增长，地面与声波的相互作用，靠近地面的遮挡物产生的屏蔽——噪声过滤装置和屏障，如植被和建筑物而自然地减弱，而在远距离传播中，还会受到天气条件的影响。在城市环境中，初步减小交通噪声应该采用下列可能的削弱措施。

距离和地面的作用

距离增加一倍，交通噪声的强度会减少3 dB（A）［伊根（Egan），1988］[2]。地面的作用包括对声音的吸收和地表声阻两方面（艾丁勃格（Attenborough），1998）。不同地表的吸声特点差异很大，在声学上可以分为硬性（即密实：反射声）和软性（即多孔：吸收声）。

屏障的作用

屏障打断了从声源到接收者之间的传播路线，降低了声级，声音的频率和遮蔽物的几何形状都会对遮蔽程度产生影响（亚历山大等人，1975）。

植被的作用

一个至少30m宽的布满树木的停车场，可以将频率为125~8000Hz的声音减弱7~11 dB，但不会减弱低频的交通噪声（伊根，1988）。植物的高度和长度将进一步决定减弱的程度。

街谷效应（canyon effect）：反射和散射

交通噪声传播中的街道效应是由建筑的立面产生的，各种声音在城市街谷的两侧之间进行反射和散射［吴（Wu）等人，1995］。通常，根据入射声波频率和入射角的不同，被街谷吸收的声能占入射声能的0%~35%（吴等人，1995）。

大气条件的作用

大气条件包括垂直温度和风的角度。声音的传播和速度随着地面的高度而变化，是因为角度会导致声波被折射（向上或者下）［白瑞纳克（Beranek）等人，1982］。通常，声源的逆风方向会出现一个阴影区，而顺风方向没有阴影区，顺风的声音会被向下折射（伊根，1988）。温度变化对于声音传播的影响在于，如果地面附近的空气温暖，就会将声音向上反射，相反，如果空气寒冷，声音就会向下反射（伊根，1988）。

城市空间结构与出行相关的能源需求

人们对于能源短缺的中短期反应是有意识地减少能源消耗，对空间结构的影响较小。而在长期决策方面，尽管没有确凿的证据存在，人们已经开始为了减少出行需求，显著改变城市的布置方式，也必将影响到城市的空间结构（欧文斯，1986）。

如果不多加考虑，会认为适应能源短缺的结果就是城市的再次中心化（re-centralization）（如预料中的忽略社会因素并且过分简单考虑问题的模式）。而实际上，城市的能源短缺并没有形成中心化或是郊区化（suburbanization，"郊区中心自治，但仍与大城市中心保持联系"），而是成为逆城市化（counter-urbanization，"整个大城市区域的人口减少，而独立的小城镇则在扩大＝彻底分离"）。后一种变化显示了"向范围较小的社区回归"，相对于郊区化，这是更为节能的模式（见图1.11）（欧文斯，1986）。

已有许多调查通过假设城市形态，而研究空间结构和出行/运输能源需求的关系（欧文斯，1986）。在英国针对出行需求和城市规模的关系所进行的预备性研究发现，除伦敦之外，城市规模的减小，将会伴随着出行需求的增长（见图1.12）（根据上班通勤数据的分析）。但在美国情况则恰恰相反（欧文斯，1986）。纽曼（Newman）和肯沃斯（Kenworthy）（1989）则断定城市规模和汽油消耗之间几乎没有联系。

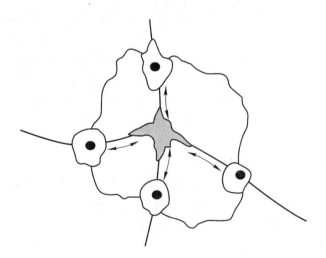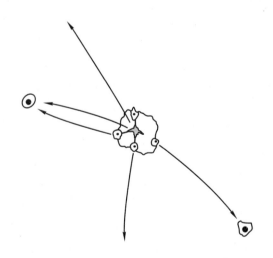

注：郊区化是指郊区中心具有一定的独立性，但仍与大都市中心保持相对联系——被认为是能源密集的。逆城市化是指减少来自大都市地区的人和工作，而独立性增强的城镇——被认为是节约能源的。

来源：欧文斯，1986年

图1.11　郊区化（左）和逆城市化（右）

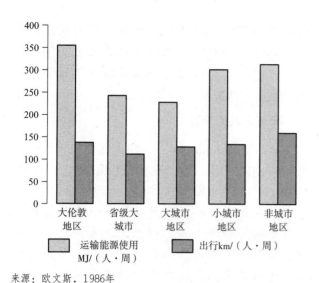

来源：欧文斯，1986年

图1.12　英国不同地区的出行和运输能源应用

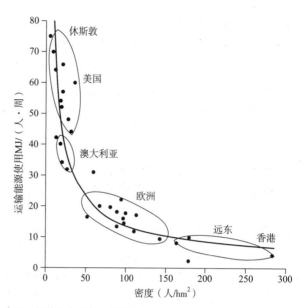

来源：纽曼和肯沃斯，1989年

图1.13　城市密度与每年人均汽油使用量的关系

欧文斯认为"出行需求和运输能源消耗更依赖于根据运输网络确定的聚居区整体'形态'，而非由城市密度和活动分布所决定的内部布局和对活动的物理分隔（physical separation）"（欧文斯，1986）。班尼斯特也发现出行的能源需求是由土地使用的密度和强度决定的（班尼斯特，布雷赫尼，1992）。

对于密度，不少实际的和理论的研究都提出，城市密度和运输能耗是呈反比的，其中引证最多的就是纽曼和肯沃斯所做的图示（1989）（见图1.13）。班尼斯特还提出，当人口密度低于29人/hm²时，汽油的使用量将会上升（班尼斯特，布雷赫尼编，1992）。

对于活动的分布或是功能和活动的"分类"（居住、工作、服务），需要在某些方面对活动进行分散化，以"获得地理尺度较小但更有效率的整体"（见图1.14）（欧文斯，1986）。

出于非空间变量的必然需求，很难以土地使用模式来产生节能的规划，如：出行的必要，对于工作和服务的选择，以及汽车的使用范围等。此外，确保城市空间结构"节能"并不能节省运输的能源消耗（欧文斯，1986）。正如巴顿所言，现实情况是"当前的土地使用潮流正大踏步地埋没掉公共交通的作用。"其原因在于能源价格的下跌，以及一些战后得到发展变化的城市中小汽车占有率

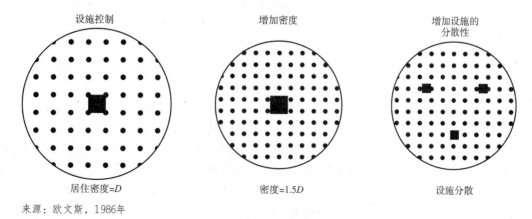

来源：欧文斯，1986年

图1.14　从左至右，对于活动物理分隔程度递减

的提高（例如对活动的物理分隔，城市中心地区的扩张，密度降低和工作地点的分散）（巴顿，布雷赫尼编，1992）。然而，仅仅减少对活动的物理分隔，并非减少运输能源需求的充要条件。而需要同时减少远出行距离的需求，并增加人们对于非机动化出行的兴趣（欧文斯，1986）。

如果不考虑其中包含的不确定因素和动态变量，我们可以在一些可能的设定条件下，确立一种能够获得良好表现的充满活力的城市形态。例如，对于诺福克（Norfolk）的研究表明，"一种对新的人口和具有一定分散程度的工作的集中方式正在形成"，并被认为是最具活力的形态。此外，对于特定功能的"分隔"，甚至"分散的组团"（例如相互联系的对土地的分散使用）都能通过使出行具有多重功能而有效减少出行需求（欧文斯，1986）。

环境反应和城市物理特征

已有的研究成果，既包括定性的，也包括定量的，既有对调查结果的总结，也有对城市邻里的细致监控；而对气候特殊性的重要性的认识则在逐步增长。在厄尔斯金（Erskine）对于寒冷气候的建成环境的评价中，就有一段这样的描述：

住宅和城镇应该像花儿一样向春夏的阳光绽放，也应该像花儿一样，背对阴影和寒冷的北风，将阳光的温暖和对寒风的抵御，赋予它们的露台、花园和街道。它们不应该像南欧和阿拉伯的城市那样，建造有柱廊的建筑，带拱廊的城市和阴影参差的街道，而应该具有同样的基本功能（厄尔斯金，门蒂编，1988）。

通常，在城市设计中兼顾气候因素，"需要对城市的整体形态和各种细部进行全面考虑，包括街道宽度、形式、布局和朝向，建筑高度，城市密集或分散程度，城市公共空间，土地使用的整合和分隔，以及其他相关物质因素"（格兰尼，1995）。在他于1998年发表的著作中，吉沃尼（Givoni）确信城市形态会对城市微气候，甚至能源消耗产生作用。他能够归纳的物质参数包括城市规模、建成区密度、土地覆盖率、建筑高度、街道朝向和宽度，以及

建筑细部的特殊设计对于室外环境造成的影响（吉沃尼，1995）。他提出若干适应不同气候的城市设计。下面是对不同城市物理特性产生的环境反应所进行的总结。

街道或城市街谷

雅各布斯（Jacobs，1993）在他《伟大的街道》一书中，谈到了城市街道提供舒适和宜居感受的能力：

是不是某些点、比例或高度，会使得建筑相对于街道如此之高，以至于这些高墙令人压抑不堪？……因此需要根据舒适和宜居感受来决定建筑高度，如以阳光、温度和风，而不是绝对的或者比例上的高度，更为恰如其分地确定建筑的限高（雅各布斯，1993）。

雅各布斯进一步强调了街道在城市环境中的重要性："想象一个城市，什么会最先映入你的脑海？它的街道。如果城市的街道看着有趣，城市就有趣；如果街道无趣，城市也就无趣（雅各布斯，1993）。"

城市街道形态和风流，以及污染物的扩散之间有显著的联系。

风被认为是城市建设导致的最变化莫测的产物。尽管可以通过城市设计促进通风，欧克（1988）仍然担忧仅仅考虑居民普遍舒适性的街道设计并不可行。街道的设计需要微妙地平衡，既要最大限度地促进通风、污染物扩散和阳光照射，又不能损失遮蔽空间和城市的热量。欧克根据这些因素和城市形态之间的关系，提出指导方针，以期找到一个"兼顾的范围"（zone of compatibility）。城市街谷能引导风向，并加快风速，会使行人感到不适。这些现象可以通过采用适当的街道比例和建筑设计而得到改善［兰兹伯格（Landsberg），1981］。

欧克在其1988年的文章中，强调首先需要考虑的是行人的舒适和安全，以及沿街建筑外围护结构的热损失，而这两方面涉及的都是城市街谷的两侧，而非中间地带。他根据街谷的高宽比（H/W）确定风的流量（见图1.15）。欧克将风和湍流（turbulence）的衰减因数看作高宽比作用的结果。他发现高宽比约为0.65能够获得充分的保护作用（欧克，1988）。

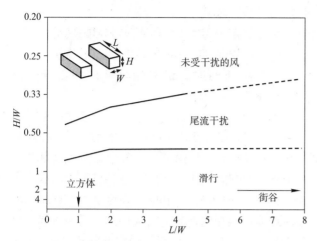

来源：欧克，1988年

图1.15 高宽比（*H/W*）和长宽比（*L/W*）都会对城市街谷中的风流起作用，此处的长度指的是建筑物与风向垂直的边长

对于污染物的扩散，较小的高宽比有助于地面附近的空气与较高的洁净空气的交换。而高宽比大于"滑行气流"（0.65）则不再有此作用。经过对于风流模式和相关污染物扩散的详细分析，欧克总结出高宽比*H/W* ≈ 0.65，同时建筑密度 ≈ 0.25，满足街谷污染物扩散的上限（欧克，1988）。

学者针对伦敦街道路网中一氧化碳浓度与主导风向密切联系的情况，根据气流的图示进行了一次有趣的研究 [克罗克斯福德（Croxford）等人，1995；克罗克斯福德、佩恩（Penn），1995]。模拟结果显示街谷中的涡流方向与风向是垂直的。涡流的结构不仅与街谷的高宽比有关，还与各街谷的连通性相关。这说明不能独立地研究单个街谷[尼·瑞恩（Ni Riain），詹克斯（Jenks）等编，1996]。

图1.16表现了洁净的空气是在何处从背风面通过街谷的。出于这个原因，当污染物从街上吹过时，设于背风面的传感器显示的是"洁净空气"，设于迎风面的传感器显示的是"脏空气"。模拟试验解释了为什么在行人的高度上能够检测到洁净的空气。

城市特别工作组（Urban Task Force）曾高度赞赏城市环境中具有"渗透性"或是交互性的街道，因为相对于那些死胡同似的低效的街道模式（树状结构），它们更易于通行，并能增加流动性（见图1.17）（城市特别工作组，1999）。

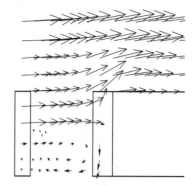

来源：尼·瑞恩，詹克斯等人编，1996年

图1.16 被研究区域模型，显示了涡流和污染物扩散之间的关系

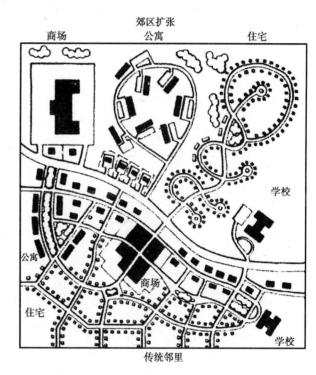

来源：城市特别工作组，1999年

图1.17 具有渗透性（下）和不具有渗透性（上）的城市布局

在吸收太阳光照和城市形状的关系方面，欧克试探着指出高宽比约为0.6是纬度为45°的地区保证光照需求的上限（欧克，1988）。欧克认为"得出这一结论仍然需要进行大量完整的针对被动太阳能吸收和整个城市系统照明的分析"（欧克，1988）。近来人们进行的大量详尽的针对太阳光照的研究，则充分考虑了以前未被顾及的城市街谷中的多重反射（斯帝摩尔，2000）。

关于城市热量和热岛现象与城市形态的关

系，欧克发现街道高宽比普遍较高，也就是比较紧凑的城市，能够获取更多的太阳辐射和热量，对热量的保存在夜间尤为显著。这有助于中纬度国家在冬季减少供热负荷。在欧克之前，路德维希（Ludwig，1970）曾得出同样的发现，并给出不同高宽比情况下太阳辐射的图示（见图1.18）。在平地上，大量被吸收的太阳辐射又会以长波的形式反射到空中。在高宽比$H/W=1$的中等密度下，大多数获得的太阳能会被反射到其他建筑上和地面上，直到最终被周边建筑和地面吸收。而在高宽比$H/W=4$的较高密度下，大多数反射是在街谷的较高处发生的，这就减少了地面最终获得的热量。

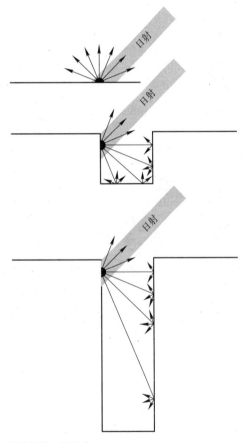

来源：路德维希，1970年

图1.18　不同街道高宽比的太阳辐射

试验结果显示，热岛效应可以节约日平均气温每提高1℃所需供热费用的5%~7.5%（欧克，1988），同时能增加室外的舒适性，促进植被生长，热湍流和热微风还有益于污染物的扩散。然而这些寒冷季节的优点到了炎热的季节就会变成加重热效应和污染的缺点。欧克确定了以下简化的"理想热岛环境"限值：

- 当$H/W=0.4$时，最多能获得1/3的热量；
- 当$H/W=0.7$时，最多能获得1/2的热量；
- 当$H/W=1$时，最多能获得2/3的热量（欧克，1988）。

人们通过研究干热气候下街谷的热舒适环境来确定城市形态的适当密度［佩尔穆特（Pearlmutter），1998］。一些学者对密集城市形态的优点和缺点进行了研究［詹克斯（Jenks）等人，1996］。詹克斯（1996）高度赞赏"密集的城市肌理能用很深的街谷为行人遮阳，另一方面，这些街谷也能通过多重太阳反射和反照率（albedo）的降低而减少夜间天空的辐射，持续控制通风，相应成为'热阀'（heat traps）。"这项工作的创新之处在于，它考虑的是处于干热气候下街谷中某处的个体（行人）的整体热平衡，而不是将城市街谷作为一个整体，计算一个行人和城市环境之间的热通量总值，因而提供了更为可信的人/使用者的室外舒适指标（佩尔穆特，1998）。实地测量的结果与理论并不相符，在夏季白天，行人在街谷中吸收的热量少于在露天环境中吸收的热量。这推翻了以往街谷会降低风速并升高气温，使环境过热的假设。冬天，街谷为人体阻挡寒风，会减少向周边环境释放的热损失。而在夏天的夜晚，街谷的整体能源损失也会减少（佩尔穆特，1998）。

综上所述，出于以下原因，密集的城市街谷在夏季白天成为"冷岛"（cool island）：

- 两侧墙体产生的阴影，使行人在夏季白天避免吸收短波辐射和经过反射的太阳辐射。街谷中的行人在白天受到的辐射热的程度取决于行人向地表面暴露的多少。由于地面拦截的太阳辐射密度最大，而且通常是深色的，因此会在白天保持最高的表面温度，成为所有表面当中最大的热辐射源。到了夜晚，被保存的辐射热向天空散失，将会转变为最大的辐射源。

- 因为许多城市表面的热惰性都很高，也会产生一定的影响。在沙漠环境中，很大程度上需要依靠一天之内（白天和夜晚）和各季节之间（冬天和夏天）热极限值的稳定来保证舒适度。通过恰当的城市设计，"密集"的城市街谷能够很好地保持热稳定，适于干热气候的特殊要求。而对于湿热地区来说，热惰性则会造成夜间过热（佩尔穆特，1998）。

城市设计，建筑形态和选址

建筑研究所（BRE，Building Research Establishment）研究了设定条件下供热所需的能耗和建筑形式之间的关系（见图1.19）。在这方面，英国和美国已经进行了一些经验化的研究，但都没有确切指出其他变量对民用能耗的影响（如住房的大小，社会经济因素和使用者的收入等）（欧文斯，1986）。对于局部范围，高密度是通过加大体积比来实现的（欧文斯，1986）。这在城市邻里区域中并不是优点（例如会降低人们对可再生能源的信心，并因此导致高能耗），应该建议采用的是良好的绝热措施［本特利（Bentley）等，1985］。

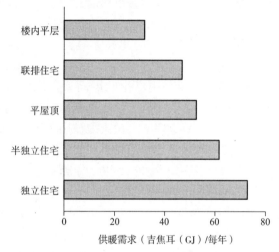

来源：欧文斯，1986年

图1.19　建筑研究所（BRE）做的英国建筑形式对于供暖需求影响的数据

西蒙兹（1994）认为联排住宅在这方面优于独立住宅，不但能够减少暴露于外部环境的围护结构因而减少热损失和热获得，还能降低供暖和供冷负荷。其他优点还包括更加有效地利用城市空间，因共用墙体而节省建造和维护费用（见图1.20）。

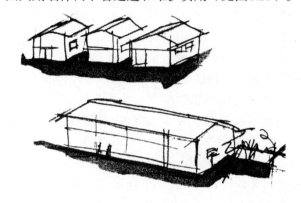

来源：西蒙斯，1994年

图1.20　联排住宅与独立住宅的对比：与联排住宅相比，单个家庭的独立住宅会损失更多有价值的空间和私密性，而联排住宅的效率更高

欧文斯提出，在城市建筑中进行资源的可再生利用，需要相应采用低密度布置，尽可能多地将建筑暴露于太阳辐射下（见表1.2）。但这与前面章节中讨论的节能运输的结论相违背，因而需要对其取舍进行细致的经济可行性分析（欧文斯，1986）。

高层建筑通常被认为是不节能的，因其对外界气候的高度暴露和供热/供冷需求。建造高层建

基地朝向表

表1.2

适应措施	目标（气候类型）寒冷	适中	湿热	干热
在坡地上的位置	低 挡风	中高 吸收太阳辐射	高 迎风	低 冷却气流
在坡地上的朝向	南到东南	南到东南	南	东到东南 下午有阴影
与周边关系	靠近大的水体	靠近水面，但避免沿岸雾气	靠近任何水面	水岸背风处
对风向的偏好	躲避北风和西风	避免大陆性冷风	躲避北风	暴露于主导风下
聚集区	围绕朝阳的开口处	围绕平坦的朝阳平台	向风开放	沿东西轴线获取阴影和风
建筑朝向	东南	南到东南	南，并朝向主导风向	南
树的形状	落叶树靠近建筑，常绿树用于挡风	落叶树位于西侧，南侧没有常绿树	大树冠的树，落叶树靠近建筑	树冠尽可能遮蔽于屋顶上
道路朝向	与冬季风交叉	与冬季风交叉	道路宽阔，沿东西轴线	道路狭窄，东西轴线
材料色彩	中等到深色	中等	浅色，特别是屋顶	暴露的表面都是浅色，深色用于减少反射

来源：欧文斯，1986年

筑也是能源密集产业，还需要较高的维护和运转费用（欧文斯，1986）。高层建筑还会产生不必要的风涡流。一些证据表明，统一的建筑高度和间距产生的涡流较小（兰兹伯格，1981）。普遍认为城市环境中建筑周围的气流与建筑的形状、大小和朝向有关。尽管和乡间环境比较，街道的平均风速是减弱的，"但在局部会因为与风同向的街谷产生'喷射'作用或因附近的高层建筑使之转向而加速"（欧克，1980）。

建筑材料和色彩根据各自的吸收率、反射率和透射率，显著改变太阳辐射，因而改变建筑表面温度以及室外舒适度。正如［费策（Fezer），1982］所指，不同路面材料的表面温度会有显著的差异。据此，针对不同的气候建议采取不同措施，浅色的地面更适于炎热气候，控制对太阳辐射的吸收；而深色的地面则适于寒冷气候，增加了对太阳辐射的吸收系数（见图1.21）（费策，1982）。

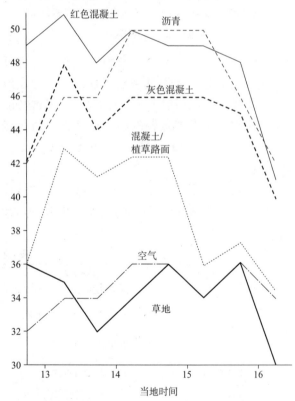

来源：费策，1982年

图1.21　每日不同材料类型路面的表面温度变化，
1978年7月测于斯图加特

建筑立面反射的眩光会导致行人感到不适，吉沃尼（1998）介绍了若干减轻眩光的措施，分别针对立面颜色（浅色）、构件处理（悬挂物体阻挡反射）和以植被覆盖墙面（减小墙的反射）。

对于污染物扩散和城市形态的关系，欧克强调城市冠层（urban canopy layer，UCL）和城市边缘层（urban boundary layer，UBL）是相互关联的——后者的污染物浓度越低，越有益于前者（欧克，1980，1988）。当空气洁净时，城市边缘层提供的清洁空气源会通过城市街谷和建筑的通风，达到城市天空层。"上层空气层的浓度越低，垂直方向向上的涡流扩散梯度变化就越显著"（欧克，1988）。

迄今为止，许多研究表明城市绿地空间有利于消除交通噪声、污染和城市热岛的影响。欧文斯（1986）提出尽管现存的城市中心可能是由集中发展快速膨胀而来的，这些建议潜藏丧失城市绿色空间和出现常见的"城镇填鸭"（town cramming）的危险。如果需要在更广泛的层面上实现可持续的城市发展和再发展，就应该注意到这些建议的局限。目前，城市范围内的大量土地被用于满足私人小汽车的需求，是影响城市绿色空间的另一主要因素（欧文斯，詹克斯等人，1996）。挪威学者研究表明，如果降低对小汽车的依赖，就可以减少大量占地，尽可能减少城市绿化需求和更为紧凑的城市发展模式之间的潜在冲突［内斯（Naess），1991］。怀特（Whyte）提出，决定城市公园和广场是否成功的，不是它们的规模、绿化多少和安静程度，而是它们与使用者的接近程度（怀特，1990）。兰茨贝格（Landsberg）更倾向于利用现有的场所，亲近湖泊、河流和山谷等自然资源（兰茨贝格，1981）。

对于节能城市设计的总体建议

基于现有的关于能源和环境领域对城市形态和城市物理特性的反应的研究，学者提出了各自的建议。将这些建议综合在一起，就提供了比较各种可能结论的机会。

运输

欧文斯总结了以下环境"生来"就具备节能所需的关键性特征。这类环境应该：

- 用地紧凑、功能混杂，能够提供工作和服务的选择，出行目的地集中于此。城市特别工作组一直在推广混合使用（城市特别工作组，1999），形成主要的城市生活吸引物，便于人们工作、购物、社交、教育和休闲，提供水平和垂直的交叉（在街道和建筑中）。细致的设计能够控制这一过程，避免嘈杂的、交通大（heavy traffic）的工业（欧文斯，1986）。

• 避免分散开发，减少不能通过公共交通得到完善服务的设施。

• 通过提供一些措施来促进公共交通，比如鼓励步行和自行车，不提倡使用汽车。

• 在适当的地段，如公共交通路线附近，提高城市密度（布雷赫尼，1992）。

尽管如此，运输政策方面的政治阻挠多如牛毛，只有克服这些困难，才能实现更为有益和有效的空间结构（欧文斯，1986）。

在城市环境中，要控制交通和空气污染，并提高室外环境的质量，涉及两方面的措施。首先是控制问题的源头，设计更为清洁和安静的运输技术（城市物别工作组，1999），控制交通流量和速度，第二是当噪声和污染一旦产生后，控制其传播速度，实质上是补救甚于预防。第二条措施有许多不同的形式。例如，可以在交通繁忙的街道旁边，形成更为适宜步行的邻里空间（沃伦，1998）。道路和建筑设计，和城市设计一样，都能够削弱交通噪声，促进污染扩散。在欧克的研究中有这样的例子（欧克，1980，1988），特定的街谷高宽比可以加快污染扩散的速度。街道表面、声屏障和立面设计都会有助于吸收交通噪声。[3]

关于可再生能源潜力和节能

需要通过设计的灵活性来促进被动太阳能使用的密集程度（每公顷大于35户），这在理论上会降低出行和供热的能源需求（欧文斯，1986）。节能城市设计是可行的，能够促成长期的实实在在的节约能源（见表1.3）（欧文斯，1992）。

20世纪60年代开始，出现了一些针对极端气候条件的政府规划措施，如在北极圈内的定居点，紧凑的建筑群可以更好地吸收冬日的阳光，并在风暴中提供最大程度的保护，以增进热能的存储（门蒂，1988）。经过20世纪70年代初的能源危机，一些更为深入的节能措施开始涌现。有些建议涉及调

整冬季城市的整体环境——避免北向开窗，鼓励建设朝南的温室，在建筑、结构和绿化外设置挡风装置（门蒂，1988）。

汽油使用与城市密度

表1.3

地区	汽油使用 （人均加仑数）	城市密度 （每公顷人数）
外围地区	454	5.3
整个城区	335	8.1
内城地区	153	48.3
中心城区	90	101.6

来源：欧文斯，1992年

关于优化总体环境性能

欧克发现，适宜的街道高宽比在0.4~0.6之间，能够满足污染物扩散、太阳照射、遮蔽和热岛这四个目标，接近上限更有利于遮蔽和保暖，接近下限有利于污染物扩散和太阳照射（欧克，1988）。

欧文斯（1986，1992）将其对节能和城市形态之间关系的观察总结为：

• 活动的分布会改变出行需求，尤其是出行距离，其导致的能源需求变化超过130%。

• 城市区域形状差异会产生20%的能源需求变化。

• 通过大力发展公共交通，出行目的地的密度和集中能节约20%的能源。

• 密集和功能多样的区域，促进混合供暖和能源系统，能够使一次能源的使用效率提高100%。

• 建筑的布局和朝向能够以被动太阳能摄取的方式节能12%。

• 选址、景观、布局和选材等方面可以通过调节微气候，节能达5%。

总体建议、政策制定和执行

地方议程21行动的结果是，许多市政府开始经常评估自身办公、机构和公共事业的环境性能。这些环境审计表明，人们正在试图全面地研究和评估地方政府以行动和政策影响环境的方式。因此，经常需要准备环境方面的报告和环境行动计划［比特利（Beatley），2000］。欧盟内的许多政府现在

也能加入环境管理监督体制（Eco-management and Audit Scheme，EMAS），这是一个原本只面向私有企业的环境监督和管理体系。许多地方现在处于环境管理监督体制的初级阶段，但是只有少数完成了资格认证过程。例如，莱斯特市（Leicester city）正在进行可持续性评价（SA，sustainability appraisal）的准备工作，整理可评估因素，并汇编成表（见表1.4）。这一评估方式可应用于城市中

的待开发地段（比特利，2000）。

在英国，城市特别工作组已经全面参与到一项计划之中，要"在25年内，组织380万家庭，使我们的城镇获得新生，为城市化的英国提供新的前景（城市特别工作组，1999）。""城市复兴"（urban renaissance）的概念，是建立在"出色的设计原则，经济的力量，环保的责任，良好的统辖和社会保障"等一系列原则基础上的。为了实现城

位于莱斯特市汉密尔顿的推荐住宅开发中的影响和评价

表1.4

可持续性影响标准	影响	评价
生活及当地环境的质量		
1. 开放空间发展	+	在发展中有机会提供新的公共空间
2. 健康	–	新的交通增加的排放量
3. 安全保障		由其他政策解决
4. 住房	++	满足城市住房需求
5. 公正	+	各类住宅混合设置，增进社区凝聚力
6. 可达性	+	城市边缘地段目前尚未覆盖公共交通服务。仍是交通选择地段
7. 当地经济		
8. 中心活力	+	增加的住宅能增强汉密尔顿区理事会的品质
9. 建成环境	+	高品质设计有助于改善环境
10. 文化遗产		
自然资源		
11. 景观	–	开阔的乡间土地减少，但结构化的绿化通常也能形成重要的预发展景观
12. 材料		
13. 废弃物		
14. 水	–	可能破坏现有地表水和排水设施等
15. 土地	–	农业用地减少
全球可持续性		减少自然栖息地（绿地），但新的发展建设公园和水域
16. 多样性	–	
17. 活动	–	位于城市边缘，会增加私人汽车的使用
18. 交通模式	–	同上
19. 能源	?	由具体设计决定
20. 空气质量	–	

来源：比特利，2000年

市复兴，需要增进街道的围合感，并扩大城镇规模。人们公认这不是靠一条措施就能解决的问题，而需要一个改造的框架，使得很多方面的轻重缓急获得考虑和阐述。对于调整城市环境生活质量的讨论，城市特别工作组指出，城市设计和建筑的质量必须得到重视，成为我们日常城市文化的一部分。为了实现这一目标，我们应该认识到问题并不在于规章制度——它们通常不能产生有价值的产品——邀请优秀的设计师，牢记优秀的设计本身就是对城市长期可持续性的投资，才是问题的关键（城市特别工作组，1999）。因此，规划师、城市设计师、建筑师需要在邻里范畴内重视能源效率问题，因为干预比强制更为可行。然而：

管理妥善的城市需要建立清醒的认识，所有的政策和程序都应该有利于高水平城市的发展。在与其市民和商业领袖的合作中，城市权力机构需要有灵活的，从城市整体出发的策略，使得核心经济、社会目标和环境目标能达成一致。城市就如同是一个强大的政治领袖，一种能实现空间规划、效率管理和委托的主动形式，可以不断改善其技巧的基础（城市特别工作组，1999）。

城市特别工作组提出，城市设计的关键原则是：

- 基地和位置；
- 周边环境、尺度和特点；
- 公共领域；
- 可达性和渗透性；
- 最佳土地利用和密度；
- 混杂的活动；
- 混杂的肌理；
- 长期存在的建筑；
- 可持续建筑；
- 环境责任。

根据这些原则，对于设计应该提倡灵活性，以适应建筑用途的改变，减少新的建造，用一句话概括就是"寿命长，适应范围广，低能耗的建筑"（城市特别工作组，1999）。

据此，欧文斯指出：

需要再次强调，节能规划不是精确的科学，特别是到城市和区域的范畴时。因为城市和能源体系中有很多潜在因素，使得我们不能

确切地界定未来各种可能的情况中，哪种发展模式是最为节能的。然而，研究表明，我们仍然可以确定哪种土地使用模式和建筑形式是健康和灵活的（S·欧文斯，1992）。

能源效率和可再生能源潜力与城市肌理和形态

20世纪60年代末，城市形态成为研究的主要议题，各种比较的研究表明，在相同的密度下，不同的城市形态可以各自产生非常不同的特性［马丁（Martin）、马克（March），1972］。之后，雅各布斯（1993）汇总了世界各地形态各异的城市肌理，显示出其在时间和空间上惊人的多变。当然，他的方式还是定性甚于定量的。日内瓦大学收集并分析了许多瑞士城市的地图，以此研究城市肌理。根据纯粹形态因素进行了类型学上的分类（CETAT，1986）。比较结果显示出，在地形环境类似的情况下，各城市的肌理具有极大的差异。这种现象是由多种规则和建筑规范对城市形态的影响造成的。这一研究萌发了"建筑厚度"（building thickness）这类有趣的概念，也形成了有效的城市形态导则。城市邻里空间的肌理特征是微观建筑形式特点聚集和叠加的结果，因此被认为能够充分代表城市邻里空间的能耗和环境性能。然而，很少有人关注颗粒的大小与城市肌理之间的关系，而后者实际上能够体现建筑物的总体使用情况及城市每平方米的平均能耗（CETAT，1986）。

格兰尼（1995）提出了一些可以指导城市设计者针对不同气候条件进行设计的基本原则。需要考虑到城市选址和城市形态两个层面。格兰尼划分了6种主要气候类型：湿热、湿冷、干热、干冷、海边和山地，对应各种气候建议某种"更为恰当"的城市设计形态（密集形态、分散形态、成群形态和混杂形态）。但他也指出，在设计中应该更强调解决方法的适用性，考虑到各种气候的差异，而非只是套用某个类型（见表1.5）。

欧文斯认为，要想通过规划降低能源消耗和污染程度，最能起作用的是设计减少出行需求的城市形态，他把出行看作城市化过程中能源消费和污染产生的主要方面（欧文斯，1986）。可以通过城市设计，鼓励公共交通，减少私人轿车的使用；因

主要气候类型，导致的相应问题和城市设计应对措施

表1.5

主要气候类型	主要问题 / 要点	城市设计的基本应对措施
湿热	极端炎热，湿度高	通风：端头开放和分散的形式。开敞的街道，促进风的流动。大面积阴影。分散布置高层建筑，利于通风。建筑高度差异大
湿冷	温度低，冬季和夏季变化分明，多风	供热（被动和主动）：开敞和封闭的形式相结合。迎主要风向边界进行遮挡（通过建筑或树木）。统一的建筑高度。中度分散的开敞空间。周边以及交叉的植树带
干热	极端干燥，白天气温高，多尘土和暴风雨	密集模式：遮荫。蒸发降温。迎热风方向的边界进行遮挡。迎风面靠近水体。地块间为狭窄、蜿蜒的道路、小巷。高矮建筑结合布置，为城市提供荫凉。小型、分散，受遮蔽的公共开敞空间。周边以及交叉的植树带。采用地球空间（geospace）城市概念
干冷	极端低温与干燥相结合，强风	密集、集合、成群形态：城市边界得到遮挡。地块间为狭窄、蜿蜒的道路、小巷。统一的建筑高度。小型、分散，受遮蔽的公共开敞空间。周边以及交叉的植树带。采用地球空间城市概念
海边	湿度高，多风	在湿润地区：适中的分散形态。开放的城市边界。街道开阔，垂直于海岸，以获取海风。分散布置高层建筑，有利于通风。建筑高度差异大。开敞而有荫凉的空间。有规划的遮荫植树区 在干旱地区：面向海洋开敞，面向内陆方向密集并设遮挡。高层建筑中夹杂低层建筑。小的设有遮挡的分散公共开敞空间。有规划的遮荫植树区
山地	多风	半密集形态：密集和分散的混合。水平向的街道和小巷，有助于观景。低层建筑。小的设有遮挡的分散公共开敞空间。采用地球空间城市概念

来源：格兰尼，1995年

此，恰当的土地使用规划政策可以有效地节约能源。除了改造空间形式之外，当地政府也可以通过发布非空间性政策，协助中央政府鼓励和促进公共交通（例如，设立步行区、自行车专用路、拼车和停车控制等措施）（欧文斯，1986）。通过对各类学者关于高效交通城市结构研究的总结，可以归纳出以下若干城市形态：

• 非极端"密集城市" ［丹茨格（Dantzig）、萨蒂（Saaty），1973］：表现为高密度城市，工作机会和服务设施都很集中，周边包围着高密度的居住小区。其局限性在于对再生能源的利用（见图1.22）。

• "多岛"模式[马尼安（Magnan）、马修（Mathieu），1975]：这一模式"密集，具有带中心的城市副单元"，相互之间为自行车和步行可达的较近。依靠其灵活性实现能源效率，人们可以相互亲近，不需要交通工具。人们发现，从出行需求的角度出发，分散的工作和服务设施比单一中心的集中模式更为节能。20世纪60年代城市规划师曾经

提倡的"邻里"概念又再度复活了。其潜在缺点是缺少休憩和景观等大规模开放空间（见图1.23）。

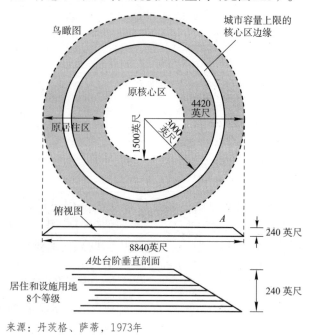

来源：丹茨格、萨蒂，1973年

图1.22   "密集城市"

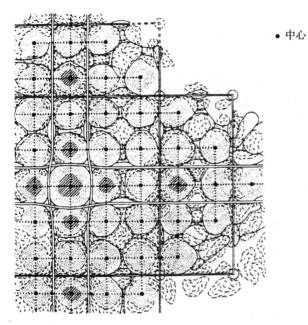

来源：马尼安、马修，1975年

图1.23 "多岛"布局或核状城市亚单元

• 线性网络结构（马丁、马克，1972），具有高发展密度，集合了各种活动，并能方便地到达开放场地。这种形态的特点是高度线性的密度，出行的起点和目的地都集中在固定的几条线路上，有利于公共交通和由"洞"导致的可能的能源再生（见图1.24）。然而，"带状发展"缺乏"场所"观念在邻里和生活化的环境等方面的优点。需要谨慎操作，不要将线性网络和无规划的线形发展相混淆（欧文斯，1986）。

　　其他研究学派也提出了一些可持续城市的理论上的形式，都是基于减少私人汽车出行需要和减少通过道路进行的货物运输的理念。其中包括：

• 紧凑的高密度城市；

• 低密度分散的城市区域；

• 基于"分散式集中"（decentralized concentration）政策的城市形态；

• 可持续城市区域概念（例如霍华德的花园城市）（芒福德，1996）。

　　然而，鲜有证据表明能源效率和城市形态之间存在关联。欧文斯认为，对于我们现有的城市形态和规模，只能说它们能反映出"能源的本质和性能可以对人类活动的分布和城市形态产生影响"。这一发现最显著的证据是，在20世纪缺乏能源约束（energy constraint），能源价格很低的时代中，人们的活动趋于分散，城区向外扩张，城市密度因而降低（欧文斯，1992）。芒福德（1961）指出，当

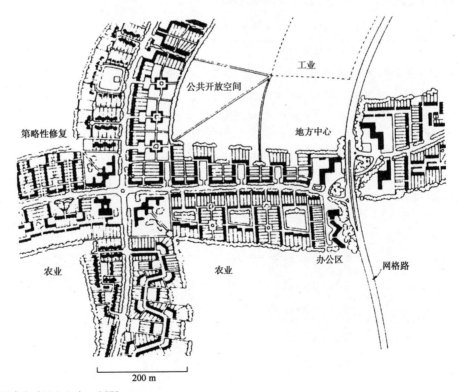

来源：里卡比（Rickaby），1979

图1.24 "线性十字"布局

今城市的尺度由物质交换决定。即使在历史上，城市尺度也始终受到芒福德所提出的"集体通信系统范围"（the range of collective communications systems）的制约：

早期城市的生长不会超过步行的距离或是听力可达的距离。在中世纪，能够听到Bow Bells钟声的范围就界定了伦敦的边界，直到19世纪引进其他大众通信工具系统之前，这都是制约城市生长的有效限制。对于城市来说，随着它的发展，逐渐变成通信网络的中心……城市可能的规模随着通信方式的频率和可达范围而变化（吉莱斯皮，布雷赫尼编，1992）。

对于格特尔特(Goethert)来说，评价能源"优化"的城市布局，可以比较因此而导致的

土地再分配（land subdivision）和相关基础设施（供水、污水处理、循环/雨洪排水、电气/街道照明）等方面的花费（格特尔特，1978）。他用两个模型模拟极端的土地使用条件，一个是400m×400m的基地，另一个是100m2的基地，因而在建筑布局、地块面积和用地方式等方面有所差异，他进一步比较了两种模型的使用效率（供水、污水处理、循环/雨洪排水、电气/街道照明）。

对已有的居住区进行同样的比较，就凸显出土地和基础设施应用的不足。这一评价来源于对三种布局的比较：（a）现有布局；（b）优化的均匀网格布局；（c）计划中公共交通用地减少的修正布局（见图1.25）。

基本布局

布局	地块数量	公共		半公共		私人		共计		街道长度（m）		
		数量	(%)	数量	(%)	数量	(%)	数量	(%)	I~III	III~IV	共计
现有	573	5.97	38	2.32	15	7.47	47	15.76		2506	892	3398
均匀	732	4.69	29	2.60	16	8.71	55	16.00		3090	800	3890
修正	687	5.19	20	2.35	15	10.15	65	15.76		1146	892	2038

图1　布局、组成部分和数量列表

这一表格显示了现有布局提供了更多的公共用地作为交通用途，使得私人用地相对少于公共和半公共用地，而修正布局减少了公共交通用地因而产生了更多的地块或共同拥有的半公共用地的数量，在地区边界产生了大尺寸的地块。

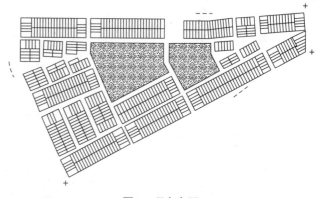

图2　现有布局

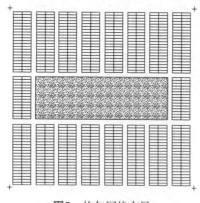

图3　均匀网格布局

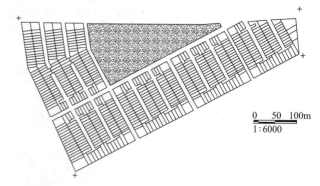

0　50　100m
1:6000

来源：格特尔特（Geothert），1978年

图4　修正布局

图1.25　三种城市布局的比较：（a）现有布局；（b）优化的均匀网格布局；（c）计划的修正布局

在均匀的网格布局中，可以通过取消小街区，兴建大街区，将公共交通减少到最小，以实现优化；因此，增加的土地被用作半公共和私人用地。由均匀的网格布局发展出来的修正平面是依据现有用地进行的"补救"措施。修正平面（由现有网格平面改造而来）的基本使用费用大约是现有平面的一半（见表1.6）。

现有布局每公顷花费是修正布局的两倍，后者的改进主要是减少了交通和下水道基本网络：

每公顷花费（美元）

表1.6

用途	现有布局	均匀网格形式布局	修正布局
供水	3809	3680	1995
污水处理	3489	2851	1612
循环/雨洪排水	42,203	31,132	19,627
电气/街道照明	11,222	11,282	8358
合计	60,723	48,945	31,592

来源：格特尔特，1978

在其后的研究中，普遍的做法是减少公共交通用地和各区域内基础管线的长度（基础管线包括电力、供水、污水网络，街道照明，警戒护卫和垃圾收集），以此减少政府的建设、维护和运营费用（格特尔特，1978）。

对于这一普遍做法，格特尔特发现"紧凑的形态通常更容易获得高效的发展，无规则、分散的形态则会产生无用的区域和不经济/低效率的布局。"分析结果显而易见，"如果区域内的地块多，每个地块的使用成本就低。然而更多的地块就意味着较小或较狭窄的用地"（格特尔特，1978）。

图1.26意在研究聚居区边界的概念——特别是在极端气候条件下，建筑和规划中边界决定性的原则。所以，应当针对地形、风向、湿度、温度、降雨和日照等原则对边界进行认真的设计。聚居区的边界应该成为环境的过滤器，减少外部环境的恶劣影响。该图提供了边界形态图示。

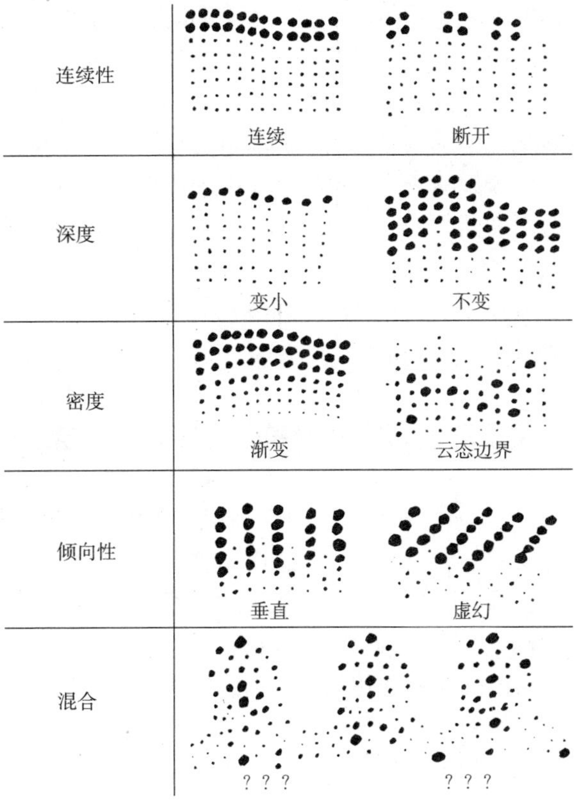

来源：拉哈明、柏恩斯坦，1982年

图1.26 边界形态

欧克（1988）对于城市密度和城市街谷平均高宽比的最佳结合提出了自己的建议，满足污染扩散、阳光照射、遮荫和热岛热量等四个方面的目标。在密度方面，0.2~0.4之间是最有利于吸收的比值。然而在欧洲和北美的城市中心区，上述数值却很难实现（欧洲的高宽比是0.75~1.7，北美的是1.15~3.3），相对于北美城市，欧洲城市更接近这一数值。因而可以得出结论——"欧洲居住区和郊区的紧凑形态比北美高密度的核心区加分散郊区的形态更符合理想的环境要求（欧克，1988）。"林斯伯格（Leinsberger，1996）通过比较美国和欧洲由于城市生长导致的土地消费，发现"美国城市的土地消费和空间扩张速度超过了人口增长速度"。荷兰是世界上人口密度最大，人口也相应较多的国家，其城市用地和已开发地占全部国土的13%〔凡·德·布林克（Van der Brink），1997〕。欧洲的城市始终保持着紧凑、密集的状态，避免城市无序蔓延（比特利，2000）。一些因素导致了美国和欧洲城市在密度上的差异。其中有历史遗留的传统，例如一些欧洲城市是以古老的防御碉堡性城池作为市中心发展而来的。而人口增长导致的土地匮乏使人们保持在土地使用方面的谨慎态度。公共政策和规划传统也确保了欧洲城市有控制的城市扩张趋势。今天的紧凑城市可能是由于历史上人口和政治的因素产生的，但其结果对于环境是有利的（比特利，2000）。

近年来，城市密度已经成为衡量城市形态与环境对应关系的指标。

关于环境城市规划和设计实践的研究

尽管节能规划的原则在理论上是看似已臻完善的议题，但仍需在政治意愿和政策配合方面进行实践和推广。目前的焦点在于建筑和社区范畴的实践行动，例如被动太阳能设备的设置和使用。然而，目前的规划和建筑规范仍然与这些需求相左。英国的实例反映了这种制约状况。英国下议院能源委员会（能源委员会，1990）向政府提交了一项议案，要求所有的规划需要在实施前经过布局和设计的节能评估，而政府的回复是"与节能相关的微气候和朝向并非如此重要……足以否决规划许可"。为了应对这些官僚政治的阻碍，欧文斯提议，能源效率应该成为城市规划政策中一项明确的内容（欧文斯，1992）。

环境政策制定

上面已经谈到很多研究和政策之间的关系，以及从研究到实践所需的知识。以往的事实证明，从理论知识到实践的过程总是杂乱无章、漏洞百出的。通常在环境政策和其实施之间会有巨大的断裂。因此环境规章的执行过程也往往是无序的，而且在理想和现实之间总是存在着差异。如果直接把研究结果当作政策，那么在社会政策执行中，非理性方式通常会遭到猛烈批评。认为政策制定者总能对任何问题做出最正确和及时的决定，显然是错误的。正像有些人所说，他们总是考虑眼下的问题多过未来的，因此更倾向于短期而非长期目标[见亨特（Hunt），戴维斯、凯利编，1993]。各种社会团体之间，政策制定者和资金持有者之间紧密合作才能促成政策成功执行，因此，需要强化对于政策

层面的研究（兰兹伯格，1981）。

尼开普（Nijkamp）和皮若斯（Perrels）（1994）发现，对于再生能源应用而言，适当的环境政策制度，应该是集中性的。其原因在于，"政策制定者和污染者之间的关系过于紧密是危险的，政策制定者越注重社会和经济议题，就越不倾向于制定有利于环境的政策"（尼开普等，布雷赫尼编，1992）。然而，最重要的是，所有制度上的改变都应以消费者在态度、行为和价值层面上的改变作为先导[布洛尔斯（Blowers），布雷赫尼编，1992]。当涉及与城市周边区域相关的问题时，让社区介入和参与是非常必要的。通常，决定都是由不相关的人做出的。在健康城市（Healthy Cities）计划中可以看到这种情况[4]，居民都参与了决策，也增强了信心[史密西斯（Smithies）等，戴维斯、凯利编]。随后，城市特别工作组也采取了这种方式，他们发现各类社区管理体制能够有效地吸引当地居民参与决策过程，"参与规定和导则的制定，更容易达成共识"（城市特别工作组，1999）。

参与实践的研究

以往环境政策的执行尽管有所失误，但也因此反过来证明了政策执行所需的相关因素，如实施欧洲的可持续用地方式，就需要具备欧洲国家的政策和政府行为能力。比如在1999年，挪威政府通过皇室禁令，要求市中心外一处新的购物中心在五年内不得开业，以减少交通压力和对城市中心区经济的破坏[美联社（Associated Press），1999；世界媒体协会（World Media Foundation），1999]。英国政府正在推行更密集的城市发展模式。其可持续发展的国策明确要求努力"促使城市进一步密集化"，还编制了大量导则，鼓励城市密集生长。"英国政府在近期政策报告中计划，未来居住区60％的开发将利用已建城区用地（布雷赫尼，1997）。"1993年，国家统计报告显示，英国49％的居住区开发是在已发展用地或棕地（brown field）内，还有12％在空置的城市用地内，还有39％的居住区开发占据了农村土地（布雷赫尼，1997；比特利，2000）。

对于健康，决定个人和社区健康状态的事情是极其重要的社会过程。由参与者主导的"健康城

市"充分体现了这点，活动主要由一系列当地社区的实验组成，而非单纯的研究项目。"健康城市"的理念基于这样的观点——城市需要提供一个清洁而安全的高品质的物质环境，而这又有赖于可持续的生态系统。对于该计划而言，促进健康就需要接纳和改造社会结构中会产生不健康的因素。一个环境内健康条件的改善需要依靠个人的主动性，人们必须依靠自己，通过当地社区的协助掌握自己的健康（戴维斯、凯利，1993）。令人意想不到的是，在计划的准备工作中，人们发现社会对于政治家和商业领袖能够影响城市规划和住宅政策，交通和污染的控制，以及城市环境下的大众健康缺乏信心（戴维斯、凯利，1993）。

环境研究的相关文献记录了一些欧洲城市主动开展创新性的可持续行动，并在广泛领域内通过整体化的措施接受和执行可持续政策的情况（见表1.7）（比特利，2000）。

调查研究的欧洲城市

表1.7

奥地利	格拉茨（Graz）*，林茨（Linz），维也纳
丹麦	阿尔伯茨隆德（Albertslund）*，哥本哈根，海宁（Herning），卡伦堡（Kalundborg），科灵（Kolding），欧登塞（Odense）
芬兰	赫尔辛基，拉赫蒂（Lahti）
法国	敦刻尔克（Dunkerque）*
德国	柏林，弗莱堡（Freiburg），海德堡（Heidelburg）*，明斯特（Muenster），萨尔布吕肯
爱尔兰	都柏林
意大利	博罗格纳（Bologna）
瑞士	苏黎世
瑞典	斯德哥尔摩*
荷兰	阿米尔（Almere），阿默斯福特（Amersfoort），阿姆斯特丹，海牙*，格罗宁根（Groningen），莱顿（Leiden），乌得勒支（Utrecht），兹沃勒（Zwolle），其他
英国	莱斯特（Leicester）*，伦敦（包括周边自治镇）

来源：比特利，2000年

注：*获得欧洲可持续发展城市奖（European Sustainable City Award）的城市

欧洲绿色城市的主要能源特征包括热电联供（CHP，combined heat and power），利用海水进行自然降温和夏季空调供冷，太阳能辅助集中供热（solar-assisted district heating）网（太阳能集热板能够加热集中供暖网中的循环热水）。在丹麦，太阳能供暖能够满足一个5000人城镇的全年集中供暖需求的12.5%（比特利，2000）。其他提高能源效率的措施包括聘用经过培训的人员（获得相应管理资质等级的建筑管理人员和管家，负责开关供暖/供冷/人工照明系统）以更好地管理建筑，提高建筑外围护结构的性能（如提高外墙绝热水平，使用性能更好的窗框、玻璃）。因此，有效利用能源和减少能耗的目标就成为在各个建筑单体中应用上述措施。这些在德国的萨尔布吕肯（Saarbrücken）取得了显著效果。从1981年到1996年，该城市的热量消耗减少了53%。二氧化碳排放量也因此大幅降低，从1981年的65000t降低到1997年的35000t。改进和应用上述措施的投入得到了充分回报，每年投入100万德国马克就可以节约1000万德国马克的能源（比特利，2000）。

我们可以从生态试验性建筑和社区项目环境策略的成败中学到很多。荷兰、丹麦和德国都有环境表现良好、高度节能标准和再生能源的实例。在荷兰有许多重要的试验项目可以作为研究上述目标的良好典范［埃尔芬伊克鲁尼亚（Ecolonia-Alphen a/d Rijn），多克腾洛曼拉公园（Morra Park-Drachton），代尔夫特（Eco-Dus-Delft）］。例如，伊克鲁尼亚是拥有101单元的集合住宅，由不同的建筑师设计，整个项目由荷兰政府出资。设计大纲清晰地提出了生态设计（能源标准为200MJ/m^2）。伊克鲁尼亚实现了国家能源政策计划（NMP）将生活能源减少25%的目标。然而，评价研究工作［由爱德华兹（Edwards）进行，1996］仍然发现了一些问题，如潮湿的内部需要适当通风，绝缘材料受到腐蚀，以及光电设备的昂贵而不实用的缺点（比特利，2000）。

洛曼拉公园（多克腾）由125个住户组成，是另一个可供研究的试验性项目。南向布置、太阳能集热板和存储系统成为住宅中的可持续特点。该项目的问题存在于技术和社会两方面。社区内显然缺乏邻里之间的交流，这可能应该归咎于住宅一律朝南的线性布局（见图1.27）（比特利，2000）。

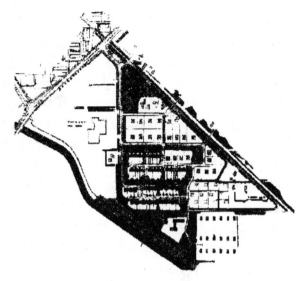

来源：比特利，2000年

图1.27　洛曼拉公园示意图：封闭的交通环线

代尔夫特的Eco-dus项目也是第一代可持续发展项目。这个容纳了250个住户的项目是由当地住宅协会、市政府和私人开发商共同合作建造的。其主要可持续设计内容包括南向和东南向的布置，用于热水的太阳能集热板和高能效手段[高值绝热（high-value insulation）和高能玻璃（high-energy glass）]。除此之外，沿街道布置的街区公寓（block of flats）被设计成声屏障（其浴室和厨房朝街道，起居室和卧室朝向安静的一侧；城市规划和城市设计相结合，同时也反映了内部户型的布置）。而且，所有的项目都减少了对家用轿车出行的依赖度（如狭窄的街道，提供更广泛的自行车网络）。其他特点还包括使用可持续和再生的建筑材料，免费的有机物堆肥箱(composting bin)，节水马桶和淋浴器，以及其他一些可持续生活措施。这个1992年竣工的项目被视为未来城市发展的样板。太阳能和节能措施在总体上是成功的，但当住户入住后想增高一层楼时，市政府不允许，因为这会影响其他住户的阳光照射。这就引出了如何设计舒适的住宅，让住户可以实现不同的生活需要的问题。在现实中，那些希望住更大单元的人就被迫要搬走，而这种现象被认为是与可持续目标相左的（比特利，2000）。

英国的若干居住项目引入了环保设计，如米尔顿凯恩斯（Milton Keynes）的彭尼兰（Pennyland）住宅项目，其小型空间结构有利于

提高能源效率（欧文斯，1986）。另一个例子是由阿伦兹（Ahrends）、伯顿（Burton）和科拉列克（Koralek）在巴西尔登设计的住宅项目，由于得到了精心设计和环保观念，其微气候和被动太阳能的成效都非常显著。南北向的主路和东西向的尽端路（cul-de-sacs）使得建筑获得更多的南向面，调整建筑间距减少相互遮挡，还通过景观设计降低风速。该项目有意识地确保节能的考虑不致影响社会、技术、美观和经济等因素（欧文斯，1986）。

获得良好的城市环境，不能只按规划条例亦步亦趋。在巴塞罗那，每公顷的平均住户是400户，而在英国人口密集的高密度内城（如伦敦），其每公顷的平均住户才100~200户，巴塞罗那的现状已经超出了目前规划规范的上限。而这实际上确保它成为一个城市，并在各个层次上（环境、社会和经济）为人们提供积极的城市体验。巴塞罗那被认为是欧洲最有活力而又最紧凑的城市（城市特别工作组，1999），它的例子说明一个事实，遵守规划条例需要借鉴先例，从实际情况出发，才能使之适应可持续发展的需要。

节能城市规划和设计与怡人、公正和美观

节能的环境是否就意味着牺牲怡人、公正和美观？假如说，城市的可持续性考虑了环境因素和经济发展，那么也同样包含了宜居性和社会公平。许多环境试验性项目的例子说明，很难创造出具备旧城人性化特点的新聚居区，因为旧城经过了有机的生长和发展，是在若干年逐渐形成的（比特利，2000）。

环境与人的行为

环境对人的行为模式起着重要作用。人们将频繁光顾好的设计和宜人的环境作为对它们的回报。"好的设计应该通过对材料、建筑形式和景观的选择，对人的感受形成刺激"（城市特别工作组，1999）。学者认为：

……设计、政策和决断，应该或者可能引入行为科学……通过跨学科的合作，设计者和规划才能够担负更多的社会责任。相应地，行为学家和环境社会学者也获得了更多的重要机

会实践其研究结果（门蒂，1988）。

城市过热和犯罪率上升之间就存在着联系（兰兹伯格，1981）。

欧文斯发现，节能规划的理念成功与否，除了其自身的技术边线，最终还要由其社会接纳度、文化结合度和经济灵活性决定（欧文斯，1986）。典型事例是虽然集中式购物场所有很多优点，但在气候温和地区，集中式购物却总是不成功。在温暖地区，购物更多的像是一种逛街的感觉，而不止是简单的买东西。事实上，不可能设计出一切都符合普遍规律的理想节能城市，而不顾及当地气候、社会经济和文化差异等因素。

为了舒适的设计：生理和心理

彻底摆脱噪声、辐射、极端气温和大风等环境问题的观念也受到批评，人的日常健康还是需要一定的外界刺激的（费策，1982）。喧嚣是城市的魅力所在，无所不包：声音的（汽车噪声，机器轰鸣，街道嘈杂，树叶沙沙作响），气味的（人的体味，植物的清新，烟火气，食物的飘香），还有视觉的（标志，人群，变化的街景）。正如西蒙兹（1994）所说：“许多不同和熟悉的声音为城市生活增添了快乐。”

一些学者总结了愉悦城市环境的前提条件（西蒙兹，1994；巴顿，1995；城市特别工作组，1999），都意在获得一种有活力的、积极的、环保的而令人愉快的城市环境。其中包括相互连通的街道，等级清楚的街道路网，设计得当的开放空间——能够促进人们交流和聚集，还要减少建筑之间的消极空间（城市特别工作组，1999）。学者通过经验、直觉和实践结果总结了上述条件。

梯勃兹（Tibbalds，1988）甚至从人本角度出发，总结了城市规划的十点建议：

1. 你必须首先考虑场地，而非建筑。
2. 你必须尊重过去，尊重背景。
3. 你必须促进城镇间功能的混合。
4. 你必须以人的尺度设计。
5. 你必须增加步行的意愿。
6. 你必须和社区各界接触，咨询他们的意见。
7. 你必须建造容易辨认的环境。
8. 你必须建造寿命长、易接受的环境。

9. 你必须避免在一处发生太大的尺度变化。
10. 你必须在尽可能的条件下，在建筑环境中增加混杂、乐趣和视觉愉悦。

节能规划与现实：调查和实例

建筑设计有时过分重视社会经济和文化现实，同时正如前文所说，政策执行和研究成果转化为实践的过程又常常受到阻碍。已经有人通过计算机模型模拟城市的密集度。在计算机模型中，统计了尺度、容量和内容之间的明确关系，而人的价值则被忽略。尽管从能源效率的角度出发，密集城市对于规划者有其吸引力，但在理论上仍应避免因此而造成过度拥挤。需要找到中间程度，能够既考虑到“活力，吸引力和城市质量，同时也试图将其纳入注重可持续性和密集度的政策框架”[克鲁士顿（Crookston）等，詹克斯等编，1996]。

- 居住密度：不浪费空间，也不过分拥挤；
- 交通：展现城市力度；
- 公园、学校和休闲场所：高质量服务和设施；
- 城市管理和安全；
- 住宅市场：提供较大的范围和较多的选择（克鲁士顿等，詹克斯等编，1996）。

比特利证实城市环境的密度并不是由其自身决定的。相反，由城市密度所导致的城市外形和设计，以及随之而来的城市设计成果、绿化、交通可达性和舒适度等，才是真正重要的（比特利，2000）。一些城市的现实和经验，显著体现了细微度（fine-grain）的街道模式和城市肌理的优点。荷兰的城市，如格罗宁根、代尔夫特和莱顿，密集的路网提供了丰富的选择路线。因此，行人和骑自行车的人在穿过城市时能体验到各种各样的街景和声音。除了增加愉悦感，当有更多的选择路线时，人们也会感到更安全（比特利，2000）。这被称为场所在视觉和物质两方面的“渗透性”（本特利，1995）。保持渗透性需要减少尽端路和分等级道路布局，提供细微度的城市形态（巴顿，1995）。

在城市中，可以在保持室外空间（如街道）质量的情况下，采取多种方式进行可再生能源推广。比特利特别提到（2000），“街道两旁的建筑能用多种方式产生积极氛围。建筑可以通过不同的色彩、高度和细节，渲染富于魅力的街道空间。”

对于行人，形体变化丰富的街道立面比死板单调的临街面更招人喜欢，尽管二者在环境问题上对于街道会有各自的影响，但是能够通过城市体形造就高质量的街道氛围是首要的（西蒙兹，1994）。

现实偶尔与常识相悖。格陵兰的规划试验证实，当地人更喜欢开放的城市规划，喜欢居住在自然中，而通常人们理所当然地认为格陵兰的城市应该是紧凑密集的。这种需求战胜了许多社会经济因素，如高密度的规划会更节约，还有环境上的需要，如松散的布局会受到更多风的破坏（门蒂，1988）。

如上所说，这证明了对于城市形态，不能采取简单的环境决定论。西方城市由一些固定的"类型"和"元素"组成，相互间只有细微差别：街道和广场；纪念碑和宫殿；城市街区（建筑围绕着内院）。这些元素之间的组织模式是各种结构和技术相互作用的结果。"城市形式看来是摒弃了气候因素，而不是来源于气候因素……气候应该成为城市形态的调停者，而非决定者"（门蒂，1988）。

总结

（朝着可持续城市形态推行的）快速进程不会悖于城市当前社会需求和经济驱使的发展速度。也许最理性的方式是保持城市化地区的本来面目，不会因为它起初的样子不够光鲜就嫌弃它。逻辑规则告诉我们形式应该如何，但是理性思考表明，我们能够做的就只是改进它［沃尔班克（Welbank），詹克斯等编，1996］。

究其原因，既然我们不可能给整个建成环境来一场大革命，按照可持续性和节能的标准重建所有城市，最可行的办法只能是接受现实，将其尽可能改造得更好。正如城市特别工作组所说，在未来的30年间，现有城市中心90%以上的建筑将继续陪伴我们（城市特别工作组，1999）。尽管有许多关于理想节能城市形态的研究，但很少有人通过细致调查，将提高城市可持续性、能源效率和环境表现等方面的可能性和好处进行量化统计。即使是该领域主要的研究活动，都没有深入到解决问题的层面，例如欧盟（EC）绿皮书（CEC，1990），主要关注的是降低城市社区的能源密集程度。尽管这

一革命性的具有显著影响的文件提出了解决问题的方法［即增加密度（densification）］，增加城市密度的实用性和灵活性仍是模糊而不确定的。布雷赫尼（1992）指出了绿皮书因建议之间的矛盾，而产生无法解决的问题，它一方面要求提高城市密度，一方面又要求增加城市空间。

这份文件最为重要的议题是，在大多数该领域的研究都强调长期和耗时的政策决策时，针对当前的城市能源情况，找出问题，并指明了简便的解决方法。它将交通政策与污染释放、能源消耗相联系；研究可改善能源性能（energy performance）的城市形态；采用更利于交流的道路基础设施和布局，因而减少能源消耗和污染排放；确定理想的"城市朝向"，以获得阳光照射和被动太阳能供热（戴维斯、凯利，1993）。

有许多研究者、规划师、建筑师和学者致力于研究和实行革命性的措施，将城市控制于小尺度内。尼开普和里因斯（Rienstra）（尼开普等，詹克斯编，1996）发现，建成环境和基础设施网的空间惰性的程度是使用新方法，如新的交通技术，解决能源密集城市问题的重大阻碍：

占据土地的住宅街区、工业设施和基础设施等人工构筑物，由于投入了资本，需要有较长的使用寿命。因此，各种土地使用方式一旦实行，往往要延续几十年。基础设施建成后会使用相当长的时间（尤其是在历史街区）。所以，对于城市区域而言，逐步实行（累加）的技术和小规模改造比彻底重建基础设施，改变土地使用性质，是更为可行的办法（尼开普等，詹克斯编，1996）。

伊格纳西·德·索拉－莫拉雷斯(Ignasi de Sola-Morales)，西班牙建筑师，巴塞罗那建筑学院历史和理论教授，提出了城市显微外科（urban microsurgery）的概念[5]，他坚信保留和尊重传统城市中心的均衡状态和肌理布局，是恢复城市活力的有效手段（如他近来在巴塞罗那历史街区做的项目）。另一些学者则强调恢复和重建城市环境的重要性，抵制彻底的规划改造，因为后者已经在改建基础设施的过程中破坏了许多充满活力的社区。麦凯（McKei）在1974年设计的城市规划的有机模型，被称为"细胞更新"（Cellular Renewal），来自于对地段的深入调研，将每户住居单元等同于一

个细胞。这种有机理念适合缓慢的更新和再生，逐步发展的方式也不会影响社区利益。有机的城市就像个器官，如果失去健康就会死亡，而且有最为适合它的大小（芒福汀，1996）。

近期城市规划和设计的许多工作和方式都需要依靠计算机辅助，减少了大量信息数据的管理工作。除了绘图、储存数据和比较分析，电脑技术最重要的创造性贡献是虚拟模型和容易理解的方案表现方式。尽管计算机技术在城市规划中得到了广泛应用，仍需注意它只是一种辅助工具，而不能代替有经验、有直觉感受的规划师和设计师（见图1.28）。总之，"规划师需要选取和使用一系列特定的城市可持续性准则，考虑到公共交通、私人汽车控制、城市密度、城市绿化、交通模式发展、功能混合等问题（布雷赫尼，1992）。城市背景下环境问题的答案，既应有解燃眉之急的短期变革措施，也应有针对长期发展和过程的实施。

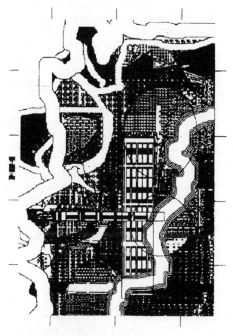 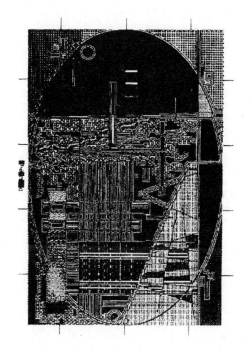

来源：西蒙兹，1994年

图1.28 检验自然和城市景观中建成形式共生关系的试验性工作，通过给定基地的自然特征以获得规划建议

概览

本章由对乡土规划的概述开始，回顾了已有的气候适应型城市设计的相关知识。随后是一系列当前对于城市气候学、可再生能源和建筑形式的环保能力等方面的研究。最后的部分提出了与城市规划相关方面的问题，如节能城市设计中的怡人、公平和美观。

参考书目

Alexander, C. et al (1978) *A Pattern Language: Towns, Buildings, Construction*, Oxford University Press, New York

Alexander, C. (1992) 'A city is not a tree', in G. Bell and J. Tyrwhitt (eds) Humanity Identity in the Urban Environment, Penguin, London, originally published in 1965

Alexandre, A. (1975) Road Traffic Noise, Applied Science Publishers Ltd, Barking

Ashton, J. (ed) (1992) *Healthy Cities*, Open University Press, Milton Keynes

Associated Press (1999) 'Norway: New malls banned', *The Gazette*, Montreal, 9 January, pA16

Attenborough, K. (1998) 'Acoustics of outdoor spaces', *Proceedings of the 16th International Conference on Acoustics*, Acoustical Society of America, Seattle

Barton, H. (1995) *Sustainable Settlements: A Guide for Planners, Designers and Developers*, Government Management Board, University of West of England, Bristol

Beatley, T. (2000) *Green Urbanism: Learning from European Cities*, Island Press, Canada

Bentley, I., Alcock, A., Murrain, P., McGlynn, S. and Smith, G.

(1985) *Responsive Environments: A Manual for Designers*, Architectural Press, London

Beranek, L. L. and Embleton, T. F. W. (1982) 'Sound propagation outdoors', *Noise Control Engineering*, vol 18

Blowers, A. (ed) (1993) *Planning for a Sustainable Environment: A Report by the Town and Country Planning Association*, Earthscan Publication, London

Breheny, M. (ed) (1992) *Sustainable Development and Urban Form*, Pion, London

Breheny, M. (1997) 'Urban compaction: Feasible and acceptable?', *Cities*, vol 14, no 4, pp209–217

Broadbent, G. (1990) *Emerging Concepts in Urban Space Design*, Van Nostrand Reinhold (International), London

Calthorpe, P. (1973) *The Next American Metropolis: Ecology, Community and the American Dream*, Princeton Architectural Press, New York

Carley, M. and Christie, I. (1992) *Managing Sustainable Development*, Earthscan Publications, London

CEC (Commission of the European Communities) *Green Paper on the Urban Environment*, EUR 12902, 1990, Brussels

CETAT (Centre d'Etudes Techniques pour l'Amenagement du Territoire) (1986) *Morphologie Urbaine, Indicateurs Quantitatifs de 59 Formes Urbaines Choisies dans les Villes Suisses*, Georg (ed), CETAT, Geneva

Chandler, T. J. (1976) *Urban Climatology and Its Relevance to Urban Design*, WMO Technical Note No 149, World Meteorological Organization, Switzerland

City of Vienna (1993) 'Vienna: Launching into a new era', June 1993, press release

Croxford, B., Hillier, B. and Penn, A. (1995) 'Spatial distribution of urban pollution', *Proceedings of the 5th International Symposium on Highway and Urban Pollution 95*, Copenhagen

Croxford, B. and Penn, A. (1995) *Pedestrian Exposure to Urban Pollution: Exploratory Results*, Air Pollution 95, Porto Carras, Greece

Dantzig, G. B. and Saaty, T. L. (1973) *Compact City: A Plan for a Liveable Urban Environment*, W. H. Freeman, San Francisco, CA

Davies, J. K. and Kelly, M. P. (1993) *Healthy Cities*, Routledge, London

Department of the Environment (1993) *Migration and Business Relocation: The Case of the South East. Executive Summary*, A. Fielding and Prism Research Limited, Planning and Research Programme, HMSO, London

Edwards, B. (1996) *Towards Sustainable Architecture: European Directives and Building Design*, Butterworth Architecture, London

Egan, M. D. (1988) Architectural Acoustics, McGraw–Hill, Hightstown, US

Elkin, R. et al (1991) *Reviving the City: Towards Sustainable Urban Development*, Friends of the Earth, London

ESRC Research Programme (2000) *The Global Environmental Change: Producing Greener, Consuming Smarter*, ESRC, Swindon

Fathy, H. (1973) *The Arab House in the Urban Setting: Past Present and Future*, University of Chicago Press, Chicago

Fezer, F. (1982) 'The influence of building and location on the climate of settlements', *Energy and Buildings*, vol 4, pp91–97

Fothergill, S., Kitson, M. and Monks, S. (1983) *Changes in Industrial Floor Space and Employment in Cities, Towns and Rural Areas*, Industrial Location Research Project Working Paper 4, University of Cambridge, Cambridge, Department of Land Economy, Cambridge

Givoni, B. (1989) *Urban Design in Different Climates*, WHO Technical Note No 346, Geneva

Givoni, B. (1998) *Climate Considerations in Buildings and Urban Design*, Van Nostrand Reinhold, US

Goethert, R. (1978) *Urbanization Primer*, MIT Press, Cambridge, Massachusetts

Golany, G. (1983) *Earth-sheltered Habitat: History, Architecture and Urban Design*, Architectural Press, London

Golany, G. (1995) *Ethics and Urban Design: Culture, Form and Environment*, Wiley, New York

Goodchild, B. (1998) 'Learning the lessons of housing over shops initiatives', *Journal of Urban Design*, vol 3, no 1, pp73–92

Haughton, G. and Hunter, C. (1994) *Sustainable Cities*, Jessica Kingsley Publishers Ltd, London

Holtzclaw, J. (1991) *Automobiles and their Alternatives: An Agenda for the 1990s*, Proceedings of a Conference Sponsored by the Conservation Law Foundation of New England and the Energy Foundation, p50

Jacobs, A. (1993) *Great Streets*, MIT Press, Cambridge, Massachusetts and London

Jenks, M., Burton, E. and Williams, K. (eds) (1996) *The Compact City: A Sustainable Urban Form?*, E. & F. N. Spon, Oxford

Kihlman, T. and Kropp, W. (1988) 'Limits to the noise limits?' *Proceedings of the 16th International Conference on Acoustics*, Acoustical Society of America, Seattle

Landsberg, H. E. (1981) *The Urban Climate*, Academic Press, New York and London

Leinsberger, C. (1996) 'Metropolitan development trends of the latter 1990s: Social and environmental implications', in Diamond, H. L. and Noonan, P. F. (eds) *Land Use in America*, Island Press, Washington, D C

Ludwig, F. L. (1970) *Urban Temperature Fields in Urban Climate*, WMO, Technical Note No 108, Switzerland, pp80–107

Lyle, J. T. (1993) *Regenerative Design for Sustainable Development*, John Wiley and Sons, New York

Lynch, K. (1960) *The Image of the City*, MIT Press, US

Magnan, R. and Mathieu, H. (1975) *Orthopoles, Villes en Iles*, Centre de Recherche d'Urbanisme, Paris

Mahdavi, A. (1998) 'Toward a human ecology of the built environment', *Journal of South East Asian Architecture*, vol 5, no 1, pp23–30

Maldonado, E. and Yannas, S. (1998) 'Environmentally friendly cities', *Proceedings of PLEA 1998 Conference, Lisbon, Portugal*, James & James Ltd, London

Mänty, J. (1988) *Cities Designed for Winter*, Norman Pressman, Building Book Ltd, Helsinki

March, T. A. and Trace, M. (1972) 'The land use performances of selected arrays of built forms', *Land Use and Built Form Studies*, Working Paper No 2, UK

Martin, L. and March, L. (1972) *Urban Space and Structures*, Cambridge University Press, Cambridge

Morris, A. E. J. (1994) *History of Urban Form: Before the Industrial Revolutions*, Longman Scientific and Technical, Harlow

Moughtin, J. C. (1996) *Urban Design: Green Dimensions*, Butterworth Architecture, Oxford

Mumford, L. (1961) *The City in History: Its Origin, Its Transformation and Its Prospects*, Harcourt, Brace and World, New York, p15

Naess, P. (1991) 'Environment protection by urban concentration', *Scandinavian Housing and Planning Research*, vol 8, pp247–252

Naess, P. (1991) 'Environment protection by urban concentration', Paper presented at Conference on Housing Policy as a Strategy for Change, Oslo (copy available from Norwegian

Institute for Urban and Regional Research, Oslo)

Newman, P. and Kenworthy, J. (1989) 'Gasoline consumption and cities – a comparison of US cities with a global survey', *Journal of the American Planning Association*, vol 55, pp24–37

Nijkamp, P. and Perrels, A. (1994) *Sustainable Cities in Europe*, Earthscan Publications Ltd, London

Ojima, T. and Moriyama, M. (1982) 'Earth surface heat balance changes caused by urbanization', *Energy and Buildings*, vol 4, pp99–114

Oke, T. R. (1980) 'Climatic impacts of urbanization', in Bach, W., Pankrath, J. and Williams, J. (eds) *Interactions of Energy and Climate*, D. Reidel Publishing Company, pp339–356

Oke, T. R. (1987) *Boundary Layer Climates*, Methuen, London

Oke, T. R. (1988) 'Street design and urban canopy layer climate', *Energy and Buildings*, vol 11, pp103–113

Owens, S. (1986) *Energy, Planning and Urban Form*, Pion Limited, London

Owens, S. (1992) 'Energy, environmental sustainability and land-use planning', in Breheny, M. (ed) *Sustainable Development and Urban Form*, Pion, London

Pearlmutter, D. (1998) 'Street canyon geometry and microclimate', *Proceedings of PLEA 1998, Lisbon, Portugal*, James & James Ltd, London

Rahamimoff, A. and Bornstein, N. (1982) 'Edge conditions – Climatic considerations in the design of buildings and settlements', *Energy and Buildings*, vol 4, pp43–49

Richards, J. M. (1946) *The Castles on the Ground*, Architectural Press, London

Rickaby, P. A. (1987) 'Six settlement patterns compared', *Environment and Planning B: Planning and Design*, vol 14, pp193–223

Rogers, R. (1997) *Cities for a Small Planet*, Faber and Faber, London

Rudofsky, A. (1964) *Architecture without Architects*, Academy Edition, London

Sadik, N. (1991) 'Confronting the challenge of tomorrow's cities – today', *Development Forum*, vol 19(2)

Simmonds, J. O. (1994) *Garden Cities 21: Creating a Livable Urban Environment*, McGraw-Hill, Inc, US

Steemers, K. (1992) *Energy in Buildings: The Urban Context*, PhD thesis, University of Cambridge, Cambridge

Steemers, K. (ed) (2000) 'PRECIS: Assessing the potential for renewable energy in cities', unpublished EU research report, The Martin Centre, University of Cambridge, Cambridge, UK

Steemers, K. and Yannas, S. (eds) (2000) 'Architecture city environment', *Proceedings of PLEA 2000 Conference, Cambridge, England*, James & James Ltd, London

Tibbalds, F. (1988) 'Urban design: Tibbalds offers the prince his ten commandments', *The Planner* (mid-month supplement), vol 74, p1

UNCHS (1996) *An Urbanising World*, Oxford University Press, Oxford

Urban Task Force (1999) *Towards an Urban Renaissance*, Crown Copyright, London

Van Der Brink, A. (1997) 'Urbanization and land use planning: Dutch policy perspectives and experiences', Unpublished paper

Warren, R. (1998) *The Urban Oasis: Guideways and Greenways in the Human Environment*, McGraw-Hill, US

WCED (World Commission on Environment and Development) (1987) *Our Common Future*, Oxford University Press, Oxford

Whyte, W. H. Jr. (1990) *Rediscovering the Center City*, Doubleday (Anchor), New York

World Media Foundation (1999) 'Living Earth', Transcript of interview with Jasper Simonsen, Deputy Minister for the Environment, Norway, 15 January

Wu, S. and Kittinger, E. (1995) 'On the relevance of sound scattering to the prediction of traffic noise in urban streets', *Acoustica*, vol 81, pp36–42

推荐书目

以下出版物不仅广泛而深入地介绍了现有城市环境领域的相关知识，也提供了该领域众多可供关注的要点。然而，还没有多少文章能够全面而彻底地涵盖所有重要议题。以下出版物只是成功地涉及了该领域的一部分内容：

1. M·布雷赫尼编（1992），《可持续发展和城市形态》（Sustainable Development and Urban Form），Pion，伦敦

这本合集综合了可持续性的各个方面（不仅包括环境，还涉及了社会和经济）与城市设计的关系。布雷赫尼是一位颇受尊重的学者和专家，也是这一领域最重要的研究者。对于本书的重视不应只限于技术层面。

2. R·埃尔金（Elkin）等（1991），《城市复兴：向着可持续城市发展》（Reviving the City: Towards Sustainable Urban Development），地球之友（Friends of the Earth），伦敦

本书提出了重要的环境思考和针对未来可预知的城市环境问题的潜在策略。书中以提纲挈领的方式叙述了能源和污染方面的广泛内容，为了推动政治议案实施而对竞选活动着墨颇多。读者可能认为本书不够客观，然而它仍然是很有启发性的。

3. 理查德·罗杰斯（Rogers）（1997），《小小地球上的城市》（Cities for a Small Planet），Faber and Faber，伦敦

这本书由建筑师所写，意在指明城市设计面临的挑战。身为世界一流的建筑大师，作者在书中富于感情地表达了自己的观点，他总结了一些主要问题，附以充分的设计实例。这是职业建筑师参与环境研究的入门必备。

注释

1. 选自A. V. Ruiz (1998)，《城市环境设计：通过城市设计减少交通噪声》硕士毕业论文，英国剑桥大学建筑系马丁建筑和城市研究中心。

2. 在自由场（free-field）的情况下（如缺少反射面）。

3. 选自A.V.Ruiz（1998），《城市环境设计：通过城市设计减少交通噪声》，硕士毕业论文，英国剑桥大学建筑系马丁建筑和城市研究中心。

4. 健康城市计划是由世界卫生组织（WHO）在全世界推行的政策。

5. 选自伊格纳西·德·索拉－莫拉雷斯教授2000年5月24日在剑桥大学建筑系马丁建筑和城市研究中心的讲话。

题目

题目1

讨论今天的城市规划师应该如何从乡土规划中获得经验，画出历史上的实例。今天城市环境的压力是否使得这种对于历史经验的学习变得毫无意义？

题目2

概述城市环境的本质——什么是使其不同于乡村气候的最重要的特点？

题目3

根据你的理解，城市变革中体现了哪些社会和技术的优缺点？

答案

题目1

许多学者都对乡土聚落具有较高的气候适应方面的能力进行了高度评价。例如，莫里斯（1994）比较了庭院平面在干热气候的流行和罗马统治者试图在北方较凉爽地区的城市规划中推广这种形式所受到的抵制。可以确信，由于在天气温和的北部地区缺少气候压力，房子就没有必要聚集在一起，并且形成一个内向型的庭院以抵御恶劣天气。常见的住宅类型更为外向，而且经常是独立的（莫里斯，1994）。这方面的乡土聚落的例子包括纳瓦霍和安那萨西村庄等美国土著印第安人聚落（格兰尼，1983），还有中东地区通过密集规划以抵御干热气候恶劣条件的聚落，如乌尔、欧伦托斯和科尔多瓦等地的村落（莫里斯，1994）。尽管有了污染、噪声和交通等现代问题，传统经验在今天仍然适用。例如在芬兰，建筑各自独立，基础设施管线也分散设置的功能主义时代过去以后，院落型的住宅又再次出现。乡土建筑那种南向的院落规划的复活有其充足的理由。除了能够在建筑的夹角处形成温暖而"聚集热量"的"阳光容器"之外，这样的形式还能抵挡寒风以及街道的污染（交通、噪声、灰土和浮尘等），并且能够充分利用建筑用地。

题目2

吉沃尼确信城市形态会对城市微气候，甚至能源消耗产生作用。他能够归纳的物质参数包括城市规模、建成区密度、土地覆盖率、建筑高度、街道朝向和宽度，以及建筑细部的特殊设计对于室外环境造成的影响。街道的设计需要微妙的平衡，既要最大限度地促进通风、污染物扩散和阳光照射，又不能损失遮蔽空间和城市的热量。关于城市热量和热岛现象与城市形态的关系，欧克发现街道高宽比普遍较高，也就是比较紧凑的城市，能够获取更多的太阳辐射和热量，对热量的保存在夜间尤为显著。

题目3

总结部分对该问题进行了详尽的回答。

第2章

建筑设计和建筑被动环境工程系统

斯皮罗斯·阿莫及斯

近期的绿色建筑实例提醒建筑师可持续性需要以精确的设计作为其长期存在的基础［斯诺尼亚（Snoonian）、古尔德（Gould），2001，p96］。

本章范围

本章简要讨论了建筑设计的过程，和在这一过程中对自然环境提供的条件的利用与结合。这些条件成为一种综合的建筑概念，使其与自然环境的各种因素产生相互作用。

学习目标

经过这一章的学习，你能够将被动和主动环境系统与建筑概念和设计过程相结合。这些环境系统能够减少能源消耗，改善由非可再生能源产生的室内环境。

关键词

关键词包括：
• 建筑概念；
• 建筑设计过程；
• 被动和主动环境系统。

序言

本章的重点在于建筑设计过程，而不是具体的技术信息。文中讨论了理解被动和主动系统对于在设计中作出决定的重要性，以及对这些因素产生的兴趣和创造性思考的可能性。这种设计方法对各方面考虑作出回应，包括不过度依赖不可再生能源的可持续的周边环境[弗赖（Fry）、德鲁（Drew），1956，p23］。

威丁顿（Waddington）（1972，p72）在《生物学和未来的历史》（Biology and the History of the Future）一书中的文字颇具特色：

只有将每一步分解的具体操作都与整个地球相结合后，我才会作结论。我认为需要结合的不是地球这个整体，而是所有的情况这个整体。

建筑概念

建筑设计是一个综合过程，建筑概念是其中的关键。作为一个过程，它需要通过设计师的创作来获得中心思想，也就是概念。概念应该需要通过对以下若干方面的思考来获得：
• 使用者的功能需求；
• 建筑所处背景（自然的和人工的环境）；
• 建造方式和材料；
• 建设投资；
• 运行和维护费用。

设计最终应服务于使用者，执行规范和专业标准，让设计人满意。这一过程并非如工程方法那样精确，因为使用者和业主的需求，还有设计者的因素，都会受到个人爱好和潮流趋势的影响，从而（在决策过程中）削弱了建筑设计的效果。

使用者的功能需求

使用者的需要有：
• 恰当的空间选择和**布局**，适合于人们各种可以想到的室内活动；

• **健康**和**舒适**的环境，就像鲁斯·塞格（引自威丁顿，1972，p60）恰到好处地描绘的建议"人类权利的生态账单"："居住在有美丽景致和健康生活条件的合理物质环境中的权利"；

• **方便活动**和使用建筑；

• **令人愉悦的环境**——其环境可以根据个人对于空间的喜好以及社会潮流的影响而变化。

背景

对于建筑所处的背景，需要考虑以下问题：

• 基地的总体**地形**和相邻环境；

• 基地**朝向**；

• **气候数据**；

• 相邻和周边基地的**土地使用**；

• 总体**环境条件**和通过的道路（产生交通和噪声污染）；

• 当地的**历史**、**文化**和**社会**环境。

建造方式和材料

建造方式和材料基于以下条件：

• 整体**结构安全**，尤其要能应对当地自然灾害（如地震、洪水和飓风）；

• 建筑的费用和生命周期（是使用受限的临时建筑还是永久建筑）；

• **当地**市场供应的**材料**，和当地**工艺**；

• 针对具体使用要求选择合适的**材料**，应优先采用可再生材料、循环材料和在制造过程中对环境危害较小的材料。

最初投资成本

最初建设成本的投资，决定了其他各项选择。然而，即使资金不是问题，也应该采用减少能源消耗的建设方式，因为这同样能提高和增加建筑室内环境的效率。

从环境的观点出发，在城市范围内可执行的，建筑应该尽可能进行循环再利用，而不是拆除重建——这一观点已经在大西洋两岸得到认同（见威丁顿，1972；斯诺尼亚、古尔德，2001，p64）。

运行和维护费用

运行费用主要是对以下内容的使用：

• 厨房、淋浴、灌溉和清洁用水；

• 照明、通风、供热、烹饪、热水、电器使用、机械系统的运行等消耗的能源。

而维护费用则指维护生命周期有限的室内外材料（如粉刷和更换、更新屋面材料）。

建筑设计过程

通常来说，在建筑"设计"中，没有准确而通用的方法和系统。思维方式各异的人们通过各自对信息的消化理解和综合过程，设计出不同的建筑。例如，有些人的思维过程是线性的，通过对分析的综合得出结果。而另一些人则依靠直觉，很快得到某个理念，依靠的是自己的经验。要把理念发展成实际的建筑设计，两种方法都要对同样的问题和标准作出回应。

这两种着手设计的方法体现了大多数建筑师工作方式的两个极端。所有胜任职责的设计师所共有的，是他们的设计都对同一类重要问题作出了回应。

专业人士对设计问题的侧重点不会完全一致。从20世纪50年代到70年代，技术进步以及低廉的能源价格使得通过机械手段控制建筑室内成为普遍现象，而不再重视自然环境。其结果是大量的建筑完全依靠技术满足室内环境需求，过度消耗能源。从20世纪70年代第一次石油危机以来，这种潮流正在逐步改变。

建筑设计中的环境手段

建筑设计过程是创造性的过程。它依靠设计者的聪明才智，处理建筑的各种主要问题（通过将它们转译为空间元素，而与设计结合）。有大量优秀的建筑设计实例证明了这一点，其中包括洛杉矶20世纪上半叶的"本土"住宅类型（"indigenous" housing）（阿莫及斯，1995，p121-124）。

世界各地的本土建筑在长时间的发展中，需要适应人们的功能需求、房屋所在的背景，还有当地的材料和建造方式，蕴涵了大量的人类劳动和时间。这些地方上的能工巧匠流传下来的经验和智慧，现在已经被正规的教育（选择性的知识）和技术（机械、工业产品）所取代。尤其在控制室内环境的能力方面，当代建筑设计师缺乏对自然和自然氛围的敏锐度。

建筑需要迎合消费者的口味，寻找新鲜事物的目标把重点放在了新的建筑形象，而不是建筑理念体现的社会和环境价值。近年来，一些建筑评论家形容这种形式主义的潮流为"重点在包装"，外部形象被放在首位，把建筑"装"进去。

对于环境设计和生态气候建筑的重视是正确的方向，但不是新的发明。它能够得到重视是因为人们认识到全球环境已经到了一个危险的地步，自然资源不足，需要减少或用其他办法替代不可再生能源的消耗。

现在，许多传统的、可以改善建筑环境条件的经验性知识通过科学方法得以实现。当前建筑设计实践的一个改进措施就是对被动系统的运用。通过革新，使用新材料、新技术，这种系统的效果日益增加。

建筑作为城市肌理的元素

城市建筑：

- 在外形上界定了开放和公共空间；
- 在内部提供了隔绝自然因素的遮蔽空间。

建筑坐落的方式和建筑的形式直接影响着外部环境。建筑内部平面和剖面的组织决定了室内空间与室外空间的关系。此外，建筑元素的设计方式，如开放型，也能控制室内外的视觉和功能关系。最后，材料的选择和建造方式对于获得最佳效果也有同样重要的作用。

为了实现使用功能，建筑内部需要照明、通风，在气温过低或过高的时候供暖和供冷。湿度也会导致不适，严重时甚至危害生命。周边环境会影响人的生理和健康，因而非常重要。室内环境的效率也同样与它处理和室外环境关系的方式有关。

建筑被动系统

"被动"一词指建筑设计中使用再生能源，以"简单整合技术"[桑塔莫利斯、阿西马可珀洛斯（Asimakopoulos），1996，p75]供暖和供冷，以及最大限度地利用自然采光和通风的种种方法。

近30年来，已有许多改进方法和各类被动系统在建筑中得到应用。有些建筑设计师成功地将被动系统作为构思出发点，当然大部分人还是简单地使用被动系统元素，或者改善设计中的其他方面以增加环保效果。这方面早期的成功例子是托马斯·赫尔佐格（Tomas Herzog）和伯纳德·希林（Bernard Schilling）1976年在慕尼黑设计的联排住宅（见图2.1）。

来源：阿莫及斯收集

图2.1　慕尼黑联排住宅

赫尔佐格和希林设计的建筑剖面通过对太阳能的利用实现环境的可持续性，并产生生动而舒适的室内空间。在获得良好景观的同时保持私密性，并通过丰富的平面与城市肌理相融合。

另一个结合被动系统的创新设计，是居格·朗（Jurg Lang）位于洛杉矶附近圣费尔南多（San Fernando）的住宅（阿莫及斯，1991，p87-92）（见图2.2）。

来源：经居格·朗许可

图2.2　结合被动系统的住宅实例

建筑活动作为自然的入侵者，无疑改变着自然环境。因此，我们需要在建筑材料的生产方式中尽可能减少建筑在各方面对环境的负面影响。生产过程和城市活动的显著效果是成为全球环境受破坏的主因。

建筑设计的环境措施需要处理这些问题，以对自然危害程度较小的方法满足人类需求。洛基山研究中心（Rocky Mountain Institute）的洛佩兹·巴内特（Lopez Barnett）和伯朗宁（Browning）概括地提出了"可持续设计"或称"绿色发展"方法。很难用一两句话解释清楚这种新的建筑，其总体目标就是要建造"少从地球索取，而能给予人们更多"的建筑（洛佩兹·巴内特、伯朗宁，1995，p2）。

建筑设计能够在保证建筑中人类生活舒适条件的基础上，减少对不可再生能源的使用。这些设计既要使用被动系统，也要结合主动建筑环境工程系统。同时采用被动和主动系统，可以增加建筑设计的环境效率。

主动系统通过使用机械、电动和电子设备来增加被动系统的效率。例如，在太阳能电动风扇中设置自动调温器（thermostats），可以通过监测、调控温度，提高被动供暖系统的效果。此外，还有许多方法，都可以用于与被动系统的技术和软件的结合中，详见第5章。

被动系统可用于提供：
- 白天室内的自然采光；
- 自然通风；
- 供暖/供冷

使用可再生能源和简单整合技术，如特朗布墙（Trombe wall，见第10章），就可以产生积极的效果。

综上所述，加入机械和电力装置，以及监测、调控各方面效果的电子设备后，被动系统的效率得到了进一步提高。这些增加的技术措施可以用太阳能/风能转化的电能来驱动。

加入被动系统的建筑设计应该可以运用所有系统或部分技术。环境保护的有利程度、用地、建筑复杂程度及功能、可实现目标等方面的限制，决定了对技术的选择。

自然光

对于自然光的有效应用直接来自建筑构思的选择。平面形式（房间的进深），必须根据当地纬度和建筑朝向，控制在室内阳光射入最大距离内。建筑剖面的设计应该实现最大限度的采光。图2.3和图2.4显示了亚历山德鲁波利斯国际机场（the International Airport of Alexandroupolis）候机楼的结构单元是如何为室内提供自然采光和通风的。[1]

来源：阿莫及斯资料

注：建筑师，N·卡洛耶拉斯，S·阿莫及斯（1978）

图2.3　亚历山德鲁波利斯国际机场室内

来源：阿莫及斯资料

注：建筑师，N·卡洛耶拉斯，S·阿莫及斯（1978）

图2.4　亚历山德鲁波利斯国际机场顶棚特写

空间的不同功能对光照的强度和质量会有不同的需求。如室内空间与画廊需要的照明就有所不同。路易·康在德克萨斯沃夫兹堡（Forth Worth）设计的金贝尔艺术博物馆（Kimball Art Museum，1966~1972），就是一个通过设计构思，满足艺术展陈空间独特的自然采光需求的杰出范例（见图2.5）。

来源：经P·黑尔姆勒（Helmle）教授许可

图2.5 美术馆单元室内

设计时应该考虑到空间内（墙体或屋顶）朝室外开窗的不同方向、位置、大小和形状，以及进入空间的光照强度和光照类型（直射光或反射光）。

当然，除了计算数据，还必须考虑到观赏需求、私密性、门窗外观和通风等其他因素。图2.6显示了一栋位于雅典海岸南侧的公寓楼2，对上述问题恰如其分的解决方式，产生了建筑的组织形式和特点（阿莫及斯，1966）。

来源：卡洛耶拉斯—阿莫及斯资料

图2.6 雅典南海岸公寓建筑

阳光来自太阳，对人体有多种益处，出于健康原因，也应该让阳光进入室内。阳光由不同波长的光组成。在波长较短的范围内，有红外线，可以加热物体表面，干燥空气；而紫外线则能杀菌。在北方气候条件下，一年中白天最短的日子（在12月），"可居住的"房间也应该有一段时间能够晒到阳光，法定的最短时间是1h，对于最小开窗面积也有相应的规定。

光线在照射到反光材料和非常光滑的表面时，会朝相反的方向反射，其入射角和反射角角度相同。在不反光材料或粗糙的表面上，光线会朝各个方向反射，这被称为"漫反射"（沃森，1992，p83）。设计师可以利用反光特性，以水平和垂直表面通过适当反射，引入或遮蔽光线，也可以根据需要制造特殊效果，产生间接和漫射的自然光。材料的肌理和色彩也非常重要。间接和漫射自然采光尤其适用于博物馆、画廊和其他需要特殊间接采光的空间。

我们的目标应该是让建筑在白天最大限度地利用自然光，减少或完全不用人工照明。

建筑的自然通风、供热和供冷

和自然采光一样，建筑的自然通风、室内适宜温度等效果在很大程度上由建筑设计决定。在设计阶段对于选址、布局、剖面、建筑形式、墙体开窗、建造方式和材料等因素的选择会增进或削弱居住者在室内环境中感受到的"舒适条件"（comfort condition）。

选址

在城市中，区域划分（zoning）决定了建筑体系。规划和分区规范通常用连续、分离、独立、半分离等状态来形容建筑。建筑界线（building line）通常是平行于街道的，并且要求正立面的全部或部分平行于建筑界线。在连续系统中，建筑的选址和正立面定位应该由城市规划决定其朝向。只能选择部分后退，做飘窗或是当地规划限制允许的其他建筑手法。可以通过对这些有限选择进行设计，改变方向甚至杜绝从街道进入建筑室内的气流。分离或独立的建筑系统，在选址上自由度更大，在设计中可以选择有利朝向，利用当地主导风向，还可以通过位置选择和室外植被类型设计，为室内环境提供良好的视野。

平面布置

建筑的室内布局需要经过设计，有利于空气

对流和由室内外温差导致的空气流动。不同的房间功能有不同的阳光照射需求，也会产生对朝向的不同需求。各类会产生热量的能耗和行为（如锅炉、壁炉、烟囱）可以设在平面中心，这样多余的热量可以加热周边房间。

剖面

房间高度与房间大小、位置和开洞形式之间的关系可能会阻碍或促进空气流通。通风管道和两层层高的空间——如带夹层的房间，可以让空气流通。连续建筑的底层架空方式，可以促使空气在街道和后院之间循环流动。如果建筑面对的街道嘈杂，空气污浊，我们可以通过剖面设计，将新鲜空气从带绿化的后院引入建筑。

图2.7所示是位于雅典一条交通要道旁边的高密度商业办公楼的剖面研究（阿莫及斯，1993）。朝西和朝南的曲面玻璃幕墙，作为"屏障"和"空气通风道"，使热空气上升到楼顶。清洁的空气从远离道路的北侧内院进入建筑。精心设计的剖面阻挡道路上的污染物进入建筑内部。在交通繁忙时段，污染物可以从道路两边扩散67m之远，然后回落到一般建成区域的平均水平（普罗克特，1989，p27）。

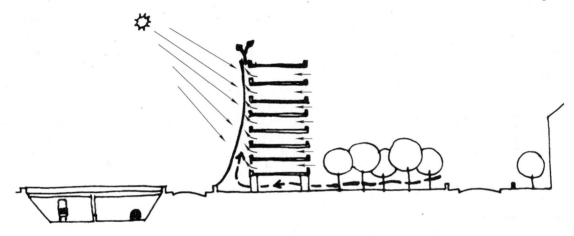

来源：S·阿莫及斯、N·卡洛耶拉斯及M·布莱克建筑竞赛方案

图2.7 高速公路和建筑剖面

建筑形式

通过对建筑形式的设计，可以根据需要，控制进入建筑和经过建筑周边的风向。平面、剖面紧凑的建筑，其外墙和屋顶面积较小，因而热损失和热获得也较小。在炎热的气候条件下，伸展的屋顶和长长挑出的屋檐，减少了建筑得热，产生气温不同的区域。

墙面开洞

门窗的大小和形状对于空气流通同样十分重要。恰当地安排门窗位置，可以增进自然通风和室内空气流动。在温暖的气候环境中，高窗让热空气流出，室内空间上方密闭，热空气无处可去，则会使温度升高。

建造方法和建筑材料

建造方法和建筑材料可以提高建筑室内环境的质量。不同的材料有不同的绝热和吸热性能。选择材料时，需要考虑的另一个重要因素是材料的蕴藏能源（embodied energy，即材料在生产、运输等过程中消耗的能源），以及在生产材料过程中所产生的污染（见第4章）。

建筑外界面的绝热性能有助于保持室内外温差。如果外墙各层材料的隔热系数差异很大的话，其隔热性能就会因"冷桥"或"热桥"而被大幅削弱。没有正确填充绝热材料的金属窗框就是典型的冷桥。门窗构造中的缝隙也会造成不必要的空气渗透。对于干作业施工的墙体，电路的开关面板和墙体之间的缝隙都会造成空气渗透，需要在塑料开关面板和壁灯的缝隙周围填充绝热材料。

建筑材料对热量的吸收和储存既是好事，也是坏事。例如，作为储热的材料，石头做的室内地坪在冬季是好的，而另一方面，在夏天阳光的曝晒下，这就未必是优点了。

概览

一座建筑的设计是综合过程的产品。其综合性来自对许多因素的分析，对于使用者需求、建筑背景、建筑技术经济情况等方面的考虑。这些因素需要根据环境的制约和许可进行定性和定量分析，如被动和主动建筑环境系统。

关于环境制约和许可的前期分析能帮助设计师根据建筑的上述因素进行创作。有许多出色的原创设计的例子，都是来自于对环境思考的创造性应用。

最后，我们可以用唐纳德·沃森的概括作为总结，他认为设计者应该"从四个不同的方面思考建筑，每个都更为复杂，但可以用逻辑的过程来发展"。也就是，建筑应该是一个：

1. 自然热量的交换器；
2. 微气候；
3. 生物系统；
4. 生态区域（ecological niche）（沃森，1991，p103）。

总之，依沃森（1991，p102）所言，"之所以缺乏在环境设计方面立得住脚的设计，在于缺少对生态原则和建筑原则的整合。"

注释

1. N·卡洛耶拉斯，S·阿莫及斯，建筑师，1978。亚历山德鲁波利斯国际机场。

2. S·阿莫及斯，N·卡洛耶拉斯，沃立歌美尼公寓（Vouliagmeni Apartments），1966。

参考书目

Amourgis, S. (1991) *Critical Regionalism*, CSPU, Pomona, pp87–92

Amourgis, S. (1993) *Competition Design of a Commercial Building Adjacent to Freeways in Athens*, CSU, Pomona

Amourgis, S. (1995) *Design of Amenity*, Kyushu Institute of Design, University Press, Fukuoka, pp121–124

Fry, M. and Drew, J. (1956) *Tropical Architecture in the Humid Zone*, B.T. Batsford Ltd, London, p23

Lopez Barnett, D. and Browning, D. (1995) *A Primer on Sustainable Building*, Rocky Mountain Institute, Colorado, p2

Proctor, G. (1989) 'Building on the edge of a freeway: Case study, Glendale, CA', Research Paper, Urban Design Studio, CSU, p27

Santamouris, M. and Asimakopoulos, D. (1996) *Design Source Book on Passive Solar Architecture*, CIENE, NKUA, Athens

Snoonian, D. and Gould, P. E. (2001) 'Architecture rediscovers being green', *The Architectural Record*, June, pp94, 96

Waddington, C. H. (1972) *Biology and the History of the Future*, Edinburgh University Press, Edinburgh, pp27, 60

Watson, D. (1991) 'Commentary: Environmental architecture', *Progressive Architecture*, March, pp102, 103

Watson, D. and Labs, K. (1992) *Climatic Building Design*, McGraw-Hill, New York, p83

推荐书目

以下这些推荐的扩展读物，对于学习过程有所帮助：

1. T·赫尔佐格编（1996），《建筑和城市规划中的太阳能》（Solar Energy in Architecture and Urban Planning），Prestel Verlag，慕尼黑、纽约本书整理了各种有用的节能设计实例。可以扩大理解环境设计

理念的范畴和种类（本书为英、德、意文）。

2. A·迪默地（A. Dimoudi）、G·潘诺（G. Panno）、M·桑塔莫瑞斯、S·休托（S. Sciuto）、A·阿尔及里乌（A. Argiriou），《被动太阳能建筑设计参考资料》（Design Source Book on Passive Solar Architecture），CIENE（雅典大学

能源效率教育学院，Central Institution for Energy Efficiency Education —National and Kapodistrian University of Athens），雅典

这是对建筑能源保护的系统性详细阐述，目标读者是建筑师、工程师、物理学家以及其他设计、结构实践和建筑维护行业的专业人员。

题目

题目1

为了测试你对"建筑理念"和"建筑设计"概念的理解，写一篇简短的文章叙述它们对于设计过程的重要性。完成后和本章最后的答案进行比较。

题目2

开始进行被动建筑系统设计时，人们首先会分析对设计概念产生影响的环境条件。列出对于某类建筑，你认为在不同的条件下，首先需要考虑哪些环境因素——比如，不同气候区域的私人住宅，需要哪些因素，以及为什么：

- 温和气候，冬季不冷，夏季不热；
- 寒冷气候，冬季很长，夏季很短。

答案

题目1

"建筑概念"部分涉及这些问题，提供了发展概念必须考虑到的主要因素。而"建筑设计过程"部分则列出了建筑设计概念发展的各个阶段。

题目2

在温和气候下：

• 温暖季节遮蔽太阳光，避免眩光和过多得热。

• 其他季节吸收太阳光，充分减少供暖所需能源。

• 所有季节都利用自然采光，改变白天也完全依靠人工光源的状况。

• 夏季自然通风可以减少或取代对机械供冷的需求。

• 室外植物和外墙材料应该耐寒。

在寒冷气候下：

• 温暖的月份里、光照是一个小问题。

• 在寒冷季节，如果没有主动系统，应充分利用太阳能提高（而非取代）供暖。

• 在寒冷季节，应以自然光补充人工光源。

• 室外植物的作用和温暖气候相同，冬季让阳光进入室内，夏季则遮蔽烈日。

• 建筑形式紧凑，减少寒冷时期的热损失。

第3章

建筑设计的环境议题

科恩·斯蒂莫斯

本章范围

本章逐步概述了环境设计的各项议题，从场地分析、规划到建筑构造和围护的细部设计。第14章是对本章的补充，主要关注于本章未涉及的各议题综合和相互关系的问题。

学习目标

当你完成本章的学习后，你会：
• 理解环境议题如何影响设计，从最初的场地调研到最后的细部建造；
• 从全局出发理解各项议题。

关键词

关键词包括：
• 设计阶段；
• 环境设计列表。

序言

本章的目的在于介绍设计的各阶段会涉及的环境议题。其排列方式基本按照设计步骤组织：从基地整体构思，建筑形式和朝向，到具体的立面设计的环境要点，最后是整体的围护。然而，不能因此认定环境响应性设计有固定的设计方法。事实证明，设计过程是观念的循环往复，需要考虑到不同阶段设计发展的相互影响。本书第14章对于综合性设计进行了更为细致的论述。

本章的中心思想是在保证"舒适条件"的前提下，尽可能减少对环境的影响。城市建筑的能源使用对于全球、当地和室内环境条件都会产生影响，它一方面是可持续城市发展的关键所在（WCED，1987），另一方面也关系到人的舒适和健康［鲍达斯（Bordass）等，1995］。建筑能源使用不仅包括使用能耗，也包括材料生产中的蕴藏能源[1]。这就涉及本书前面提到的建筑材料选择等细节问题。

本章意在鼓励通过设计利用气候条件，在确保舒适的前提下，减少对消耗能源的人工控制手段的依赖。近一个世纪以来，特别是空调出现以后，设计师都不再关注有关气候的问题了（如避免冷、热气候带来的不利影响，减少过度太阳辐射等）。其结果是减少了与室外环境的互动，人工环境控制大大增加。典型的建筑是大进深、空调控制、高能耗的，还经常让使用者不满。

建筑对于气候的依存程度由建筑设计最初阶段的构思决定。此后在设计的各关键步骤逐步进行环境问题的研讨。

背景

天气气候数据

研究气候背景，首先需要分析基地所属的气候类型，收集有助于制订正确设计策略的相关数据。世界各地的气候分区通常是根据当地的温度和季节特点（如干热、暖湿、温和、寒冷等）来划分的。每种气候都会有不同的设计特点，这在各地的传统乡土建筑中经常能够见到（拉普卜特，1969）。

在一个气候区域内，各种条件，如地形、纬

度、城市密度的作用，也会使得气候特点出现较大范围的差异。如果要更为准确地了解当地气候，而不是照搬普遍类型，就需要了解当地的气温、风向和湿度等更为详细的信息。

气象站积累了几十年来积累的大量气象数据，是以每小时一次的频率检测的详细信息。当然，并非所有的信息都有用。需要根据设计潜在的需求和环境分析水平进行选择。干热气候下的昼夜温差和日均气温，都会作用于设计中维持舒适性的方法，因而都很重要（如利用热质量，延迟室内温度降低时间）。相反，在暖湿气候下，昼夜温差小，空气流动是决定舒适性的先决条件。因此，主要应该了解风速和风向。

当地气候条件

首先需要考虑天气气候背景，但各地条件的明显差异，也会影响到设计。同时，建筑建成后对于微气候的影响也非常重要。微气候受到地形、城市化和植被等局部特征的作用。

地形差异会产生多种微气候。例如，陡峭坡地的朝向对其太阳辐射量和日照时间产生影响。如果风从峡谷的上方或下方过来，会产生狭管效应（funneling），而如果峡谷和风向平行就会形成遮蔽环境。陆地和水面的交界处，每天的风向是固定的：白天，太阳辐射使得陆地温度高于水面温度，使得空气从水面向陆地流动（陆地上的空气受热浮力作用上升）；而到了晚上，空气则从陆地向水面流动。

城市化对气温的主要影响被称为"热岛"效应，即城区比相邻的郊区温度高几度（兰兹伯格，1981）。在前面的章节中曾对此有过详细介绍。热岛是由若干因素导致的，城市的湿度低[快速路（fast run-off），缺乏植被]、易保持热量、易吸收太阳辐射、风速小（见表3.1和图3.1）。

图3.1　城市环境（图为芝加哥）的典型特征，是硬质铺地、缺乏植被和变化多端的阴影和风，这与乡村气候完全不同

另一种城市化对于微气候的影响因素是空气和噪声污染（见第49页"空气和噪声污染"）。二者都对直接开窗进行自然通风的方式有很大影响，也因而决定了设计策略（见第50页"建筑平面和剖面"）。

众所周知，植被能够改善微气候的条件——如在基地周边植树，作为隔离带，遮挡寒风。植被还可以蒸发降温、遮蔽烈日、过滤颗粒物、减少噪声、吸收二氧化碳，满足人的心理需要和动植物的生态需求（图3.2）。

城市微气候和乡村环境的比较

表3.1

气候因素	与乡村环境比较
温度（年均）	增加0.5~3℃
太阳辐射（水平）	减少0%~20%
风速（年均）	减少20%~30%
相对湿度（年均）	减少6%

来源：兰兹伯格，1981。

图3.2　植被提供了多样化的微气候，包括提供荫凉、蒸发冷却的能力，如图所示为格拉纳达阿尔罕布拉宫的庭院

日照几何学

日照是决定节能建筑的外形、朝向和立面设计的关键因素。建筑不同朝向的表面材料，尤其是透明材料，吸收太阳辐射的差异，会显著作用于建筑的室内环境和能源性能。可以使用图像，如绘制太阳行程图（sun path diagram）和阴影遮挡图等方式，对建筑立面应用日照的水平进行简单的评价[戈尔丁（Goulding）等，1992]（图3.3）。设计师据此确定地形、植被和其他遮挡物（如建筑和遮阳装置）对于吸收日照的影响力。太阳在空中的不同位置决定了辐射强度，设计师能因此决定在哪里遮阳，或是设置被动太阳能装置。在寒冷气候下，目标是尽可能多地获得太阳能，而在炎热气候下，尤其是在夏天，则是尽可能地减少太阳能获得。

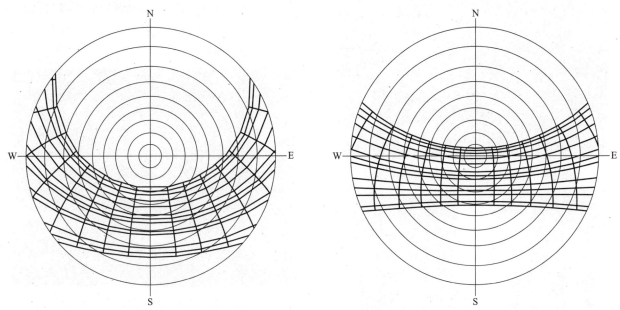

图3.3　高纬度（左，北纬53°）和低纬度（右，北纬17°）太阳照射路径图

风和空气流动

风条件（wind condition）会对自然通风产生影响，并因而对热舒适性和能源使用产生影响。自然通风是炎热季节的被动供冷措施之一，而空气渗透（非必要）和通风（受控制）则都是热负荷的重要组成部分。在上述情况下，都必须了解当地的主导风向，可以在处理建筑设计时最大限度地发挥优势，减少劣势。在一些情况下，会需要特定方向的风，比如夏季主导风向吹来的凉风。而在另一些情况下，则需要躲避冬季的寒风。因此，不仅要了解主导风向的条件，也要知道季节风和各方向风的温度（还有可能会含有的污染、尘埃或沙尘等物质）。

现有数据通常是特定气候下，在给定的高度（一般为10m）测量的风条件信息。这些数据主要适用于提供整体环境信息，但还需要进行针对基地情况的分析，尤其是在风向复杂，还有涡流出现的城区。

空气和噪声污染

空气和噪声污染因素，对于城市环境，尤其是自然通风措施有显著影响（见图3.4）。如果可能的话，可以检测（或预测）基地的污染水平，据此设计出适宜的建筑平面和剖面，并进行更细致的通风设计。

场地规划

场地内建筑的布置受太阳入射角和风向等气候制约。为了利用太阳照射，减少热负荷，需要根据日照几何学来确定建筑的间距和朝向。例如，如果要减少对冬季阳光的遮挡，因为太阳入射角低，就需要拉大建筑间距或降低建筑高度。阳光不仅有利于节约建筑用能，也有助于提高建筑间空间的质量。传统南方小镇那种典型的密集城市肌理，就是为了减少室外空间太阳辐射而产生的（见图3.5）。

图3.4　污染的尘霾笼罩着大面积城区

图3.5　西班牙南部（格拉纳达）的城市密度，狭窄的城市空间遮蔽了夏季的烈日，同时也阻挡了冬季的寒风

通过对风速、风向和相关温度的分析，可以了解到哪些风（夏季凉爽的微风）是人们需要的，而哪些风（冬季的寒风）是有害的——通常很难把某种风划归一类。在基地内进行平面布局，需要通过建筑朝向和植被种植等方式来利用

这些条件。还需要认真研究风效应对于建筑，特别是高层建筑的影响，风寂区会导致缺乏空气流动和建筑下风向的湍流。

如上文所述，建筑设计受到微气候思考的影响，但是设计的结果也会对微气候产生影响。因此，总平面需要改善周边环境，这对于整体环境有益，更对建筑自身有益。例如，位于喧闹、重污染环境中的建筑设计，就应具备安静而避免污染的空间，使得建筑朝向这个空间的部分能够获得自然通风。这不仅能减少能源消耗和排放，也能产生宜人的环境（见图3.6）。

图3.6　内院建筑实例，庭院阻隔了周边街道环境的
喧闹和污染，如同宁静的港湾

混合使用和人员流动

另一些非气候因素也会影响最终的能源消耗水平。地点选用大型基地，影响需求出行活动，大型用地内各部分功能的位置会影响出行需求，如住宅和办公之间，以及住宅和商店之间的交通活动。如果各功能间没有混合，居民就必须用汽车或其他方式外出，去购物、上班和娱乐，而这些出行都会消耗能源。分散的城市规划相比密集、功能混合的发展模式，其典型后果是产生了更多的个人用车需求［夏洛克（Sherlock），1991］。

密集、功能混合的规划的另一个优势是可以使能源供应更为集中而高效。一个地方的热负荷可以被另一个的供冷需求抵消。同样，混合热力（CHP）设备也能更为有效地满足热水和供电等混合需求。混合功能规划可以产生24h连续的能源需求，相比功能单一区域的间歇性的短期峰值需求，对于该地而言是更为便利，也更为有效的。

建筑平面和剖面

被动和非被动区

　　建筑环境和气候间的相互作用会影响到建筑形式的确定。可以通过对建筑形式的调整，利用有益于舒适性的气候特点，来提高能源性能。表面积体积比（surface-to-volume ratio）高的建筑更易受到气候的正面或是负面的影响。而紧凑的形式与外界气候接触较少，因此更需要人工控制其内部环境。在极端气候下，人们通常觉得和外界气候的接触越少越好，但却失去了不少提高能源效率的机会，其中一种简单的方式就是运用经过控制的自然光，减少人工照明的能耗。建筑外圈能够获得自然采光——自然通风，可能还有太阳能获得——这有助于减少照明耗电。这些区域被称为"潜在被动区域"（potentially passive zones），低能耗建筑的目的就在于最大限度地扩充被动区域，而减少非被动区域[贝克（Baker）、斯帝摩尔，2000]。

　　被动区域比例较高的建筑有其显著特点，不是一般的立方体，表现为体形伸展、线性布局、有内院或是手指状平面。显然，有选择性的环境设计倾向于增加形式的可能性，而不是限制它们。

朝向

　　建筑朝向要考虑到日照路径和风向因素，在炎热气候下，首先需要降低太阳能获得，增加空气流动，而在寒冷气候下，需要获得相反的效果。

　　在赤道附近，日照轨迹主要是垂直于头顶的（见图3.3），通过简单的悬挑就可以遮蔽南、北立面的辐射。而东、西立面则会受到强烈的太阳直射，因为太阳高度角太低，很难遮蔽。其最显著的问题是，西立面会在下午气温最高时经受暴晒。如果预先不进行处理，日照和炎热会很快产生温度过高的问题。东西向轴线的线性建筑，可以最大限度地减少东、西立面的面积，并减少东、西立面的开口，在朝向方面是最有利的。其次是风向的问题，立面设计和细部构造可以改变穿过建筑的气流。立面没有必要一定要垂直或近似垂直于风向才能将气流引入建筑。

　　在寒冷地区，特别是在供热季节，是需要获得太阳能的。而东西向轴线的线性建筑可以通过其向阳面获得更多的太阳能。夏天高入射角的日照需要进行遮挡，尤其是在温和气候下，传统的悬挑构件，成为有效而适当的遮阳装置（见图3.7）。

图3.7　温和气候区域的乡土建筑，清楚表明，简单悬挑的敞廊对不同季节的阳光可以进行选择控制

内部布局

　　建筑的内部布局也会对能源和舒适性能产生影响。例如，将服务用房（如交通、厕所和车间）作为热缓冲空间，有助于减少建筑无日照一侧的热量散失，避免居住空间受冷风侵扰。相反，热缓冲空间也可在室内避免过多的太阳能获得，比如阻挡建筑东西立面早上和下午低入射角的日照（图3.8）。

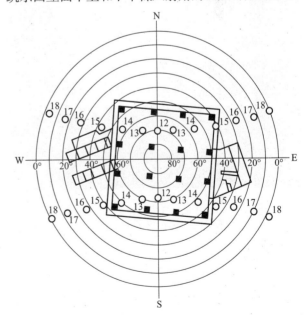

来源：建筑师，杨经文（Ken Yeang），1994年

图3.8　办公楼平面（IBM广场），服务空间设于东西立面，遮蔽早晚斜射的阳光，保护主要空间

使用空间中会产生噪声的区域（如机房、工场、车间等），可以作为声缓冲空间，使得建筑的其他部分在可进行自然通风的条件下，免受城市周边环境的噪声干扰。

庭院和中庭空间

在空调和大进深建筑出现以前，庭院和天井广泛应用于需要进深较大的建筑中，实现自然通风和采光。从节约能源的角度考虑，这对于减少通风能耗和人工光源的需求是不言而喻的。此外，还有增进使用者健康，提高工作能力，减少采用空调系统的支出等好处。对于建筑形式和基地密度的类型学研究表明，庭院可以增加建筑的容积率。

人们再度将目光投向庭院和中庭，特别是覆盖玻璃屋顶的庭院，因为它们可以实现某些低能耗措施。下面进行简要概述。

图3.9　中庭环境为建筑提供诸多环境益处，特别是在寒冷的北方气候下

热缓冲

与开敞庭院相比，带天窗的中庭的优势首先是降低了建筑的热损失。因为减少了围护结构的外露。建筑的热损失和日照的热量，使得中庭的温度总是高于外界气温。这也就减少了建筑构件向中庭发散的热损失，因而形成中庭的热缓冲效应。

自然采光

在大进深的建筑中插入中庭，就会有更多的自然光进入使用空间。有别于沿街立面，设计师可以通过提高表面反射系数，增加进入建筑物的自然光。在一个带玻璃顶的内院里，玻璃天窗的结构构件和玻璃本身会减少光的入射量。但由于中庭温度比外界高，建筑产生的热损失就会减少。这就是说，天窗的比例越大，就会提供越多的自然光，而不会产生热损失的问题。

通风

简洁的平面可以减少剖面长度，使得空气对流成为可能。一般来说，其距离应在12m以下。需要立面之间的气压差产生空气对流，而这通常来自风的作用。静风条件下建筑内的空气流动是由热浮力决定的。如果内院加了玻璃顶棚，风的影响就会减弱，但增加了烟囱效应（stack effect，即热浮力）的可能，"烟囱"越高，效果越明显（如六层楼或很高的中庭）。中庭的高度会增强烟囱效应导致的通风效果，使得热空气从中庭顶部的开口逸出。烟囱效应又使得新鲜空气从周边进入建筑，经过使用空间，到达中庭。因此，在夏季即使是没有风的最差条件下，也能实现必需的通风率。开口的位置和尺寸需要经过精心设计，以确保适宜而可控的通风率。

如果建筑的主要能耗是室内供热，那么可以采取可变的通风措施降低冬季热负荷。可以使用中庭的热空气为通往使用空间的新风加热。中庭与外界隔绝，热空气因而流向建筑内。在隔热性能设计良好的建筑中，占据最大比重的热损失是由通风造成的，而通过上述方式，我们可以降低这一热损失。任何进入中庭的太阳能获得，都是非常有用的。在采取这样的通风措施时，需要非常细致地设置通风路径，研究其位置和尺寸。

建筑使用模式

居住者使用建筑的方式会对能源使用产生重要影响。但占用的时间和最终消耗的能源之间并非是简单的联系，而是要受到使用者生活模式和建筑材料热质量特性等方面的影响。居住者的一两个举动就会改变建筑的能源性能，比如开窗，错误控制供热和空调设备，还有开关人工照明等。持续使用的建筑（24h使用）应该具有较高的热质量，以对应外界气候变化。而短期、间歇式的使用因为需要快速调控室内环境，因而需要轻型结构和快速响应系统。

在设计被动控制系统（如可开启窗扇、可移动遮阳装置和灯光控制）时，需要考虑到使用者的行为。一个扎实的措施，应该让建筑表现居住者的回应，这是很重要的。简单、高效而直接的人工控制会给使用者自信和满足。如果不能对环境进行控制，居住者就会感到不舒服，也会因而做出不正确的举动。例如在通风方面，如果通过开窗进行通风，居住者就会在必要时开窗换气（尽管他们可能不会把暖气关上，也可能让窗子开得时间过长）。但如果新鲜空气从屋顶的天窗进入，经过温度调节器的控制而到达室内，使用者往往会进行多余的控制，打开门或者调节风扇，增加空气流动。其结果是增加噪声和私密性问题，并因而降低舒适水准。同时用温度传感器自动开合窗户和人工控制的整体系统，应该是最有效的。

图3.10　建筑的中心功能是提供使用者可以控制的适宜、舒适、健康的环境

不同的使用需求确定了不同的环境要求，并对设计措施产生显著影响。在混合功能的建筑中这尤为重要。这方面的简单实例是设有计算机房、行政用房、绘图室和社交空间的办公楼。上述每一类房间都有各自不同的照明要求。计算机房不需要太多的自然采光，但要尽量避免眩光。绘图室需要大量的自然光，而社交空间也应该有日照。各类空间的平面组织因此与其环境需求挂钩：计算机房设在首层，绘图室在顶层，行政用房在中间，社交空间设在有阳光的一侧。

同样，热能指标和噪声问题也需要以正确的平面布置来解决，通过运用缓冲空间保护环境敏感区域。选择性设计的概念意味着不仅要体现在初期建筑形式设计的判断中，也要贯彻于设计的各个过程和细节中。

不同的空间和行为需要不同水平的环境控制，这包括为了敏感的设备和材料，将温度控制在20℃上下不超过1℃，和让温度在18° ~ 27° 变化以适应人的舒适要求。同样，湿度水平和过滤、净化空气的需求也随着建筑使用要求的不同而变化。这些考虑都会影响机械服务水平和其规格。

室内发热（internal gain）水平直接关系到建筑的使用，是设备、采光系统和使用过程中产生的。例如，大量使用计算机的办公室，就会有明显的室内发热。同样，在人员密集的空间内，如教室、演讲厅和礼堂内，在一定时段内室内发热也很多，为了确保健康和舒适，需要让这些空间获得充分的空气流通。所需照明水平高的室内空间，也需要进行发热评价。显然，室内发热是由照明系统的效率决定的，通过利用自然采光可以减少其负荷。

细部构造

绝热和传热系数（U-value）

绝热是最基本的避免建筑热损失的方式。热负荷占能源消耗比例较大的情况下，必须首先考虑隔热水平。如果室内发热量高，则热负荷不会过大。节能措施的重点就可以放在消除供冷需求，而非减少热损失上。这同样适用于炎热气候，尽管在这种情况下绝热措施对于减少通过构造接受的太阳能也是非常重要的。

举例来说，建筑规范提出最大传热系数（U值，以标准方式测量的通过建筑构件产生的热损失等级）和最大开窗比（maximum glazing ratio）以减少材料的热损失。这适用于民用建筑，但对于非民用建筑而言，在能源效率方面需要制订更为细致的措施，考虑到自然采光、遮阳和自然通风等问题。这些方面都对建筑构造的特性和组成产生重要影响。

热质量（thermal mass）

建筑构造中热质量的数量和分布会影响到空间的热反应和表现。质量大的建筑，不论供暖系统还是其他热源，如太阳能和室内发热，其得热的反应都很慢。这对于延缓和降低得热造成的温度峰值是有利的。然而，有些使用时间短的建筑，则更适于使用轻型构造。如果隔热措施得当，这些建筑会对供暖作出快速反应，而不需要过长的余热时间。

热质量也同样有助于在建筑使用期间增加温度。例如，寒冷气候下的住宅，其太阳能获得在白天被吸收，而在夜间得到释放。这样就可以在较长时间内保持舒适条件，而不必诉诸人工供热手段。

在能源使用方面，只有专门针对热质量进行设计，其优势才能显现出来。例如，全空调系统的建筑和使用风扇较多、使用空调供冷较少的建筑相比，前者热质量的节能效果就没有后者理想。对于混合模式的建筑而言，结合被动设计的系统，可以只在温度达到最高峰时运行供冷设备。热质量可以延缓供冷的需求，并缩短供冷季节。

对于热质量的应用，厚度和表面积都是其重要指标。材料越厚，延迟的时间就越长。而表面积足够大，就能使得热质量效率更高。

材料的蕴藏能源和毒性

建筑材料选择方面的环境问题包括材料在制造和运输过程中消耗的能源，以及材料及其在建成后的处理方式（如涂、刷等方式）等方面对健康情况的影响。

在到达工地进行建造之前，建筑材料要经过许多环节。这些环节消耗的大量能源，因而就"蕴藏"在最终的建筑材料中。过程中消耗量大的材料，比如铝、钢、玻璃等，相对于混凝土、木材，

其每立方米的单位体积就蕴藏了更多的能源。另一个会影响建筑材料选择的是产品运输过程中需要消耗的能源。显然，当地生产的材料需要的运输能源较少，而从外地运来的则会消耗更多的运输能源。欧洲和北美建筑的蕴藏能源一般相当于建筑使用中每年消耗能源的5倍。

材料的生产过程和安装方式都与人的健康息息相关。挥发性有机物散发到空气中会让室内污染程度达到室外空气的10倍。现代建筑良好的密闭技术使得通风不畅，在减少能源损失的同时，加重了空气污染问题。地毯和软装饰吸附的灰尘会加重尘螨的污染，引起一系列过敏反应，影响使用者的健康。

自然采光

采光是建筑的核心需求。灯光照明是建筑最主要的能源消耗之一，因而减少人工光源可以显著节约能源。其主要方式是减少白天对人工照明的需求。同一空间内，2%以上的采光系数相比全人工照明，就可以减少60%的能耗。获得良好的自然采光要通过细致的平面布置。一般情况下，距离建筑边界进深达到6m，或是2倍于室内净高，就需要在白天开灯了。因此，进深大于12m的建筑就需要在中间设置交通空间等采光需求低的功能，也可以在较暗的区域放置次要空间，如服务空间、卫生间和储藏室等。

还可以使用导光板（light shelves）、导光管（light duct）、反光板、全息胶片（holographic film）和光纤维（fibre optics）等新型设施让更多的自然光进入室内。

通过自然采光措施有效节约能源，最基本的措施是在自然光充足时自动关闭人工照明（见第59页的"人工照明系统"）。

获得视觉舒适度，不仅是要让建筑内部具有良好的照度，还需要使得光照均匀分布，这样的环境才会让使用者不用开灯。均匀分布、照度充足的光照让整个空间都被充分照亮。然而，照度会从窗口开始迅速衰减，如果房间后部比窗口暗很多（一般为1/5），那么即使日照强度很大，还是会让人觉得室内昏暗。因此，相对亮度就显得尤为重要。为了改善不合适的光照分布，使用者就会想要

开灯照亮房间后部。可以通过导光板等设施改善光照分布，尽管它不能增加房间后部的照度，但是可以削弱窗口附近的光照，使得光照分布更为均匀。如果没有经过精心设计（如设置百叶窗或让光线变色），遮阳装置反而会使光照分布情况恶化。

图3.11 有效日照和均匀分布，在技术和视觉两方面都显著影响着空间的效果

并非只有开窗面积决定空间的自然采光条件。开窗的位置也会影响光照分布。高侧窗引入光线的深度比低侧窗大。同样，在面积相同的情况下，竖条窗引入的光线也比横条窗渗透得更深。可以用一个简单的方法"不见天线"（no-sky line）来决定开窗位置。如果从任何点向外看不到天，那么这里的照度肯定会严重下降。"不见天线"是阳光渗透深度的有效标志。

窗户的设计需要完成上述各项任务。解决所有这些问题是很复杂的，因而就要决定各个需求的优先程度，实现满足需要的妥协。在能源使用方面，在白天使用，并需要良好采光的建筑首要考虑的是阳光。而对于住宅来说，热量方面（太阳能获得与热损失）就显得更为重要了。

被动太阳能获得设计

对于有供热需求的建筑，可以通过太阳能获得设计减少其热负荷。被动太阳能建筑的设计首先要了解日照几何学和季节性热负荷，如热负荷最大与低太阳高度角同时发生。冬季，朝阳面的垂直玻璃开窗能够有效获得太阳能，而水平向开窗则会在太阳高度角大，且气温高时获得更多的热量（即夏季）。被动太阳能建筑通常具有大面积的朝阳面开窗，对非朝阳立面则开窗很少。

对于日周期变化而言，太阳位置和室外温度的关系非常重要。早上，东边的太阳是有益的，可以显著提高室外较低的气温。而到了下午，则要控制从西边来的阳光，以免在室外气温最高的时候增加室内发热。对于这类直接太阳能获得需要认真控制。下面来谈如何进行太阳控制。

温室和中庭等玻璃围合的空间可以在太阳能获得传入建筑或经通风将多余热量直接排放掉之前，以间接方式吸收太阳能。因此，间接太阳能措施就更容易控制。

需要根据朝向布置建筑平面。主要居住空间应该面向朝阳面，厨房可以面向早上的太阳，而起居室接受下午和黄昏的阳光。交通、卫生间和车库等次要空间应该放在背阴面，这些地方需要的温度较低，开窗较小，可以作为热屏障。

图3.12 遮阳和开窗的设计应得到紧密结合，既能便于控制，又不影响视野

不论是直接还是间接太阳能获得，在进入建筑后，需要有效分散到其他空间，使得热效果（太阳能利用）最大化。进行直接得热设计时，可以通过通风措施来调节朝阳面和背阴面之间的得热分布。如楼梯间可以作为背阴面的热通道，吸引、传送朝阳面的热空气。同样，也可以利用厨房和卫生间机械通风形成的负压，控制空气流动的方向。

通过间接方式获得太阳能的阳光室（sunspace），应该用通风开口和建筑的其他众多空间相连。常见方式是用双层玻璃中庭联系各楼层。因此，新风在阳光间内经过预热，直接流向各空间。

对于有大面积开窗的建筑，太阳能控制显得尤为重要。使用固定设施，在朝阳面只需要简单地向外悬挑就能够阻挡夏季高入射角的阳光，而在东西立面，由于太阳入射角很低，其控制就显得更为重要。因而需要更为精致的设施，如花格罩（egg crate），或是在低纬度地区不在东西向立面开设玻璃窗，以避免过热。而对于背阴面，只需要用最低限度的垂直肋（vertical fin）即可遮挡夏季斜射的阳光。根据室内发热和夏季气温峰值的情况，通常不需要在背阴面进行遮阳。

如果要提高控制程度，应选择可动装置。因为气候通常不能得到完全预测，同时气温和太阳辐射的剧烈波动一般是同步的。为了获得"舒适条件"，也可以使用百叶系统（louvered system）和可开合百叶帘（retractable blind）。能让使用者自己控制其所处的环境，会有助于提高他们对舒适度的接受感知，也可以放宽接受的舒适程度。

自然通风措施

自然通风要满足三方面的基本需求：

1. 提供新鲜空气（健康）；
2. 提供空气流动，为人体产生对流和蒸发冷却（舒适）；
3. 在不需要空调的前提下为建筑散热（能源效率）。

第一个需求只需要满足空气渗透的标准。而第二个则需要充分的空气流动，通过精心设计，使之通过使用空间。而第三个需求则要较高的通风率，带走热量，冷却建筑的热质量。

两个可以产生空气流动的机制是风和烟囱效应。尽管设计中可以考虑到主导风向和开窗位置，但风通常是不可预测的（见第43页"风和空气流动"）。风压一般大于烟囱压力时，获得的通风效率更高。在无风的阶段，烟囱效应通过热浮力效应，成为空气流动的唯一来源。烟囱的效果由烟囱上下两端开口间的高度（烟囱高度越高，压差就越大），开口大小（开口越大，气流就越大），还有室内外温差（温差越大，压差就越大）等因素决定。

为了充分利用热质量，通过夜间冷却将热量从结构中"挤"出去，为降低第二天使用时间的温度作准备。为了提高夜间冷却的效率，需要尽量增加气流和热质量的接触。任何阻碍，例如外露顶棚下面的悬挂物和灯具，都会改变吹向顶棚的气流的方向，因而降低其效率。因此，需要根据热质量的需要设置开口位置。如果夜间室外温度比室内温度低，或是风力足以促成空气流通，烟囱效应就能用于散热。此外，开口位置还应确保无安全隐患。

图3.13 通风烟囱越来越多地出现在低能耗、自然通风的建筑中

当新鲜空气的来源是被污染的或有噪声时，就不能达到用通风来实现健康和舒适的目的。尤其是在城市环境中，人们经常借这个理由而采用空调。然而，尽管噪声和大气污染制约了可能的设计方式，仍然有技术能减少这些危害。

针对噪声，进入建筑的空气减少噪声传播〔如增加路径长度，设置声学导管（acoustically lined ducts），在窗外设遮声板（acoustic shelves），在内表面铺设吸声板等方式〕。对于基地的某些特定位置进行深入的声学设计，可以通过建筑形式的遮蔽，使其他部分能够进行自然通风。位于噪声一侧的区域一直用机械通风，成为建筑其他部分的缓冲区。

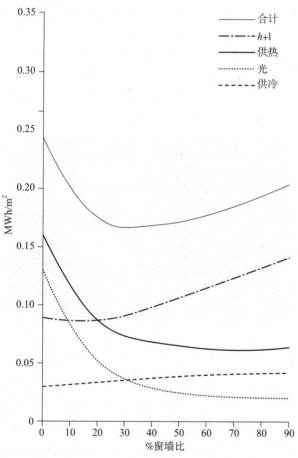

图3.14 开窗比（立面上窗所占面积比例）会显著影响能源的使用，此例为英国一座办公楼南立面的能源使用情况

空气污染问题也能以与上述类似的方式，通过建筑形式来解决。可以辟出一个受保护的院子，用绿化吸收噪声，过滤微尘。引入此处的空气不应在污染区，可以设在污染较为轻微的屋顶。

避免过热，增加舒适性

为了减少太阳能获得造成的过热的隐患，应该结合辐射量和辐射时间决定开窗的面积和朝向。在温和气候下，特别是对那些室内得热较高的建筑，其目标主要是控制夏季得热。过热现象大多发生在室外温度达到最高值的午后。如果建筑有朝西的窗户，低入射角的阳光产生的热量就会进入建筑，增加室内发热。东向窗则没有这方面问题，因为早上气温一般都比较低，可以利用阳光提高建筑温度。由于朝阳面的太阳高度角比较高或是处于斜射状态，只有一部分太阳辐射能够通过朝阳的窗射入室内，朝阳面太阳辐射的峰值发生在春秋两季。

遮阳装置是减少不必要太阳能获得的基本手段，但需要根据朝向进行设计。固定装置通常不能满足控制阳光的需要，因而采用活动装置实现热量和眩光两方面的控制。

遮阳装置需要和通风措施相结合才能实现舒适。设计窗户需要对遮阳、眩光控制、自然采光、自然通风等功能进行详尽研究。遮阳系统不能影响通风的气流，也不应增加局部气温。这方面的典型实例是百叶窗式外墙（brise soleil，意为 break the sun，为柯布西耶推荐的遮阳形式），虽然它能够挡住不必要的太阳辐射，但也会使进入室内的空气在通过它被接触阳光照射的部分时被加热。

图3.15 如果要保持稳定的室内环境，首先要将热质量暴露在外

具备上下开口是在无风时通过烟囱效应实现通风的必要条件。此外，在空气对流的情况下，可

以用上下开口，按照上面提到的三方面需求（即健康、舒适、能源效率），对通风进行控制。顶部开口可以引入新鲜空气实现健康需求，底部开口为使用区域实现空气流动，而位置得当的高窗则能加速通风（位于使用区上方），实现散热和夜间降温的需求。更多关于通风措施的论述详见第50页的"自然通风措施"。

正如"建筑平面和剖面"探讨的，建筑热质量有助于降低气温峰值，并减少过热隐患。除了降低气温，热质量的另一个运转机制更有利于舒适性，因为它会相应降低平均辐射温度（MRT, mean radiant temperature）。舒适性与平均辐射温度密切联系，当热质量的表面温度较低时，平均辐射温度就减小，使得相对较高的气温变得更容易忍受。当然，要想体现热质量的这一效果，需要将其暴露在外。

人工照明系统

用自然光代替人工光源可以获得显著的能源效益（见第48页的"自然采光"），但首先需要能在不用的时候关闭电灯。在开放平面的建筑内不能完全依靠手动开关；以下是各类备用的开关控制方式：

- 定时关闭/人工开启；
- 光电关闭/人工开启；
- 光电开关；
- 光电变暗；
- 使用者感应（根据活动或声音）。

每种方式适用于不同环境，均能显著节约能源。经济评估显示，对于新建和已建房屋，自动开关都能有效控制成本。

另一项降低照明负荷的简单措施是使用效率更高的节能灯。通常因此选用管状荧光灯或适用范围更广的紧凑型节能灯（译者注：即普通节能灯泡）。灯具的选择也会对照明是否有效分布和耗能产生影响。

选择节能灯和灯具意味着释放较少的热量而获得更多的光。可以通过减少灯具的数量降低室内发热。如果在房间使用时间内，自然采光稳定而可靠，由灯光照明产生的室内发热就会降低到最小程度。因而也会相应降低供冷负荷，甚至不用空调。

供热

燃料的选择通常很有限，但仍然需要从环境影响的角度出发。在英国，使用天然气供热一般比使用电力供热节能3倍（在费用和污染两方面）。但如果是水力发电，这一比值就会大大改变了。如果要应用太阳能和风能等可再生能源，就需要在设计初期进行评估，将其整合到建筑中。

决定了使用某种能源，供热设备的特征就成为能源效率的重要影响因素。尽管本书没有具体对各类设备进行比较，但其位置、分区和热量分布仍然是十分重要的。供热设备的布置应该反映建筑的使用和居住模式。第一步是根据需求进行供热系统分区。确定设备应该是集中式还是分散式。其次，如果只有建筑中的一部分在使用，而锅炉是按照满负荷运转的，就会造成效率低下。如果负荷降低，就应该关闭部分锅炉，这样即使在负荷很小的情况下，热力供应效率也不会太低。

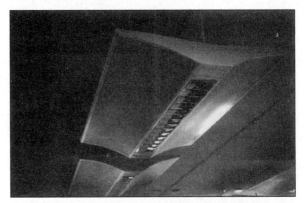

图3.16　结合吸声功能设计的灯具，不使用吊顶板（ceiling tile），将热质量完全暴露

散热器的选择也很重要，需要考虑散热器的效率（以最少的能源获得最大的舒适性）和它们与建筑构造的整合性能。舒适性由辐射和对流二者共同决定，缺一不可。因此，如果只用散热器进行对流传热，就有必要考虑改进其辐射环境了（如使用带有辐射热量部件的散热器，利用热质量或太阳能）。大部分散热器发出的热量都包含对流和辐射两部分。一个"散热器"可以通过辐射释放40%的热量，而经过它的对流空气则将其余60%的热量转移到室内空气中。

热能分布同样也是影响能源效率和设计整合

性的重要方面。如果适于用完全分散的供热设备，就要在需要供暖的地方生产热量。然而，如果是集中系统，就更需要有效的控制和维护。较为集中的设备可进行热量回收，将某部分多余的热量转换到需要热量的部分，以提高效率。

供热系统和散热器同样需要按照空间的布置形式和交通流线连接方式进行布置。需要结合设计从建筑和环境上的整体目标出发，对于供热系统布局、设备位置、散热器分布等问题进行综合考虑。有一些简单的原则，例如，散热器应该设于窗下，尽量减少向下的气流造成的不舒适，平衡窗子的热损失。

设备（Services）

避免使用空调可以显著节能。因此，我们首先要判断空调是否是必须的，是否可以通过被动方式获得舒适？通常人们觉得必须用空调，是要让温度保持在19~21℃。但实际上温度在19~27℃就能获得舒适的环境，如果按照这一标准，建筑中的大部分甚至整个建筑实际上都不需要供冷。通过使用遮阳装置、热质量、有利于自然采光和通风的小进深平面、避免噪声的平面布置（planning for noise）等技术措施，都能削减对空调的需求。

通过大量被动方式，可以只通过机械通风提供新鲜空气，进行散热和蒸发冷却，而不使用空调。

即使在设计中，有些空间由于其室内负荷或其他情况必须采用空调，也不必在整个建筑中都用空调。进行区域划分和混合模式系统的设计也可显著节能。

设备整合，不论是隐蔽的还是外露的，都是设计成功的重要条件。选择空调系统会影响到整体的复杂性。例如，全空调系统与冷却水管和局部空气的供冷系统相比，前者的管道系统占据的空间更大。

概览

本章表明，环境问题对建筑设计决策从场地规划到细部设计的各个方面产生影响。在每个设计阶段，都需要合适的环境策略。更重要的是，各阶段间的相互关系和成功的环境建筑。更多的细节将在第14章中进行讨论。

注释

1. 蕴藏能源很难进行定量，不过可以粗略统计开采和运输原材料，以及制造和运输建筑构件等所消耗的能源。

参考书目

Baker, N. and Steemers, K. (2000) *Energy and Environment in Architecture*, E. & F. N. Spon, London

Bordass, W. T., Bromley, A. K. R. and Leaman, A. J. (1995) *Comfort, Control and Energy Efficiency in Offices*, BRE Information Paper, IP3/95, February

Goulding, J. R., Lewis, J. O. and Steemers, T. C. (1992) *Energy in Architecture: The European Passive Solar Handbook*, Batsford, London

Landsberg, H. E. (1981) *The Urban Climate*, Academic Press, London

Rapoport, A. (1969) *House Form and Culture*, Prentice Hall, New York

Sherlock, H. (1991) *Cities Are Good for Us*, Paladin, London

WCED (World Commission on Environment and Development) (1987) *Our Common Future*, Oxford University Press, Oxford

推荐书目

1. N·贝克、K·斯帝摩尔（2000），《建筑中的能源环境》（Energy and Environment in Architecture），Spon出版社，伦敦

这本基础文献是对设计过程中主要环境措施和问题的总览。其中还列举了一些简单地运用主要设计参数，如开窗比和建筑形态等，进行能源性能评价的工具。

2. J·R·戈尔丁、J·O·刘易斯、T·C·斯帝摩尔（1992），《建筑中的能源：欧洲被动太阳能手册》（Energy in Architecture: The Europecan Passive Solar Handbook），Bateford，伦敦

本书由基本的设计指南信息组成，配有根据能源参数得来的详尽说明。提供了广泛的基础建筑科学，具备大量图片材料，适用于学生和相关实践者。

题目

题目1

列出中庭在节能方面的优点：原因是什么？以及其最适合的气候类型是什么？

题目2

城市环境是如何以及在什么方面对窗的能源性能产生影响的？

题目3

为什么朝向会影响建筑的能源性能？

答案

题目1

热阻效应可以减少热损失，反射的阳光可减少对人工照明的依赖，以及被动通风措施（夏季热压自然通风（stack ventilation），冬季通风预热）。

前室是最适合寒冷气候的，保温作用能够得到充分发挥并展示出良好效益。

题目2

遮挡会减少太阳能获得（有用的或无用的）的可能性以及自然光（增加对电灯的依赖）。

城市热岛效应、城市噪声和污染会减少或影响使用直接自然通风的可能性，因而增加对机械通风和供冷的依赖。

题目3

朝向会影响太阳光的可达性，因此会减少冬季供热负荷或夏季供冷负荷。

主导风向会对被动供冷措施产生影响。

第4章

可持续设计、建造和运行

埃万杰洛斯·埃万杰利诺斯、埃利亚斯·扎哈罗普洛斯

本章范围

本章简要探讨了建筑的建造过程，单独研究了建筑对自然环境的影响，讲述了提供可持续的建造技术和材料，以及如何根据其环境特性进行评价。

学习目标

本章帮助读者更好地理解如何根据各自的环境特性，将建造技术、材料和设计进行整合。读者可以根据环境标准，进行基本的设计决策。

关键词

关键词包括：
• 环境消费（environmental consumption）；
• 环境恶化；
• 全球环境；
• 地区环境；
• 室内环境。

序言

当代建筑活动，和其他人类活动一样，都在深刻影响着自然环境。本章主要关注建造过程中对环境的影响。探讨理解建造过程对自然环境影响的重要性，并列举若干环境友好型技术。

可持续性和建筑

建筑因其建造、维护和运转过程，成为能源和资源的主要消费者。资源包括自然资源和在其加工和运输过程中已经消耗能源的建筑材料。基本的建造技术通过多种方式使用材料。例如，石头可以被用作基础、墙体和铺地，也可粉碎为砾石和砂子，加入混凝土混合料。石头也是制造水泥的基本材料。

从在自然环境中开采原材料，到制造、加工、运输到建筑工地，再到建造过程本身，建造的全过程都在消耗能源。而在建筑的生命周期中更要消耗大量能源。直到建筑寿终正寝，被拆除、清理，其材料回归到自然之中，对能源的消耗才宣告完结。

因此，建筑在其生命的三个阶段消耗材料和能源：

• 第一阶段是制造——建造阶段，在这一阶段，材料从自然环境中开采出来，经过加工制造（此时消耗的能源被称为"蕴藏能源"），再经过运输到达建筑工地[消耗"灰能源"（grey energy）]。建筑建造完成，这一过程即告结束［该阶段消耗的能源被称为"引发能源"（induced energy）］。

• 第二阶段是建筑的使用寿命，此时它为了维持运行而消耗能源［运行能源（operating energy）]。该阶段，还需要能源和资源维护建筑。应该注意到这是建筑周期中消耗能源最显著的阶段，因此也是改善能源消耗的阶段。

• 第三阶段是建筑的拆除和循环利用，当建筑完成其使用寿命后，还需要能源来进行拆除，实现材料的废弃和循环利用。

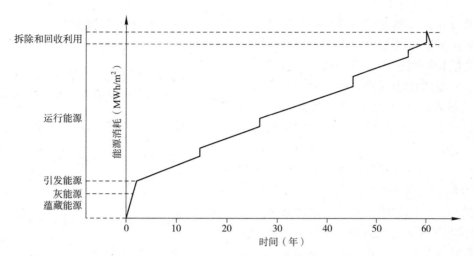

图4.1 建筑生命中消耗的能源

建筑的环境影响

对于建筑周期的简要描述表明，自然环境受到两种方式的作用：

首先是所有的建筑都需要，也必须通过建筑材料和能源使用自然资源。因此，其环境影响就是对于环境消耗的影响，这是可持续设计首先需要考虑的。对于建造过程，对环境的消耗一方面是使用建筑材料，另一方面是使用不可再生能源。

第二类环境影响和建筑使用的不可再生能源有关，因而被称为环境恶化。所有的不可再生（或是传统）能源都会造成污染，因而影响环境。温室气体（主要是碳氧化物，即二氧化碳）是由碳水化合物燃烧产生的。环境破坏由建筑材料制造过程和拆除产物的丢弃造成。

全球环境、地区环境和室内环境

为了控制建筑过程造成的环境恶化，我们需要更为细致地分析环境影响。

建筑材料由其环境行为定性。建筑使用的材料会直接影响建筑中居住者的健康。一种材料在制造过程中会以不同方式对其生产地的环境造成破坏。最后，在材料的制造过程中，还会因向空气中大量释放温室气体而加剧气候变化。

为了控制建筑周期中的各种环境影响，我们需要从三种不同层面来衡量环境作用。

建筑在其生命周期中不断产生固态废物和空气污染。产生的污染，如二氧化碳，增加了大气中二氧化碳的含量，因而加剧全球温室效应。还有氯氟烃（CFCs）和其他气体，会在使用中释放，随着空气流动而跨越国界，破坏地球臭氧层，进而影响全球气候，导致全球环境恶化。

材料和能源的使用会产生固态废物和空气污染，影响该地区的大气质量，并破坏该地区的自然环境。第二个层面的控制是地区环境。

现代建筑在建造时往往采用没有经过充分测试的新技术和新材料，但在长期使用中，没有得到适当的通风，就很容易产生致病微生物、高浓度有毒物、致癌物，影响室内空气质量，暴露于这样的空气环境中显然会影响使用者的健康。因此，必须控制建筑的室内环境。

综上所述，对于建筑周期内环境影响的控制可以被分为三个环境层面：

1. 全球环境，即对全球范围的环境影响；
2. 地区环境，即对地区范围的环境影响；
3. 室内环境，即对室内范围的环境影响。

可持续建造技术和材料

本节的目标是确定何为可持续的建造技术和材料，并为其提供环境评价标准。

建造技术是使用一种或多种建筑材料的整个

过程。这样看来，石墙的砌筑就是一种在建造中将石头作为主要材料的技术，但还需要使用各种砂浆作为粘结材料和在各类不同接缝处抹灰。因此，建造技术就由使用材料、粘结材料和饰面材料，以及将这些原材料从自然界开采出来，加工、运送到建设工地产生的环境影响共同组成。自然资源，将其从环境中开采出来的方法，其加工过程，以及建造中对其进行使用的方法，共同决定了技术的环境影响。显然，要对此进行评价，我们就必须评价组成技术的材料和过程，试图将有害环境作用降低到最小。正如前文所述，为了让建造技术实现可持续，就必须减少环境消耗和环境破坏。此外，必须从全球、地区和室内影响三个层面来评价其对环境的破坏程度。但在某些地方的技术人员和工程师往往很难找到适用的技术和材料的评价方法。欧盟的某些国家，有一些针对材料和建造方法的参考措施。《可持续建筑手册：在建造和更新建筑中选择材料的环境甄选（偏好）方法》[Handbook of Sustainable Building: An Environmental Preference Method for Selection of Materials for Use in Construction and Refurbishment，安宁克（Anink）等，1996]一书记录了这些技术和材料（首先应用于荷兰）。

为了解决缺乏现成评价方法的问题，可以使用简单的规则来选择环境友好和可持续的建筑材料。应该使用符合下列大多数准则的材料。

使用当地材料

选择当地建筑材料，能够尽可能降低运输消耗的能源。由于大多数建筑材料都很重，难以搬运和操作，这样就能大量节省能源（相应的，长途运输造成的环境污染也是惊人的）。

使用储量充足的材料

尽管这条原则看来是常识，但判断何种材料充足也是非常重要的。使用不可再生材料就必然带来开采地的环境破坏。为了满足全球规模的使用，出口原材料，通常需要大规模地开采，因而造成环境问题。

使用自然可再生材料

根据材料自然再生的程度选择材料是实现可持续性的重要准则。

使用蕴藏能源低的材料

生产建筑材料的整个过程都要消耗能源，这些消耗的能源就蕴藏在材料当中。因此，可以通过选择蕴藏能源低的材料来减少总能耗。

使用不会产生健康问题的材料

建筑综合症在某种程度上就是由建筑材料向室内释放的气体、化学物质和纤维造成的。为了节约能源，不应使通风速度过快，因此就有必要选择不会降低室内环境质量的建筑材料。

建筑材料再利用

再利用建筑材料可获得多方面的效益——减少对材料开采产地的环境破坏，减少垃圾填埋占地，减少制造新能源消耗的能源。设计者应该在设计阶段就考虑到，如何有利于建筑材料在未来实现再利用。

上述原则中最重要的环境因素就是能源：

• 通过使用当地材料，减少了运输消耗的能源，当建筑材料很重时，运输因素就变得很重要。

• 使用自然材料也包含着能源方面的要求。通常，自然材料比人工材料在加工中需要的能源更少。可再生自然材料（renewable natural material）最具可持续性，因为其再生过程也是自然的。应该按照其在自然界生长的数量比率进行使用。

• 使用蕴藏能源少的材料能够减少制造过程产生的大气污染，减少使用不可再生能源造成的碳水化合物的燃烧和电力消耗。

• 建筑拆除后可以通过回收循环利用建筑材料，并减少建造过程消耗的能源。

除了上述显而易见的能源因素，对健康和安全方面的关注也很重要。某些材料可能或已确定会对暴露于这种室内环境的个人产生健康问题。因此，最首要的是材料和技术的使用不会反过来危害建筑使用者的健康。

根据上述讨论，对于环境评价和建造技术和材料的选择，一些已被提及的因素需要得到充分重视。

可再生材料

自然可再生材料无疑具有最佳的环境"行

为"。到目前为止，这些材料涵盖了各类主要建造材料。它们存在于自然界，以其自然状态或稍作改变而被应用。木头和相关木制品，如树皮、树枝和树叶，是从森林中获得的主要的可再生材料。木材工厂能够生产各类加工程度不同，性能差异显著的木制品。通常，我们要尽可能地利用森林资源，把废料降低到最少。这一态度阻碍了森林的自然更新。林木的生长速度由当地自然条件，如土壤组成、当地气候和林木培育类型等决定。为了让森林实现可持续性，采伐速度就不能超过其生长速度。

可回收材料

建筑材料的生命周期开始于其从自然界被开采出来，以建筑寿命终了，材料回归到自然作为终结。将材料通过再利用应用于不止一栋建筑中，延长了其生命周期，其相应的"环境消耗"（environmental consumption）也因而降低。在建筑史上，有很多建筑实例都在建造中应用了旧建筑的材料。对于乡土建筑来说，建筑材料的循环使用也是司空见惯的事情。砌筑石墙的石料，往往来自周边的废墟。灰泥通常不太坚固，易于去除，因而便于石材的循环使用。

经过回收使用的建筑材料可能不再保持其最初的功能（如砖不再用作砌墙），而是根据使用者的想法以其他方式进行回收（如把砖作为铺地材料）。例如在希腊皮立翁山（Pelion），有一段挡土墙，就是由混凝土板粉碎后的碎片砌筑的（见图4.2）。

图4.2　混凝土板粉碎后砌筑的挡土墙

现代建筑建造使用的坚固的建筑砂浆，通常以水泥为主，即使在结构拆除后仍然保留在构件上，很难再利用。同一个技术，实现了大多数的结构粘结工作，但也阻碍了回收再利用工作的可能。我们还能举出很多这样的实例，比如砖和水泥砌块砌成的墙体结构，还有通常粘结紧密的陶土砖铺地。

为了便于回收建筑材料，我们应该从材料的使用寿命和回收可能的角度出发，重新思考建造技术。木材作为建造材料，在建筑中可以有许多用处：用作柱、梁、屋架等结构构件；用作门窗的框架和门板；用作地板。由于多种因素的影响，木料的寿命通常很有限，但这主要取决于维护效果。木材再利用是可行的，只需要用简单的方法进行观察、测试，评估其强度。而金属材料（即钢梁、钢管、钢板等）——由于它们有较长的预期寿命——通常只会因损耗而降低结构强度。天然石材有很长的使用寿命，而水泥和陶瓷材料通常寿命较短。部件相互连接的方式决定了回收的可能性。如果能把石材和瓷砖从旧建筑上"扒下来"（unstuck）就可以回收。粘结技术应该得到显著改变以利回收利用。

在回收利用过程中，我们要尽可能多地利用建筑部件的原样。重新使用一个完整的木窗，比把木头削成木板利用更好。同样，也应尽量使用整个的金属部件而非回收金属。

为了便于回收利用，我们需要重新思考建筑结构设计，尽量将建筑设计为装配式，而非建造式，用分解取代拆毁。

材料制造

在制造材料的过程中，能源以碳水化合物和电能的形式被消耗。根据产生方式不同，电能被分为可再生的和传统的（即不可再生的）。可再生能源产生于太阳能、风能、水力发电、地热和生物质等可再生能源。而传统的不可再生能源则主要通过碳水化合物燃烧或是原子反应堆产生。说明可再生能源和不可再生能源之间的差别在于突出强调使用不可再生或是传统电能造成的环境影响。

每种建筑材料的能源强度（energy intensity）是在其整个建造周期中消耗，并"蕴藏"其中的能源。评价蕴藏能源不仅要计算其数值［以千瓦时（kWh）为单位］，也要区别使用的是可再生能源还是不可再生能源，估算它在制造过程中向大气释放的二氧化碳和其他温室气体。除了因使用能源释放的气体外，材料在制造过程中还会产生污染物和气体。只有从上述三个层面（全球、地区、室内）出发评价环境影响，才能全面评价材料的环境表现。

估算建筑材料蕴藏能源的方法来自于对能源消耗的物流分析（logistics）。对于某种生产方式，所有输入（材料和能源）的能源消耗的总量等同于输出的能源消耗［斯坦因（Stein）、塞贝尔（Serber），1979］。也就是说，计算材料的蕴藏能源时，需要获取制造者对于材料和制造过程使用的能源的统计记录。一段时间内消耗的能源总和等于这段时间内生产的材料用掉的能源。

对于环境评价和建筑材料选择，蕴藏能源都是重要依据。表4.1提供了根据各方面资料收集的基本建筑材料的蕴藏能源数值。使用不同能源释放的二氧化碳量见表4.2。

建筑材料的蕴藏能源（kWh/kg）

表4.1

材料	佐克来伊（Szokolay），1980	赖特（Wright），1974	奥瑟·查普曼（Author Chapman），1973	其他研究者	斯坦（Stein），1977
沙砾	0.01	–	–	–	–
石材	–	0.85	–	–	–
石灰	1.50	–	1.30	–	–
水泥	2.20	1.58	2.30	–	–
混凝土	0.20	–	–	300kg*0.305 200kg*0.199	0.26
木材	0.10	–	–	0.40	–
夹板	–	12,90kWh/m^2	–	–	–
砖	1.20	1.74/brick	–	–	–
钢	10.00	6.60	13.20	3.78	12.07
铜	16.00	19.08	20.00	–	–
铝	56.00	24.40	85.00	20.16	59.40
锌	15.00	10.50	–	16.20	–
铅	14.00	7.14	–	–	–
石膏	–	–	–	0.30McKillop	–
玻璃	6.00	–	7.20	–	–
塑料	10.00	–	–	–	–
PVC	–	–	–	19.27(Smith)	–
聚乙烯（polyethylene）	–	–	–	12.19(Smith)	–
玻璃纤维（glass wool）	3.90	–	–	–	–

使用不同能源释放的二氧化碳量（kg二氧化碳/kWh）
表4.2

能源类型	文献资料	
	kg二氧化碳/kWh[1]	（2）kg 二氧化碳/kWh[2]
所有能源类型	0.24	–
电能	0.22	0.832
天然气	0.19	0.198
煤	0.31	0.331
石油	0.28	0.302

注释：1. N·V·贝克、斯帝摩尔（1994），LT3.0方法，欧盟委员会，布鲁塞尔（Brussels）

2. 英国建筑研究院（BRE, British Research Establishment）.

健康材料

这个年代的人们比起他们的祖先在室内待的时间要长得多。机械控制，封闭的热环境自产生以来广受欢迎，在室内环境的设计中通常也会使用很多现代材料和用品。

有些人在房间内感到不舒服，健康专家经过调查发现，室内空气质量会引发一些病症。这被称为病态建筑综合症（sick building syndrome），是由下列多种因素引起的。

化学因素

化学因素是建筑室内空气中最为常见，也最明显的由建筑材料、家具和清洁行为造成的对健康的危害。化学因素以气体、水汽、颗粒物和纤维的形式作用于建筑室内空气。一些进入室内空气的化学物质是有毒甚至致癌的，可能导致各种病变，有刺激性或产生过敏，而还有一些则只是气味难闻而已。其中最重要的是挥发性有机物（VOCs）和纤维。

挥发性有机物通常被用作各种物质的稀释剂，如油漆、清漆和清洁用品，也存在于胶、石膏板（plasterboard）、刨花板（particleboard）和泡沫绝热板中。随着时间的推移，挥发性有机物从这些材料中挥发的速度将逐渐降低，而其在空气中的浓度是和通风程度呈反比的。因此，在使用油漆和清漆的过程中必须注意保护工人的健康，在房间使用之前留一段时间通风换气。

在铺地用的人造地毯中也有大量的挥发性有机物，主要存在于将地毯纤维粘到基材上和将地毯固定在地板上的胶里。研究发现，浓度最为稳定的挥发性有机物就是由地毯释放的，需要经过61~98个月，室内空气质量才能达到可接受标准。

甲醛排放也具有同等危害，甲醛广泛存在于木制品的胶粘剂中，如刨花板（particle-board）、胶合板（plywood）和木芯板（block board），以及由尿素甲醛树脂制成的绝热板中。已经证实，甲醛对于化工厂和木材厂的工人有致癌的危害。

另一类会对人体健康造成危害的是可向建筑室内空气释放纤维和粉尘的材料。例如没有对表面进行必要的密封措施的纤维绝热材料，只要稍有摩擦或经过日常使用，就会向空气中释放粉尘和纤维。目前，已在针对由纤维和其他危险因素对肺部造成的危害进行进一步的研究（Brownie, 1992, p45）。

放射因素

自然因素对于建筑中的居住者的健康造成的长期影响，包括电子和通信设备产生的非电离电磁辐射，和放射性材料产生的电离辐射，此外还有气体——如最为常见的氡。氡是由铀的分解产生的气体，存在于土地中，浓度不一。建筑室内空气中的氡主要由外界土地经地下室墙体或楼板的缝隙渗透而来，或由建筑建造中使用的材料散发出来。氡会危害呼吸系统，并因此导致肺癌。

细菌污染

将建筑物封闭的目的是为了尽可能降低热损失，室内环境的温度和湿度通过机械通风持续得到控制。不幸的是，控制空气质量没这么简单，已经证实，这种方式将导致严重问题：空调系统内会滋生致病微生物，并散播到室内环境中〔即军团病（Legionnaire's disease）〕。

为了让居住者远离危险材料，已经针对室内气体各种组成物质的浓度颁布了可接受指标的规定。在实际情况下，对这些数值进行确认是一项需要细致工作和设备的复杂任务。为了克服这些困难，已有一些针对性的组织（如美国材料检测协会（American Society for the Testing of Materials）、英国建筑研究院和德国质量保障和认证研究院（German Institute for Quality Assurance and Certification））开始研究质量认证程序，控制挥发性有机物和其他有毒排放物，为依据标准的材料制定质量表（quality tab）。

国际放射防护协会（International Commission on Radiological Protection）和欧洲议会（European Council）已经针对建筑氡的排放和建筑材料的放射性制定了限值。

除了各种认证，制造商也在主动尝试用健康材料取代可能存在危害的材料。一个有趣的实例是很多涂料厂家已经用水取代挥发性有机物用作稀释剂，生产出物美价廉的产品。

建筑再利用（recycling buildings）

本节讨论将整座建筑进行再利用的环境效益。建筑的外壳耗费了建筑的绝大部分材料。使用一座已经建成的建筑，或仅仅使用其外壳，都能够节约用作建材和能源的自然资源。显然，为了对旧建筑进行再利用，需要开展很多工作，使其适应时代需求。其经济负担在某些情况下甚至会超过建造新建筑的开销。这是因为修缮技术一般属于劳动密集型技术，需要更娴熟的技巧，因而也更为昂贵。

有两种主要的建筑再利用类型。第一种是改造旧建筑，而不改变原有设计的使用功能。经过改造，我们可以延长建筑的寿命，使其适应时代需要。第二种是改变建筑的原有功能，让建筑跟上新的需求。这类改造成功的关键就是为旧的建筑外壳赋予合适的功能。

建筑改造（retrofitting buildings）

建筑改造的目的是为了让建筑在各方面跟上时代的需要，免于拆除。

如此做法，对环境有相当大的利好。不仅节省自然资源，也能避免拆除带来的创伤。拆除是耗费大量能量毁掉建筑的过程，同时对环境造成很大的干扰。运输拆除产生的废弃物需要耗费额外的能

源，并对周边造成滋扰。同时，在自然环境中处理废弃物会造成严重的环境恶化。

在改造过程中，主要应该注意提高建筑的结构强度、安全性和节能性能。对于节能方面，需要对能源系统，建筑在热损失、太阳能获得、室内发热和光照得热等方面的表现进行完整的评价，以判断建筑构造和电气设备是否需要更新。成功的改造通过更新过程中各种节能技术的使用，降低建筑的能耗。

旧建筑外壳下的新功能

前面一节已经介绍了通过建筑再利用和再循环获得环境效益。但还有一个问题，如果建筑因为陈旧或是需求变化，不能保持其原有功能，如何对其进行改造。在这种情况下，旧建筑需要在旧的外壳下，接受新的，不同以往的功能。这方面的例子有很多，不仅有独栋建筑的，也有整个区域通过成功的功能转换，成为崭新而有趣的亮点的。

可持续建造过程

建造过程是建筑寿命的第一阶段，在这个阶段，材料从自然环境中生产出来，经过加工和制造，并运送到建筑工地，进行建筑的建造工作。为了确保这些步骤具有可持续性，我们需要在每个步骤中都尽可能减少不可再生能源的使用。此外，我们也应尽量使用可再生的自然材料，减少对制造和加工材料的依赖。普遍认为，不论是在制造还是在建造过程中，都应尽量减少使用不可再生能源。可持续的建造过程应该在其每个步骤都实现可持续性。这一目标并不容易实现，但仍应视作循序渐进过程的最终目标。

上文表明，我们需要根据这些原则考虑可持续性：

- 使用的材料；
- 建造消耗的能源

我们在前文中从总体上介绍了可持续材料，而本节将介绍使用可再生和不可再生的自然材料的条件。从建造能源角度出发，劳动密集型方式显然更具可持续性。我们这里说的不是要回到单纯的手工劳动，只是建议只使用必要的环境友好的机械设

备。通常，劳动密集型建造技术相比机器密集型（machine-intensive）建造技术更具可持续性，而所有能源形式中最为可持续的当然是人的头脑。

使用可再生天然材料

使用天然材料对于可持续设计非常重要。本节将详细介绍为了让天然材料具备可持续性在加工过程中需要的条件。

根据定义，和人工制造材料相对的天然材料，其蕴藏能源最小。不过，我们不能否认，大多数天然材料都需要经过各种方式的加工，才能达到现代建筑的使用要求。而加工过程则因有蕴藏能源和其他添加的成分（如夹板用的胶）而违反了可持续性。因此，第一个条件就是尽量减少加工过程，或尽量使用接近其天然状态的材料。

为了获得可再生资质，天然材料必须经过认证，表明其开采速度和生长速度相同。除非通过全球范围组织的认证活动，否则这一条件很难得到确证。如果没有类似的组织活动，就只能根据材料供应商的可靠性和知识来确定其可再生性了。因此，第二个条件就是使用**得到认证的可再生材料**。

使用不可再生天然材料的条件

应该谨慎使用不可再生投入材料，使其能够持续存在。对于自然环境中储量大的材料的开采也应有所控制，避免大规模改变和破坏景观面貌。在组织开采时，要保护自然环境，并保护当地的动植物免受侵害。

和大多数滥用环境的情况类似，开采自然资源的规模非常重要。使用当地材料通常不会产生大规模的环境问题。相反，如果以不确定的数量大规模开采资源，通常会产生难以控制的环境问题。比如水泥厂往往需要大量石头，而改变其所在地的自然环境。

总之，使用不可再生天然材料的条件如下。

尽可能少使用

所有的不可再生自然资源都是有限的。这意味着为了保持其持续存在，需要节约使用。因此，为了减少浪费，应该避免选择使用大量资源的技

术。例如，选择水磨石地面（terrazzo flooring）代替石材和大理石地面。水磨石技术需要的石头只占大理石地面的一小部分。此外，可以用比大理石地面质量稍差的大理石砂砾制作水磨石。

再利用

本章其他部分已介绍过再利用技术。这里，我们排除了方便使用不可再生自然材料的条件。正如前文所述，自然资源是有限的。这意味着通过再利用，我们能够节约实际上有限的资源。再利用是一种以往得到广泛应用的技术。我们很容易改变我们现在的建筑实践，以便于未来的再利用。

使用当地材料

使用当地材料能节省运输能源，如果材料较重，效果就更明显。另外，因为当地需求一般较少，使用当地开采的材料只需要较小的开采场地，可以减少对环境的破坏。另一个非常重要的因素是，来自这片土地的材料从建筑美学出发也更易融入这片环境。弗兰克·劳埃德·赖特（Frank Lloyd Wright）称这种美感上的连续性为"塑性"（plasticity）。最后，还可以通过保持技术和工作来支持当地经济，对于小型社区来说这也是非常重要的。

控制开采地点

控制开采地点通常是很难的，不仅因为在开始时其位置范围一般尚未确定（要经过详细规划和责任分工），更主要是因为保护自然环境的任务是在场地全面开采之后才开始的。在这种情况下，开采工作进行的若干年间，都将伴随着环境破坏的场面。

征收环境税

对于环境经济的探讨超出本章的范畴。然而，根据"污染者付费"（polluter pays）原则，征收环境税还是有必要的。应该根据每种材料的环境影响程度征收环境税。两种具有同样经济价值的材料，如果其环境影响不同，就应根据其不同的环境行为征收不同的环境税，使得最终二者的价格不同。这样税收就能够推动环境友好材料的使用，并且强调自然不是无偿使用的日用品。最后，税收收入也可以用于管理和保护环境，将人类侵害造成的

影响降低到最小程度。

概览

本章我们讨论了如何界定建筑过程的可持续的问题。我们一开始分析了可持续性和建筑，确定建筑全过程在全球、地区和室内三个层面上的环境影响。之后，我们简要研究了可持续建造技术和材料，提供了可再生材料使用、回收材料的方式、制造材料过程中的细节，以及相关能源情况等方面的一般性信息。着重介绍了通过旧建筑改造和为旧的建筑外壳赋予新功能等方式进行建筑循环利用。对于如何实现可持续建造过程的问题，提出应该使用得到控制的天然可再生材料，对于不可再生材料的使用应该加以严格限制。最后，我们将根据这些已讨论的问题，试图通过对充分的环境推论，列举若干易于实现的原则。下面六条是可持续设计的普遍原则：

1．利用现有建筑：利用已有的建筑外壳，进行其结构和设备必要的变化和改善，是非常有价值的方式。此外，其环境效益还体现在节约建造建筑外壳所需的自然资源，避免能源密集的拆除和相应的环境破坏影响等方面。

2．简化建筑设计：建筑规模减小，建筑的环境影响也相应减小。一个较小的建筑，其运行所需能源较少，建造消耗的资源也较少。设计者应该在整个设计阶段都按照理性和改善设计需求的原则，尽量减小建筑的规模。

3．减少能源密集的机动出行（mechanical movement）：通常，设计者会选择是设计高层建筑还是低层建筑。设计者也应该选择紧凑的设计，减少出行需求。通过减少出行需求（特别是机动出行），可以节约大量能源。

4．进行生物气候设计：在设计一座建筑时，有必要遵循生物气候设计原则，强调利用可再生能源，如太阳能和风能，进行供热和供冷。

5．设计更长的使用寿命：在设计和建造建筑时，应该能让它使用更长时间。寿命更长的材料不一定更贵。但需要特别注意，有时设计和美观的选择会让建筑变得短命[在工业设计中被称为"计划性报废"（planned obsolescence）]。

6．使用环境友好或可持续的建造技术：本章强调了选择适当的环境友好建造技术的重要性。我们认为，在选择使用材料时，应该按照环境控制的三个层面进行考虑。此外，该技术还应尽量符合其他各种标准。

参考书目

Anink, D., Boonstra, C. and Mak, J. (1996) *Handbook of Sustainable Building: An Environmental Preference Method for Selection of Materials for Use in Construction and Refurbishment*, James & James, London

Boonstra, C. (1995) 'Choice of building materials: The environmental preference method' in Lewis, O. and Goulding, J. (eds) *European Directory of Sustainable and Energy Efficient Building*, James & James, London

Boonstra, C. (1996) 'Sustainable choice of building materials', in Lewis, O. and Goulding, J. (eds) *European Directory of Sustainable and Energy Efficient Building*, James & James, London

Brownie, K. (1992) 'Health check: Fibers in the lungs', *The Architects Journal*, 19 February, pp45–48

Chapman, P. F. (1973) *The Energy Costs of Producing Copper and Aluminium from Primary Sources*, Open University Report

Curwell, S. (1996) 'Specifying for greener buildings', *The Architects Journal*, 1 November, pp38–40

Fox, A. and Murrell, R. (1989) *Green Design: A Guide to the Environmental Impact of Building Materials*, Architecture Design and Technology Press, London

Holliman, J. (1974) *Consumers' Guide to the Protection of the Environment*, Pan/Ballantine, London

Kwisthout, H. (1996) 'Choosing the right timber', in Lewis, O. and Goulding, J. (eds) *European Directory of Sustainable and Energy Efficient Building*, James & James, London

Lopez Barnett, D. and Browning, W. (1995) *A Primer on Sustainable Building*, Rocky Mountain Institute, Colorado

Lloyd Jones, D. (1998) *Architecture and the Environment: Bioclimatic Building Design*, Laurence King Publishing, London

Marshal, H. and Ruegg, R., (1979) 'Life-cycle costing guide for energy conservation in buildings', in Watson, D. (ed) *Energy Conservation through Building Design*, McGraw-Hill, New York

Stein, R. (1977) *Architecture and Energy*, Anchor Press, New York

Stein, R. and Serber, D. (1979) 'Energy required for building construction', in Watson, D. (ed) *Energy Conservation through Building Design*, McGraw-Hill, New York

Szokolay, S. (1980) *Environmental Science Handbook*, The Construction Press, London

Vale, B. and Vale, R. (1975) *The Autonomous House*, Thames and Hudson, London

Vale, R. (1995) 'Selecting materials for construction', in Lewis

O. and Goulding, J. (eds) *European Directory of Sustainable and Energy Efficient Building*, James & James, London

Wright, D. (1974) 'Goods and services: An input–output analysis'. *Energy Policy*, December, pp307–315

Yates, A., Prior, J. and Bartlett, P. (1995) 'Environmental assessment of industrial buildings using BREEAM', in Lewis, O. and Goulding, J. (eds) *European Directory of Sustainable and Energy Efficient Building*, James & James, London

推荐书目

D·安宁克（Anink, D）、C·布恩斯特拉（Boonstra, C.）、马克·丁（Mak, J.）（1996），《可持续建筑手册：在建造和更新建筑中选择材料的环境甄选方法》（Handbook of Sustainable Building: An Environmental Preference Method for Selection of Materials for Use in Construction and Refurbishment），James & James，伦敦

本书着重介绍"环境甄选方法"，这已被发展为一种根据建筑材料的环境表现进行选择的工具。书中收入了荷兰住宅建设中使用的建筑技术。这本手册是适用于所有人的可持续设计和施工的基础读本。

2. A·福克斯、R·默雷尔（1989），《绿色设计：建筑材料的环境影响指南》（Green Design: A Guide to the Environmental Impact of Building Materials），建筑设计和技术出版社（Architecture Design and Technology Press），伦敦

这是一本从A到Z介绍建筑材料，并对其环境表现进行评价的指南书籍。序言涉及环境破坏和造成环境破坏的因素等问题。作为一本指南，本书对于各种建筑可持续性研究都将有所裨益。

题目

题目1

根据使用不同材料建造的小型建筑结构产生的环境影响的大小进行排列：

- 混凝土；
- 钢材；
- 木材。

分析（不超过150字）每种技术在三个环境层面上可能的环境影响：

- 全球环境；
- 地区环境；
- 室内环境。

假设这些材料都是当地生产的，同时混凝土是由氡含量很高的花岗岩构成的。

题目2

为了更好地理解用改造旧建筑代替拆除旧建筑并新建的好处，我们假设了一个简单的算式，统计新建过程需要的蕴藏能源和相应释放到大气中的二氧化碳。为了简化算式，假设只建造混凝土框架结构，假设建筑物为一层，面积100m²，所需要的混凝土是50m³，其制造过程需要的能源50%来自煤，50%来自石油。答案不超过50字，并应附有算式。

题目3

根据第70页"使用不可再生天然材料条件"的简单原则，分析一个住宅项目的建造，选择环境友好型材料替代现有材料（不超过50字）：

- 墙（黏土砖）；
- 地面（PVC砖）；
- 绝热材料［聚苯乙烯（polystyrene）］。

答案

题目1

钢是所有材料里蕴藏能源最高的，混凝土其次，木材相比之下是最低的。

根据三种环境层次分析每个技术可能的环境影响：

- 全球环境：由于钢材的蕴藏能源最高，它会排放最多的二氧化碳，混凝土第二，木材第三。
- 地区环境：钢材（本地生产）破坏当地环境的程度最严重。混凝土也会因为其生产过程的排放物而破坏环境。木材相对是污染最少的，也是对环境最为有益的材料，因为在其生长过程中能够"净化"当地的大气。
- 室内环境：木材已被人类使用多年，从未对室内环境有负面影响。然而，为防止木材发霉被蛀，需要进行一定的处理，至少在刚开始使用的一段时间内，会有对人体和动物有害的成分。钢材自身没有任何问题，但和木材类似，其加工处理也会对室内环境造成破坏。而混凝土的性质等同于水泥，其中含有的氡是非常有害的。如果要使用混凝土，必须特别注重建筑的通风。

题目2

根据表4.1，$50m^3$ 的混凝土含有300kg的水泥，其蕴藏能源为 $50 \times 0.305 \times 2200 = 33550$ kWh。

计算其向大气中排放的二氧化碳：

$50\% \times 33550 \times 0.31 = 5200.25$ kg

$50\% \times 33550 \times 0.28 = 4697.00$ kg

其总量为：

$5200.25 + 4697.00 = 9897.25$ kg

题目3

住宅项目中应该选用的环境友好型材料为：

- 墙：为了替代能源密集型的黏土砖，可以使用石头或水泥砌块。
- 地面：为了替代PVC砖，可以使用天然的、可再生的材料，如软木砖（cork tile）或油毡砖（linoleum tile）。
- 绝热材料：为了替代聚苯乙烯，可以使用天然可再生材料，如纤维素（cellulose）或软木。

第5章

智能控制和先进的建筑管理系统

萨索·梅德韦德

本章范围

建筑师设计建筑的主要任务是为居住者提供安全、舒适、愉悦、经过改善的生活环境。这些需求还应与尽可能减少能源消耗，尽可能少破坏环境相结合。这也是为什么所有的建筑技术系统都必须得到妥善控制和同步运行的原因。在当代建筑中，这一复杂的任务可由基于微电子建筑管理系统完成。本章的目的在于介绍微电子控制系统的基本原理，解释建筑管理系统是什么，以及它们是如何运转的。本章分为两部分：第一部分涉及控制系统的基础知识，而第二部分则叙述建筑管理系统的可能性、优点和构造组成。

学习目标

当读者完成本章的学习后，应该可以：
• 理解微电子控制的基本原理；
• 确定建筑管理系统的定义；
• 比较不同的建筑管理系统标准。

关键词

关键词包括：
• 控制系统；
• 控制算法（control algorithms）；
• 硬件；
• 软件；
• 建筑管理系统；
• 建筑管理系统标准。

序言

自然和建筑中的条件始终因气候条件、空气污染、使用者的行为和其中的器具不同而持续改变着。因此，建筑室内环境就成为动态而不可预测的。这也是为什么建筑中的能源和物质流在持续变化的原因。从理论上说，可持续建筑应该对其能源流进行调整。而在现实中，我们要用建筑设备系统来控制能源和物质流。

只有通过有效的控制和管理系统，才能实现建筑设备系统的有效运行。这些系统减少了能源和物质流，因而提高了室内环境的质量。因为不同的使用者对于同样的室内环境会有非常不同的感受，智能控制也应该提供个性化的服务，允许人们根据自己的需要调整室内参数。

在现代社会，信息交换和能源、物质供应同等重要。最新的建筑管理系统能够交换信息流、提供监管，实现安全的室内环境。

不到十年前，智能控制和建筑管理系统只有应用于大型建筑才能确保经济。而近年来，由于生产商的增加，同时新的技术解决方式增加了可供运转的功能，在个人住宅中安装这一系统已日渐体现其成本效益（cost effective）。

本章的目的在于介绍智能控制和建筑管理系统，解释其作用，并列举一些实例。

智能建筑

"智能建筑"这一概念兴起于20世纪80年代。最初，智能建筑只用来定义采用了新型建造技术，具有自动机械系统的建筑，主要强调其拥有更高的能源效率。而现在，"智能建筑"一词已经被用于使用最先进的技术和工艺，优化服务系统，提高其服务系统效率，改善维护和管理效率的建筑。智能建筑对于业主而言具有高度的舒适性、安全性和经济性。考虑到建筑物实际的各项成本组成远多于其建造成本，必须按照建筑整个生命周期中的全部价值进行设计。

未来的智能建筑可以通过运用信息和通信技术，持续而独立地进行其自身和周围环境的改变。有许多智能材料都将应用于建筑中，如可变透明度绝热（variable optical proper-thermal insulation）玻璃，带有微芯片可与使用者联络的智能装置，以及智能控制、监控和通信系统。实现未来智能建筑的第一步，是采用数字管理控制和监控方式的技术系统，本章随后将对其进行介绍。

控制系统的基本原理

控制算法（control algorithms）

控制系统确保建筑设备系统能够自动根据室内外环境进行变化，而无须使用者的干预。其工作原理是将通过传感器监测的实际物理量（比如房间的温度），和期望值（desired value，例如在冬季房间温度为20℃）进行比较。后者被称为设定温度（set-point temperature），如果实际物理量和期望物理量有差异，控制器就可以调整系统中受到控制的设备的相关信息（如加热器的开关）。

控制器可以使用多种不同的控制方式，根据传感器回馈的信息，向控制设备发出信号，使实际值等同于期望值。最常见的控制方式包括：

- 二位（two positions）（开/关）调节；
- 比例（proportional，P）；
- 比例加积分（proportional plus integral，PI）；
- 比例加积分加微分（proportional plus integral plus differential，PID）；
- 人工智能（artificial intelligence，AI）

二位或者说开关控制是最简单的。控制设备的状态不是开就是关。可控变量实际值的变化是周期性的，变化很大。例如，房间利用电加热器加热到20℃，这一温度是设定温度，能够让控制器向电加热器传递"开"的信息的温差（如19℃）或是

向电加热器传递"关"的信息的温差（如21℃），就被称为控制差（control differential）或控制滞后（control hysteresis）。由于加热器集聚的热在其关闭后仍然向房间发散热量，房间的实际温度比滞后温度高出很多。房间内的高低温度差就是运行差值（operating differential）。这种方式温度变化幅度大，因而热舒适性较低，能耗大。

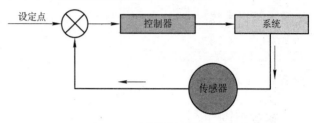

图5.1　回路控制系统图示

不管房间实际温度和期望温度的差值如何，电加热器启动后释放的热流都是持续的。对其运转进行细致分析显示，当供热房间需要的热流较小或系统荷载较小时，运行差值就更大。可以通过使用带比例控制操作（proportional control action）的控制器来改进二位控制操作。这样，控制器会向被控制系统输出比例控制信号。信号可以通过在最小和最大值之间按比例改变加热器的电力。这个范围被称为"节流范围"（throttling range）。用**比例增益系数**（proportional gain，K_p）可以对比例操作进行数学表达。在监测时段内，实际温度和期待温度之间的差值远小于使用二位控制器的差值。而实际值和期待值之间的差就被称为偏移量（offset）。

可以根据测量温度和期待温度之间已有的差值，通过调整比例增益系数K_p来改进比例控制器。在预选阶段对差值进行积分、平均。这一过程被称为"重组"（reset），而这种控制操作则被称为"比例加积分操作"。修正过程可以用**积分增益系数**（integral gain，K_i）进行数学表达。我们选取积分时间或开启控制器两次重组之间的时间。在整个运行过程中，控制器始终是连续的。这种控制器通常用于调节建筑的供热和空调系统。

比例加积分控制器增加了改变个体重组间隔时间的功能，就升级为**比例加积分加微分控制器**。对于重组间隔的数学修正可以用**微分增益系数**（derivative gain，K_d）。在普通控制器中K_p、K_i、K_d都保持不变，而在适应和自适应控制器（adaptive or self-adaptable controllers）中，K_p、

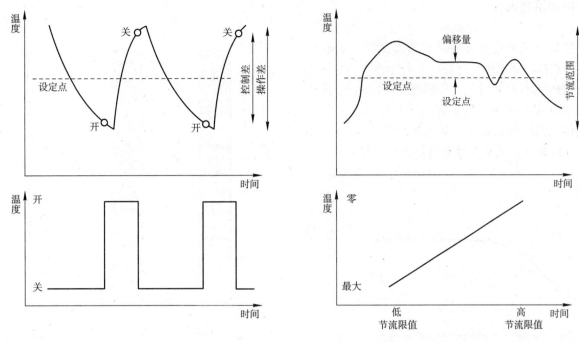

图5.2　采用二位控制（左）和P控制（右）控制器运行图示

K_i、K_d则会自动变化，与系统特征保持关联。

适应性控制器的工作原理基于人工智能技术。在其运行中运用特殊算法模仿人思考和判断的方式。这种技术可以根据以往系统运行的经验，像人一样学习，学会如何预测事物未来的发展过程。例如，我们能够根据以往的经验，知道在夏季酷热时，树荫下会比周围开阔地凉爽得多。我们学会这一点不需要"测量"每个单独个体的温度。在作出决定时，我们就能同时分析各种参数，根据其可能的温度进行分类。最后，我们根据相关参数值选择组合的最终结果进行比较。现代控制器模拟人类的这一过程进行的算法被称为神经网络（neuron network）。

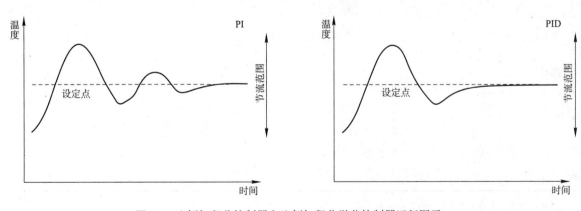

图5.3　比例加积分控制器和比例加积分微分控制器运行图示

对于复杂参数而言，很难获得"是"和"否"的答案，需要应用模糊逻辑进行近似推理。在模糊逻辑运行控制器中，语言替代了物理变量（如房间温度）。正如图5.5所示，语言变量（如冷、凉爽）是相互交叠的量值。这些三角变量（triangular value）被称为隶属函数（membership function）。每种语言变量的数值都在0~1之间。模糊控制器对输出信息进行计算——如根据每种模糊设定值的实际程度，控制房间的加热器。使用所谓的"重心法"（gravity method），使得加热器的热量保持连续。

控制系统设计

控制系统通过传感器从"外部世界"获取模拟信号数据（如温度传感器、光电传感器、二氧化碳浓度传感器和使用人数传感器等）。表5.1统计了建筑管理系统中多种不同用途的传感器。需要根据传感器的敏锐特征、集成兼容性（integration compatibility）、几何尺寸和价格进行选择。

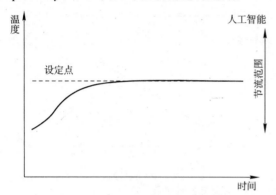

图5.4　人工智能控制器运行图示

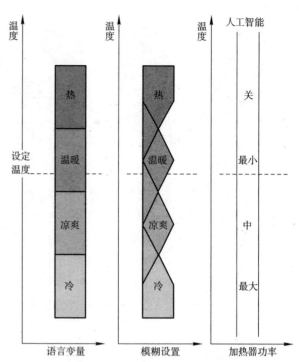

图5.5　语言变量和模糊设置图示
（房间实际温度为75％温暖和25％凉爽）

建筑中各用途传感器一览

表5.1

应用	节约照明	HVAC（暖通空调）情况监测	气体识别	消防监控	装置
用于感应：					
温度		√		√	√
湿度		√		√√	
亮度	√				
红外线辐射			√		√
超声波		√			√
气体				√	
微波				√	
电流					√

注：HVAC，暖通空调，即供热、通风、空调系统的总称。

信号随后通过转换器被转换为数字信号。数字信号可由硬件应用直接**数字控制技术**（direct digital control，DDC）来分析。基于数字信号的数字控制技术处理需要由微型处理器或中央处理器（CPU）进行。微处理器通过输入/输出（I/O）设备和外界交换数据，并将数据储存在内存中。微处理器的操作经过代码描述，储存在程序存储器（programme memory）中。上述元件（中央处理器、输入/输出设备、时钟、数据和程序存储器）又称作微芯片，设置于微电脑中。信号通过微电脑的转译开关和**驱动**系统内的机械装置（制动器、阀门、加热器、开关等），以保持室内环境的设定值。

控制系统可以安装在专门的智能设备中。另

外，一台微电脑也能够和多个设备相连，进行远程控制。此时设备必须连接在中央微电脑上。可以使用不同的协议在设备和微电脑间进行数据交换。依据单位时间内能够传输的数据数量选择通信协议类型。

控制系统的软件可以监控各个控制器，便于信息在连接控制器的网络中流动，优化运行。和传统电气、机械和气动控制器相比，**建筑管理系统**（BMS）可以通过网络传送新的程序算法，对控制器进行修改。软件设计也是针对建筑管理系统和用户之间的交流而设计的。

建筑管理系统

大型结构和建筑综合体具有装置类型众多的特点，这些装置包括供热、通风空调系统，电网、照明、清洁和运输装置，信息、通信系统、安全系统和其他装置。这些系统需要得到不断控制和管理。最初，监控系统功能只限于监控运行中的错误和问题，而现在监控系统已发展为管理系统。同时还在运行中增加了对于能源消耗的监控，与成本效益（cost benefit）挂钩。这就是**建筑管理系统**或**建筑能源管理系统**（BEMS，building energy management systems）产生的原因。除了监督，这些系统还关注建筑最低可能能耗。建筑管理系统的任务可以被划分为以下几个部分：

- 管理和监控能源和其他资源消耗：
  - 按时间和使用人数开关设备；
  - 限制用电峰值；
  - 确保供热、通风和空调系统处于最佳运行状态；
  - 调节遮阳和用电照明。
- 安全保护，其中包括：
  - 减少人的因素；
  - 电子门卡进行身份辨别；
  - 图像监控；
  - 按等级限制进入房间；
  - 防盗警报；
  - 火灾警报；
  - 燃气警报；
  - 模拟建筑虚拟使用。

- 信息管理：
  - 内部电话和录像连接；
  - 电视会议；
  - 卫星通信；
  - 电子邮箱；
  - 互联网连接。
- 办公自动化：
  - 中央信息处理；
  - 电子文件传输；
  - 技术人员间通过计算机辅助设计进行数据传输；
  - 提供信息。

建筑管理系统的优点

建筑中设有完全监控的系统能够保证持续监测。所有的测量值都可以在线监测和保存。因此可以对于系统功能和优化进行持续分析，以便根据实际情况提高能源效率。气象条件，系统的质量和实现程度，使用者的习惯，都会使得系统的实际反应和预期产生显著差异。可对建筑管理系统收集的信息进行远程跟踪和控制，因而没有必要实地进入建筑。对于小型建筑管理系统（如一栋建筑内的控制系统），使用者可以远程开启设备，检查状态。因此，**通信**也就成为建筑管理系统的一个优点。通过远程控制，人们可以同时操纵若干建筑的系统。建筑管理系统也因此**节省人力**，也减少了现场监控的形式。一旦有问题发生，建筑管理系统也能及时显示，因而解决和弥补问题也比现场检查迅速。通过对变化进行持续监控，也可以在发生之前就预测到可能的问题。这同样适用于建筑能源管理系统中的能源流。因此，建筑管理系统可以更为细致和经济地**维护**建筑设备。建筑管理系统的另一个可能用途是进行试运行。对于大型建筑而言，由设计/安装者以及业主进行实地检查，耗时漫长，所费不赀。很多设备和系统都必须进行检查和调校（例如对于水管，必须保持液压平衡、设定流量网和控制阀）。

设计建筑管理系统

建筑管理系统的运行需要确保层级和兼容性。在当前技术发展阶段有三种操作层级：

1. 管理层面；

传输速率和协议在建筑中的不同应用

表5.2

应用	数据传输速率	协议
测量、控制、定义	1~10 kb/s	EIB，EHS，LON
声音传输	小于1Mb/s	ISDN，DECT
视频传输	大于10Mb/s	Fire Wire/IEEE1394
计算机网络	1~100Mb/s	TCP/IP

注：kb /s，每秒千字节；Mb/s，每秒兆字节；EIB，欧洲安装总线；EHS，欧洲家居系统；LON，局部操作网络；ISDN，整体服务数据网络；DECT；数字增强型无线通信；IEEE1394，电器和电子工程师协会标准1394；TCP/IP，传输控制协议/互联网协议。

2. 控制和自动控制层面；

3. 现场层面。

现场层面为从建筑的某个系统中采集和传输（输入/输出）数据而设计。这个层面为管理房间内的系统（如控制供热、供冷、照明、遮阳装置位置等）而设。

传感器和建筑管理系统之间的信息（由建筑设备系统提供）以信号（二进制码）、测量数据数值（模拟值）和脉冲信号［传感器根据监测数据的物理单位传输脉冲信号，例如1脉冲＝千瓦时（kWh），1脉冲＝千克/秒（kg/s）］的形式进行交换。建筑管理系统向建筑设备系统或系统中安装的控制装置输出开关和控制命令。这个层面的系统有人工控制选项。现场层面的建筑管理系统元件的通信在各传感器和控制器间或通信网络中进行。这被称为现场级网络（field-level network，FLN）。

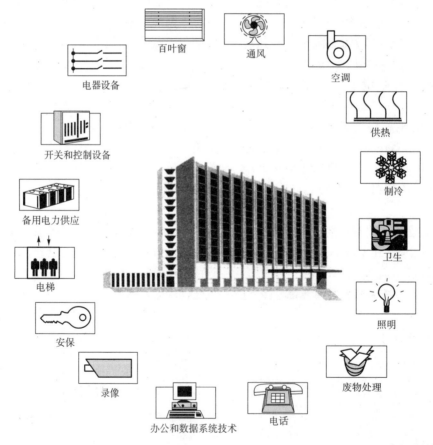

来源：冈特·G·塞普（Gunter G. Seip），《电气安装手册》（Electrical Installations Handbook），Publocis MCD，慕尼黑

图5.6　建筑设备系统，由建筑能源管理系统进行监测、控制和优化

在控制和自动控制层面，建筑管理系统监控器能够控制和优化建筑设备系统。**面向应用**控制器（ASC，Application-specific controller）或**模块**控制器可以完成这些任务。在这一层面，建筑管理系统可以发现建筑系统运行的问题，显示监测数据，确保这些数值都在许可范围内。系统能够对器材及其性能进行持续检测，确保定期维护，延长系统和装置的使用寿命。此外，它还能注意系统各层级间传送的数字信息。控制器通过控制和自动控制级网络（CLN，control and automation-level network）相互连接。由于这一领域和管理层级会产生和传输大量数据，控制和自动控制级网络必须具有比现场层级

快得多的数据传输能力。

管理级是建筑管理系统中等级最高的，包括处理现场层级、控制和自动控制层级统计数据所需的数据，已显示和打印的数量值和事件等。此外，还包括建筑的图形检测，系统情况和每个系统和房间内的测量数据值。管理层级同时监测各类数据，能够及时发现系统运行错误，检查能源消耗，估算成本。管理层级的建筑管理系统元件都通过管理级网络（MLN，management-level network）相连，可以与外界系统交流。广泛发布的信息和与互联网的连接，使其可在全球范围内实现远程监测和控制。

图5.7 照度仪（左），活动传感器（右）和用作制动器的带有阀门的控制设备

网络和协议

建筑管理系统不同层级之间传输的信息需要通过协议加以管理。不同生产厂家制造的建筑管理系统元件要在同一协议下进行连接。因此，需要制定协议标准。下面这些初步拟定作为标准的协议，是由欧盟标准化委员会技术委员会247（CEN TC247）第4工作组专家确定的。

• 管理级的建筑自动控制和控制网络（BACnet，Building Automation and Control Network）和数据传输中立体（FND，Firm Neutral Datatransmission）。

• 控制和自动控制级的建筑自动控制和控制网络（局部操作网络或称LON）、欧洲安装总线网（EIBnet，European Installation Bus Network）、现场总线［PROFIBUS（Process Field Bus）］和

WorldFIP。

• 现场级的BatiBUS、欧洲家居系统（EHS，European Home System）、欧洲安装总线（European Installation Bus）和LONTalk。

建筑自动控制和控制网络是由美国研制的，也是传播最为广泛的管理级协议，已成为美国标准，并即将成为欧洲标准。数据传输中立体协议是由德国开发的，也主要用于德国。欧洲安装总线网是欧洲安装总线经过扩展的现场级协议。现场总线是西门子为建筑自动控制系统开发的。WorldFIP则产生于法国。上述这些都用于控制和自动控制处理。法国还专门针对住宅自动控制系统研发了BatiBUS。欧洲家庭系统首先出现于欧盟的ESPRIT计划，也是针对住宅自动控制系统的。它可以和各种即插即用型电气和电子器具连接。欧洲安装总线是由西门子开发的，是各类电

子器具生产厂家广泛应用的协议。LON由美国开发，是非常常见的用于控制和检查暖通空调系统（HVACs）的系统。下面将详细介绍欧洲安装总线和LON系统。

每个建筑管理系统层级中的设备都与网络相连。较小的网络被称为局域网（LANs）。通过局域网，中央处理器（如个人电脑）可以与每个"智能控制器"（称为分站）取得联系，每个分站配备了自身的微处理器，可以和传感器联络，控制设备。局域网能够与大量的控制器相连。由于大量的工作都由分站完成，中央处理器和每个控制器之间的通信时间一般都很短。此外，在微处理器中还设有灵敏的传感器和制动器，可以独自通过局域网和主机直接取得联系。

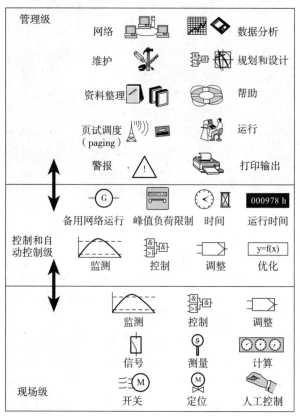

来源：冈特·G·塞普，《电气安装手册》，Publocis MCD，慕尼黑

图5.8 建筑控制系统不同层级的作用

每秒传输的数位量称为波特率（baud rate），是衡量局域网传送数据速度的指标。通过接入局域网（LAN）的先进的数字控制技术系统，其典型速度可以达到300~1250000波特之间，可以分别表达为300位/s（bps）和1.25兆位/s（Mbps）。

网络因主机和其他设备连接的拓扑方式不同分为几类。最常见的布局方式有：

• 最简单的点对点拓扑，即只有一个分站和主机相连。

• 星状拓扑和点对点拓扑类似，其方式类似，只是分站的数量增加了。

• 总线拓扑：分站单独和主机联系。每个分站都有自己的识别标志，网络分布方式简单，只要把新的分站加入局域网即可。通信是双向传输的，因此协议内容要求注意接收和发送信息的正确顺序。

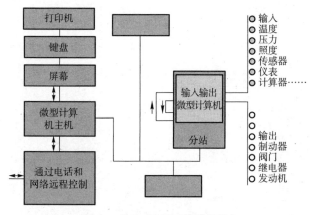

图5.9 带有分站的局域网图示

• 环状拓扑：这种情况中，分站连成一串，信息传输速度很快，而且只有一个方向。协议要求分析信息对该分站是否有意义，如果没有，就把信息送到下一个分站。

• 树状和层级拓扑：局域网中的各个分站在垂直方向上交换信息，不需要通过主机。

局域网中的数据传输由传输线完成。选择传输线需要根据数据传输的距离和其容量，随着长度增加，传输线的容量也会增加。双绞线（twisted-pair）是将两股电线并置于一个电缆套管中。两股线相互缠绕，减少电磁波干扰。双绞线是最便宜的导线，但不能置于高压线附近。同轴电缆（co-axial cable）的金属外壳（armour）可以抵消导线的电磁干扰。光纤导线的信息是通过在玻璃纤维中反射的连续的光来传输的。其效率最高，当然价格也最贵。如果局域网用到的协议和建筑管理系统由不同厂家生产，就需要加入协议编译器（protocol compiler），称为网关（gateway）。

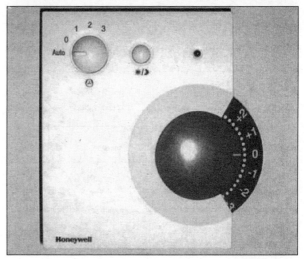

图5.10　用于风机盘管（右上）控制的分站（左），其中温度传感器和窗户开关为输入装置，设于冷热水管上带控制传动的阀门作为输出装置（右下）

选择建筑管理系统

前面已经介绍了建筑管理系统的优点，但建筑管理系统也有其缺点。这些系统都非常昂贵，只有用于大型建筑、居住区和城镇才能确保经济合理。在10年前，建筑管理系统大多用于控制一栋建筑物的控制系统（通过对50个能源管理者进行调查发现，在其监测的建筑中，82%的配有建筑管理系统，但只有1%的对其收集的数据进行预测），现在，建筑管理系统则用于使建筑性能最大化。微电子技术、无线电通信技术和更多用户友好型软件的发展，使得建筑管理系统开始逐步进入小型建筑，实现智能建筑目标。应用建筑管理系统的一个障碍是由于生产厂家众多，各个系统之间不能兼容。选择系统因而就意味所有的零部件都需要由同一个厂商生产，增加了不必要的花费。因此，正确选择建筑管理系统需要遵循以下方法和步骤：

• 认识到建筑管理系统在减少能耗、提高居住舒适度、建筑保护、火灾报警和建筑远程监控方面的优势。然而，即便是完美的建筑管理系统也不能在建筑系统维护不当甚至破败的情况下进行有效控制。

• 选择你的建筑中的建筑管理系统需要完成的任务；仔细调查建筑已经安装了哪些服务系统，还有你应该怎样通过管理减少运行费用。其次，决定安装辅助服务系统提高建筑表现是否得当。小型建筑管理系统今后难以升级更新，而大型系统则得不到充分使用，管理复杂而且运行费用高昂。

• 了解投标制造商情况，检查专业声誉，投标企业和建筑管理系统制造商的有关情况，了解投标者已经建成系统的数量。你最初的选择会影响到整个系统使用周期的运行是否成功。在这段时间内，系统需要不断维护和软件升级。以后你很可能会扩展建筑中的系统，因此需要检查是否具备双倍的控制点数量，以备扩充容量。

• 研究建筑管理系统的整个工作过程，在系统安装后才进行不完全的检测是常见错误之一。对于设计者而言，需要检查所有传感器，所有命令和整个软件是否能起作用，在检查之后，要对系统试运行的过程进行记录标注。

• 确保在各个层面操作建筑管理系统的人得到充分培训。管理人员在使用建筑管理系统前需要经过专门培训，才能明白系统具备的众多功能和职责。

• 在系统运行时，注意对运行情况进行常规监测，关注相应获取的物理量，如房间温度和能源消耗。这能让维护和处理问题变得更简单易行。

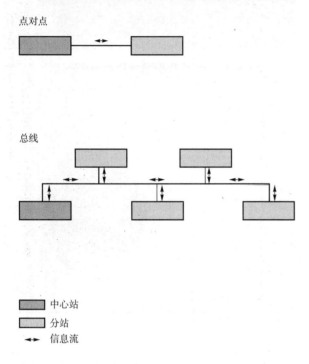

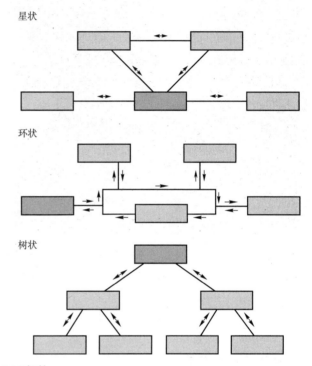

图5.11 LAN拓扑

局部操作网络和欧洲安装建筑管理系统

对于多种建筑管理系统标准，我们在下面主要介绍两种：首先是暖通空调系统中最为常见的类型，其次是主要的欧洲标准。

局部操作网络

美国埃施朗（Echelon）公司开发了局部操作网络（LONWorks, Local operating networks）建筑管理系统。其中包括四个主要部分：名为"神经元"（Neuron）的微处理器，设备的网络传输线，局部操作网络协议和管理，应用软件。神经元是植入局部操作网络建筑控制系统支持的各个设备的微处理器。由制造商在其中设置48位码的神经元ID。由三个完整的回路组成：其中一个回路用于运行它所在的装置，另两个则与网络通信。市面上有各种不同的局部操作网络装置，如传感器、制动器和控制器。在神经元中的元件内已注册有应用程序，如果需要可以通过网络改写。每个通过神经元和LONTalk协议获得输入输出变量（input and output variables）的电器，都可以与局域网进行通信，这被称为通道（channel）。通道拓扑（channel topology）使得信息可以在装置间交换，因而所有的输出信息都可被其他装置用作输入信息。数据传输的典型速度是78 kbps。不同生产商制造的可用于局部操作网络的电器都应具有LONMark以表示具有兼容性。LONMark电器生产商（在全球范围内已超过200家）都是局部操作网络协会成员。

设备通过通路与群连接。每个群都由64个电器组成。256个群连接而成一个域（domain）。域又可以通过LONWorks/RS232接口（LONWorks/RS232 interface）网络驱动器和配备了数据采集与监控系统（SCADA，Supervisory Control and Data Acquisition）软件包的个人电脑，与控制和自动控制级连接。

欧洲安装总线协会

许多欧洲电气设备制造商都加入了欧洲安装总线协会，（European Installation Bus Association）。他们的产品都加入了欧洲安装总线系统，能够相互兼容。系统分为两个复合组成：电力供应和控制部分。通过欧洲安装总线系统向用户或用户群供应能源。装置同时与电力线和控制线二者相连。而传感器、开关、通信组件和电脑则只与控制线相连。

装置交换信息，称为在网络内通过总线拓扑（bus topology）"发报"（telegrams）。每个装置都是智能的，有其自身的识别码。所有的总线装置都可以相互交换信息。两个装置之间的距离应该小于700m，最大总线长度为100m。可以通过具有ETS（欧洲安装总线工具软件）的标准化设备连接欧洲安装总线的个人电脑进行参数登陆（parameter entry）。一个区域内最多可有15条带有256个电器连接在一起。15个区可以连接到一个欧洲安装总线系统中（见图5.12）。

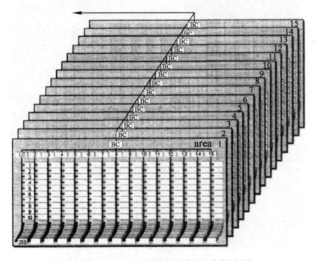

图5.12 Instabus 欧洲安装总线控制线

建筑管理系统实例

下面的例子介绍了如何在现代商业建筑中设计和运行建筑管理系统。VO-KA楼高三层，东侧和南侧伸出两翼（建筑师为Mlakar & Berg，投资方为Vodovod kanalizacija公司）。建筑管理系统控制空调、供热通风、照明、给水、冬季车道供热、安保录像监控和火灾监控。

系统设定

对建筑管理系统的描述

现场级系统受控于LON控制器（见第4章），LON控制器作为独立处理器运行，控制设备和次级系统，例如集中供热子站（sub-station）或四管风机盘管机组。所有设备和次级系统都需要配备LON控制器输入/输出组件，而这些组件则与局域网相连，通过LONTalk协议通信。

建筑通过集中供暖系统供热。热交换器将建筑与集中供暖系统相连，以提供热量。热量可用于空调、双区（two-zone，东侧和南侧）风机盘管办公供暖和生活热水储备。剩余的热可储存于生活热水管道系统。

除了管理和控制供热、空调、通风系统，建筑管理系统还可以根据自然采光情况，改变灯光调整办公室的照明（见图5.18）以及遮阳装置（见图5.13）。建筑管理系统还能控制安全照明（见图5.18），报告使用者是否处于危险中。

图5.13　主入口、阳光中庭和设有可动遮阳装置的东立面

建筑管理系统一经安装，就已受托其全部功能。设计师和业主代表可在管理级检测传感器、命令和整个软件的运行情况。检测结束后加以验证。设计师也可以培训工作人员进行建筑管理系统各个层级的操作。

图5.14　中央热分站局域网控制器

系统运行

LON网络作为独立系统，和各个LON控制器相

连。LON网络由管理级通过通信卡（communication card）和硬件线（hardware line）连接。管理级电脑装配了iFix软件（Intellution公司产品），用图形格式描述所有过程及其条件。操作者（operator）可以控制建筑系统和建筑设备系统的状态，因此能够应用当前和以往的系统操作状况，以及热流量、能源使用、温度等数值。

在系统运行时进行定期监测并记录数值，有利于系统维护和问题解决。

图5.15　风机盘管LON控制器

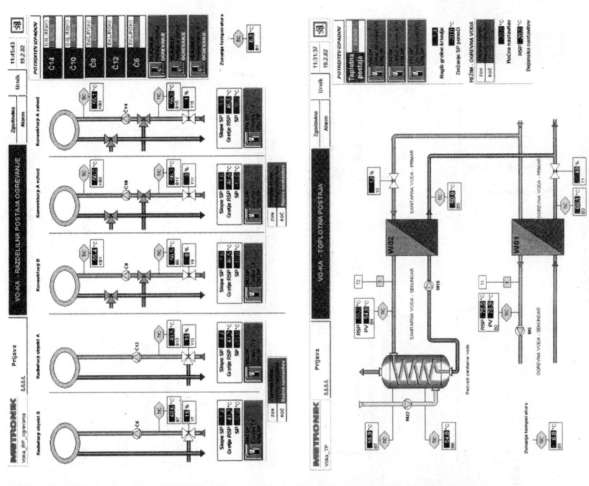

注：中央供热分站，设于建筑的地下室（右上），和热水储存
（左上）在一起；下方图示显示热水网络的系统和运行条件
（分为双区办公供暖和三个空调装置）（左下）；操作人员电
脑屏幕上显示的热力分站的配置和运行条件（右下）。

图5.16　供热和生活热水系统

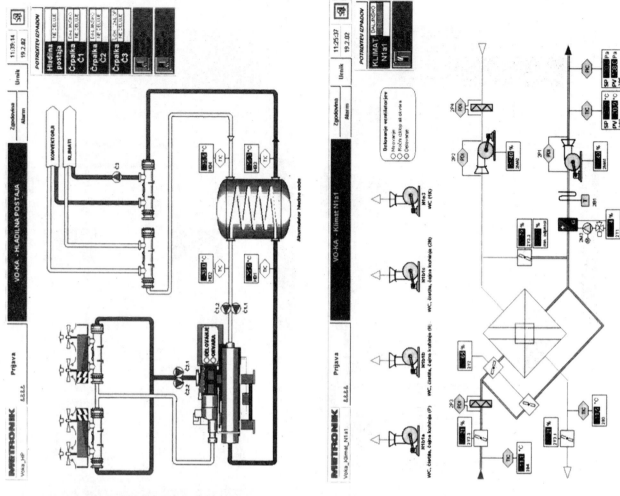

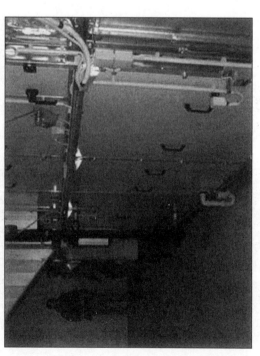

图5.17　供冷系统和带有控制系统的运行配置（上），带有热回收器（recuperator）的中庭空调装置的运行配置（下）

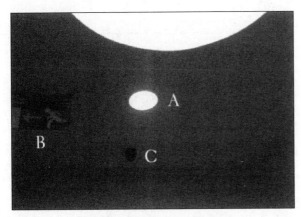

图5.18　光控制是根据照度
水平和房间使用人数（传感器C）

个人使用者的可能性

个人使用者可以根据不同水平调整他们的室内环境参数：

• 手动开关供热/供冷机组的风扇和灯光，调节遮阳装置；

• 修正房间自动调温器的设定温度（−3~+3℃，见图5.20）；

• 在管理级经授权访问（authorized access）改变参数设定，原设定值可以通过用户友好方式（user friendly way）更改（见图5.20）；

• 使用者还可以通过pcAnywhere系统远程监控办公室。

概览

维持建筑居住环境的高质量和能源的有效利用，是能够使建筑的设计和运行得以实现的任务。对于现代建筑而言，室内环境质量和安全的居住场

所需要由大量装置、设备和系统来提供，同时也需要受到控制，对外界条件和使用行为作出快速反应。建筑管理系统就能有效地实现这一目标。

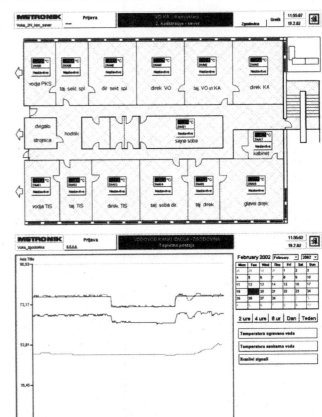

注：显示供应热水的实际水温与设定值的比较。所有供热和空调系统（heating and air-conditioning system）均采用比例加积分控制操作算法。

图5.19　办公环境控制（上），在夜间房间
温度降低时，集中供暖分站显示的热水温度变化（下）

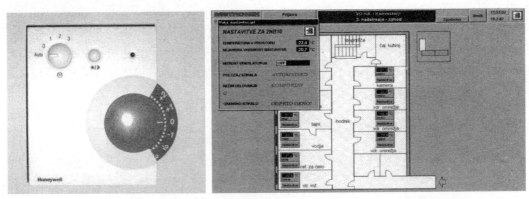

图5.20　房间自动调温器向使用者提供可能，根据每个房间的室内环境需求修
正设定温度（左）；改变室内环境参数设定值的用户界面窗口（右）

参考书目

American Society of Heating, Refrigeration and Air-conditioning Engineering (1995) *ASHRAE Handbook*, HVAC Applications, SI Edition, ASHRAE, Atlanta

Avtomatika (2001) *Metronikova izdaja revije o avtomatizaciji procesov*, June, Metronik, Ljubljana

Brambley, M. R., Chassin, D. P., Gowri, K., Kammers, B. and Branson, D. J. (2000) 'DDC and the web', *ASHRAE Journal*, December, pp38–50

Coffin, M. J. (1998) *Direct Dogotal Control for Building HVAC Systems*, Kluwer Academic Publishers, Dordrecht, The Netherlands

Coggan, D. A. (2002) 'Smart buildings', www.coggan.com

Levermore, G. J. (1992) *Building Energy Management Systems: An Application to Heating and Cooling*, E& FN SPON, London

Mandas, D. (1995) *A Manual for Conscious Design and Operation of A/C Systems*, Save Publication, Atene

Moult, R. (2000) 'Fundamentals of DDC', *ASHRAE Journal*, November, pp19–23

Piper, J. (2002) 'Riding hard on energy costs', www.facilities.com

Seip, G. G. (2000) *Electrical Installations Handbook*, John Wiley and Sons, Munchen

Trankler, H. R. and Schneider, F. (2001) *Das Intelligente Hause*, Richard Pflaum Verlag GmbH & Co, Munchen

Wilkinson, R. J. (2001) 'Commissioning inoperable system', *ASHRAE Journal*, March, pp44–53

www.europa.eu.int/comm/energy_transport/atlas, accessed November 2002

推荐书目

1. H.R.Trankler和F·施奈德（2001），《智能住宅》（Das Intelligent House），Richard Pflaum Verlag GmbH & Co，慕尼黑

本书首先介绍了智能建筑的技术。在序言之后详细介绍了微系统技术和其如何与建筑整合的情况。其中最有意思的章节提供了对各种传感器技术的详细描述，包括主动和被动传感器，煤气传感器，微波和超声传感器，和具有集成传感器的多芯片组件（multi-chip module）。读者可以了解到欧洲、日本和美国的研究实例。

2. G·J·莱弗莫尔（1992），《建筑能源控制系统：应用于供热和供冷》（Building Energy Management Systems），E & FN SPON，伦敦

本书既是面向学生的建筑设备控制教材，也可作为实际应用控制基本原理的指南。本书首先详细论述了建筑管理系统的发展，通过实例分析，概括了建筑管理系统的优缺点。其后的章节主要在介绍分站、中央处理器和控制算法的基本原理。提供了多种类型的解析解（analytical solution），涉及传感器及其反应，死区（dead time）和距离速度延迟（distance velocity lag），预热时间（preheated time）和优化控制（optimizer control）。对于所有有兴趣了解多种建筑热传导类型和包括建筑管理系统在内的暖通空调系统控制的读者，本书都是一本有用的资料集。

3. G·G·塞普（2000），《电子安装手册》（Electrical Installations Handbook），John Wiley and Sons，慕尼黑

这本手册提供了关于建设和计算配电系统的基本入门知识，并专门论述了居住建筑和功能型建筑中的建筑设备自动化和建筑系统工程。该书的一个重点是通信施工装配，尤其是Instabus EIB网络。所有内容都基于国际和欧洲标准。对于建筑设计人员来说，本书在建筑控制系统的规划、建设和运行方面都能为其提供很好的基础知识。

题目

题目1

描述"智能建筑"这一名词。

题目2

解释回路控制原理。

题目3

比较建筑管理系统中用于暖通空调系统的控制算法。

题目4

分析低能耗住宅中建筑管理系统的可能性和优势。

题目5

描述建筑管理系统的功能层级。

答案

题目1

　　"智能建筑"这一概念兴起于20世纪80年代。最初，智能建筑只用来定义采用了新型建造技术，具有自动机械系统的建筑，主要强调其具有更高的能源效率。而现在，"智能建筑"一词已经被用于使用最先进的技术和工艺，优化服务系统，提高其设备系统效率，改善维护和管理效率的建筑。智能建筑对于业主而言具有高度的舒适性、安全性和经济性。由于建筑物实际的各项成本组成远多于其建造成本，在设计初期就必须考虑到建筑整个生命周期中的全部价值。

　　未来的智能建筑可以通过运用信息和通信技术，持续而独立地进行其自身和周围环境的改变。有许多智能材料都将应用于建筑中，如可变透明度玻璃，温度记忆材料，自动绝热材料，带有微芯片可与使用者联络的智能装置，以及智能控制、监控和通信系统。实现未来智能建筑的第一步，是采用数字管理控制和监控方式的技术系统。

题目2

　　控制系统使得建筑能够自动适应室内外环境而无须使用者的干预。其工作原理是通过传感器测量的实际物理量（如房间温度），和期望值（例如在冬季房间温度为20℃）进行比较。后者被称为设定温度，如果实际物理量和期望物理量有差异，控制器就可以调整系统控制设备的相关参数。

　　控制器有多种不同的控制操作，接受来自传感器的信息，并发送信息到系统中受控制的设备，尽快使得物理量的实际值达到期望值。

题目3

　　控制操作有多种类型，广为人知的包括：
- 二位（开/关）调节；
- 比例；
- 比例加积分；
- 比例加积分加微分；
- 人工智能。

　　对于较为详尽的答案，应该简要介绍每种操作的基本原理。

题目4

　　在一栋新建筑中，建筑管理系统需要承担以下职责：
- 管理和监控能源和其他资源消耗：
  - 按时间和使用人数开关设备；
  - 限制用电峰值；
  - 确保供热、通风和空调系统处于最佳运行状态；
  - 调节遮阳和用电照明。
- 安全保护，其中包括：
  - 减少人的因素；
  - 电子门卡进行身份辨别；
  - 图像监控；
  - 按等级限制进入房间；
  - 防盗警报；
  - 火灾警报；
  - 燃气警报；
  - 模拟建筑虚拟使用。
- 信息管理：
  - 内部电话和录像连接；
  - 电视会议；
  - 卫星通信；
  - 电子邮箱；
  - 互联网连接。
- 办公自动化：
  - 中央信息处理；
  - 电子文件传输；
  - 技术人员间通过计算机辅助设计进行数据传输；
  - 提供信息。

题目5

建筑管理系统的运行需要确保层级和兼容性。在当前技术发展阶段有三种操作层级：

1. 管理层面；
2. 控制和自动控制层面；
3. 现场层面。

传感器和建筑管理系统之间的信息（由建筑设备系统提供）以信号（二进制码）、测量数据数值（模拟值）和脉冲信号（传感器根据监测数据的物理单位传输脉冲信号）的形式进行交换。这个层面的系统有人工控制选项。现场层面的建筑管理系统元件的通信在各传感器和控制器间或通信网络中进行。这被称为现场级网络（field-level network，FLN）。

在控制和自动控制层面，建筑管理系统监控器能够控制和优化建筑设备系统。**面向应用控制器**（ASC）或**模块**控制器可以完成这些任务。在这一层面，建筑管理系统可以发现建筑系统运行的问题，显示监测数据，确保这些数值都在许可范围内。此外，它还能注意系统各层级间传送的数字信息。控制器通过控制和自动控制级网络相互连接。由于这一领域和管理层级会产生和传输大量数据，控制和自动控制级网络必须具有比现场层级快得多的数据传输能力。

管理级是建筑管理系统中等级最高的，包括处理现场层级、控制和自动控制层级统计数据所需的数据，已显示和打印的数量值和事件等。此外，还包括建筑的图形检测，系统情况和每个系统和房间内的测量数据值。管理层级同时监测各类数据，能够及时发现系统运行错误，检查能源消耗，估算成本。

第6章

城市建筑气候学

斯塔瓦若拉·卡拉塔索、曼特·桑塔莫瑞斯、瓦西李奥斯·格罗斯

本章范围

本章的目的在于研究城市气候环境，据其评价设计选择，决定设计策略。城市地区具有复杂的城市微气候，受到复杂的气象、形态、地形和其他因素的制约。本章的目的是解释相对于周边的乡村地区，这些城市气候条件是如何以及为何受到改变的。

学习目标

完成本章学习后，读者能够描述：
• 城市气候与周边乡村地区的气候条件有何不同，及其原因；
• 热岛和峡谷效应（canyon effect）的主要特点，以及它们是如何影响城市气候的；
• 建筑材料和绿地空间所起的作用。

关键词

关键词包括：
• 热岛效应；
• 峡谷效应；
• 微气候；
• 城市气候；
• 风截面（wind profile）；
• 空气流；
• 绿地空间；
• 建筑材料。

序言

城市环境与城市化和工业化动态相关。特别是城市和工业的增长以及由其引起的环境变化，会导致环境恶化，改变城市气候。

这种变化受到当地气候、特定地形、区域风速、城市形态、人类活动和其他因素的影响，差异巨大。但在总体上，相对农村，城市气候会因而显得温暖少风。所有不经意的气候变化都可以被归纳为"城市热岛效应"和"城市峡谷效应"。

因此，城市地区夏天空调使用能源更多，而在冬季供热所需能源较少，同时也需要更多的电能照明。此外，由于高温、街道风洞效应和高层建筑不当设计造成的不正常风湍流等情况给城市人口造成的不适和不便也非常普遍。

本章分为四个主要部分。前三部分解释分析热岛效应、城市风场（urban wind field）和峡谷效应，最后一部分关注建造材料和绿色效应（绿地空间的影响）和它们改善城市气候的潜力。

城市温度

热岛效应

现今世界上，几乎所有城市的每日温度都比周边空旷的乡村高。城乡温差最大的情况通常出现在晴朗而有微风的夜间，温差一般为1~4℃，有时甚至能达到8~10℃。城市和乡村的气温差异被称为"城市热岛效应"。人工画出城市地区和周边乡村地区的等温线（isotherm），会发现封闭城市

区域的封闭等温线，其轮廓就如同海洋中孤立的小岛——因此产生了"热岛"这一名词。图6.1是圣路易城（St Louis City）夏季晴朗夜空下的表面等温曲线，显示出城市热岛现象的状况。

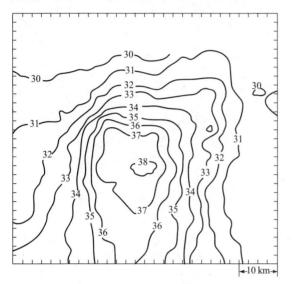

来源：改编自边（Byun），1987年

图6.1　表面等温线显示圣路易城市中心区域的热岛现象

城市温度受到多种独立因素的影响，特别是在容易造成城市热岛效应的近地区域。欧克（1982）列举了一系列因素，包括造成主动热异常（positive thermal anomaly）的改变后的能量平衡energy balance：

• 空气污染造成入射长波辐射（$R_{L\downarrow}$）增加：射出长波辐射被受到污染的城市空气吸收并再次辐射（城市温室效应）。

• 街谷射出的长波辐射损失（$R_{L\uparrow}$）减少：由于街谷中各类建筑和街道表面释放长波辐射，使得其视角系数（sky view factor）降低，更为温暖的表面替代了较冷的天空半球。这些表面的地面会吸收更多地面释放的红外辐射，而其再次辐射量也因而增加（峡谷辐射几何，canyon radiative geometry）。

• 由于城市材料的热性能和夜间的热释放，白天可察觉热（perceptible heat，ΔH_s）增加。

• 移动和固定设施的燃料燃烧（交通、供热/供冷的生产运行），导致城市地区的人为热（anthropogenic heat，H_a）增加。

• 蒸发量减少导致的潜热通量（H_L）：具有蒸发作用的表面减少，城市中的表面防水都增加更多的可察觉热，减少潜热（latent heat）。

图6.2显示了从乡村到市中心范围内环境温度的变化。对于大城市，在晴朗而少风的日子，在日出之后，城乡间出现分界，城市热岛显示了剧烈上升的温度梯度，城区最高温出现在市中心，周边城区的温度上升较少。城区最高温度和外围农村温度的差异就被称为城市热岛强度（heat island intensity，$\Delta T_{\mu-\gamma}$）（欧克，1987）。

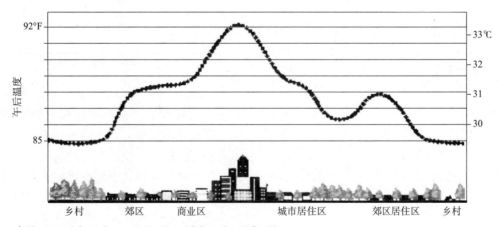

来源：Heat Island Group, http://eetd.lbl.gov/heatisland/

图6.2　从乡村到市区气温变化示意

城市热岛强度由云层遮盖、湿度和风速等气象因素决定。此外，很多城市结构方面的原因，如城市大小、建成区密度和建筑之间的距高比都会对城市热岛的严重程度产生重要影响。对于各城市的热岛效应而言，气候的影响最为明显，同时也会呈现空间和时间上的差异。

在大城市晴朗而凉爽的条件下，接近地表的

热岛呈现了复杂的空间结构，其等温线沿城市建成形状分布：陡然变化的温度梯度形成明显的城乡分界，而大城区中还有许多由于不同的城市内部用地差异而导致的小规模变化。如公园、休闲场所、工厂区等用地差异，山地、湖泊、河流等地形变化。图6.3表示雅典的一部分热岛，地理中心实际上是一个冷区，由于有个大公园，这里的温度比周围低2℃。

来源：桑塔莫瑞斯，2001年

图6.3 希腊雅典某公园和周边的温度分布

由于热岛的快速变化，需要用简化的每日温度变化图（diurnal picture）表示持续的天气状况。热岛现象会发生在白天或夜间（见图6.4）。在寒冷气候下，冬季由热岛导致的最大温差出现在夜间，尤其是在日出前，因为热岛现象主要是由城乡供冷差而非供暖差引起的。$\Delta T_{\mu-\gamma}$在日出后快速增长，3~5h后达到最大值，而在夜间则缓慢回落。天气条件的变化能够显著改变该图，因为$\Delta T_{\mu-\gamma}$与风速和云量成反比。

热岛现象在20世纪变得更为严重。许多城市的研究数据表明，在近30~80年间，7月的最高温度始终在升高，平均每10年升高0.1~0.5℃。

政府间气候变化专门委员会［IPCC（Intergovernmental Panel on Climate Change），1990］为了评估热岛效应的影响，收集了众多城市的数据。数据显示其在大城市中的影响非常严重。因为热岛效应导致温度升高1.1~6.5℃（见表6.1）。

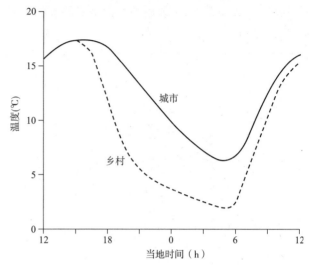

来源：欧克，1982年

图6.4 典型城乡气温变化

部分城市热岛效应

表6.1

城市	温度升高（℃）
30个美国城市	1.1
纽约	2.9
莫斯科	3~3.5
东京	3.0
上海	6.5

来源：政府间气候变化专门委员会，1990年

较高的城市气温对于建筑供热/供冷的能耗会产生严重影响。不同气候区域的影响不同，甚至同一区域在不同季节的影响也不相同。在冬季寒冷而夏季舒适的气候条件下，较高的城市气温是有益的。但在夏季，热岛现象会增加能耗，加剧炎热带来的不舒适。除此之外，热岛效应使得发电厂排放的污染物，如二氧化硫、二氧化碳、氮氧化物和悬浮颗粒增多，而产生更多的烟雾。这也是热岛现象的负面特性。

热岛模式

为了分析和了解热岛现象，已经进行了大量

研究。大多数集中于对冬季夜间热岛进行研究，较少涉及白天的温度变化和夏季热岛研究。如上文所述，城市热岛受到某些气象因素如风速和云量的影响，而其他影响因素则是城市特性，如城市规模、建筑密度和活动方式。因此，可以将现有城市模式分为以下两类。

夜间气象热岛模型

现有的城市气象模型分析夜间热岛强度。它们将温度差表示为气象因素，如风速、云量和比湿（specific humidity）等变量的函数。

路德维希（1970）提出根据测量的城乡温度差（dT）和乡村地区的递减率 $[Y（℃/毫巴）]$ 进行统计分析，以递减率（lapse rate）的函数来预测热岛：

$$dT=1.85-7.4\gamma \qquad (6-1)$$

注意，因为温度随高度降低，递减率为负值。由于递减率能敏锐反映云层条件，模型表示了云量对热岛的间接影响。

此外，还有多种与各类气象参数相关的统计模型，其中气象参数又随地点不同而变化。

森德伯格（1950）提出瑞典乌普萨拉市（Uppsala, Sweden）的夜间热岛模型，其中的参数包括：云量（N）、温度（T）、比湿（q）。森德伯格列出的公式为：

$$dT=2.8-0.1N-0.38V-0.02T+0.03q \qquad (6-2)$$

萨默斯（1964）应用蒙特利尔的数据，将风速与热岛强度相联系，提出下面的公式：

$$DT=\frac{2r\frac{\partial T}{\partial z}Qu}{\rho c_p u} \qquad (6-3)$$

此处，r 是城市迎风边缘到中心的距离，$\partial T/\partial z$ 是随着高度 z 变化的潜在温度增加，Qu 是城区单位面积的多余热量，ρ 是空气密度，c_p 是比热，u 是风速。

这些公式都有助于预测各种气象条件下的热岛强度变化。气象模型不涉及受城市设计影响的因素，因此不受城市设计者重视。此外，由于公式首先考虑某个夜晚城市温度升高的最大值，不能用于估算热岛效应对供暖供冷能耗的作用，而后者主要与每日平均温度而非夜间温度相关。估算夏季供冷能耗和负荷峰值需要白天的平均和最高气温，而不仅仅是夜间的极端情况。

气象模型的主要目的在于了解各种因素是如何影响热岛的。为了在城市设计中得到应用，就需要用与城市设计因素相关的函数来表示城市热岛现象。

城市设计导向的热岛模型

目前已有一些热岛模型加入某些城市结构特点。通常，这些模型只能纳入非常普遍的城市特点。

欧克（1982）将城市热岛与城市人口规模（P）联系起来。热岛强度与 $\log P$ 成比例关系，在无风晴朗天空下，北美和欧洲城市的 $\log P$ 与其有密切联系（见图6.5）。如图所示，100万人口的欧洲和美国城市，预计热岛强度分别为8℃和12℃。欧克为两组数据描绘了两条不同的衰退曲线。他认为两种情况的差异表明，北美城市中心区相对欧洲城市，建筑更高，密度更大。

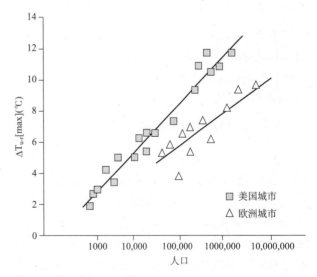

来源：改编自欧克，1982年

图6.5　最大热岛强度与北美、欧洲城市人口的关系

此外，考虑到风速的影响，欧克提出下列日出时晴空的热岛强度公式：

$$dT=P^{0.25}/（4\times V）^{0.5} \qquad (6-4)$$

这里 dT 是用摄氏度表示的热岛强度，P 是人口数，V 是非市区10m高度的每秒风速。

郝雷吉（Jauregui）（1986）为欧克的数据补充了一些位于南美和印度的低纬度城市（见图6.6）。从图上可以看出，这些城市的热岛效应没有欧洲城市严重。郝雷吉指出导致这一现象的部分原因是南美城市和欧洲城市的形态（结构）差异。

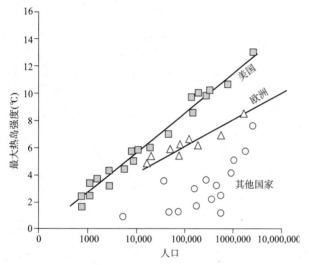

来源：改编自郝雷吉，1986年

图6.6 最大热岛强度与北美、欧洲、南美城市人口的关系

欧克（1981）的另一个模型将最大热岛强度与"城市街谷"的形状相联系，表示为建筑高度（H）和相互距离（W）的关系——这被称为高宽比（H/W）。其公式表示为：

$$dT = 7.54 + 3.97\ln(H/W) \qquad (6-5)$$

另外，还可以用"视角系数"表示某给定位置的城市半球高距比（height-to-distance ratio）。对于一个无遮挡的水平区域，视角系数等于1.0。而在周围封闭的一点上，如果周围的建筑物都非常高，或街道非常狭窄，视角系数可能达到0.1。欧克提出了使用街谷中间的视角系数 γ_{sky} 表示的公式：

$$dT = 115.27 - 13.88\gamma_{sky} \qquad (6-6)$$

这些公式显示，由于密集的市中心能看到的天空面积有限，地面向天空辐射的热损失也随之下降，因而产生城市热岛效应。图6.7表示在北美、欧洲、澳大拉西亚视角系数和城市热岛强度的关系。

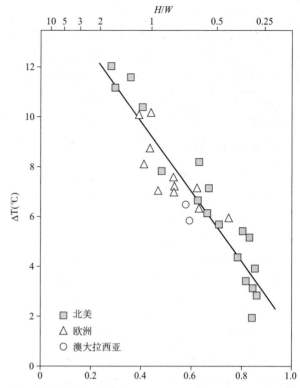

来源：改编自欧克，1981年

图6.7 北美、欧洲、澳大拉西亚城市热岛最大强度和人口的关系

城市风场

城市化的过程会对近地表风的速度和方向产生显著影响。这种影响主要来自于表面粗糙度的改变和热岛，会在市区内产生复杂的风场（wind field）。即使在最不复杂的概括情况下（如开阔地区的晴朗、微风天空），许多局部因素也会影响风的分布，而产生不规则气流。

边界层（boundary layer）的风分布受到很多因素的影响，如水平压力和温度梯度，每日的表面供热/供冷循环（决定边界层热分层）和表面地形（可导致局部或中度循环），但它主要受到下面坚硬表面施加于气流的摩擦阻力作用。从乡村向城市环境流动的空气会因城市而改变，产生新的完全不同的边界条件。因此，就会在城市前缘顺风向产生内部边界层（见图6.8）。根据欧克（1976）的研究，城市上空可被分为城市边界层和城市冠层，后者是屋顶层（roof level）下的空间，由建筑间街谷中的微尺度作用产生。

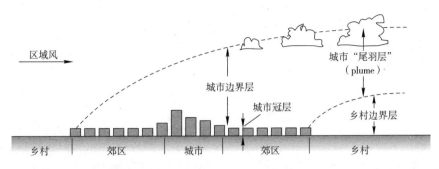

来源：改编自欧克，1976年

图6.8　城市变化中两个层级分类的示意表达

　　下面将介绍城市边界层气流的一些普遍特性。街道中城市街谷的特定气流模式将在"城市街谷效应"中得到详细讨论。

城区的风廓线（wind profile）

　　如上文所述，表面粗糙度会影响风速。靠近地面处的运动因摩擦而减慢，因此平均水平风速（u）在靠近表面时会降低（见图6.9）。

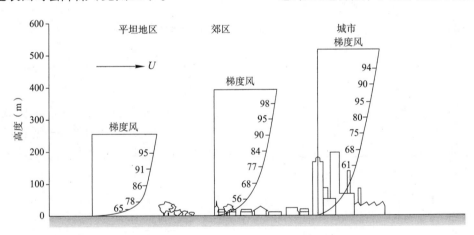

来源：改编自达文波特（Davenport），1965

图6.9　不同粗糙度地形上的垂直风速（梯度风在不同高度的百分比）

度和大气静止条件的作用。在中性稳定（neutral stability，强风使得温度结构趋向匀质）的情况下，在屋顶层上方的自由层，竖向风场结构可以用对数衰减曲线（logarithmic decay curve），也可称为对数衰减廓线（logarithmic wind profile）进行描述：

$$\overline{u}_z = \frac{u_*}{k} \ln \frac{z+d+z_0}{z_0} \qquad (6-7)$$

　　公式（6-7）来源于对强风的测量（即没有明显的热效应）。在这种情况下，摩擦影响的厚度（detch）只和表面粗糙程度有关。到边界层顶部的高度（这一高度上方的阻力可以忽略，平均风速不变）随着粗糙程度而增长。在微风下，边界层的厚度还受到表面产生的对流的热量作用。如果表面加热显著，高度会比公式（6-7）的结果增加，表面降温，高度则相应减小。

　　总结上述特点，风随高度变化受到表面粗糙

　　此处，$\overline{u}_z$ 是高度 z 处的平均风速，k 是冯卡曼常数（von Karman constant，$\cong 0.40$），d 是零平面位移（zero-plane displacement），z_0 是粗糙度（roughness length），u_* 是摩擦速度（friction velocity），通过以下公式计算：

$$u_* = \frac{\tau}{\rho} \qquad (6-8)$$

　　此处，τ 是表面剪应力（surface shearing

stress），ρ 是大气密度。

在被遮挡子层（obstructed sub-layer）中，风速随高度的变化可用描述森林冠层下气流的指数律表达［斯昂科（Cionco），1965，1971；井上（Inoue），1963］：

$$u = U_0 e^{z/Z_0} \qquad (6-9)$$

此处，U_0 是恒定参考速度（constant reference speed），Z_0 是被遮挡子层的粗糙度，可通过公式计算：

$$Z_0 = h_b D^*/z_0 \qquad (6-10)$$

此处，D^* 是障碍物间的空间有效参数，对于城市，可临时估计 $D^*=0.1h_b$。

欧克（1987）给出了 z_0 的典型数值（见表6.2）。

典型城市化地形的粗糙度 z_0

表6.2

地形	z_0（m）农村
分散聚居点（农场、村庄、树林、灌木丛）	0.2~0.6
郊区	
低密度居住区和花园	0.4~1.2
高密度	0.8~1.8
城市	
高密度，小于5层的行列式建筑	1.5~2.5
城市高密度多层街区	2.5~10

来源：改编自欧克，1987年

零平面位移参数 d 通过下列算式计算得出：

$$d = z_0 x - (h_b + z_0) \qquad (6-11)$$

此处：

$$x \ln x = 0.1 (h_b)^2/(z_0)^2 \qquad (6-12)$$

公式（6-11）中的 d 和公式（6-9）中的 U_0 的使用前提是，必须保证对数律和指数律使用同样的 u 和高度 $z=h_b$ 时的 $\overline{u}_z$。

对数和指数廓线都是数学理想化的，不能在城市的某个特定位置监测到。它们表达了城市整体或部分的平均值（见图6.10）。

对于被动制冷应用而言，估算城市风速具有重要意义，尤其是在自然通风的建筑中。本章已提出过，建筑上方以及机场所测得风速，要远大于城市监控区域测得的风速。粗糙度长度，即 Z_0，城区中要大于周边郊区，同等高度 Z 上的风速，城区要小于郊区，有障碍物的区域则更低。

城市峡谷效应

城市峡谷气候

根据欧克（1987）的理论，城市中的空气可分为城市空间的边缘层，"城市空气圆顶"以及城市空气"峡谷"。城市空气峡谷的区域由城市建筑的最高位置来界定。空气圆顶层是行星边界层的一部分，它的特点是其下边缘会受到城市的影响，在

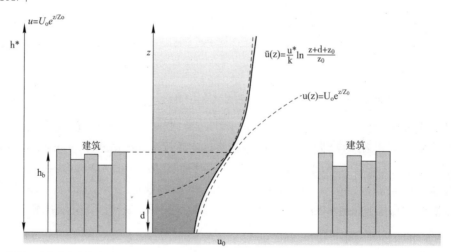

来源：改编自尼科尔森（Nicholson），1975年

图6.10 高于建筑和低于建筑时表层对数和分数风廓线

属性上也更接近于城市广泛区域。在屋顶层之下，微观尺度过程主宰着建筑间街道的区域（如城市峡谷层产生的城市峡谷）。不同的城市形态造就了无数不同的微气候。峡谷内任一点的特定气候环境都是由即时环境，更是由城市景观的地理特点，材质和属性等决定的。

前面的章节我们提到过城市圆顶产生的城市区域。然而，建筑峡谷周围的环境，因为城市峡谷内的温度分布和空气流动直接影响到建筑的能源消耗，以及垃圾处理和人的舒适感。因此，了解这样的城市结构形式中的热和空气流动情况具有重要意义。

热状态

城市街谷的能源平衡非常重要，因为它能决定其中元素的温度分布（建筑、街道表面及空气）。表面温度也当然很重要，因为它们导致了和空气间的热交换。城市表面吸收入射的太阳辐射，然后转化为可感热（sensible heat），向天空和其他表面发射长波辐射。大量太阳辐射射入屋面和建筑的垂直墙体，相对少量到达地面。此外，发射的辐射强度由表面相对天空的视角系数决定。城市环境的几何形态减少了垂直（建筑墙体）方向、水平（街道表面）方向和其他角度表面的天空视角系数，因此长波辐射交换也不会有显著的损失。

长波辐射导致的太阳能获得和损失的净差值（net balance）决定了城市区域的热平衡。由于城区的辐射热损失较慢，其净差值比农村地区更为显著，因此也导致了更高的温度。

表面温度

街谷的表面热平衡决定其温度。可表示如下［米尔斯（Mills），1993］：

$$Q^*=Q_H+Q_G \tag{6-13}$$

此处，Q^*是净辐射，Q_H表示对流热交换，Q_G表示与地表的传导热交换。净辐射是接收光波，漫射和反射太阳辐射（K），以及接收和释放的长波辐射（L）之间的平衡：

$$Q^*=K\downarrow_S+K\downarrow_T+K\uparrow_r+L\downarrow_S+L\downarrow_T+L\uparrow_e \tag{6-14}$$

此处，箭头表示方向，朝向（↓）或来自（↑）表面，而T和S则表示天空和周围的地面，r表示反射辐射，e表示发射辐射。

城市街谷表面（墙、屋面和街道）吸收的太阳辐射，与吸收率和暴露于太阳辐射下的面积呈函数关系。这些表面吸收周围表面发射的长波辐射，同时也向天空发射长波辐射，与其温度、发射率和视角呈函数关系。最后，它们还与周围的空气进行热交换，通过传导与底层材料进行热交换。

通常需要关注城市街谷中的两类表面：建筑表面和街道表面。建造这些构件所用材料的光学和热学特性，特别是反照太阳辐射（albedo-to-solar radiation）和发射长波辐射的特性，都是决定其热状态的重要因素。

经过对世界各地不同街谷中建筑和街道的表面温度进行测量发现，通常使用的街道表面的建造材料的作用显著。在白天，表面温度变化首先受到达地面的太阳辐射作用。因此，沿着街道的温度分布由接收的太阳辐射决定。而到了晚上，街道表面温度则由辐射和对流传热，以及与底层的传导过程决定。

在希腊雅典，研究人员对7个不同的街谷进行了持续2~3天，每小时一次的测量，广泛测量铺地和马路的表面温度分布（桑塔莫瑞斯等，1997）。白天沥青温度的最大值是57℃（见图6.11），而相应的浅色石板铺地和深色石板铺地的最高温度分别为45℃和52℃。所有材料的夜间平均温度都接近于23~25℃。

除了使用的材料，街道的朝向和H/W（街谷高宽比）也会直接影响材料的表面温度。已经证明，吸收太阳辐射将明显导致铺地和道路材料的温度上升。

此外，桑塔莫瑞斯等（1997）使用红外线温度测量，估算夏季雅典欧摩尼亚广场（Omonia Square）铺地和街道材料的温度。图6.12是一幅典型图片，无阴影和有阴影的沥青地面温度分别为52℃和35℃。铺地上有阴影的浅色石板的温度为28~31℃。实验中环境温度约为31℃。

同样，建筑立面的表面温度由吸收的太阳辐射和发出的热量辐射决定。其他能产生重要影响的

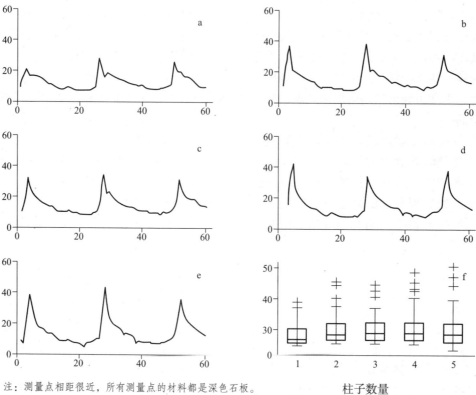

注：测量点相距很近，所有测量点的材料都是深色石板。

来源：桑塔莫瑞斯，2001年

图6.11　街谷测量。测量了街道5个位置的表面温度：

（a）西南立面；（e）东北立面；（b）、（c）、（d）位于二者之间

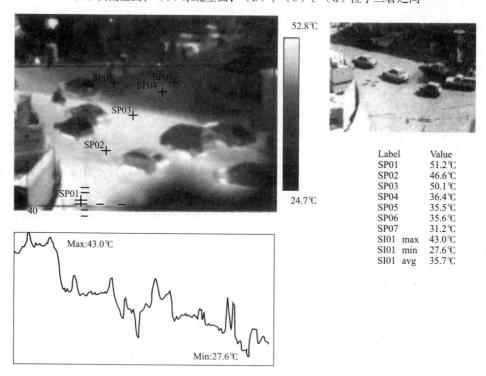

Label		Value
SP01		51.2℃
SP02		46.6℃
SP03		50.1℃
SP04		36.4℃
SP05		35.5℃
SP06		35.6℃
SP07		31.2℃
SI01	max	43.0℃
SI01	min	27.6℃
SI01	avg	35.7℃

注：照片摄于1998年9月的一天，16：00。

来源：桑塔莫瑞斯等，1997年

图6.12　希腊雅典欧摩尼亚广场剖面的红外线温度记录

因素包括朝向、立面相对位置和视角系数。

白天，南立面比北立面温度高。温度曲线表明，温度随着高度增加，因为立面较低处比较高处接受的太阳辐射少。然而，最高温度并非出现在街谷顶部。这是街谷的几何特性造成的，较低和较高的建筑立面吸收的太阳辐射量相同，但城市街谷的形式使得前者相对于高处吸收的热辐射更多。到了夜间，立面温度受到辐射平衡的制约。温度随高度递减，底部表面的天空视角系数小，而街谷其他位置的视角系数大。在正常情况下，最高温度出现在白天，而最低温度出现在夜间。

空气温度

决定城市街谷空气温度的原理非常复杂。通常，街谷的气温受到街谷中的表面温度和单位体积空气通量散度（flux divergence）的影响。

靠近建筑材料的空气主要受表面温度的影响，热量以对流的方式传递。已经发现，靠近建筑立面有一层受建筑表面温度控制的空气层，促使垂直空气流动。地面附近的温度较低，温度增长与街谷高度呈函数关系。街谷南、东南、西南立面的温度较高，面对面的立面，其温差是由街谷布局和表面特性造成的。

在街谷中央和地面，气温更多受到单位体积空气通量散度，包括水平移动的影响。因此，街谷中部的气温和建筑立面旁形成的两个空气层的温度相差很大，通常前者的温度都比后者低。

夏季的表面温度和空气温度的测量清楚地显示，在大多数情况下，表面温度更高。不出所料，在南、东南、西南立面处，温差高达13℃，而北、东北、西北立面的最大温差为10℃。所有情况下，街谷气温都比街谷上方未受干扰的温度高。

夜间街谷温度分布较为均匀。在夏季，街谷中各水平面最大温差从未超过1.5℃（桑塔莫瑞斯等，1997）。按照街谷表面温度分布，夜间较高的温度出现在地面，并随高度升高而下降。街谷中部的气温比街谷立面旁的空气层高，但南、东南、西南立面和北、东北和西北立面的空气层不会有显著的温差。通常，南、东南、西南立面的温度较高，但温差很少大于0.5℃（桑塔莫瑞斯

等，1997）。街谷中部的空气比街谷立面附近的空气层温度高。

有些街谷的气温比表面温度高。在这些街谷中，沥青路面的温度通常比气温高1℃。因此，会出现从街道表面向周围空气的对流，因而使温度升高。

气流状况

如图6.13所示，城市街谷体形主要有三个维度：平均建筑高度（H），街谷宽度（W）和街谷长度（L）。其几何表述可按照这三个纬度，表示为三个简单的参数，即高宽比H/W，长高比L/H和建筑密度$j=A_r/A_l$，其中A_r是建筑平均屋顶投影面积，A_l是每个建筑的占地面积。

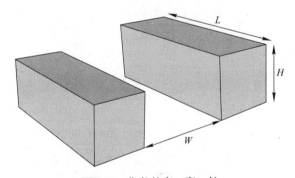

图6.13 街谷的高、宽、长

由于在城市中进行现场实验有一定的困难，我们对于城市街谷中的流动风的主要了解来自各种风洞模拟。现有研究大多集中于街谷中污染的特点，重点关注街谷污染浓度最大，环境气流垂直于街谷长轴时的情况。

下面几节概括介绍了目前对城市街谷气流的认识，包括气流垂直、平行和倾斜于街谷轴线的情况。

垂直风速

建筑间的气流由建筑排列的几何形态决定，主要是街谷的高宽比（H/W）。当气流主导方向大致法向垂直于（±30°）街谷长轴时，有三种状态的气流会受到高宽比的影响［欧克，1988；侯赛因（Hussain）和李（Lee），1980］（见图6.14）。

当建筑非常分散（$H/W>0.05$）时，建筑流场（flow field）不会相互干扰。

当建筑布置相对宽敞时（立方体建筑$H/W<0.4$，行列式建筑$H/W<0.3$），其气流形式基本类似，其气流状态称为"独立粗糙气流"（isolated roughness flow）（见图6.14a）。间距较小时（立方体建筑H/W接近0.7，行列式建筑H/W接近0.65），气流因为受到建筑波的干扰，形式更为复杂（见图6.14b）。这一气流状态为"尾流干扰气流"（wake interference flow），以街谷空间中的二次流为特点，向下气流在空洞边缘因下风向建筑的作用产生向下偏转因而被加强。如果间距继续减小（H/W和密度更高），街谷中会形成稳定的循环涡流，因为气流的转换跨过了屋顶处的剪切层，转变为"滑行"（skimming）气流状态，其中大部分气流不会进入街谷（见图6.14c）。阿波切特（Albrecht，1933）首先发现，并通过多次风洞实验和现场研究确定了城市街谷中涡流的存在。

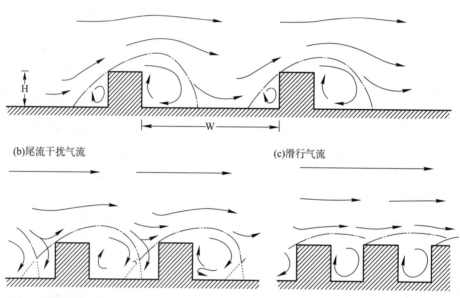

(a)独立粗糙气流

(b)尾流干扰气流   (c)滑行气流

来源：改编自欧克，1988年

图6.14   随着高宽比（H/W）增长，气流在越过行列式建筑时的气流状态

三种状态之间的转换由高宽比和长宽比（L/W）的数值决定。欧克（1988）提出图6.15的阈值线（threshold line）。

在大多数城市，建筑的布置都具有较高的高宽比，因此，需要通过风洞和现场实验，深入研究滑行气流状态。

因为街谷气流的二次循环由屋顶上方的强加流（imposed flow）促成，街谷外的风速是其关键参数。如果风速低于某些阈值，就会失去高流（upper flow）和二次流的耦合［中村（Nakamura）、欧克，1988］，而屋顶上方和街谷内风速之间的关系就表现为显著分散。如果风速高于阈值，街谷内会产生稳定的涡流。在对称的街谷中，如果高宽比在1.0~1.5之间，阈值即为1.5~2m/s。

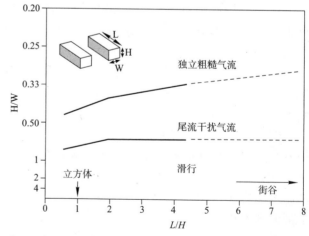

来源：欧克，1988年

图6.15   阈值线作为建筑（L/H）和街谷形状（H/W）的函数，将气流分为三种状态

涡流速率随着穿过街谷气流速度的增加而增加。在对称的街谷中，风速垂直于街谷轴线，大于5m/s时，街谷内外的速率关系呈线性，$u_{in}=pu_{out}$（中村、欧克，1988），此处的内外风速分别在0.06H和1.2H处测得，p值变化在0.66~0.75之间。此外，已经发现，街谷中横向涡流的速度与屋顶上方横向量成比例关系，而与纵向量无关。但在非对称的街谷，H/W接近1.52的情况下，没有发现涡流速度和水平或是整体风速之间有类似关系。

接近地面的涡流方向与街谷外的风向相反，这显然是由于沿街谷法线的气流受到跨越屋顶层剪切带的向下作用。中村和欧克（1988）证明，对称且建筑顶部退台的街谷形态会出现这一现象；而霍伊迪斯和达博特（Dabbert）（1988），安菲尔德（Arnfield）和米尔（Mills）（1994）提出，在非对称的退台的街谷中，涡流的方向也符合上述机制，当然在某些情况下曾监测到有反方向的涡流，其速度低于2m/s的阈值。

此外，通过监测街谷中风速的垂直和水平向量，向下气流的垂直速率与高度有直接关系，在3/4高度时达到最大值，为水平速率的95%，在街谷中心则接近于0。向上气流的垂直速率相对而言与高度关系不密切，在位于逆风区高度一半时，达到其最大值，为环境风速的55%。自由流风速的水平速率在0%~55%之间，在位于街谷底部或较高部位时达到最大值。

沿街谷气流

街谷内的气流显然必须是二次流，受屋顶上方强加流的作用。对于垂直风速，当低于某个阈值时，两种风速会发生显著分化；当高于这一阈值时，平行的相邻气流会沿街谷方向产生平均风［韦丁（Wedding）等，1977；中村、欧克，1988］。

气流特性由几乎平行于街谷轴线的沿街谷速率决定，其方向倾斜向下，和街谷地面夹角为0°~30°。由于建筑墙体和街道表面的摩擦，会形成沿街谷墙面上升的反向气流（见图6.16）。

来源：桑塔莫瑞斯，2001年

图6.16　沿街谷气流特征

事实证明，在沿街谷方向无风的情况下，主要竖向速率接近于0m/s。

亚马基诺和维甘德（Wiegand）（1986）提出，屋顶上方街谷外自由流的速度U和相应的街谷内的风速v之间有对应的比例关系。其比例关系的稳定状态可以表示为迎面流（approach-flow）方位角的函数，其假设关系，至少对于最初阶段，$v=U\cos\theta$，θ是入射角。中村和欧克（1988）提出，当风速高于5m/s时，两种风速主要呈线性关系：$v=pU$。当街谷内外的风速分别高于0.06H和1.2H，非对称街谷$H/W=1$时，p值在0.37~0.68之间。p值较低则是由气流向街谷一侧偏造成的。

街谷上方的垂直风速和沿街谷的自由流风速也是相关的。安菲尔德和米尔（1994）提出，垂直风速随沿街谷自由流风速增加。两种风速的关系近似于线性，当自由流风向下穿过街谷截面时，受到街谷环境的瞬时作用，其速率迅速降低后，两种风速之间的关系仍然存在，但相对没有那么显著。

街谷上方的平均垂直速率w，受到和气流沿街谷向量的大量聚集和分散作用，可表示为下式（安菲尔德、米尔，1994）：

$$w=-H\,\partial v/\partial x \qquad (6-15)$$

此处，H是街谷的较低墙体的高度，x是沿街谷轴线的坐标，v是在单位时间内，通过街谷横截面的沿街谷向量的运动。安菲尔德、米尔（1994）和努内兹（Nunez）、欧克（1976）都发现，街谷内风的梯度变化$\partial v/\partial x$和沿街谷风速之间存在线性关系。根据安菲尔德和米尔的研究，$\partial v/\partial x$的值在$-6.8\times10^{-2}\sim1.7\times10^{-2}$/s之间变化，而努内兹和欧克认为，$\partial v/\partial x$的值在$-7.1\times10^{-2}\sim0$/s之间变化。

对于很深的街谷，情况更为复杂。测量显示，当街谷的$H/W=2.5$（桑塔莫瑞斯等，1999）时，没有明显的阈值显示何时将失去耦合。此外，环境风速和街谷中沿街谷风速间的关系尚未明确，这主要是因为大多数环境风速的数据都低于4m/s，因而很难辨别两种风速的关系。然而，对于数据的统计分析显示其中仍然具有统计学上的联系。图6.17显示了中位数、上下四分位的变化，以及在随环境风速增加的四级中，街谷中沿街谷风速的异常值：

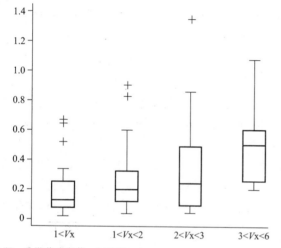

来源：桑塔莫瑞斯等，1999年

图6.17　环境风平行于街谷的各种情况下，街谷中风速的方框图

- $0<V_x<1$m/s；
- $1<V_x<2$ m/s；
- $2<V_x<3$ m/s；
- $3<V_x<4$ m/s。

如上所示，中位数和四分位数都随着环境风速增加而增加。高风速的异常值都出现在街谷内，但低环境风速，不会通过图6.17得出这样的结论。

考虑到在同样深度街谷中的垂直风速，会发现向下气流起着重要作用。有限长度（finite length）街谷效应会产生靠近街谷墙体的向下气流运动，并伴有间歇状涡流。涡流流向建筑拐角，导致从建筑拐角向街谷中间位置的向下水平对流

（亚马基诺、维甘德，1986；霍伊迪斯、达博特，1988）。

与街谷轴线成角度的气流

前述气流类型出现在风垂直或平行于街谷长轴的情况下，但在通常情况下，气流都会与轴线有一定的夹角。不幸的是，对于这类气流的研究于垂直于沿街谷气流的研究相比，相对非常有限，需要经过风洞实验和大量计算，才能使认知的实际水平得到提高。

当屋顶上方气流与街谷轴线呈一定角度时，沿街谷会出现螺旋涡流——在街道的长向上产生螺旋运动（见图6.18）（中村、欧克，1988）。

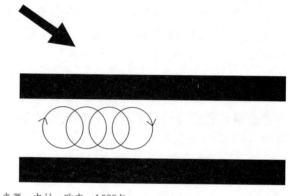

来源：中村、欧克，1988年

图6.18　螺旋涡流

风洞实验结果同样显示，在街谷中会产生螺旋气流模式。当入射角度与街谷长轴呈中间角度时，街谷气流由垂直和平行于周边风的构件产生，前者促成街谷涡流，后者促成涡流沿街谷方向的伸展（stretching）。考虑到气流的方向，已有研究表明，经过一次近似，迎风墙面的入射角和反射角可被认为是相同的，因而使得空间涡流在街谷地面形成返回气流（中村、欧克，1988）。有些情况下入射角会大于反射角，这可能是由于街谷中沿风向的夹带现象（entrainment）造成的。

在实例研究中（李等，1994），当街谷$H/W=1$，且自由流风速等于5m/s时，街谷中的气流以与街谷长轴呈45°的方向流动，这时其风速比屋顶层上方的风速小一个数量级。在街谷中，横穿街谷的气流速度最大为0.6m/s，通常位于街谷的最高处。涡流集中于街谷的中上部，尤其是

0.65*H*处。沿街谷方向的最大风速接近0.8m/时，根据报告，沿街谷下风向立面的风速（0.6~0.8 m/s）比上风向立面的风速（0.2 m/s）大很多。街谷中的最大垂直风速接近1.0m/s时，根据报告，下风向立面的垂直速率（0.8~1.0 m/s）比上风向立面的垂直速率（0.26m/s）大很多。桑塔莫瑞斯等人（1999）的研究结果显示，周边风速的增长几乎总会伴随着沿街谷风速的增长，在上、中、下四分位均是如此。

霍伊迪斯和达博特（1988）还用风洞实验模拟对称、均衡、下降和上升的街谷，研究污染物浓度的分布情况，获得不同形状下，能使浓度达到最小值的风的角度。对于下降的类型，沿街谷方向的风（吹入的角度为90°）使得浓度达到最小。而在对称、均衡的类型中，下风向立面的最小值出现在入射角为30°的情况下，若要在迎风向获得最小值，则需入射角在20°~70°之间。最后，对于上升的街谷类型，当入射角为0°~40°之间时，下风向立面获得最小值，当入射角为0°~60°之间时，迎风向立面获得最小值。

如何改善城市气候

显然，城市化导致热容量增大，缺乏蒸散（evapotranspiration）所需水分，以及"街谷效应"，这些都是负面影响使得气候恶化。那么应该如何有效减少负面影响，改善城市气候呢？

城市热岛增加了供冷的能力消耗，因而导致城市烟雾。在上述因素中，导致夏季热岛效应的主要原因就是城市表面吸收了大量的太阳辐射，缺乏植被，城市内风速过低。因此，减少城市热岛影响的主要方法，就是通过利用表面反照率和局部风；在城市植树和提高表面反照率能够调节城市环境，改善能源平衡和供冷需求。

材料影响

为了降低热岛效应程度，首要措施是通过室外环境设计，尽可能减少太阳得热。通常，可以通过增加建筑材料表面的反射率，减少易受影响结构的绝热程度，实现这一目标。各种材料和表面的反照率是这一过程的关键因素。

表面反照率是反射的太阳辐射与入射的太阳辐射之比。在球面坐标系中，反照率根据下面的公式得出：

$$a = \frac{\displaystyle\int_{\lambda_1}^{\lambda_2}\int_0^{2\pi} I\uparrow\cos\theta\,\mathrm{d}\overline{\omega}\,\mathrm{d}\lambda}{\displaystyle\int_{\lambda_1}^{\lambda_2}\int_0^{2\pi} I\downarrow\cos\theta\,\mathrm{d}\overline{\omega}\,\mathrm{d}\lambda} \tag{6-16}$$

此处，*I*是辐射强度（W/m^2），θ是天顶角/高度角，即表面法线和入射光束之间的角度。此外，λ是波长，$\overline{\omega}$是立体角，即一部分球面面积与球半径的比值。向上和向下的箭头分别表示反射和入射的辐射。如果要算出反照率的平均值，还要在公式（6-16）中加入积分时间。

通常城市中的有效反照率相应较小。这是因为城市建筑材料吸收了较多的太阳辐射，城市街谷中也造成了多次反射。因此，选用材料的光学特性就有着重要的影响——其太阳辐射反照率和对长波辐射的发射率成为其中的关键参数。

高反照率的材料减少了建筑外围护结构和城市构筑物对太阳辐射的吸收量，防止表面温度过高。另外，具有高反射率的材料作为长波能源的发射器，可以释放通过短波辐射吸收的能源。这样，不仅其表面温度会降低，还通过对流的形式降低了环境温度。

表6.3和表6.4给出了各种典型城市材料和面积，其发射率、选定材料的表面反照率。

近年来，人们越来越多地通过使用恰当的材料，来减少热岛效应，改善城市环境。目前针对使用浅色表面能够获得的能源和环境效益，已进行了大量研究。

绿地空间的影响

树木和绿地能够显著降低城市温度，节约能源。在炎热的夏季，树木能够为房屋遮阳，从树木中蒸发蒸腾的水分可以降低气温。同时，树木还能吸收噪声，遮蔽有腐蚀性的酸雨，过滤有害的污染物，降低风速，防止水土流失。

典型城市建材和场地反照率

表6.3

表面	反照率
街道	
沥青（新铺为0.05，陈旧为0.2）	0.05~0.2
墙	
混凝土	0.10~0.35
砖/石	0.20~0.40
刷白石材（Whitewashed stone）	0.80
白色大理石板（white marble chips）	0.55
浅色砖	0.30~0.50
红砖	0.20~0.30
深色砖、页岩	0.20
石灰岩	0.30~0.45
屋顶	
光滑表面沥青（经过风化）	0.07
沥青	0.10~0.15
油毡豆石（tar and gravel）	0.08~0.18
瓦	0.10~0.35
页岩	0.10
茅草	0.15~0.20
波形钢板	0.10~0.16
风化的高反射率屋顶	0.6~0.7
涂料	
白色，刷白	0.50~0.90
红色、棕色、绿色	0.20~0.35
黑色	0.02~0.15
城区	
范围	0.10~0.27
平均	0.15
其他	

续表

表面	反照率
浅色砂	0.40~0.60
干燥草地	0.30
土壤平均	0.30
干砂	0.20~0.30
落叶植物	0.20~0.30
落叶林	0.15~0.20
耕作土壤	0.20
湿砂	0.10~0.20
针叶林	0.10~0.15
树林（橡树）	0.10
深色耕作土壤	0.07~0.10
人工草坪	0.05~0.10
草地和树叶覆盖	0.05

来源：布雷茨（Bretz）等，1992年；贝克，1980年；欧克，1987年；马丁等，1989年

某些材料的反照率和发射率

表6.4

材料	反照率	发射率
混凝土	0.3	0.94
红砖	0.3	0.90
建筑砖（building brick）	–	0.45
混凝土瓦	–	0.63
木材（刚刨好）	0.4	0.90
白纸	0.75	0.95
油毡纸	0.05	0.93
白石膏	0.93	0.91
亮镀锌薄钢板	0.35	0.13
亮铝箔	0.85	0.04
白颜料	0.85	0.96
灰颜料	0.03	0.87

续表

材料	反照率	发射率
绿颜料	0.73	0.95
白漆铝板	0.80	0.91
黑漆铝板	0.04	0.88
铝粉漆	0.80	0.27~0.67
砾石	0.72	0.28
砂	0.24	0.76

来源：布雷茨等，1992年；爱德华兹，1981年

树木能够降低城市温度的主要机制在于蒸发蒸腾量，即通过蒸发和蒸腾作用，流失到空气中的水分总量。蒸发是液体转化为气体的过程（欧克，1987），通常水在大气中以水蒸气的形式存在，植物蕴涵的潜热非常高，水的蒸发需要2324kJ/kg［蒙哥马利（Montgomery），1987］。莫法特（Moffat）和席勒（Schiller）（1981）指出，晴朗的夏日，每棵树平均蒸发1460kg水，即消耗860 MJ的能源，对于住宅外部的效应相当于"五个普通的空调"。他们还提出，从湿草地里转换的潜热使其温度比暴露的土壤降低6~8℃，晴天时1m²的草坪可转换12 MJ以上的能源。

蒸散作用有助于降低城市环境空间的温度，这一现象被称为"绿洲现象"（oasis phenomenon）。温度降低的程度和地区整体能源平衡有关；通常用波文比（Bowen ratio），即感热通量（sensible flux）和潜热通量（latent flux）的比，来描述这些绿洲。塔哈（Taha, 1997）指出，正常情况下绿洲内有植物遮蔽处的波文比在0.5~2.0之间。在英国7月中午时分的松树林中测得的波文比为2.0［盖伊（Gay），斯图尔特（Stewart），1974］，相应每平方米的感热通量和潜热通量分别为400 W和200 W。此外，在英国哥伦比亚的花旗松林（Douglas fir）中测得的波文比为0.66，相应每平方米的感热通量和潜热通量分别为200 W和300 W［麦克诺顿（McNaughton）、布莱克（Black），1973］。塔哈（1997）在报告中指出，Slso城区内的波文比通常为5，在沙漠则接近于110，而在热带的海洋上则为0.1。

近年来，人们已逐渐开始利用树木对于节能的积极影响。例如，萨克拉门托市政公用设施区（Sacramento Municipal Utility District）支持并拨款植树，以抵消在未来10年建造新电厂的能源需求（Summit and Sommer,1998）。正如阿克巴里等人（Akbari et al, 1992）在报告所说：

实地勘测表明，在建筑旁有策略地种植乔木和灌木，可以减少夏季15％～30％的空调花费，在某些特定情况下甚至能达到50％。即使只是用灌木或长满藤蔓的花架遮住空调机，也能节省年供冷耗能的10％。

其结果是，从美国开始，一些社区和非营利组织发起并协调树木规划（tree-planning）行动，鼓励当地居民植树。

树木还有减轻温室效应、过滤污染物、屏蔽噪声、避免腐蚀、平抚观赏者心情等功效。正如阿克巴里（1992）等人所说："植物的效用由其密度、形状、尺度和位置决定。不过，通常来说，任何树木，即便是没有叶子，也能对能源使用产生显著的影响。"在城区经过铺砌的地方，树木不但可以遮蔽对流传来的可感热，还可以阻挡温度高的铺砌材料，如沥青等传来的长波辐射［霍尔沃森（Halvorson）、博斯（Potts），1981；海尔曼（Heilman）等，1989］。

树木通过叶片气孔吸收空气污染，还能分解和结合湿润叶片表面的水溶污染物，树冠还能阻隔污染微尘。树木同时能通过吸附，直接降低周围空气的臭氧以及二氧化氮等污染物的浓度，或是通过降低气温，减少碳水化合物的排放和臭氧的形成速度[卡德里诺和查门德斯（Chameides），1990；麦克弗森（McPherson）等，1998］。拜尔纳茨基（Bernatsky，1978）指出，沿街种植健康的树木，能够减少的气载微尘达7000个每立升空气。树木还能吸收大气中的二氧化碳，将其作为木质生物质储存。总之，树木的生物碳水化合物排放对于臭氧的生成有重要影响［温纳（Winer）等，1983；查门德斯等，1988］。

此外，树木还能降低和过滤城市噪声。正如阿克巴里等人（1992）所言，树叶、枝条可以吸收对于人类干扰较大的高频噪声。他们还认为，一排宽33m、高15m的树木可以将公路的噪声降低6~8 dB——相当于减少了50％的噪声。布洛班

（Broban，1990）提供了证明植被具有衰减效应（attenuation effect）作用的数据。他指出，对于110 dB的噪声，必须种植宽度在100m以上的茂密植被，才能达到显著降低噪声水平的目的。

树木的另一个作用是降低风速，这也能显著节能。海斯勒（Heisler，1989）提出，在居住区，树木覆盖率增加10%，风速会降低10%~20%，而当覆盖率增加30%时，风速会降低15%~35%。黄（Huang）等人（1990）总结了在美国各个城市，30%以上的树木覆盖率通过对风的遮蔽，对现有住宅供暖和供冷能耗的影响。德沃尔（DeWalle，1983）针对高度为H的防风林对于活动房屋滤风和供热需求的作用进行研究，结果显示，房屋距离防风林$1H$~$4H$，风速相比未被干扰时减少40%~50%。距离为$1H$处，风速降低55%。距离为$4H$~$8H$处，风速降低30%。相应的供热用能在距离为$1H$时减少20%，距离为$4H$时减少10%。

总之，恰当运用材料，种植树木，可以削弱热岛效应，改善城市环境。通过大规模改变城市反照率间接节约的能源是很难计算的，因此通常使用计算机模拟评估城市气候条件的可能变化。人们对此已进行了大量研究。塔哈（1988）等人的研究表明，在典型中纬度温暖气候下，通过将表面材料的反照率由0.25增加到0.4，可使得夏日午后的局部气温下降4℃。塔哈（1988）在加利福尼亚的戴维斯使用URBMET PBL模型进行模拟。其模拟结果表明，植被覆盖率达30%，降温达6℃，产生午后绿洲般的舒适环境，夜间热岛降温则为2℃。黄等人（1987）通过计算机模拟预测发现，如果将美国萨克拉曼多（Sacramento）和菲尼克斯（Phoenix）的树木覆盖率提高25%，会使得7月间14时的气温降低6~10° F。罗森菲尔德（Rosenfeld）等人提出，在美国洛杉矶，白色屋顶和遮荫树木可以减少18%的空调能耗或是10.4亿kWh，相当于每年获得1亿美元的财政收入。这些结果有助于满足南方气候下显著改善供冷问题的需求。

概览

城市区域复杂的城市微气候，使得多种因素作用在一起，形成独特的气候条件。描述城市气候与周边农村地区气候条件有怎样的差异，以及如何形成这种差异，是很重要的。

城市和工业化的增长，显著改变了城市空间的辐射平衡（radiant balance），地表和建筑之间的对流热交换，城区上空的气流和城市产生的热。其主要结果是，城市和乡村之间的气温值和风条件的差异。此外，城市热结构的变化也对许多其他的气候参数产生影响。

密集城区的气温比周边乡野的气温高。这种差异被称为"城市热岛效应"，几乎每个城镇都会发生。城市构筑物在白天吸收的热量，在太阳落山后被释放出来，因此最大温差发生于夜间。此外，还应附加各种人工热源产生的热量。

在同一高度，城区的风速通常比郊外的风速要小。这主要是由表面粗糙度决定的，但也会受热岛效应和街谷中的通道效应（channeling effect）作用。由于城市风场收到各种局部因素的影响，因而非常复杂。这些因素包括地形、建筑形态和尺寸、街道、树木等。任何因素之间的细小差异，都在不断改变着边界条件，进而改变气流方向，产生不规则气流。

由于城市污染物，特别是空气微粒的不断散射和吸收，全球的太阳辐射正在严重减少。许多工业城市的太阳照射时间相比周边乡村减少了10%~20%，并使得能源吸收减少相应比例。

城市化会对降水量和云量造成影响。有许多因素会使得城区云量增加，如热岛、阻碍和污染物，这些会促成云的形成，改变液滴大小范围。人们仍未完全了解这些因素会造成怎样的副作用，同时，地形影响，以及相对大气环流，其所在城市特定位置的特性，都会增加问题的复杂性。尽管如此，仍有充足的证据表明，城区的降水量比周边农村地区多。埃斯库鲁（Escourrou，1991）提出城市化会导致城市降水量根据其地理位置成比例增加，特别是在混乱的区域。

因此，在冬天，大多数城区的微气候相比郊区和农村会较为温和。主要特征是温度较高，除了高层建筑周边，风都会比较小。在这些时候，宽阔的街道、广场和没有植被的地区是城镇中最暖和的。而到了夜间，狭窄街巷的温度会比其他地方高。而到了夏天，道路和深色建筑产生热浪，在夜间，街道仍然在释放热量，因而周边农村地区会显得凉爽许多。

显然，弥补城市化的缺陷可以通过两方面的有效措施，即增加城市中的植被，采用浅色立面和适宜的建造材料。这些技术可被用于整个城区或是步行街等局部地区。

参考书目

Akbari, H., Davis, S., Dorsano, S., Huang, J. and Winett, S. (1992) *Cooling Our Communities: A Guidebook on Tree Planting and Light Colored Surfacing*, US Environmental Protection Agency, Office of Policy Analysis, Climate Change Division, January 1992, Pittsburgh

Arnfield, A. J. and Mills, G. (1994) 'An analysis of the circulation characteristics and energy budget of a dry, asymmetric, east, west urban canyon: I. Circulation characteristics', *International Journal of Climatology*, vol 14, pp119–134

Barring, L., Mattsson, J. O. and Lindovist, S. (1985) 'Canyon geometry, street temperatures and urban heat island in Malmo, Sweden', *Journal of Climatology*, vol 5, pp433–444

Baker, M. C. (1980) *Roofs: Designs, Application and Maintenance*, Multi-science Publications, Montreal, Canada

Bernatsky, A. (1978) *Tree Ecology and Preservation*, Elsevier Scientific Publishers, New York

Bornstein, R. D. (1986) 'Urban climate models: Nature, limitations and applications', in *Urban Climatology and Its Applications with Special Regard to Tropical Areas*, WMO, Geneva, pp237–276

Bretz, S., Akbari, H., Rosenfeld, A. and Taha, H. (1992) *Implementation of Solar Reflective Surfaces: Materials and Utility Programs*, LBL Report 32467, University of California, Berkeley

Broban, H. W. (1967) 'Stadebauliche Grundlagen des Schallschutzes', *Deutsche Bauzeit*, vol 5

Byun, D.-W. (1987) 'A two-dimensional mesoscale numerical model of St Louis urban mixed layer', Department of MEAS, North Carolina State University, PhD Thesis

Cardelino, C. A. and Chameides, W. L. (1990) 'Natural hydrocarbons, urbanization and urban ozone', *Journal of Geophysical Research*, vol 95, no 13, pp971–979

Chameides, W. L., Lindsay, R. W., Richardson, J. and Kiang, C. S. (1998) 'The role of biogenic hydrocarbons in urban photochemical smog: Atlanta as a case study', *Science*, vol 241, pp1473–1475

Chandler, T. J. (1965) 'City growth and urban climates', *Weather*, vol 19, pp170–171

Cionco R. (1965) 'A mathematical model for air flow in a vegetative canopy', *Journal of Applied Meteorology*, vol 4, pp517–522

Cionco, R. (1971) 'Application of the ideal canopy flow concept to natural and artificial roughness elements', Technical report ECOM – 5372, US Army Electronics Command, Fort Monmouth, NJ

Davenport, A. G. (1965) 'The relationship of wind structure to wind loading', National Physics Laboratory Symposium, no 16, *Wind Effects on Buildings and Structures*. Her Majesty's Stationery Office, London, pp54–112

De Paul, F. T. and Shieh, C. M. (1986) 'Measurements of wind velocities in a street canyon', *Atmospheric Environment*, vol 20, pp455–459

DeWall, D. R. (1983) 'Windbreak effects on air infiltration and space heating in a mobile house', *Energy and Buildings*, vol 5, pp279–288

Edwards, D. K. (1981) *Radiation Heat Transfer Notes*, Hemisphere Publishing Corporation, Washington, DC

Eliasson, I. (1996) 'Urban nocturnal temperatures, street geometry and land use', *Atmospheric Environment*, vol 30, no 3, pp379–392

Ershad, M. H. and Nooruddin, M. (1994) 'Some aspects of urban climates of Dhaka City', in *Report of the Technical Conference on Tropical Urban Climates*, WMO, Dhaka

Escourrou, G. (1991a) 'Climate and pollution in Paris', *Energy and Buildings*, vol 15–16, pp673–676

Escourrou, G. (1991b) *Le Climat et la Ville*, Nathan University Editions, Paris, France

Gay, L. W. and Stewart, J. B. (1974) *Energy Balance Studies in Coniferous Forests*, Report No 23, Institute of Hydrology, Natural Environment Research Council, Wallingford, Berks, UK

Halvorson, H. and Potts D. (1981) 'Water requirements of honeylocust (*Gleditsia triacanthos f. inermis*) in the urban forest', USDA Forest Service Research Paper, NE-487

Heilman, J., Brittin, C. and Zajicek, J. (1989) 'Water use by shrubs as affected by energy exchange with building walls', *Agricultural and Forest Meteorology*, vol 48, pp345–357

Heisler, G. M. (1989) *Site Design and Microclimate Research*, Final outcome to the Argonne National Laboratory, University Park, PA, US Department of Agriculture Forest Service, Northeast Forest Experimental Station, Morgantown

Howard, L. (1833) *The Climate of London*, vols I to III, Harvey and Darton, London

Hoydysh, W. and Dabbert, W. F. (1988) 'Kinematics and dispersion characteristics of flows in asymmetric street canyons', *Atmospheric Environment*, vol 22, no 12, pp2677–2689

Huang, Y. J., Akbari, H., Taha, H. and Rosenfeld, A. H. (1987) 'The potential of vegetation in reducing cooling loads in residential buildings', *Journal of Climate and Applied Meteorology*, vol 26, pp1103–1116

Huang, Y. J., Akbari, H. and Taha, H. G. (1990) 'The wind shielding and shading effects of trees on residential heating and cooling requirements', 1990 ASHRAE Transactions, American Society of Heating, Refrigeration and Air-conditioning Engineers, Atlanta, January

Hussain, M. and Lee, B. E. (1980) 'An investigation of wind forces on three – Dimensional roughness elements in a simulated atmospheric boundary layer flow. Part II. Flow over large arrays of identical roughness elements and the effect of frontal and side aspect ratio variations'. Report No BS 56. Department of Building Sciences, University of Sheffield, Sheffield

IPCC (Intergovernmental Panel on Climate Change) Working Group II (1990) *Climate Change: The IPCC Impacts Assessment*, IPCC, Australian Government Publication Service, Canberra, pp3–5

Jauregui, E. (1986) 'The urban climate of Mexico City', in *Urban Climatology and Its Applications with Special Regard to Tropical Areas*, WMO, Geneva, pp63–86

Kawamura, T. (1979) *Urban Atmospheric Environment*, Tokyo University Press, Tokyo, Japan

Landsberg, H. (1981) *The Urban Climate*, Academic Press, New York

Lawrence Berkeley Laboratory (1998) *Mitigation of Heat Islands*, www.lbl.gov/HeatIsland

Lee, I. Y., Shannon, J. D. and Park, H. M. (1994) 'Evaluation of parameterizations for pollutant transport and dispersion in an urban street canyon using a three-dimensional dynamic flow model', *Proceedings of the 87th Annual Meeting and Exhibition*, Cincinnati, Ohio, 19–24 June 1994

Ludwig, F. L. (1970) 'Urban temperature fields in urban climates', WMO Technical Note No 108, pp80–107

McNaughton, K. and Black, T. A. (1973) 'A study of evapotranspiration from a Douglas forest using the energy balance approach', *Water Resources Research*, vol 9, pp1579

McPherson, E. G., Scott, K. I. and Simpson, J. R. (1998) 'Estimating cost effectiveness of residential yard trees for improving air quality in Sacramento, California, using existing models', *Atmospheric Environment*, vol 32, no 1, pp75–84

Martin, P., Akbari, H. and Rosenfeld, A. (1989) 'Light colored surfaces to reduce summertime urban temperatures: Benefits, costs, and implementation issues', presented at the 9th Miami International Congress on Energy and Environment, 11–13 December, Miami Beach

Mills, G. M. (1993) 'Simulation of the energy budget of an urban canyon: Model structure and sensitivity test', *Atmospheric Environment*, vol 27B, no 2, pp157–170

Moffat, A. and Schiller M. (1981) *Landscape Design that Saves Energy*, William Morrow and Company, New York

Monteiro, C. A. F. (1986) 'Some aspects of the urban climates of tropical South America: The Brazilian contribution', in *Urban Climatology and Its Applications with Special Regard to Tropical Areas*, WMO, Geneva, pp166–198

Montgomery, D. (1987) 'Landscaping as a passive solar strategy', *Passive Solar Journal*, vol 4, no 1, pp79–108

Nakamoura, Y. and Oke, T. R. (1988) 'Wind, temperature and stability conditions in an E-W oriented urban canyon', *Atmospheric Environment*, vol 22, no 12, pp2691–2700

NASA *Climate News and Research* (1998), www.climatenews.com

Nicholson, S. E. (1975) 'A pollution model for street-level air', *Atmospheric Environments*, vol 9, pp19–31

Nunez, M. and Oke, T. R. (1976) 'Long wave radiative flux divergence and nocturnal cooling of the urban atmosphere. II. Within an urban canyon', *Boundary Layer Meteorology*, vol 10, pp121–135

Oke, T. R. (1976) 'The distance between canopy and boundary layer urban heat island', *Atmosphere*, vol 14, no 4, pp268–277

Oke, T. R. (1981) 'Canyon geometry and the nocturnal urban heat island: Comparison of scale model and field observations', *Journal of Climatology*, vol 1, pp237–254

Oke, T. R. (1982) 'Overview of interactions between settlements and their environments', WMO Expert Meeting on Urban and Building Climatology, WCP-37, WMO, Geneva

Oke, T. R. (1987) *Boundary Layer Climates*, University Press, Cambridge

Oke, T. R. (1988) 'Street design and urban canopy layer climate', *Energy and Buildings*, vol 11, pp103–113

Oke, T. R. and East, C. (1971) 'The urban boundary layer in Montreal', *Boundary Layer Meteorology*, vol 1, pp411–437

Oke, T. R., Johnson, G. T., Steyn, D. G. and Watson, I. D. (1991) 'Simulation of surface urban heat islands under "ideal" conditions at night – Part 2: Diagnosis and causation', *Boundary Layer Meteorology*, vol 56, pp339–358

Park, H. S. (1987) 'City size and urban heat island intensity for Japanese and Korean cities', *Geographical Review Japan*, September A, vol 60, pp238–250

Rosenfeld, A., Romm, J., Akbari, H. and Lloyd, A. (1998) 'Painting the town white and green', paper available through the website of Lawrence Berkeley Laboratory, www.lbl.gov

Sham, S. (1990/1991) 'Urban climatology in Malaysia: An overview', *Energy and Buildings*, vol 15–16, pp105–117

Santamouris, M. (ed) (2001) *Energy and Climate in the Urban Built Environment*, James & James, London

Santamouris, M. and Assimakopoulos, D. (eds) (1996) *Passive Cooling of Buildings*, James & James Science Publishers, London

Santamouris, M., Argiriou, A. and Papanikolaou, N. (1996) *Meteorological Stations for Microclimatic Measurements*, Report to the POLIS Project, Commission of the European Commission, Directorate General for Science Research and Technology, September (available through the authors, msantam@cc.uoa.gr)

Santamouris, M., Papanikolaou, N. and Koronaki, I. (1997) *Urban Canyon Experiments in Athens: Part A – Temperature Distribution*, Internal Report to the POLIS Research Project, European Commission, Directorate General for Science, Research and Technology, Athens, Greece

Santamouris, M., Papanikolaou, I., Koronakis, I., Livada and Assimakopoulos, D. N. (1999) 'Thermal and air flow characteristics in a deep pedestrian canyon under hot weather conditions', *Atmospheric Environment*, vol 33, no 27, pp4503–4521

Summers, P. W. (1964) *An Urban Ventilation Model Applied to Montreal*, PhD thesis, McGill University, Montreal

Summit, J. and Sommer, R. (1998) 'Urban tree planting programs – A model for encouraging environmentally protective behavior', *Atmospheric Environment*, vol 32, pp1–5

Sundborg, A. (1950) 'Local climatological studies of the temperature conditions in an urban area', *Tellus*, vol 2, pp222–232

Swaid, H. and Hoffman, M. E. (1990) 'Climatic impacts of urban design features for high and mid-latitude cities', *Energy and Buildings*, vol 14, pp325–336

Taha, H. (1988) 'Site specific heat island simulations: Model development and application to microclimate conditions', LBL Report No 26105, University of California, Berkeley

Taha, H. (1997) 'Urban climates and heat islands: Albedo, evapotranspiration and anthropogenic heat', *Energy and Buildings*, vol 25, pp99–103

Taha, H., Douglas, S. and Haney, J. (1997) 'Mesoscale meteorological and air quality impacts of increased urban albedo and vegetation', *Energy and Buildings*, vol 25, pp169–177

Taha, H., Sailor, D. and Akbari, H. (1992) *High Albedo Materials for Reducing Cooling Energy Use*, Lawrence Berkeley Lab Report 31721, UC-350, Berkeley, CA

Wanner, H. and Hertig, J. A. (1983) *Temperature and Ventilation of Small Cities in Complex Terrain (Switzerland)*, Study supported by Swiss National Science Foundation,

Berne

Wedding, J. B., Lombardi, D. J. and Cermak, J. E. (1977) 'A wind tunnel study of gaseous pollutants in city street canyons', *Journal of Air Pollution Control Assessment*, vol 27, pp557–566

Winer, A. M., Fitz, D. R. and Miller P. R. (1983) *Investigation of the Role of Natural Hydrocarbons in Photochemical Smog Formation in California*, Final Report, Contract No AO-056-32, California Air Resources Board. Sacramento, CA

WMO (World Meteorological Organization) (1986) *Urban Climatology and its Applications with Special Regard to Tropical Areas*, Proceedings of the Technical Conference in Mexico City, WMO, No 652, Mexico City

推荐书目

1．T·R·欧克（1987），《边界层气候》（Boundary Layer Climates），剑桥大学出版社，剑桥

作为一本经典书籍，本书面向于非气象学专家，在一个广泛的层面涵盖了地理学、农学、林学、生态学、工程和规划方面的重要主题。推荐阅读其中对于大气层的研讨部分。

2．H·兰兹伯格（1981），《城市气候》（The Urban Climate），学术出版社，纽约

本书通过详尽的描述和图片，总结了典型的城市气候学及其特征。建议可快速浏览各个感兴趣的主题及其历史回顾部分。

3．M·桑塔莫瑞斯编（2001），《城市建成环境的能源和气候》（Energy and Climate in the Urban Built Environment），James & James，伦敦

本书关注建成环境和城市的综合影响，涉及城市设计的重要理论、实验和实践等方面。

题目

题目1

热岛效应

描述热岛效应，其中应包括导致这一现象的主要因素。

题目2

热岛效应

简要描述若干热岛效应模型，探讨其中需要考虑的主要因素。

题目3

城市街谷效应

简要描述这一白天和夜间发生在城市街谷中的热现象。

题目4

空气流动条件

描述根据风向和街谷轴线夹角区分的三种主要的街谷中的气流模式。

题目5

改善城市气候

一些针对城市建筑外表面材料和绿地空间的改进措施可以弱化热岛效应。简要总结这些因素是如何影响城市微气候的。

答案

题目1

　　热岛效应是市中心比周边农村地区热的现象。可通过每日温度曲线发现这一现象，主要发生在夜间。在大多数情况下，温差在1~4℃之间（在极端情况下，温差可以达到8~10℃）。热岛强度受到气象条件，以及城市结构的多方面因素（如城市规模、建成区密度和城市几何形状）作用，因此每个城市的热岛现象都有其自身特点。

　　影响热岛效应的一些主要因素可概括如下：

- 由于空气污染，吸收的长波辐射增加；
- 从街谷中释放出来的长波辐射减少；
- 由于城市建筑材料的热性能、会在白天储存更多热量并在夜间释放出来；
- 城区内人为热增加；
- 蒸发减少，潜热通量也随之减少。

题目2

　　夜间热岛效应的主要模型有三种。通常，这些模型只考虑气象因素，如风速、云量和比湿，而且也不考虑受到城市设计影响的因素。

　　路德维希模型来自于对城乡温差的统计分析，并关注温度随高度降低的递减率。

　　森德伯格模型针对特定地点，如瑞典的乌普萨拉，通过云量、温度、比湿等计算城乡地区的温差。

　　最后，萨默斯根据在蒙特利尔收集的数据，将风速和热岛强度相联系。

　　另一类热岛模型偏向城市设计方面，将热岛和各种城市结构特征相联系。

　　欧克（1973）提出一个简单的公式，通过人口和当地非城区10m高处的风速，计算日出前后多云天空下的热岛强度。欧克提出的其他模型，还将街道高宽比、街谷中天空视角系数等与城乡温差相联系。

题目3

　　街谷的形状和朝向对其能源平衡起到重要作用。这一平衡决定了街谷元素的温度分布，可将这些部分分为三类：街谷垂直表面（建筑立面），街谷水平表面（街道表面）和空气。在白天，城市表面吸收入射的太阳辐射，并向天空和其他表面释放长波辐射。吸收的太阳辐射转化为可感热，影响街谷中建筑的供冷或供暖需求。大量太阳辐射射入屋面和建筑的垂直墙体，相对少量到达地面。根据天空视角系数，一部分由街谷中实墙释放的长波辐射散失在空中，其他的长波辐射则射向其他表面，被"截留"在街谷内。长波辐射交换因而不会产生显著的损失，特别是在高而窄的街谷中。而且，温度很高的街谷表面还通过对流使其周围空气升温。在白天，街谷中的温度随高度上升，这是由于较低的立面接收的辐射大大少于较高处的。然而，温度最高的不是街谷的顶部，街谷的几何形状决定其最高点。

　　在夜间，来自太阳的能源在减少；因此，不能依靠太阳辐射实现街谷的能源平衡。从热传递的角度来看，这使得街谷表面间以及表面和天空之间的辐射交换占据了主要地位。立面温度受到辐射平衡的制约。温度随高度递减，底部表面的天空视角系数小，而街谷其他位置的视角系数大。在正常情况下，最高温度出现在白天，而最低温度出现在夜间。

题目4

　　一般来说，街谷中的气流模式涉及三种情况。

　　第一种情况假设风是垂直于城市街谷长轴的（30℃）。在这种情况下，会出现四种气流状态（见图6.14）：

　　1. 当建筑非常分散（$H/W>0.05$）时，建筑流场不会相互干扰。

　　2. 当建筑布置相对宽敞时（立方体建筑$H/$

W<0.4，行列式建筑H/W<0.3），其气流形式基本类似，气流状态称为"独立粗糙气流"。

3. 间距较小时（立方体建筑H/W接近0.7，行列式建筑H/W接近0.65），气流因为受到建筑波的干扰，形式更为复杂（尾流干扰气流），这种气流以街谷空间中的二次流为特点。

4. 间距更小时（H/W和密度更高），街谷中会形成稳定的循环涡流，由于大部分气流不会进入街谷，呈现出"滑行"气流状态。

第二种情况的气流模式是风向平行于街谷长轴（0°~30°之间）。在这种情况下，由于建筑墙体和街道表面的摩擦，会形成沿街谷墙面上升的反向气流。需要强调，已经发现，在一定条件下，屋顶上方街谷外自由流的速度和相应的街谷内的风速之间成直接正比关系。

第三种情况是街谷外的风向与街谷长轴成一定角度的气流模式，也是最常见的情况。通常，当屋顶上方气流与街谷轴线呈一定角度时，沿街谷长向会出现螺旋涡流。

题目5

白天城市外表面材料吸收的太阳辐射是城区温度上升的主要原因。而这些材料中储存的太阳热量的影响将持续到夜间。如果能够减少吸收的太阳辐射，露天构筑物的表面温度就会降低，储存的热量也随之减少。最简单的办法是使用反照率高的材料，降低表面温度，减少太阳辐射的吸收。而且，由于长波辐射大多在街谷高处，使用具有高发射率的材料就显得尤为重要。这些材料都应该成为性能良好的长波能源发射器，释放所吸收的短波辐射能源。通过上述方法可以降低表面温度，并减少由于对流造成的环境温度升高。

树木和绿地空间的作用在于显著降低城区温度，并因此节约能源（即通过减少城市建筑的供冷需求）。树木可以在夏季为单体建筑遮阳，而树木蒸散则可以降低城市气温［树木降低城市气温的主要机制，也被称为绿洲现象（oasis phenomenon）］。此外，树木还能吸收噪声、阻挡酸雨侵蚀、过滤危险污染物、降低风速、保持水土。例如，湿润的草地转换的潜热，相比裸露的土壤，可降温6~8℃。在建筑周边有针对性地种植乔木和灌木，可减少15%~35%的夏季空调能耗，在某些情况下，甚至能达到50%。即使是用灌木和藤蔓遮挡住空调机，也能减少10%的年供冷费用。

第7章

城市建筑的热传递和质量传递现象

塞缪尔·哈西德、瓦西李奥斯·格罗斯

本章范围

本章的目的在于让读者了解建筑中热传递的主要过程，同时熟悉与热传递过程相关的概念和参数。由于这些过程复杂且类型多样，本章的主旨是分清会影响建筑热平衡的不同热传递现象之间的差异。

学习目标

完成本章学习后，读者能够理解：
· 建筑中的各种热传递过程的原理；
· 热传递过程是怎样以及为何影响到建筑能源平衡的；
· 在城市建筑中影响热传递和质量传递现象的主要参数有哪些；
· 如何进行各种热传递过程的简单计算。

关键词

关键词包括：
· 热传递；
· 传导；
· 对流；
· 辐射；
· 太阳辐射；
· 传热系数；
· 绝热材料（opaque element）的时间常数；
· 蓄热系数（effusivity）；
· 自由对流；
· 强制对流；

· 渗透；
· 通风；
· 热获得；
· 能源平衡。

序言

要了解城市环境中的传热过程，首先需要了解单个建筑的传热过程。

建筑中的热传递和质量传递过程有很多种：通过墙体进行传导，太阳辐射透过窗户进入室内或被建筑围护结构的外表面吸收；表面辐射进入上层空气；热和湿气通过缝隙渗透进入；建筑开口产生的自然通风和风扇产生的机械通风。所有过程都会影响建筑热平衡，并相互作用。此外，建筑的热传递还受到各个建筑元件的蓄热的作用。本章的目的就是要对建筑中的热量和质量传递进行分析，计算不同方式导致的不同的热传递效率。

本章分为两个主要部分。第一部分主要是传热的物理原理和速率方程，第二部分则介绍了建筑传热现象的一些主要原则。

热传递原理和速率方程

理解不同热传递模式蕴涵的物理机制非常重要，可以通过速率方程定量法确定转换的能源值。下面介绍主要的热传递模式（传导、对流和辐射）。

传导

传导是与原子和分子层面活动相关的热传递

模式。原子和分子层面活动的过程由材料的状态（固态、液态、气态）和材料的类型（金属、陶瓷等）决定；在显微层面，这些状况则是差异巨大的。

对于液体和气体，传导产生的热传递是由自由分子的碰撞造成的：温度越高，分子的能源就越大。在陶瓷材料中，分子不能自由碰撞，但其晶格结构的节点可以振荡运动。在金属中，导热是由金属晶格（metallic lattice）共享的电子在原子间传递导致的。所有情况下，能源的传递都是从较热的部分（能源多）向较冷的部分（能源少）转移。科学家和工程师关注的并非分子和原子层面的传热，而是对传热的宏观描述，因此这些差异就不是很重要了。

根据傅里叶定律（Fourier's law）表示的热传递速率方程：

$$q_x'' = -\lambda \frac{dT}{dx} \tag{7-1}$$

此处，q_x'' 是热通量，即单位面积垂直于传热方向的传热速度（W/m^2）；dT/dx 是这一方向上的温度梯度和连续比值；λ 是材料的传热系数〔$W/(m \cdot K)$〕（见表7.2）。

在静止状态和单线性（uni-directional）热传递条件下，温度分布是线性的，热通量可以表达为：

$$q_x'' = -\lambda \frac{T_2 - T_1}{L} \tag{7-2}$$

此处，L 是墙体的厚度，T_1 和 T_2 是墙体两侧的温度（见图7.1）。

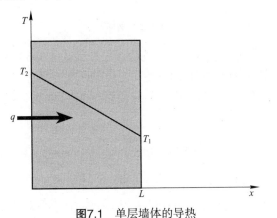

图7.1 单层墙体的导热

公式（7-1）、公式（7-2）中的"－"号表示热传递是向着温度低的一侧的。

对流

相对于以分子个体的随机运动为特征的传导，对流是一种流体（液体和气体）的宏观（bulk macroscopic）运动造成的能源传输。对流通常伴随着大量分子集聚的运动。

通过对流进行热传递需要两个必要条件（见图7.2）：产生液体流动和温度梯度。

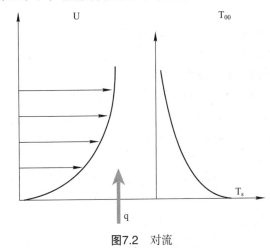

图7.2 对流

当流体运动本身由温度梯度造成时，被称为自由对流（free convection）或自然对流（natural convection）。较轻、较热的流体由于浮力向上运动，较重、较冷的流体取代其原有位置，因而产生了自由（自然）对流。

对流传热同时伴随着传导传热。然而，在大多数情况下，对流比传导的传热效率高。液体流动可以是层流状（通常是持续的，或随时间缓慢变化），也可以是涡流状（相对于平均值，有显著的速率变化）。在第一种情况下，流动方向上的传热主要是对流造成的，而与流动方向垂直的传热则是传导造成的。在第二种情况下，平行和垂直于流动方向的传热都是由对流造成的。

不考虑对流传热过程的特性（自由对流/强制对流，层流对流/涡流对流），其依据的速率方程式通常表示为：

$$q'' = h_c(T_s - T_\infty) \tag{7-3}$$

此处，q'' 是对流的热通量（当由表面出发，假设为正，当进入表面，假设为负）；

T_s是表面温度；

T_∞是流体温度；

h_c是对流传热系数（W/（$m^2 \cdot K$））。

h_c系数根据强制对流时的流体速率或风速，自由对流时的自身温差，当然还有流体的物理参数决定。h_c系数与密度成正比，液体的h_c系数比气体的高很多。

辐射

辐射是由物体发射并通过电磁波传输的（在有些定义中，认为是光子而非波）。发射是由物质原子的电子能源级变化产生的。

辐射的传热原理不同于前两种方式：

1. 传导和对流需要媒介物的存在，而辐射不需要任何媒介物质，其在真空中的效率最高。

2. 传导和对流传热与温度差呈正比，而辐射只与用开氏温标测量的绝对温度T_s（即摄氏温度+273.15）有关。

辐射的基本定律与能源从单位面积表面释放的速度——发射强度E_b（emissive power）有关：

$$E_b = \varepsilon \sigma T^4 \qquad (7-4)$$

此处，σ是常数，被称为"斯蒂芬—玻尔兹曼常数"（Stefan Boltzmann constant）[$=5.67 \times 10^{-8}$ W/（$m^2 \cdot K$）]，ε是表面发射特性，被称为发射率（$0 \leq \varepsilon \leq 1$）。

发射率为1，发射能源达到最大值，这时称发射表面为**黑体**（blackbody）。

辐射也可由周围入射到某一表面。这种辐射可能来自某个源头，如太阳和照明设备，也可能是周围相关的暴露表面。我们将这种单位表面入射的辐射速率称为辐照（irradiation）（G）。

因为辐射是通过电磁波形式发射的，有其波长和频率——建筑中的辐射波长范围从1/10~100μm不等。辐射能源的波长因发射表面而不同：特征波长（发射功率最大时）可根据维恩（Wienn）的定律得出：

$$\lambda_{max} T = 2898 \, \mu m \cdot K \qquad (7-5)$$

两种辐射类型，一种对于建筑主要关注的是波长约为0.5μm的太阳辐射（短波），和波长约

为10μm的大地辐射（长波）。与太阳辐射相关的光谱可以分为可见光（波长在0.4~0.76μm之间，约占太阳光总能源的44%）、紫外线（波长小于0.4μm，占总能源的3%）和红外线（波长大于0.6μm，占总能源的53%）。

入射辐射会被吸收、反射和发射。决定这一过程的系数是吸收率（α，absorptivity）（见表7.3），反射率（ρ，reflexivity）和透射率（τ，transmissivity）——这些系数的值在0~1之间。一个物体的透射率不为0，可称之为"**透明**"。无论物体吸收和发射的热量是多少，都与它的透射和反射无关。这些特性由辐射波长的特点决定，通常对于太阳辐射和长波辐射有很大差异：能够透过太阳辐射的玻璃，通常不能透过长波辐射，而墙体对于太阳辐射是白体（反射），但对于长波辐射则是黑体（吸收）。

有趣的是，表面**净辐射传热**（net radiative heat transfer），等同于发射和吸收的辐射差：

$$q''_{rad} = \varepsilon \sigma T_s^4 - \alpha G = \varepsilon \sigma (T_s^4 - T_{mrt}^4) \qquad (7-6)$$

此处，T_s是表面绝对温度（K），T_{mrt}是周围环境辐射绝对温度的平均值（见图7.3）。

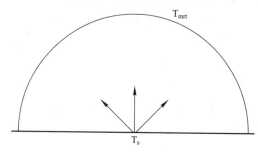

图7.3　辐射

后面会具体介绍平均温度，在公式（7-6）中，它表示净辐射热传递和绝对温度的四次方呈正比。

在大多数情况下，纯辐射交换可以方便地用温度差来表示：

$$q''_{rad} = h_r (T_s - T_{mrt}) \qquad (7-7)$$

此处，h_r可从公式（7-6）推导而来：

$$h_r = \varepsilon \sigma (T_s + T_{mrt})(T_s^2 - T_{mrt}^2) \approx 4\varepsilon \sigma [(T_s + T_{mrt})/2]^3 \qquad (7-8)$$

这里辐射被设为类似于对流的方式，差值呈

线性等比例。但这两种表达方式没有太大的差异。在公式（7-8）中，辐射温度平均值T_{mrt}被替换为液体温度，h_r比h_c更容易受到温度的影响。

公式（7-3）和公式（7-7）通常结合使用，形成一个表示表面热平衡的公式：

$$q'' = h\,(T_s-T_0) \tag{7-9}$$

此处，

$$h = h_c+h_r \tag{7-10}$$

$$T_0 = \frac{h_cT_\infty+h_rT_{mrt}}{h} \tag{7-11}$$

建筑传热原理

传导

单向静态传导传热

建筑构件（墙、屋顶）的传导传热通常被认为是单向的（uni-directional），因为墙体在传热方向上的维度远远大于其垂直方向，在这一方向上的温度梯度也大得多〔见公式（7-2）〕。

两栋建筑的相邻构件间或建筑的转角部分有一部分区域会产生温度梯度，在垂直热流方向产生明显的温度梯度。这被称为热桥（thermal bridge），需要分隔处理，削弱其影响作用，但无法完全消除（以后还需进行简单处理）。

另一方面，墙体的传导并非一直随气象现象的时间常数（time constants）呈现稳定状态，其中既有能源的储存，也有能源的释放。所以，稳定状态的热传递相对而言包括两种情况：

1. 经过较长时间或是平均的数值，相对于即时数值；

2. 构件质量较轻。

稳定状态的传导热传递非常重要，出于上述原因，很多国家的绝热标准和其他与建筑能耗相关的规范都很注重建筑构件传导稳定状态的特性。

公式（7-2）可以被改写为多种形式：

$$q_x^n = -\frac{T_2-T_1}{r} \tag{7-12}$$

此处，r是建筑构件的热阻（thermal resistance）。

这一名词是将热学上的耐热性与电阻类比而来的。公式（7-12）事实上类似于欧姆定律，只是用热通量代替了电流，用温差代替了电位差（电压）。

使用这种类比方式，我们可以将公式（7-12）应用于多层墙体——大多数的墙体都由多层组合而成。

$$r = r_1 + r_2 + r_3 + \cdots = \frac{L_1}{\lambda_1} + \frac{L_2}{\lambda_2} + \frac{L_3}{\lambda_3} + \cdots \tag{7-13}$$

此处，r是墙体（或屋顶）的总热阻；r_1、r_2、r_3等是各层自身的热阻（见图7.4）。

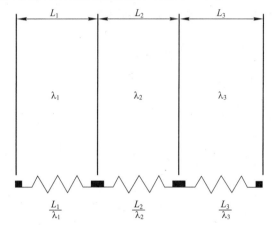

图7.4　多层墙体和与电学的对比

公式（7-13）可结合公式（7-12）使用，通过室内外**表面**温差计算经过多层墙体的稳定状态热通量。

通常计算经过墙体的热通量，是采用室内外气温差（而不是表面温差）。在这种情况下，还需要计算表面和空气之间通过传导发生的热传递，以及向其他表面的辐射。一般需要采用各表面的膜热阻（film resistance），来规定总热阻R（$m^2 \cdot K/W$）和总传热系数U（$W/(m^2 \cdot K)$），后者在美国和英国有时也被称为U值。

$$q_x^n = -\frac{T_0 - T_i}{R} = -U(T_0 - T_i) \tag{7-14}$$

$$R = \frac{1}{h_0} + r + \frac{1}{h_i} \tag{7-15}$$

此处，T_0是室内气温；T_i是室外气温；h_0是室外表面传热系数；hi是室内表面传热系数。

在公式（7-14）中，当热量从房间内部流向室外时，热通量为正。

我们经常会用到公式（7-14），但是必须了解只有在室外气温等于平均辐射温度时才适用，且不考虑辐射热传递。可采用后面将要提到的综合温度（sol-air temperature）。

单向非稳定状态传导热传递

上文提到，建筑构件的传导热传递很少是处于稳定状态的：不仅在时间长度上有所变化，还会随着气候而变化。因此，墙体中的热传递同时还伴随着热储存。在本节中，我们首先研究建筑构件中的单向热传递，以及将温度随时间的变化进行量化的方法——主要关注建筑中的热传递。

热传导（扩散）的不同公式

热扩散的公式可表达为：

$$\rho c_p \frac{\partial T}{\partial t} = \frac{\partial}{\partial x}\left(\lambda \frac{\partial T}{\partial x}\right) \qquad (7-16)$$

此处，ρ 是材料的密度（kg/m²），c_p 是**比热**（对于气体，是定压比热）（单位为（J/（kg·K），也可为Wh/（kg·K））（见表7.2，各种材料的比热值）。

公式（7-16）有时可表示为扩散公式，使用**热扩散系数** κ（m²/s）：

$$\frac{\partial T}{\partial t} = \frac{\partial}{\partial x}\left(\kappa \frac{\partial T}{\partial x}\right) \qquad (7-17)$$

此处，

$$\kappa = \lambda / \rho c_p \qquad (7-18)$$

传导公式有多种边界条件。通常在建筑的分析中对传导系数进行集总（lumping），简化算式，便于实际工程应用。

由于许多建筑构件（特别是混凝土）的比热都接近 1 kJ/（kg·K）（0.24kWh/（kg·K）），热扩散系数实际只和密度有关。

建筑构件中热质量的集总：热时间常数（time constant）

分析厚度为 L 的墙体的非稳定状态热行为，最简单的方法是取所有热容 C 的中间值：

$$C = \rho c_p L \qquad (7-19)$$

与电学类比，这相当于与一个接地的电容 C 相连，电阻取中值（见图7.5）。因此，构件的时间常数可表达为：

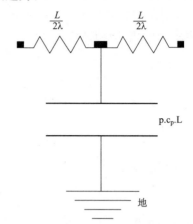

图7.5 单层墙的电学类比（非稳定状态）

$$T_c = \frac{L^2}{2\kappa} = \frac{1}{2}\left(\frac{L}{\lambda}\right)(L\rho c_p) = CR/2 \qquad (7-20)$$

这样，对于单层墙体来说，内侧温度 $T_i(t)$ 对于温度阶梯变化 ΔT（在发生变化前，墙体的初始温度相对外部温度 $T_0(0)$ 来说是均匀相等的）的反应可以表示为：

$$T_i(t) = \Delta T [1-\exp] (-t/T_c) + T_0(0) \qquad (7-21)$$

更为常见的情况是，初始温度对于外部温度变化的反应应表示为：

$$T_i(t) - T_i(0)\exp(-t/T_c) = \int_0^i T_0(t')\exp[-(t-t')/T_c]\, \mathrm{d}t' T_c \qquad (7-22)$$

公式（7-21）是公式（7-22）的特例，考虑到初始值 T_i 和 T_0 随时间的变化，两个公式都是线性的，可用于任意层面的温度估算（如0℃或20℃）。

多层构筑物的时间常数

可以通过公式（7-20）归纳多层构筑物的热时间常数。对于这种结构而言，热时间常数可被定义为热流的单位变化在构筑物单位面积中储存的能源，即等于：

$$T_c = \sum_{i=1}^{0} \rho_i c_{pi} L_i \left(\frac{l}{h_0} + \sum_{j=1}^{i-1} \frac{L_j}{\lambda_j} + \frac{L_i}{2\lambda_i}\right) \qquad (7-23)$$

在公式（7-23）中，层数是从外向里计数的。严格地说，公式（7-23）算出的是外部的热时间常数，如果要计算内部的热时间常数，需要以从内向外计数的方式运用公式。不过这样的时间常数很少会用到。

当需要了解初始温度对外部温度变化的反应时，可将公式（7-23）与公式（7-21）和公式（7-22）结合使用。

公式（7-23）的主要特点是各层的相对位置非常重要，如果混凝土板附加了绝热材料，不论绝热材料是放在外侧、内侧，还是中间，描述构筑物稳定状态特性的热阻是一样的，而表示构筑物非稳定状态的时间常数则是完全不同的。当绝热材料放在外侧时，时间常数很大，而放在内侧时则相对非常小。这表明两个建筑构件，可能具有相同的静态热传递特性，但会有完全不同的瞬时行为（transient behaviour）。

热时间常数方法的局限性：蓄热系数

热时间常数方法是一种基于将建筑构件的热容量集总于某一点的近似方法。然而，在实际情况下，蓄热能力是分布于构件各处的，不能被集总，反而有可能造成可察觉的错误。对于时间常数，这种方法是合适的，但并不适用于描述时间比时间常数短的热行为，尤其不适于描述构件由于太阳能入射产生的热反应。

对于这些问题，更适于采用蓄热系数法。

根据公式（7-16），当初始温度均匀分布，温度阶梯变化为q_0时，对于一个无穷大的墙体，其温度用积分的形式表示为：

$$T(t) = q_0 \sqrt{t} \, \alpha \qquad (7-24)$$

此处，α是热源，定义为：

$$\alpha = \sqrt{\lambda \rho c_p} \qquad (7-25)$$

正如上面所说，蓄热系数法包含了时间变量，与$\sqrt{t}$成等比关系，在热波动没有到达墙体的另一侧的情况下是成立的。对于更长的时间，就需要考虑墙体另一侧边界条件的影响了。蓄热系数表明了表面温度对墙体表面热流变化的反应。蓄热系数越低，表面温度对热流变化的敏感性就越高。

其他瞬时单线性传导公式

正如上文所述，上面的瞬时单线性传导热传递公式都采用了近似的方法——原因是通过近似，从物理角度上的传导和储热之间的相互作用。

上述公式在某些情况下不能准确地描述热传递，而需要采取其他的方法。其中包括：

• 数值解（numberical solution）方法，从传导公式（7-16）推导的差分方程方法，适用于墙体两侧或两构件间界面具有适当边界条件的情况。通常会将各层分为两到三部分计算，以便正确求解。

• 反应系数（response factors）方法，提供的热流参数不仅有其温度，也有构筑物的温度和热流的历史。反应系数是一系列运用拉普拉斯（Laplace）分析和傅里叶分析，通过公式（7-16）得到的数据，主要用于美国［美国供热、供冷和空调工程师协会（ASHRAE）原理，1985］。

• 导纳法，基于傅里叶分析，用于英国。

对流热传递

对于对流热传递的研究与流体的流动有关。描述流体流动的公式基本都是非线性的，而且其近似解只适用于一些特殊情况。工程计算通常由理论、实验和量纲分析结合得出。

对于建筑中的热传递，运用的主要公式是牛顿冷却定律（Newton's Law of Cooling），描述固体表面与其接触的流体之间的热传递［见公式（7-9）］，而对于渗透和通风传热，则需要描述两种温度不一的流体之间大量传热的公式：

$$Q = \rho c_p U (T_u - T_d) \qquad (7-26)$$

此处，Q是大量的热传递，U是其速率，T_u是相对高温，T_d是相对低温。

以下重点讨论空气的热传递（密度为1.1~1.2kg/m³，比热为1000J/（kg·K），黏度为1.6×10^{-5}，体积膨胀系数为$1/T$）。

无限平面的对流系数：自由对流

正如前文所述，在**自由对流**或称为**自然对流**中，促使流体运动的外力是因其自身温差和密度差产生的。因此，对流热传递系数的确定需要根据温差得出。

水平方向的对流传热系数对于建筑而言非常重要。有两方面因素会对其产生影响：

1. 依据热流是向上（例如从热的楼板或屋顶向其上方的空气，以及从冷的顶棚向其下的空气）还是向下（从热的顶棚向其下的空气，以及从冷的楼板或屋顶向其上方的空气）。前者比后者强烈，因为方向与浮力方向一致。

2. 传热方式是**湍流**（turbulent）还是**层流**（laminar），起着决定性的作用。

估算对流传热系数时需要用到的重要几何特性参数是平面在浮力导致的热流方向上的长度（L，垂直墙体的L即为高度）。对于向上的热流，对流传热系数可表示为：

$$h_c = 1.32(\Delta T/L)^{1/4} \text{ 层流 } (L^3 \Delta T \leqslant 1)$$
$$h_c = 1.5(\Delta T/L)^{1/3} \text{ 湍流 } (L^3 \Delta T > 1) \quad （7-27）$$

向下的热流只能是层流，因为稳定的浮力会阻挡湍流：

$$h_c = 0.59(\Delta T/L)^{1/4} \quad （7-28）$$

系数稍微变化，公式（7-27）即可适用于来自**垂直面**（墙体）的**水平热流**：

$$h_c = 1.42(\Delta T/L)^{1/4} \text{ 层流 } (L^3 \Delta T \leqslant 1)$$
$$h_c = 1.31(\Delta T/L)^{1/3} \text{ 湍流 } (L^3 \Delta T > 1) （7-29）$$

公式（7-29）可以推广到与水面倾角β介于30°~90°之间的倾斜表面：

$$h_c = 1.42(\Delta T \sin\beta /L)^{1/4} \text{ 层流} (L^3 \Delta T \leqslant 1)$$
$$h_c = 1.31(\Delta T \sin\beta)^{1/3} \text{ 湍流} (L^3 \Delta T > 1) （7-30）$$

从公式（7-27）到公式（7-30），传热系数的单位均为$W/(m^3 \cdot K)$，其他参数的单位则根据国际单位制。

无限平面的对流系数：强制对流

强制对流，流体的运动温度阶梯，因此不受平面方向（水平或垂直）的影响。对于平面上方的层流，空气中的对流传热系数可近似于：

$$h_c = 2(U/L)^{1/2} \quad （7-31）$$

此处，L是表面在热流方向上的长度；U是离开平面的速率（m/s）。

建筑周围的空气很少是层流的，公式（7-31）只适用于$UL < 1.4 m^2/s$的情况。对于湍流（$UL < 1.4 m^2/s$），对流系数应为：

$$h_c = 6.2(U^4/L)^{1/5} \quad （7-32）$$

公式（7-31）和公式（7-32）适用于开敞空间的气流。公式（7-32）适用于平滑表面（如玻璃），平滑表面的传热系数是粗糙表面（如粉刷墙）的两倍，也可经过修正，用于城市空间。

对流热传递：建筑的渗透和通风

建筑中的热传递可能由**渗透**和**通风**产生。这两种情况下，热传递都以气流的形式进出建筑物。渗透运动是未经控制自发产生的，从建筑墙体的缝隙或其他开口通过。而通风则是有需要地利用气流保证室内空气质量，有时也是为了保证热舒适，降低室内温度或增加风速。通风分为**自然通风**（通过开窗）和**强制通风**（使用风扇和空调系统）。

在这种情况下，热损失/获得（根据室内温度比室外温度高还是低），Q_{inf}可表示为：

$$Q_{inf} = \rho c_p \dot{V}(T_{in} - T_0) \quad （7-33）$$

此处，$\dot{V}$是空气体积流量（volumetric flow rate）。

空气体积流量表示单位为m^3/s，但经常也写作每小时换气次数（ACH，air changes per hour），是将体积流量除以建筑物体积V，再乘以3600（每小时秒数）：

$$ACH = 3600 \dot{V}/V \quad （7-34）$$

渗透和通风主要都由两类物理机制决定：

1. **烟囱效应**，或者说是**浮力**：即由室内外空气密度的差异造成的，与$\Delta \rho \cdot g \cdot H_L$成正比，$\Delta \rho$是室内外空气密度差，$H_L$是最高的和最低的开口处的高度差。

2. **风力**，由风引起的建筑外围护结构的静态压力差，与ρV^2成正比，受建筑和风向的相对位置的影响。

风力通常起决定作用，烟囱效应只在风速很小的情况下（<1m/s），或是在层数很多的高层建筑中产生重要影响。尽管两种力在理论上是对立的，但通常也是相互增强的。其综合效应并不能通过单独计算二者，然后相加得出。

穿过洞口的气流速度与 ΔP^n 成正比，n 是代表值，对于细小缝隙为2/3，对于大缝隙和洞口为1/2。

估算渗透率

有多种复杂程度不同的方式可用于估算渗透。最简单的是空气交换法（air exchange method），气流速度只与每个房间开口的多少和房间体积有关（见表7.1）。

窗户和外门产生的渗透流速

表7.1

房间类型	每小时换气次数
没有窗或外门	0.5
一侧有窗或外门	1.0
两侧有窗或外门	1.5
三侧有窗或外门	2.0
四面皆空	2.0

注：对于设有挡风条（weather stripping）或外重窗（storm sash）的窗，上述数值要乘以2/3。

这种方法便于应用，但无法应用于建筑空气动力学。对于有风的或寒冷的区域，得出的流速相同，可用于气流速度稳定，不受室内外条件影响的同一个住宅。

LBL法可用于独栋建筑，建筑的密闭程度表示为有效漏失面积（ELA，effective leakage area），假定一个有理想开口的区域，室内外压差为4Pa，室内的气流速度保持一致的 Q_4（m³/s）。ELA可以被看作是将整个房屋内的缝隙都集中到一个开口上：

$$ELA(\mathrm{m}^2)=\sqrt{Q_4/(8/\rho_{air})} \qquad (7-35)$$

根据实验，有效漏失面积可由鼓风试验法（blower-door method）测得——尽管实际上由于4Pa时的气流是不可靠的，因为无法计算。通常的测量值在10~50Pa之间，其结果由4Pa推导而来，相应地，ELA也可以根据建筑表面裂缝的长度估算得出。

确定ELA，就可以通过计算确定渗透的烟囱效应 Q_{st} 和风力 Q_w（见图7.6）：

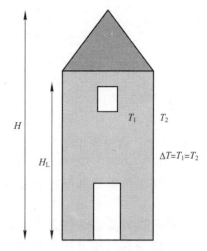

图7.6　LBL渗透模型中的烟囱效应

$$Q_{st}=0.25ELA\sqrt{gH_L|\Delta T|/T} \qquad (7-36)$$

$$Q_w=C\ ELA\ U\frac{\alpha_b H_b^{\gamma b}}{\alpha_s H_s^{\gamma s}} \qquad (7-37)$$

此处，ΔT 是室内外温差；C 是建筑所在地形系数（变化范围0.1~0.3，0.1为市中心，0.3为开阔地）；U 是风速（m/s）；H是建筑高度（m）；H_L 是最高和最矮的缝隙之间的高差（m）。

α 和 γ 根据周围环境确定，α 的数值范围为0.5（市中心）~1（开放空间），γ 的数值范围为0.5（开放空间）~0.1（市中心）。下标b和s分别表示测量数据时相应的建筑和天气情况。

一旦算出 Q_{st} 和 Q_w，就可以估算出总渗透：

$$Q=\sqrt{Q_{st}^2+Q_w^2+Q_{vent}^2} \qquad (7-38)$$

此处，Q_{vent} 是可能出现的强制对流速度。

对于更为复杂的模型，每个房间气流的质量流（mass flow）平衡，需要结合与各开口之间压差相关的公式解决。该公式为非线性公式，因此会用到迭代方法。此类模型是网络模型或模态模型（modal models），包括COMIS、AIRNET、AIOLOS及其他一些模型。

此外，更具分析性的模型还包括计算流体力学（CFD，computational fluid dynamics），这一方法便于更为细致地研究渗透和通风。计算流体力学通过使用数学模型，基于Navire-Stokes方程获得结果。这类模型更为细致地应用物质守恒、动量守恒、能源守恒方程，以及湍流速度的输送方程。通过使用上述数学模型，可以判断某一有限空间（如建筑）内的气流速度、温度曲线和压力。在研究自然通风时应用这些模型，需要对空间和外部环境的几何形状进行描述。其表达方式是使用网格将模型划分为若干基本体（单元）。

最后，还有第三种模型，即带状模型（zonal model）。这类模型是介于不提供气流类型信息的网络法和计算流体力学模型之间的方法，它提供详细的温度和气流分布模型，比计算流体力学计算更为实用，相比网络法，能更多地模拟热传递和质量传递，能够提供足够详细的温度、浓度和气流分布等信息，用于评价渗透和通风等参量。

建筑辐射传热

辐射是非常重要的传热机制。在建筑中，辐射表现为两种形式：

1. 具有地表温度（terrestrial temperature）的表面之间的辐射，以及长波辐射。如两堵墙，或墙与邻近建筑或天空之间的辐射。这种特定的辐射形式通常用灰面法进行分析研究。

2. 由各个表面透射、反射和吸收的太阳辐射。

灰面

原则说来，物体的辐射特性（反射率、透射率、吸收率）由入射的波长决定。对于单频（即单一波长）辐射，根据热力学平衡原理，可以证明发射率等于吸收率：

$$\varepsilon(A) = \alpha(\lambda) \tag{7-39}$$

然而，通常某个表面的发出辐射和系数辐射的辐射光谱是不同的，这是由释放和吸收的表面之间的温差造成的，发射率的能源谱加权平均值和吸收率的平均值是不同的。

$$\varepsilon \neq \alpha \tag{7-40}$$

当然，如果以辐射交换能量的表面温差相对较小，就可忽略发射率（和吸收率）与光谱的关系，根据灰面理论，认为发射与光谱无关，即得出公式（7-39）：

$$\varepsilon = \alpha \tag{7-41}$$

对于非透射表面，公式（7-41）可推导为：

$$\varepsilon + \rho = 1 \tag{7-42}$$

此处，ρ 是公式（7-42）成立情况下的反射率，而表面的辐射度（radiosity）J 与其辐照 G 和发射能源 E_b 有关（见图7.7）：

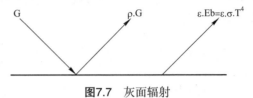

图7.7　灰面辐射

$$J = \varepsilon E_b + PG = \varepsilon \sigma T^4 + (1-\varepsilon)G \tag{7-43}$$

辐照 G_i 与表面辐射度（radiosity）J_j 有关，i 表面的辐射交换热与辐射形状系数 F_{ji} 有关，其数值仅表示几何因素，由表面 i 和表面 j 的相互位置和方向决定。

通过下列线性关系可知，G_i 与表面的辐射度有关：

$$G_j = \frac{1}{A_j} \sum_{i=1}^{n} A_i F_{ji} J_i \tag{7-44}$$

形状系数的基本特性是其对应性关系（reciprocity relation）：

$$A_i F_{ij} = A_j F_{ji} \tag{7-45}$$

公式（44）经简化为：

$$G_j = \sum_{i=1}^{n} F_{ji} J_i \tag{7-46}$$

从热力学第一定律可引申出另一种关系，对于给定表面，形状系数之和是一致的：

$$\sum_{i=1}^{n} F_{ji} = 1 \tag{7-47}$$

对于平面和凸面，F_{ji} 为 0，对于凹面，F_{ji} 则为有限数值，其中有部分被表面辐射的能源会留在其上。形状系数的代数算法可应用于漫射和反射表面。

对于相邻矩形墙体之间（或垂直墙体和顶棚之间）的热辐射，以及矩形房间相对平面间的热辐射，形状系数都是其边长之比的函数（见图7.8和图7.9）。立方体中的各个面，其相邻面和相对面的形状系数都等于0.2。

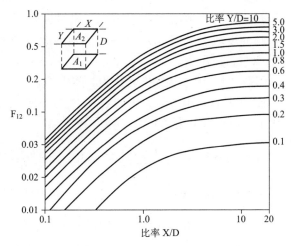

来源：克赖德尔（Kreider）、拉布尔（Rabl），1994年

图7.8 视角系数在平行和相等矩形内的几何函数

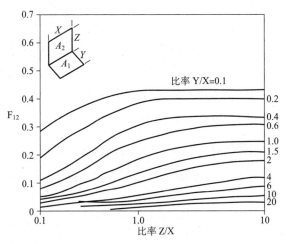

来源：克赖德尔、拉布尔，1994年

图7.9 视角系数在垂直矩形内的几何函数

辐射交换

辐射传热最简单的情况发生在两个相对的无限表面间。应用前面章节推导的方法，当形状系数为1时，可以得到两个平行表面间的热辐射公式。可将此用于计算部分墙体或双层窗缝隙间的辐射传热速度（见图7.10）：

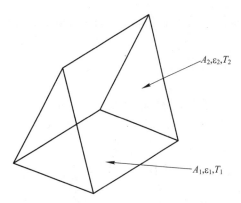

图7.10 阁楼地面和屋面之间的辐射传热

$$q_1 = \frac{\sigma(T_2^4 - T_1^4)}{1/\varepsilon_1 + 1/\varepsilon_2 - 1} \qquad (7-48)$$

公式（7-48）是两个表面间传热的特例，假设一个表面非常接近另一个表面：

$$q_1 = \frac{\sigma(T_2^4 - T_1^4)}{(1-\varepsilon_1)/\varepsilon_1 + (1-\varepsilon_2)A_1/\varepsilon_2 A_2 + 1/F_{12}} \qquad (7-49)$$

公式（7-49）有其特例，当两个表面中的一个是平坦的时，可计算顶层地板和屋顶表面间的热传递，假设二者具有相同的温度（见图7.10）：

$$q_1 = \frac{\sigma(T_2^4 - T_1^4)}{(1-\varepsilon_1)/\varepsilon_1 + (1-\varepsilon_2)A_1/\varepsilon_2 A_2 + 1} \qquad (7-50)$$

辐射传热系数

辐射传热通常以热传递系数的方式表述——类似于对流传热系数。例如，由热传递系数表示的两个无限平面之间的辐射传热为：

$$h_r = \frac{4\sigma[(T_1+T_2)/2]^3}{1/\varepsilon_1 + 1/\varepsilon_2 - 1} \qquad (7-51)$$

当 $\varepsilon_1 = \varepsilon_2 = 0.8$ 且平均温度为300K时，热传递系数约等于4.1W/（$m^2 \cdot K$）。

另一种便捷的转换是将表面热传递以**平均辐射温度**（mean radiant temperature）T_{mr} 的形式进行表述，将给定表面在黑色封闭环境中的辐射热交换，假定为具有和真实环境中相同的速度。因此，对于温度为 T_s，发射率为 ε_s 的表面，其辐射传热就等于：

$$Q/A = \varepsilon_s \sigma(T_s^4 - T_{mr}^4) \approx h_r(T_s - T_{mr}) \qquad (7-52)$$

平均辐射温度便于将发生辐射交换的表面上的所有温度，集总为一个温度——相当于电路中的三角星形接线变化（delta-star transformation）。

太阳辐射

太阳辐射是建筑中能源平衡的主要影响因素，冬天我们需要它的影响，而到了夏天，它就成为供冷负荷的主要组成部分。

太阳辐射计算有三个步骤：

1. 计算太阳坐标；
2. 计算特定表面的辐射强度；
3. 计算太阳得热。

太阳坐标

太阳在天空中的位置由两个太阳坐标决定（见图7.11）：

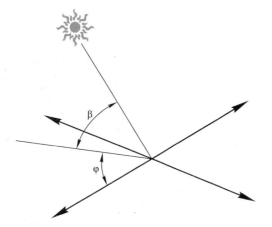

图7.11　太阳坐标（高度角β和方位角ϕ）

1. 太阳**高度角**（solar elevation，solar height）β（即太阳光线和水平面之间的夹角）；

2. 太阳**方位角**（solar azimuth）ϕ（即太阳光线在水平面上的投影与北半球正南方向之间的夹角）。

两个角都是下列参数的函数：

• 太阳时角H；
• 纬度L；
• 方位角δ。

太阳时角H根据视太阳时（AST，apparent solar time）确定：

$$H=(AST-12)/15 \qquad (7-53)$$

在正午之前，该值为负，正午之后为正。

太阳时则根据地方标准时间（LST，local standard time）求得：

$$AST=LST+ET-4(LSM-LON) \qquad (7-54)$$

此处，ET等于时间，表示太阳在天空中的不均匀移动；LSM是地方标准子午线（Local Standard Meridian），表示给定地点（位于格林威治子午线东侧的度数）的时间；LON是该地的地方经度（Local Longitude）。

因数"4"用于将纬度转化为时间上的分钟。

ET是表示一年中某一天的函数（在1~365之间变化），通常以分表示：

$$ET = 9.87\sin\left(4\pi\frac{n-81}{364}\right) - 7.53\cos\left(2\pi\frac{n-81}{364}\right)$$
$$-1.5\sin\left(2\pi\frac{n-81}{364}\right) \qquad (7-55)$$

ET的变化范围，在10月末达到+16分，在2月中达到-14分。

地方标准子午线表明某个具体地点的标准时间，一般是15°的倍数：英国和爱尔兰为0°，西欧为15°，东欧为30°（包括芬兰和希腊）。对于夏令时，地方标准子午线向东移动15°。需要注意的是，在美国的教科书中，公式（54）中的地方标准子午线—地方经度前面为加号，因为西方经度对于他们那里是正的。

太阳高度角和方位角

太阳高度角和方位角可表示为：

$$\sin\beta = \cos H\cos L\cos\delta +\sin\delta\sin L \qquad (7-56)$$

$$\cos\phi = \frac{\sin\beta\sin L-\sin\delta}{\cos\beta\cos L} \qquad (7-57)$$

对于方位角的公式需要说明，在早上，方位角是负的（在正南方的东侧），到了下午就变成正的了（在正南方的西侧）。

太阳辐射强度

太阳常数I_0（solar constant）是在地球大气层外（垂直于太阳光线）的太阳辐射：

$$I_0 = 1353 \times \left[1 +0.033\cos\left(2\pi\frac{n-1}{365}\right)\right] \qquad (7-58)$$

每年1月2日，太阳与地球距离最近时，太阳辐射达到最高值，比I_0高7%，每年6月，辐射值最低。

1978~1998年期间的卫星测量显示，每日平均太阳常数为1366.1W/m²，其最小、最大值范围在1363~1368 W/m²之间。根据校正，"太阳常数"在计算中取值为1366.22 W/m²。

进入大气层后，一部分太阳辐射到达地面，被称为**直接垂直辐射**I_{DN}（direct normal radiation，beam radiation），一部分为云层反射到太空中，一部分被吸收，还有部分经过（云层或颗粒物）散射后达到地面，成为漫射辐射，没有明确的方向性。

晴天太阳辐射

晴天时的直接太阳辐射与太阳常数有关，其相互关系受太阳高度角影响：

$$I_{DN}=I_0[\alpha_0+\alpha_1\exp(-k/\sin\beta)] \quad (7-59)$$

系数α_0、α_1、k由能见度和当地海拔高度A（km）决定：

能见度为23km时：

$\alpha_0=r_0[0.4237-0.00821\times(6-A)^2]$

$\alpha_1=r_1[0.5055-0.00821\times(6.5-A)^2]$

$k=r_k[0.2711-0.01858\times(2.5-A)^2]$

能见度为5km时：

$\alpha_0=r_0[0.2538-0.0063\times(6-A)^2]$

$\alpha_1=r_1[0.7678-0.0010\times(6.5-A)^2]$

$k=r_k[0.2490-0.0810\times(2.5-A)^2]$

r_0、r_1、r_k的值为：

气候类型	r_0		r_1	r_k
可见度				
	23km	5km		
热带	0.95	0.92	0.98	1.02
中纬度夏季	0.97	0.96	0.99	1.02
亚北极区夏季	0.99	0.98	0.99	1.01
中纬度冬季	1.03	1.04	1.01	1.00

在同样的情况下，水平面上的漫射辐射为：

$$I_{dif}=(0.2711I_0-0.2939I_{DN})\sin\beta \quad (7-60)$$

上述公式均基于ASHRAE（1985）承认的霍特尔（Hottel，1976）模型。

斜面的辐射

倾斜表面上的辐射可表示为：

$$I=I_{DN}\cos\theta+I_{dif}+I_{gr}=I_{DN}\cos\theta+I_{dif,h}\frac{1+\cos\Sigma}{2}+\rho_{gr}I_{hor}\frac{1-\cos\Sigma}{2} \quad (7-61)$$

此处，I_{DN}是直接垂直辐射强度；I_{dif}是漫射辐射强度；$I_{dif,h}$是水平面上的漫射辐射强度；I_{hor}是水平面上的总辐射量；I_{gr}是地面反射辐射强度；θ是太阳光在平面上的入射角；Σ是平面与水平面所呈角度；ρ_{gr}是平面前地面的反射率（通常大地取0.2，沙地可达0.7，新降雪为0.9）。

公式（7-61）要求漫射辐射和地面反射辐射都是完全漫射的。尽管有更为复杂的漫射辐射模型，但这仍然是最为常用的。

入射角可表示为下面的公式（见图7.12）：

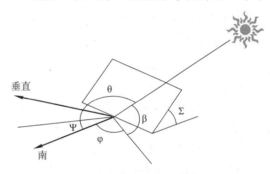

图7.12 倾斜面的入射角

$$\cos\theta=\cos\beta\cos(\phi-\psi)\sin\Sigma+\sin\beta\cos\Sigma \quad (7-62)$$

此处，ψ是平面的方位角（即在水平面的投影和平面正南方向之间的夹角）。

对于水平和垂直表面，公式（7-62）可表达为两个特例：

$$\cos\theta_{hor}=\sin\beta \quad (7-63)$$

$$\cos\theta_{ver}=\cos\beta\cos(\phi-\psi) \quad (7-64)$$

对于无法进行测量的地点，如需计算太阳辐射，可使用更为细致的大气模型，估算每小时和每天斜面或水平面上的太阳辐射值。这些模型可以通过输入已有气象资料，如气温、相对湿度、大气压力、日照时数等，估算太阳辐射。大气模型通过计算，测量太阳辐射在大气中的传播，在大多数情况下，光线透射是由各种大气现象［如米氏散射（Mie scattering）和瑞利散射（Rayleigh scattering）］和各种吸收过程（如臭氧、水蒸气和混合气体的影响）造成的。大多数大气模型都能在各种天气条件（晴朗、阴天、多云）下进行有效工作。

经过窗户的太阳得热

前文已述，经过透明表面的太阳辐射，可用透射率 τ、吸收率 α 和反射率 ρ 来表述，而三者又都由入射角和折射率决定：

$$\tau(\theta)+\alpha(\theta)+\rho(\theta)=1 \qquad (7\text{-}65)$$

透射率随着入射角度增大而减小，而反射率和吸收率则随之增加，入射角大于50°，其数值将基本保持不变。

太阳得热（SHG）可分为两部分：经过玻璃传播出去的太阳能；由玻璃吸收，通过传导、对流和长波辐射转化的太阳能：

$$SHG=\left(\tau+\alpha\frac{U}{h_0}\right)l \qquad (7\text{-}66)$$

ASHRAE将**强化玻璃**（DSG，double strength glass）的太阳得热归纳为表格，在垂直入射情况下，其透射率和吸收率分别为0.86和0.06。双层强化玻璃的太阳能获得为太阳辐射得热因子（SHGF，solar heat gain factor）。太阳辐射得热因子与纬度、月份、各种朝向的各种玻璃窗的日照时间有关。

对于特性与强化玻璃不同的玻璃，只能将太阳辐射得热因子乘以遮光率（SC，shading coefficient），遮光率是相对于垂直入射的情况下强化玻璃太阳得热数值的比例（与其名称相反，遮光率与这些无关，而是表示玻璃光学性能的函数）：

$$SC=\frac{\tau(0)+\alpha(0)U/h_0}{\tau_{DSG}(0)+\alpha_{DSG}(0)U/h_0}\approx\frac{\tau(0)+\alpha(0)U/h_0}{0.86} \qquad (7\text{-}67)$$

公式（7-67）假设，尽管玻璃光学特性的数值和强化玻璃不同，它们根据入射角不同产生的变化是一致的。

类似的表达式也可用于双层玻璃，需加入玻璃之间缝隙的传热系数 h_g 的作用：

$$SC=\Bigg\{\Bigg[\frac{\tau_i\tau_0}{1-\rho_{io}\rho_{oi}}+\left(\alpha_\infty+\frac{\tau_0\rho_{io}\alpha_{oi}}{1-\rho_{io}\rho_{oi}}\right)\frac{U}{h_0}+\frac{\tau_0\alpha_{oi}}{1-\rho_{io}\rho_{oi}}\right.$$

$$\left.U\left(\frac{1}{h_o}+\frac{1}{h_g}\right)\right\}\frac{1}{0.86} \qquad (7\text{-}68)$$

此处，下标 i 和 o 表示内部和外部的玻璃，而 oo 则表示外玻璃的外表面，oi 表示外玻璃窗的内表面，io 表示内玻璃窗的外表面（所有数据都取垂直入射的情况）。

在公式（7-67）和公式（7-68）中，玻璃自身的热阻被忽略了。

建筑计算中使用的热传递系数

公式（7-27）和公式（7-31）很少在建筑传热计算中得到使用。对流和辐射传热系数被集总为一，并取其常数。各个国家使用的数据通常有所不同，但以下数值基本相等：

外表面传热系数：

$$h_0\approx25W/(m^2\cdot K) \qquad (7\text{-}69)$$

内表面传热系数：

$$垂直表面 h_i\approx8.3W/(m^2\cdot K) \qquad (7\text{-}70)$$

水平面：热流方向向上：

$$h_i\approx8.3W/(m^2\cdot K) \qquad (7\text{-}71)$$

水平面：热流方向向下：

$$h_i=6W/(m^2\cdot K) \qquad (7\text{-}72)$$

在美国，针对夏季和冬季，采用不同的 h_0 值，以反映这两个时期不同的风速。如果进行更为准确的区分，那么白天和夜间的风速也不相同，白天的风速大，而夜间风速小。城市和乡村环境也需要对应不同的数值。

对于大多数发射率较高的建筑材料（$\varepsilon>0.8$），可以使用近似法，这使得辐射成为表面热阻的主要部分，而在不同温度下表面热阻的差异可以被忽略。而对于发射率低的材料（如铝箔和其他特殊性能表面），近似法就不适用了。在这种情况下，需要对先前的部分进行更进一步的近似。

综合温度

公式（7-14）中，描述了热静态条件下墙体的热传递，显示热通量是与室内外温差成正比的。这一论述只有在没有辐射得热和辐射损失，包括短波（阳光）和长波的情况下才是正确的。为了修正辐射情况，通常可用综合温度代替室外温度。综合温度的定义是，在环境条件正常的情况下，等于给定构件（或表面）：

$$T_{\text{sol-air}} = T_{\text{air}} + \frac{\alpha I}{h_r + h_c} + \frac{\Delta q_{ir}}{h_r + h_c} \qquad (7\text{--}73)$$

此处，T_{air}是气温；α是表面对于太阳辐射的吸收率；I是表面入射太阳辐射强度；Δq_{ir}是当天空温度（sky temperature）和T_{air}不同时，对表面和周围环境之间的红外热交换进行的修正。

在实际情况中，第三项在0（垂直墙面）~3.9° K（表面朝上，上方天空比周围环境冷）之间变化。

对于外表面，第二项使得白天的综合温度高于气温。而第三项通常会降低综合温度，即在夜间综合温度会低于外界气温。第二项的最大值，出现在无云的夏季夜间的平屋顶。城市建筑的该项指标比农村建筑小，因为它们的长波辐射经常为周边建筑所遮挡。

建筑热平衡

图7.13表示影响建筑热平衡的传热过程。

传热过程包括：

1. 通过墙、屋顶和其他构件进行的热传导；
2. 从基础垫层到地面的热传导；
3. 照射到玻璃上的太阳辐射，由玻璃透射、吸收；
4. 来自人、照明和设备的内部得热；
5. 通过水的蒸发、湿气的冷凝导致的内部潜热的得热（失热）；
6. 从建筑外围护结构向空气的对流传热，向上空（天空）和云层的长波辐射传热；
7. 建筑构件内表面向室内空气的对流传热，建筑构件内表面之间的辐射传热，内表面吸收的太阳辐射和照明辐射；
8. 缝隙渗透、开窗产生的自然通风、使用风

扇的强制通风等造成的对流传热；

9. 各种外部构件（墙、屋顶、楼板）和内部构件（结构和内墙）储存的热量导致的室内温度波动的衰减；

10. 由暖通空调设备进行的人工供热和供冷。

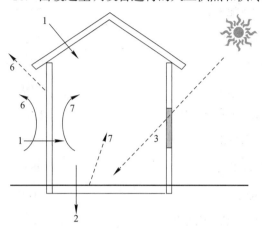

图7.13 建筑中的热传递平衡

概览

建筑供冷和供热所需的能源由能源平衡决定。发生在建筑中的热传递现象是由各种机制导致的，涉及室内外环境间的热传递、经过围护结构的热传递，以及各种建筑构件之间的热传递。对于设计者而言，理解这些机制是如何运作的，有助于清晰地观察其中涉及的各种参数是如何对室内环境产生影响的，也能够更清楚地了解如何通过控制这些参数，实现良好的建筑设计。

本章的主要目的是介绍建筑中的热传递和质量传递的基本机制。在本章开始，首先概括介绍了三种主要的热传递过程（传导、对流、辐射）。随后在第二部分进行了更为细致的分析。对于每一种传热现象，都提供了多种计算方式，可根据具体情况和需要的准确度进行选择。除了这些主要机制，还特别强调了建筑中的渗透和通风（两者都是对流传热过程的一种），并对太阳辐射和太阳的移动情况（也都是辐射传热的一部分）进行了重点介绍。在本章结尾，提供了建筑的热平衡，解释各个传热过程的作用。

各种建筑材料的热物理性

表7.2

材料名称	密度（kg/m³）	传热系数［W/（m·℃）］	比热［J/（kg·℃）］
石棉水泥	1501	0.36	1050
石棉水泥板	700	0.36	1050
石棉绝热层	577	0.16	833
沥青	1907	0.62	833
沥青油毡层	1700	0.5	1014
地面用沥青组合物	2400	0.85	1014
沥青浸渍纸	1090	0.06	1014
屋顶油毡	960	0.19	833
混凝土	2400	1.75	920
地面（威尔顿地毯）	186	0.06	1376
地面（人造羊毛地毯）	198	0.06	1376
地面（羊毛毡衬垫）	160	0.04	1376
地面（泡沫橡胶衬垫）	400	0.1	1376
地面（软木砖）	530	0.08	1810
地面（橡胶地砖）	1600	0.3	2027
地面（条状木地板）	650	0.14	1195
地面（块状木地板）	650	0.14	1195
玻璃窗	2500	1.05	833
软木绝热层	105	0.045	1810
茅草（芦苇）绝热层	270	0.09	1810
茅草（秸秆）绝热层	240	0.07	1810
木质纤维绝热层	300	0.06	1014
浸沥青纤维板绝热层	430	0.07	1014
木丝板绝热层	500	0.1	1014
聚苯乙烯泡沫塑料（EPS）绝热层	25	0.034	1014
聚苯乙烯球珠绝热层	7	0.04	1014
挤压聚苯乙烯泡沫绝热层	32	0.03	1412
聚氨酯泡沫塑料绝热层（老化）	30	0.026	1014
脲醛泡沫塑料（UF）绝热层	30	0.032	1520
聚氯乙烯（PVC）泡沫塑料绝热层	55	0.04	1014
金属纤维绝热层	112	0.042	760

续表

材料名称	密度（kg/m³）	传热系数［W/（m·℃）］	比热［J/（kg·℃）］
玻璃纤维绝热层	81	0.04	833
泡沫玻璃绝热层	125	0.045	833
泡沫混凝土绝热层	550	0.03	1014
气孔	1.1	0.026	1000
外层砖墙（含水率5%）	1700	0.84	796
外层砖墙（含水率5%）	1800	0.96	941
内层砖墙（含水率1%）	1700	0.82	796
内层砖墙（含水率1%）	1800	0.71	941
蛭石保温砖	700	0.27	833
密实混凝土	2000	1.13	1014
密实混凝土	2100	1.4	833
轻质混凝土	1200	0.38	1014
无砂混凝土	1800	0.96	833
泡沫混凝土	1040	0.25	977
外层加气混凝土（含水率5%）	500	0.18	1014
外层加气混凝土（含水率5%）	800	0.26	1014
内层加气混凝土（含水率3%）	500	0.16	1014
内层加气混凝土（含水率3%）	800	0.23	1014
内层加气混凝土（含水率3%）	2300	1.63	1014
内层加气混凝土（含水率3%）	1400	0.51	1014
内层加气混凝土（含水率3%）	600	0.19	1014
内层泡沫混凝土砌块（含水率3%）	600	0.16	1014
外层泡沫混凝土砌块（含水率5%）	600	0.17	1014
蛭石骨料	450	0.17	833
玻璃增强水泥	1700	0.5	833
玻璃增强水泥	2200	1.3	833
砂岩	2000	1.3	724
花岗岩	2600	2.5	905
大理石	2500	2	796
石灰石	2180	1.5	724
页岩	2700	2	760

续表

材料名称	密度（kg/m³）	传热系数［W/（m·℃）］	比热［J/（kg·℃）］
砂砾（普通）	1840	0.36	833
铝	2800	160	905
铜	8900	200	434
钢	7800	50	507
密实石膏	1300	0.5	1014
轻质石膏	600	0.5	1014
纸面石膏板	950	0.16	833
珍珠岩石膏板	800	0.18	833
石膏粉刷	1200	0.42	833
珍珠岩粉刷	400	0.08	833
蛭石粉刷	720	0.2	833
灰泥屋面	1900	0.85	833
混凝土屋面	2100	1.1	833
页岩屋面	2700	2	760
沥青/石棉屋面	1900	0.55	833
PVC/石棉屋面	2000	0.85	833
挂瓦屋面	1900	0.84	796
混凝土整平板	2100	1.28	1014
轻骨料混凝土	1200	0.41	833
人造石	2085	0.87	833
干粉刷	1300	0.5	1014
粉刷（含水率1%）	1431	1.13	1014
粉刷（含水率8%）	1329	0.79	1014
密度为1的土壤	1280	0.7	1846
密度为2的土壤	1900	1.4	1701
软木	630	0.13	2787
硬木	700	0.15	1412
木夹板	530	0.14	2787
硬木（标准）	900	0.13	2027
硬木（中等）	600	0.08	2027
木纤维板	800	0.15	2100
软质木纤维板	350	0.55	1014

注：mc=水分含量（moisture content）

太阳辐射吸收率（Solar absorptivities）

表7.3

续表

石棉		瓦	
水泥	0.60	黏土	0.60
混凝土		混凝土	0.65
重/轻	0.65	页岩	0.85
加气混凝土/块	0.65	塑料	0.40
耐火材料	0.65	橡胶	0.82
蛭石骨料	0.65	软木	0.60
绝热材料		沥青/石棉	0.70
纤维板	0.50	PVC/石棉	0.60
木纤维	0.50	**木材**	
玻璃纤维	0.30	木块	0.65
脲醛树脂	0.50	地板	0.65
瑟默莱混凝土砖	0.70	硬木板	0.70
聚氨酯板	0.50	软木板	0.60
聚苯乙烯	0.30	刨花板	0.65
Siporex	0.40	橡木（径向）	0.65
沥青		挡风板	0.65
沥青/沥青胶	0.90	冷杉（含水率20%）	0.65
沥青油毡	0.90	**金属**	
屋面油毡	0.90	铜	0.65
砖		铝	0.20
内/外叶	0.70	钢	0.20
绝缘层	0.70	**抹灰**	
地毯		密实/轻	0.50
威尔顿砖	0.60	石膏/石膏板	0.50
油毡垫层	0.65	珍珠岩	0.50
橡胶垫层	0.65	蛭石	0.50
找平层/粉刷		珍珠岩板	0.60
轻质混凝土	0.80	**石材**	
浇筑混凝土	0.65	砂岩	0.60
人造石	0.65	红色花岗石	0.55
白色粉刷	0.50	白色大理石	0.45

参考书目

ASHRAE (American Society of Heating, Refrigeration and Air-Conditioning Engineers) (1985, 1989) *ASHRAE Fundamentals*, ASHRAE, Atlanta, Georgia

Clarke, J. A. (1985) *ESP-r: Energy Simulation in Building Design*, Adam Hilger Ltd, Bristol

Hottel, H. C. (1976) 'A simple model for estimating the transmissivity of the direct solar radiation through clear atmosphere' *Solar Energy*, vol 18, p129

Incropera, F. P. and DeWitt, D. P. (1996) *Fundamentals of Heat and Mass Transfer*, fourth edition, John Wiley and Sons, New York

Kreider, J. F. and Rabl, A. (1994) *Heating and Cooling of Buildings: Design for Efficiency*, McGraw-Hill International, New York

Santamouris, M. and Assimakopoulos, D. (eds) (1996) *Passive Cooling of Buildings*, James & James, London

Santamouris M., Geros V., Klitsikas N. and Argiriou A. (1995) 'SUMMER: A computer tool for passive cooling applications', *Proceedings of the International Symposiun on Passive Cooling of Buildings*, Athens, June 1995

推荐书目

1. J·F·克赖德尔（Kreider）、A·拉布尔（Rabl）（1994），《建筑供热和供冷：讲求效率的设计》（Heating and Cooling of Buildings: Design for Efficiency），麦格劳·希尔国际公司（McGraw-Hill International），纽约

本书涵盖了从材料到计算机等方面的技术，对于当前的建筑设计和施工具有深刻意义。书中提供了各种例证，通过逐个解析，强化重要概念，并与软件应用相结合。新版囊括了从冷藏到空调等各种与实际设计相关的背景概念。内容以经济和设计等因素为主，工程师可从中获取必备的相关知识。可通过附带CD-ROM光盘中的HCB软件进行概念强化。这是一本提供了大量暖通空调设计信息的书籍。

2. F·P·英克罗佩拉（Incropera）、D·P·德威特（1996），《热传递和质量传递基本原理》（Fundamentals of Heat and Mass Transfer），第四版，John Wiley and Sons，纽约

《热传递和质量传递基本原理》一书对于热传递和质量传递的物理原理进行了全面的介绍，清晰地陈述了这一领域，提出并解答了各类问题，可称为热学分析的基本工具。

3. M·桑塔莫瑞斯，D·阿斯马库普洛斯（Assimakopoulos）编（1996），《建筑被动供冷》，James & James，伦敦

本书在SAVE欧洲研究计划（SAVE European Research Programme）的指导下进行，介绍了被动供冷的基本知识，以及实践成功所必需的原理和公式，适用于建筑设计师、建筑工程师（包括机械和电气工程师）、建筑科学家（特别是与建筑物理有关的）和室内空气专家。

题目

题目1

带绝热层混凝土墙的R值

住户的外墙由10cm厚的混凝土层（$\lambda=1.4$W/（m·K））和5cm厚的聚苯乙烯绝热层（$\lambda=0.03$W/（m·K））组成。当室外温度为5℃，室内温度为20℃，不考虑辐射的情况下，墙体的热阻 r（不考虑膜热阻），总热阻 R，每单位面积的热通量 Q 和内外表面温度各为多少？

题目2

热时间常数和阶梯变化的温度响应

求热时间常数：15cm厚的混凝土墙体

（$\lambda=1.4$W/（m·K），$\rho=2100$kg/m^3，c_p=653J/（kg·K）），绝热层为5cm厚的聚苯乙烯（$\lambda=0.03$W/（m·K），$\rho=25$kg/m^3，c_p=1000J/（kg·K））。如果绝热层为：

（a）聚苯乙烯置于外侧；

（b）聚苯乙烯置于内侧；

（c）聚苯乙烯置于混凝土中间。

上述各情况下，如果初始状态下，室内外温度均为20℃，经过12h，当室外温度上升10℃后，室内温度为多少？

题目3

室内对流传热系数

求一个3m高的房间内，地板的对流传热系数，如果地板温度为：

（a）高于上方空气2K；

（b）低于上方空气2K。

此外亦求：

该房间内垂直墙体的热传递系数。

题目4

室外对流传热系数

求室外对流传热系数：

（a）墙体长度为2m，风速为0.5m/s时；

（b）墙体长度为10m，风速为5m/s时。

题目5

有效漏失面积

鼓风试验是在一个体积为500m^{3}的独立房屋内，每小时换气3次，压差为50Pa；每小时换气1次，压差为10Pa。求建筑的有效漏失面积。

题目6

渗透率

建筑位于乡间，地上高度为6m，最高处和最低处开口高差为4m，计算其渗透率：

（a）当室内温度为20℃，室外温度为30℃，风速（在乡间10m高位置处测得）为0.5m/s时；

（b）风速为5m/s时；

（c）风速为5m/s，并增加每小时换气2次。

题目7

形状系数

求5m×10m×3m矩形房间，从地板到顶棚的形状系数，和从地板到各个墙面的形状系数。

题目8

辐射热通量

10m×10m表面，发射率为0.9，温度为40℃，求其面对一个发射率为0.22（铝箔）、温度为20℃的平行表面的辐射热通量。

题目9

辐射热通量

等边三角形阁楼，10m×10m的地板覆盖铝箔，温度为20℃，顶棚的整体温度为40℃，求前者对后者的辐射热通量。

题目10

辐射传热系数和辐射热通量

一个10m×10m的表面，发射率为0.9，温度为40℃，向一个发射率为0.22（铝箔）、温度为20℃的表面进行辐射，求辐射传热系数和辐射通量。

题目11

太阳时

求11月15日14：00希腊雅典的视太阳时（东经24°，地方标准子午线东30°）。

题目12

太阳时

计算12月21日日出时，希腊雅典（北纬38°）的太阳时，以及日出时的太阳方位角。

题目13

太阳位置
求7月21日太阳位于正西方的太阳时，以及此时的太阳高度角。

题目14

太阳辐射
求7月21日太阳位于正西，能见度低的情况下，雅典（海拔高度为0m）水平面的直接垂直太阳辐射强度和漫射太阳辐射强度。

题目15

太阳辐射
当太阳位于正西时，求希腊雅典面向西南方向（南偏西45°）的垂直墙面的直接太阳辐射强度。

题目16

太阳辐射
求上例中平面的总太阳辐射强度，假设漫射太阳辐射强度为150W/m²，而地面反射率为0.25。

题目17

遮阳系数
求遮阳系数：
（a）对于反射型的单层窗（$\rho(0)=0.4$，$\alpha(0)=0.1$）；
（b）对于吸收型的单层窗（$\rho(0)=0.1$，$\alpha(0)=0.4$）。

题目18

遮阳系数
双层玻璃窗，外层是上题提到的吸收型玻璃，内层是强化玻璃。假设内外层窗的性质相同，中间间隙的热阻$1/h_g$为0.16m²·K/W，求双层玻璃窗的遮阳系数。

题目19

综合温度
当水平面上的日照强度为800W/m²，气温为32℃，天空的平均辐射温度比气温低20℃时，求平屋面的综合温度。
（a）屋面为白色（$\alpha=0.25$）；
（b）屋面为深色（$\alpha=0.7$）。
辐射传热系数为5W/（m²·K），对流传热系数为20 W/（m²·K）。

答案

题目1

$$r = r_1 + r_2 = \frac{L_1}{\lambda_1} + \frac{L_2}{\lambda_2} = \frac{0.1}{1.4} + \frac{0.05}{0.03} = 1.74 \ m^2 \cdot K/W$$

$$R = \frac{1}{h_0} + r + \frac{1}{h_i} = 0.04 + 1.74 + 0.12 = 1.90 \ m^2 \cdot K/W$$

$$U = 1/R = 1/1.90 = 0.52 W/(m^2 \cdot K)$$

$$Q = -U(T_o - T_i) = 0.52 \times (20-5) = 7.8 W/m^2$$

$$T_{is} = T_i + \frac{Q}{h_i} = 20 + (-7.8) \times 0.12 = 19.1 ℃$$

$$T_{os} = T_o - \frac{Q}{h_o} = 5 - (-7.8) \times 0.04 = 5.3 ℃$$

注意:
- 大部分热阻都来自于绝热层。
- 没有绝热层的话,U值为4.32 W/($m^2 \cdot K$),热通量为64.8 W/m^2,内表面温度为12.3℃,外表面温度为7.6℃,这说明绝热层的必要性,不仅能够减少热通量,还能减少空气和表面之间的温差。

题目2

(a) 外绝热层:

$$T_c = \left(\frac{1}{h_0} + \frac{L_1}{2\lambda_1}\right)\rho_1 c_{p1} L_1 + \left(\frac{1}{h_0} + \frac{L_1}{\lambda_1} + \frac{L_2}{2\lambda_2}\right)\rho_2 c_{p2} L_2$$

$$= \left(0.04 + \frac{0.05}{2 \times 0.03}\right) \times 25 \times 1000 \times 0.05 +$$

$$\left(0.04 + \frac{0.05}{0.03} + \frac{0.15}{2 \times 1.4}\right) \times 2100 \times 653 \times 0.15$$

$$=363114s = 100.9h$$

$$T_i(12h) = 20 + 10 \times [1-\exp(-12/100.9)] = 21.1℃$$

(b) 内绝热层:

$$T_c = \left(\frac{1}{h_0} + \frac{L_1}{2\lambda_1}\right)\rho_1 c_{p1} L_1 + \left(\frac{1}{h_0} + \frac{L_1}{\lambda_1} + \frac{L_2}{2\lambda_2}\right)\rho_2 c_{p2} L_2$$

$$= \left(0.04 + \frac{0.15}{2 \times 1.4}\right) = \times 2100 \times 653 \times 0.15 +$$

$$\left(0.04 + \frac{0.15}{1.4} + \frac{0.05}{2 \times 0.03}\right) \times 25 \times 1000 \times 0.05$$

$$=12245s = 3.4h$$

$$T_i(12h) = 20 + 10 \times [1-\exp(-12/3.4)] = 29.7℃$$

(c) 中绝热层:

$$T_c = \left(\frac{1}{h_0} + \frac{L_1}{2\lambda_1}\right)\rho_1 c_{p1} L_1 + \left(\frac{1}{h_0} + \frac{L_1}{\lambda_1} + \frac{L_2}{2\lambda_2}\right)$$

$$\rho_2 c_{p2} L_2 + \left(\frac{1}{h_0} + \frac{L_1}{\lambda_1} + \frac{L_2}{\lambda_2} + \frac{L_3}{2\lambda_3}\right)\rho_3 c_{p3} L_3$$

$$= \left(0.04 + \frac{0.075}{2 \times 1.4}\right) \times 2100 \times 653 \times 0.075 +$$

$$\left(0.04 + \frac{0.075}{1.4} + \frac{0.05}{2 \times 0.03}\right) \times 25 \times 1000 \times 0.05 +$$

$$\left(0.04 + \frac{0.075}{1.4} + \frac{0.05}{0.03} + \frac{0.075}{2 \times 1.4}\right) \times 2100 \times 653 \times 0.075$$

$$=188284s = 52.3h$$

$$T_i(12h) = 20 + 10 \times [1-\exp(-12/50.4)] = 22.1℃$$

注:经过12h,内绝热层的内侧温度已经基本上和外侧温度相同了。而在另两种情况下,内侧温度只比最初的20℃略高一点。

题目3

(a) 地板比空气热:$L^3 \Delta T = 54 m^3 \cdot K$(即为湍流)。

$$h_c = 1.52 \times (2)^{1/3} = 1.92 W/(m^2 \cdot K)$$

(b) 地板比空气冷:

$$h_c = 0.59 \times (2/3)^{1/4} = 0.53 W/(m^2 \cdot K)$$

(c) 根据标准,垂直墙体为湍流:

$$h_c = 1.31 \times (2)^{1/3} = 1.66 W/(m^2 \cdot K)$$

题目4

(a) $U \times L = 2 \times 0.5 = 1 m^2/s$(即气流为层流)。传热系数为$2 \times (0.5/2)^{1/2} = 1 W/(m^2 \cdot K)$。注意在这种情况下,自由对流产生的影响可以感觉到,需要

根据前面所述的公式进行计算。

（b）$U \times L = 5 \times 10 = 50 \text{m}^2/\text{s}$（即气流为湍流）

$U = 6.2(5^4/10)^{1/5} = 14.2 \text{W}/（\text{m}^2 \cdot \text{K}）$

题目5

气流Q与ΔPn呈等比关系，n可根据以下数据求得：

$$n = \ln(Q_{50}/Q_{10})/\ln(50/10) = 0.68$$

推导$\Delta P = 4\text{Pa}$，可得出：

$Q_4 = 1(4/10)^{0.68} = 0.53ACH$或$0.53 \times 500/3600 = 0.074 \text{m}^3/\text{s}$

根据公式（7-35），可计算有效漏失面积：

$$ELA = [0.074/(8/1.2)]^{1/2} = 0.105 \text{m}^2$$

题目6

（a）根据公式（7-36），烟囱效应的通风为：

$Q_{st} = 0.25ELA\sqrt{gH_L|\Delta T|/T} = 0.25 \times 0.105 \times$

$\sqrt{(4 \times 10/298 \times 9.8)} = 0.03 \text{m}^3/\text{s}$

通风效应为：

$$0.3 \times 0.105 \times 0.5 \times (6/10)^{0.5} = 0.012 \text{m}^3/\text{s}$$

$$Q = \sqrt{Q_{st}^2 + Q_w^2 + Q_{vent}^2} = 0.032 \text{m}^3/\text{s}$$

根据公式（7-38）：

总通风量为$0.032\text{m}^3/\text{s}$或$0.23ACH$。

（b）此时通风效应为$0.12\text{m}^3/\text{s}$。再根据公式（7-38），总通风量为$0.125\text{m}^3/\text{s}$或$0.9ACH$。

（c）根据公式（7-38），每小时换气增加2次，总通风量和渗透率为$2.2ACH$（$0.305\text{m}^3/\text{s}$）。

题目7

从地板到顶棚：根据图7.8，设$X/D = 3.33$，$Y/D = 1.67$，可推导出形状系数$F_{\text{地到顶棚}} \approx 0.45$。

根据图7.9，计算地板与$5\text{m} \times 3\text{m}$的墙之间的形状系数，设$Y/X = 2$，$Z/X = 0.6$，可知形状系数$F_{\text{地到}5\text{m} \times 3\text{m墙}} \approx 0.09$。

根据图7.9，计算地板与$10\text{m} \times 3\text{m}$的墙之间的

形状系数，设$Y/X = 0.5$，$Z/X = 0.3$，可知形状系数$F_{\text{地到}10\text{m} \times 3\text{m墙}} \approx 0.185$。

注意：

$$F_{\text{地到顶棚}} + 2（F_{\text{地到}5\text{m} \times 3\text{m墙}} + F_{\text{地到}10\text{m} \times 3\text{m墙}}）= 1$$

与公式（7-47）一致（$\sum_{i=1} F_{ji}J_i = 1$）。

题目8

应用公式（7-48）：

$q_1 = \dfrac{\sigma(T_2^4 - T_1^4)}{1\varepsilon_1 + 1/\varepsilon_2 - 1} = 10 \times 10 \times 5.68 \times 10^{-8} \times [(273.15+40)^4 -$

$(273.15+20)^4]/(1/0.9 + 1/0.22 - 1)$

$= 2727\text{W}$

题目9

地板面积为100m^2，但4个等边三角形为$4 \times （10 \times 10 \times 0.866/2）= 173\text{m}^2$。因此，根据公式（7-48）：

$$Q = \frac{10 \times 10 \times 5.6 \times 10^{-8} \times [(273.15+40)^4 - (273.15+20)^4]}{(1-0.22)/0.22 + (1-0.9)/0.9 \times (100/173) + 1}$$

$= 2748\text{W}$

注意，如果地板上没有铝箔，热通量为：

$$Q = \frac{10 \times 10 \times 5.6 \times 10^{-8} \times [(273.15+40)^4 - (273.15+20)^4]}{(1-0.9)/0.9 + (1-0.9)/0.9 \times (100/173) + 1}$$

$= 10780\text{W}$

（即增大了4倍）。

题目10

根据公式（7-51）：

$h_r = 4 \times 5.68 \times 10^{-8} \times [273.15 + (20+40)/2]^3/$
$(1/0.22 + 1/0.9 - 1) = 1.36 \text{W}/（\text{m}^2 \cdot \text{K}）$

$Q = 1.36 \times (40-20) \times 10 \times 10 = 2720 \text{W}/\text{m}^2$，非常接近于前面章节中使用的精确方法。

没有铝箔时辐射传热系数将会是：

$h_r = 4 \times 5.68 \times 10^{-8} \times [273.15 + (20+40)/2]^3/$
$(1/0.9 + 1/0.9 - 1) = 5.18 \text{W}/（\text{m}^2 \cdot \text{K}）$

但人们通常更关注将**辐射**和**对流**结合的总传热系数，由于其中**对流**传热系数不受铝箔影响，因而总传热系数受铝箔的影响也相对较小。

题目11

时间公式为+15分钟［公式（7-55）］：

$AST=LST+ET-4(LSM-LON)=14:00+0:15-4\times(24-30)=14:39$

方位角 δ 随着太阳光和赤道平面的夹角变小而减小，可算得：

$$\delta=23.45°\sin\left(2\pi\frac{n+284}{365}\right)$$

春分（3月21日）和秋分日（9月21日）δ 为 0°，冬至日（12月21日）为最小值-23.45°，夏至日（6月21日）为最大值23.45°。

题目12

根据公式（7-56），$\beta=0$，$\delta=23.45°$：

$$H=a\cos[-\tan(-23.45)\tan(38)]=-70°$$

（负号表示早上）

$$AST=12+H/360=7:20$$

$$\phi=a\cos(-\sin\delta/\cos L)=-60°$$

（此时负号表示东南方向）

题目13

根据公式（7-57），设 $\cos\phi=0$，可得出：

$$\sin\beta=\sin\delta/\sin L=0.6465,\quad \beta=40°$$

根据公式（7-57）：

$$H=a\cos[(0.6465-\sin23.45\sin38)/\cos23.45\cos38]=+56°$$

$$AST=12+H/360=15:45$$

题目14

根据"晴天太阳辐射"一节中提供的数据，在中纬度的夏季，$r_0=0.96$，$r_1=0.99$，$r_k=1.02$。

采用公式（7-58），以及 $A=0$，$a_0=0.026$，$a_1=0.81$，$k=0.755$，可计算出太阳常数为1308W/m^2。

根据公式（7-59），$\sin\beta=0.6465$（根据前面的计算），直接垂直太阳辐射强度为440 W/m^2，根据公式（7-60），水平面上的漫射辐射为277W/m^2。

注意：在能见度高的情况下，直接垂直辐射和漫射辐射的比值是完全不同的：直接垂直辐射强度会达到750 W/m^2，漫射辐射则为86 W/m^2。

题目15

根据公式（7-64）采用前面计算的太阳高度：

$$(\beta=56℃)\cos\theta=\cos(56)\cos(90-45)=0.395$$

因此，该墙面的直接太阳辐射强度为：$440\times0.395=174$ W/m^2。

题目16

根据公式（7-63），总水平辐射为：

$$440\times\sin56+277=717 \text{ W/m}^2$$

根据公式（7-61）：$I_{tot}=174+277\times(1/2)+0.25\times717\times(1/2)=402$ W/m^2。

题目17

根据公式（7-67），且 $U/h_0=1/4$，反射型窗 $SC=0.61$，吸收型窗 $SC=0.70$。由于两种情况下的 $\tau(0)=0.5$，差异相对较小。

题目18

根据公式（7-68）：

$$SC=\left[\frac{0.5\times0.86}{1-0.4\times0.08}+\left(0.4+\frac{0.5\times0.08\times0.4}{1-0.4\times0.08}\right)\times\frac{1}{8}+\frac{0.5\times0.06}{1-0.4\times0.08}\frac{5}{8}\right]/0.86=0.6$$

题目19

在第一种情况中，根据公式（7-73）得出 $32+0.25\times800/25+5\times(-20)/25=36℃$。

在第一种情况中，根据这一公式计算的结果为50.4℃

第8章

城市建筑应用照明技术

萨索·梅德韦德、西里尔·阿尔卡

本章范围

人们主要通过视觉途径接收来自周围环境的信息。身边的物体，其外形和表面之所以能为我们所感知，是因为这些物体被光线照亮，它们表面反射的光进入我们眼睛的缘故。视觉舒适度决定了这一过程的质量。除了确保更好的工作条件，光线也会对人们健康的自然水准产生影响。本章的范畴是介绍自然和人工照明质量的重要性，以确保城市建筑的视觉舒适度，同时也涉及建筑中照明和能源使用的相互关系。

学习目标

通过本章的学习，读者可以熟悉：
• 人们感受光线的物理基础，以及照明技术中应用的物理和生理评价；
• 自然光源和评价这些光源的数字模型；
• 人工照明基础，以及各类型灯具的照明效率；
• 照明舒适度的需求，生活环境中的自然采光，还有通过建筑构造和技术措施对照明舒适度进行改进的方式；
• 高效照明对确保建筑可持续能源利用的重要性。

关键词

关键词包括：
• 人的视觉；
• 光度值（photometric quantities）；
• 光源；
• 自然采光；
• 人工照明；
• 视觉舒适度；
• 城市环境中的建筑照明需求；
• 光污染；
• 建筑能源利用。

序言

我们可以把光分为两种基本类型：自然光，抵达地球的太阳光，可能直接来自太阳表面，也可能间接由大气层漫射到达地面；人工光，由发光体产生。当代照明装置将电能转换为光，并因此与建筑能耗产生联系。因为自然光不能一直持续，也不能均匀照亮整个建筑，因此必须与人工照明相结合。然而，能够提供充足适当的日光照明，充分获得阳光，是进行建筑设计时一个最为重要的考虑因素。除此之外，我们必须保证人工照明不会过多消耗能源。城市环境在很多方面都与乡村的环境有所不同。其中的典型特性就是城市拥有多种类型的建筑——居住、办公和公共建筑。因此，对于光舒适度的要求也有很大差异。建筑造型各异，照明的条件也因而各不相同。城市中大量消耗的能源和拥挤的交通造成严重的空气污染，使得来自太阳辐射的直接和间接光通量在减少，并影响到日照的质量。

本章首先介绍了人的视觉感知的基本知识，随后是对设计光环境中需要的光度值进行概述。然后，提供了设计过程中需要满足的各种要求。本章最后重点强调了建筑照明和能源使用的相互关系。本书附带的光盘中还提供了一些电脑辅助工具。

光

物体在电离状态或温度升高到一定程度时，就会向周围输送能源。我们可以把这种能源看作具有不同波长的电磁波，或是非物质形态的一组能源，称为光子（photons）。这两种能源传递都不需要物质中介，因此可以发生在真空中。人们感知电磁波的方式是由电磁波波长和进行感知的器官决定的。例如，人能够通过双眼看到辐射，也能通过皮肤感受到辐射。人眼能够看到的电磁波的波长在380~770nm之间，这种辐射就被称为"光"。

人的视觉及其特性

人眼可以被比作一架照相机。照相机的透镜、光圈和胶片，就等于人眼的晶状体、虹膜和视网膜。通过晶状体的收缩［调节（accommodation）］，人眼可以看到不同距离内的物体，通过扩大或缩小瞳孔［适应（adaptation）］调整进入视网膜的光通量。人眼对于不同波长的光线的敏感度是不同的。在亮度相同的情况下，红色和蓝紫色的表面相对于绿色和黄色，就需要瞳孔扩大以获得更多的光通量，才能看清楚。眼睛的这种特性被称为光谱光视效率（spectral luminous efficiency）$V(\lambda)$。图8.3通过相对可见度因数，对眼睛处于明亮环境和昏暗环境中的调整进行比较。

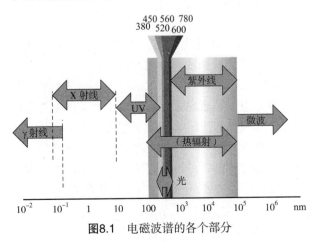

图8.1　电磁波谱的各个部分

从视觉中心测量，视野范围在水平方向上大致有180°宽。眉毛和颧骨将视觉范围限制在

130°，由于视网膜的特点，我们在这个范围内看到的东西是不一样的。敏锐［sharp，或称中央凹（foveal）］视觉是位于视觉中心的一个2°的圆锥体，其周围30°内也都具有非常高的可见度。物体在这个视觉范围内的位置和亮度是非常重要的。

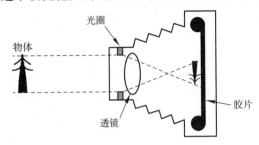

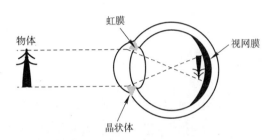

图8.2　人眼功能和照相机的对比

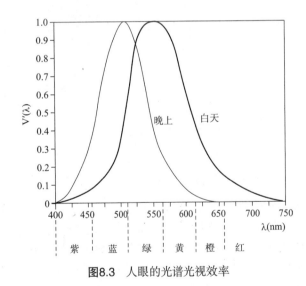

图8.3　人眼的光谱光视效率

人们对于身边环境的感受质量的主要因素为：
- 视觉清晰度。
- 视觉感知的速度，即物体出现和辨别出它之间的时间。
- 分辨景深（我们可以在小于1m的距离下看到两个物体之间0.4mm的缝隙，当距离增大到1000m时，就只在两个物体相距275m的情况下分清这是两个物体；而当距离为1300m时，就完全无法辨别景深了）。

• 我们可以区分照片和实物在物体形状（球面像差，spherical aberration）和颜色（色彩像差，chromatic aberrration）上的差异（这是由于太阳光在进入眼睛的晶状体时受到折射）。

光度值

暗适应（scotopical）和成像光学（photo-optical）数值可用于对光源和视觉环境进行评价。第一个参数可使用能源单位，第二个则需要加入对感受光的效果。两个数值系统都与光谱光视效率 $V(\lambda)$ 有关。

在检验之初，首先需要确定空间立体角。立体角是球面的表面积与其直径平方之比，立体角的单位为球面度（sr）。球面度表示在一个直径为1m的球面上，表面积为 $1m^2$ 的一部分的立体角。如果是电光源，其发射的光线充满整个立体角，即 4π 或12.5sr，如果是平面光源，其发射的光线照亮半个立体角，即 2π 或 6.25sr。

当光线的波长为555nm时（垂直于视线），人眼的光谱光视效率达到最大值。实验证明，表面发射的这一波长的辐射通量等于683lm光通量，是此类单色辐射（monochromatic radiation）发光效率的最大值。但是由于通常光源发出的光线都在可见光谱范围内，可用下式表达总辐射通量：

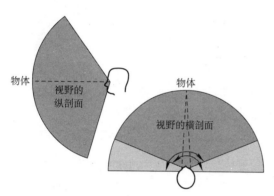

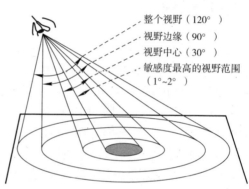

来源：莱希纳(Lechner)，1991

图8.4　视野的范围和中心

$$\Phi = K_m \cdot \int_{\lambda=380}^{\lambda=760} \frac{d\Phi_\lambda}{d\lambda} \cdot V_\lambda \cdot d_\lambda$$

此处，K_m 是发光效率（lm/W），$d\Phi_\lambda/d\lambda$ 是辐射通量的频谱分布（W/nm）。

照明设备向整个立体角发射光通量。单位立体角上由照明设备发出的光通量被称为发光强度（light intensity），其单位是坎德拉（cd）。因此，某给定光源的发光强度等于：

$$I = \frac{d\Phi}{d\Omega} \left(\frac{lm}{sr} \equiv cd \right)$$

此处，$d\Phi$ 是光通量（lm）的微分；$d\Omega$ 是立体角（sr）的微分。

如果我们从不同距离外观察发光强度一定的光源，会发现其亮度随着肉眼和光源距离的平方递减。亮度是我们肉眼唯一能够辨别的光度值。光源

的发光强度不变，但如果视觉中心不与发光表面垂直，亮度仍会减弱。亮度可用下式表示：

$$L = \frac{I \cdot \cos\theta}{r^2} \left(\frac{cd}{m^2} \right)$$

此处，θ 是发光体的法线和视线方向的夹角（°）；r 是光源和观察者之间的距离（m）。

我们可以假设两个巨大的平面，接收到相同的光通量。由于其表面积不等，每个平面的光通量强度就由其表面积决定。光通量强度被称为照度，单位为勒克斯（lx）。表面照度决定了照明环境——如工作面的质量，是视觉舒适度的基本参数。照度还与光通量束和表面的法线方向的夹角有关：

$$E = \frac{d\Phi \cdot \cos\theta}{dA} \left(\frac{lm}{m^2} \equiv lx \right)$$

此处，dA 是接收到光通量微分的面积（m^2）微分。

因此，如果我们面前的工作面上有一张黑色的纸，一张白色的纸，被同等照亮但其照度并不相等。表面照度可表述为相对值，通常在将表面照度和阳光进行比较的情况下使用，因而称为采光系数（DF，daylight factor），表达式如下：

$$DF = \frac{E_{p,i}}{E_{h,e}} \cdot 100 \; (\%)$$

此处，$E_{p,i}$ 是空间中选定位置的照度（lx），$E_{h,e}$ 是室外未被遮挡的水平面的照度（lx）。

射入某个空间的太阳辐射不仅对于视觉舒适度起着重要作用，也影响着人体健康和精神状态。因此，一个地方在一年中能够受到太阳辐射的时间就成为一个重要指标。这个受到直接太阳辐射的时间段就被称为日照时数（sunlight duration）。日照时数只与基本几何关系有关，即太阳的位置，周边遮挡物，里面窗户能够接收到太阳辐射的立体角。所以，环境的气象参数不会影响日照时数。

光源

自然采光

在我们身边的世界里，最重要的光源就是太阳。尽管地球每24h旋转一圈，一天中有光明，有黑暗，我们还是习惯于把它称为日光。任何给定时候的太阳位置，由其高度角和方位角决定。太阳的高度角是由太阳光线和水平面的夹角决定的。太阳高度角的最大值出现在中午，而在日出和日落时，高度角为0°。方位角是太阳光在水平面上的

投影和水平面正南方向的夹角。按照通常约定，上午的方位角为负值，下午的方位角为正值，而当太阳位于正南时，方位角为0°。除了考虑处于一天中的哪个时间，地球旋转轴的偏角和观测地所处纬度（L）也都是太阳位置的影响因素。太阳全年在天空的位置用柱坐标系表示，被称为太阳行程图（sun-path diagram）。图8.6显示了雅典（希腊，纬度L=38°）和北角（Nordcap，挪威，纬度L=72°）的太阳轨迹。

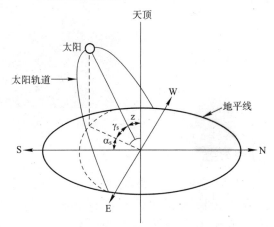

图8.5 太阳在天空中的位置可由
高度角 α_s 和方位角 γ_s 表示；z是太阳天顶角

太阳光，也被称为直接太阳辐射，在通过大气层时，由于水蒸气、臭氧、二氧化碳、氧气和气溶胶的吸收、散射，会有部分被吸收和反射。这就是漫射反射产生的原因。在自然情况下，辐射量以及直接和漫射辐射的关系始终在变化，因此天空中某一点的光强呈现出阶段性变化，这也成为采光设计的一大障碍。为了研究这类现象，针对某一特定地点和一年中的某天，选取了三种典型的天空条件——全阴天空、晴朗

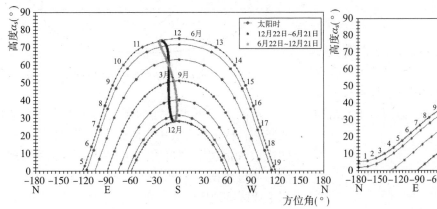

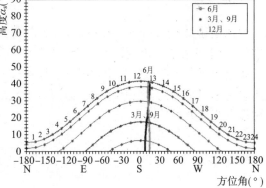

来源：阿尔卡，2001年

图8.6 雅典（左）和北角（右）的太阳行程图：环状曲线表示根据时间和标准当地子午线差公式计算的12:00当地时间

天空和实际天空。选取典型天空类型的原则是针对工程中需要解决的问题。例如，为了衡量白天的室内照

度，就需要假设天空是全阴的。三种不同天空条件下，太阳光的光强也是不同的。

图8.7　晴朗天空（左）、多云天空（右）和全阴天空（下）

全阴天空

全阴天空的特点是天顶的照度是地平线的三倍。天顶角相同的点照度相同，与各自的方位角无关。对于角度为 ε 的某一点，照度 L_p 等于：

$$I_p = L_z \cdot \left(\frac{1 + 2\cos\varepsilon}{3} \right)$$

此处，ε 是给定点的天顶角（°）；L_z 是全阴天天顶的照度，数值由下式决定：

$$L_z = \frac{9}{7\pi}(300 + 21000 \cdot \sin\gamma_s)$$

在全阴天，水平、无遮挡平面的照度由下式决定：

$$E_{h,e} = \frac{7\pi}{9} \cdot L_z$$

根据电子数据表Daylight_sky.xls，可以得到一年中任意时间某个城市的照度。图8.9显示了选取例子在全阴天空下的照度。全阴天空的标准模型需要建立在相对清洁的大气环境中，因而对于城市和乡村没有明显差异。

晴朗天空

晴朗天空各点的照度不像全阴天空那么容易判断，需要依据多个随时间和位置变化的几何和气

象参数。通常，晴朗天空下某点 P 的照度是下列参数的表达式：

$$L_p = f(L_z, \alpha_s\gamma_s, \varepsilon, \alpha_p, \gamma_p, \eta, \tau)$$

此处，γ_p 是天空观测点 P 的方位角；η 是太阳与观测点 P 之间的夹角；ε 是 P 点的天顶角；τ 是大气透射率。

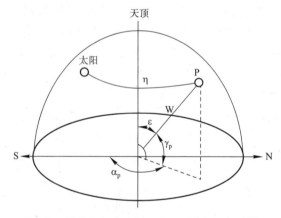

图8.8　计算 P 点在晴朗天空下照度的几何参数

晴朗天空下水平面的照度同样受到环境条件的影响，特别是大气中气体分子和微粒物质对光线的吸收和散射。评价大气条件可使用多种物理手段。通过数据表Daylight_sky.xls，根据乡村、城市和工业区等地区的典型每月总混浊因子，分析各自的水平面照度。图8.9为阿尔卡（2001）详细介绍的城区照度实例。

多云天空

上述模型表述的天空条件，都是自然条件下的极端情况，非常少见，而通过多云天空模型则可以评价各种中间状况。这些模型基于不同气象数据的统计评价——例如对云量的估算，总辐射量和漫射辐射量的关系，以及每小时直接太阳辐射的概率。城区直接太阳辐射时间比乡村短，因此两种情况的多云天空模型也有所不同。

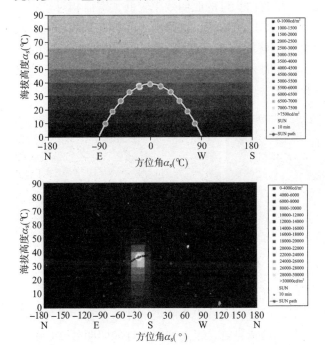

来源：阿尔卡，2001年

图8.9 3月21日11:00（太阳时）城区全阴天空（上）和晴朗天空（下）模型的照度

太阳辐射发光效率

除了通过模型计算各类天空条件下的光强，还可以通过太阳辐射数据库计算光通量。该数据库可适用于大多数城市。太阳辐射的日照数据由太阳辐射发光效率K_s决定。K_s常数是太阳辐射的光通量和辐射通量之间的关系，也就是观察面上太阳辐射照度和光强之间的关系：

$$K_s\left(\frac{lm}{W} \equiv \frac{lx \cdot m^2}{W}\right)$$

李博（Littlefair，1990）总结了许多学者提供的不同气象条件下太阳辐射发光效率的平均值，表

8.1概要介绍了其中的数据。

人工照明

火的发现，为人类的早期发展带来光明和温暖。他们的劳作不必一定依靠太阳给予的自然光，他们的生活和工作节奏也不再由黑夜和白昼划分。这种我们称为"人工光源"的额外的光，从那时起就一直在变化、进步。起初，人们使用生物质和动物脂肪，后来则越来越多地使用化石燃料、石油衍生品和燃气。然而只有20世纪初电能和电灯泡的发明才使得高质量的照明成为可能。从那时起照明不再会因化石燃料燃烧的排放物污染室内空间。但实际上，人工照明仍然必须使用能源，电灯泡也会发出热，影响生活空间的热舒适性。为了在建筑照明中节约能源，就需要建立自然采光和人工照明的协调关系。

各种天空条件下太阳辐射的光效（light effect），其中γ_s为图8.5中数值

表8.1

	K_s（lm/W）
多云天空	107
晴朗天空，总太阳辐射	$91.2+0.702 \cdot \alpha_s-0.,00063 \cdot \alpha_s^2$
晴朗天空，直接太阳辐射	$51.8+1.646 \cdot \alpha_s-0.,01513 \cdot \alpha_s^2$
晴朗天空，漫射辐射	144

来源：李博，1990年

提到人工照明，我们首先会想到电灯泡、灯具和其控制系统组成的完整体系。本书第5章已对控制系统有所介绍，本章下面将主要介绍电灯泡和灯具的特性。

人工光源：灯

灯是将电能转换为光和热的装置。根据光产生的原理及其效率等物理原则，可以将光源分为多种类型。光源的效率是发出的光和消耗的电能之间的关系，或者说是发出的光和产生的热之间的比值。理论上可以将电能全部转化为光，这时发出的辐射为680lm/W，波长为黄绿光（单色辐

射，523mm）。但是人眼对于组成"白"光（white light）的各个波长的敏感度是不同的。因此，光源发出白光的理论效率只能达到200lm/W。当然，现代光源的效率还远远低于整个数值。

　　在过去的100年间人们主要使用的是白炽灯。白炽灯的光是通过电加热钨丝——熔点高达3680℃的金属——产生的。当电流通过钨丝时，钨丝就成为光学黑体（optical black body），温度达到2700℃，释放出大量热和包含了各个波长的光线。正因为这样，白炽灯的照明效率只有15lm/W，同时，钨丝的蒸发限制了白炽灯的寿命，只能达到1000h左右。可以通过将灯泡内充满惰性气体，如氩气，或加入卤素，如溴和碘，减缓钨丝的蒸发。这就是卤钨灯的由来。由于卤钨灯

中钨丝的温度更高，可达2800~3000℃，灯泡的照明效率可达16~18lm/W，其寿命也延长到2000h。这种玻璃灯泡非常热（200~300℃），必须由耐高温石英玻璃制成。相对于标准灯泡，卤钨灯泡较小，尤其是用于低压（6V、12V、24V）的卤钨灯泡。这类灯中的钨丝较小，更接近于点光源。通过使用镜面，光线可以非常准确地定向。因此，可用于车辆、放映机和用于表现细节的灯。低压卤素灯的照明效率最高可达25lm/W。

　　尽管白炽灯的照明效率较低，寿命相对较短，但仍得到广泛使用，这是由于其价格低廉，只需改变电压就能控制光通量，还有多种不同形状的产品。同时，白炽灯的主要波长为橙和红，显色性也非常好。

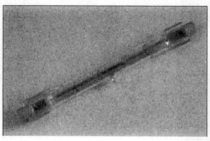

图8.10　标准白炽灯（左），两侧接口的卤素灯（中），带抛物面镜的低压卤素灯（右）

　　荧光灯的照明效率相对要好得多。荧光灯由涂有荧光物质，如磷的玻璃管制成。灯管内部充满了惰性气体和低压汞蒸气，玻璃管的两端都有内置电极。当电流通过电极时就会电离汞原子，发出波长在184~254nm之间的紫外线辐射。荧光涂层将这种不可见的辐射转换为光。通过不同的荧光涂层，可以使得发出的光具有不同的色调，从主要波长为橙、红的暖光，到主要波长为蓝色的冷光。荧光灯还需要一个外部装置——镇流器，由铜线圈或固态电子装置制成。荧光灯的照明效率为40~90lm/W，使用新型镇流器，其寿命可达12000~15000h。荧光灯较长的寿命和较高的照明效率基本弥补了其价格较高的缺陷。

　　相比普通的白炽灯，荧光灯长长的灯管不易摆放。因此，发展出将所需部件整合在一个外壳内的紧凑型荧光灯。紧凑型荧光灯的照明效率近似于标准荧光灯，但紧凑的结构使其寿命相对较短，约为6000~10000h。

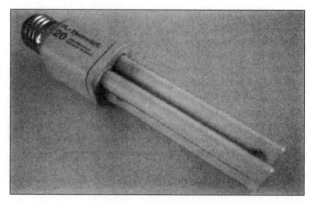

图8.12　紧凑型荧光灯

　　在这种特殊类型的灯泡中，小型电弧管发出光线，外部为保护性灯泡，充满了氙等惰性气体，还有部分水银，用于将不可见的辐射转换为光线。在金属卤化物灯中，充入的可能

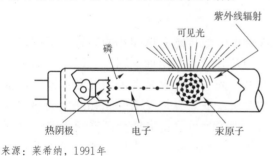

来源：莱希纳，1991年

图8.11　荧光灯形式

是含碘混合物，而在高压钠灯中充入的则是钠。这些灯泡的使用需求类似于荧光灯，都需要镇流器，并且需要5~10分钟才能到达输出光量的最大值，在电压中断后不能立即重启，因为电弧管需要5分钟的冷却时间，才能进行重启。金属卤化物灯具有非常高的照明效率，可达80~125lm/W，寿命很长，发出的光谱也很均匀，因此可用于需要高质量照明的地点，如学校、商店、办公室。高压钠灯也具有非常高的照明效率（70~140lm/W）和很长的寿命（20000~24000h），但其发出光线的波长集中在黄光和红光范围内，因而主要用于照明质量要求不是很高的地点，如仓库和室外照明。图8.13提供了不同灯的照明效率和寿命。

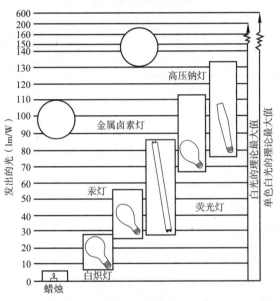

图8.13　不同灯的照明效率和寿命

照明器材/发光体

灯具有三种主要功能：保护并支撑灯，提供灯泡的插槽；为灯泡提供电力；控制灯泡发出灯光的方向。通常可以根据灯光分布的方式，把灯具分为六种——从直接（将光射向工作面）；到全面（general，各个方向的光量基本相等）；到间接（所有的光都朝向顶棚）。灯具厂家会为其产品配备光度数据表。数据表会标明距离光源中心一定距离的固定角度的光强。通过使用光度表，掌握灯具和相同方向表面之间的距离，我们可以计算空间中，例如工作面上的照度分布。

本章介绍的灯具特点还不足以满足室内外照明设计的需求。照明设计师需要了解视觉舒适度的需求和标准，以便评价生活和工作空间的视觉舒适度状况。

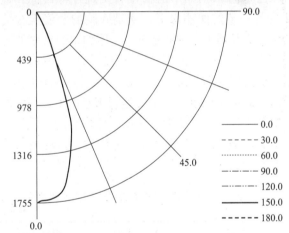

来源：塞尔内（Cerne）、梅德韦德，2001年

图8.14　灯直接光通量分布及其光度值图

视觉舒适度需求

人对室内外光的舒适度需求来自于心理和生理两方面。照明措施需要满足下列条件，才能实现人的心理需求：

• 提供周围环境的视觉联系，引导人在空间中的活动和定向；

• 与人的生物周期结合；

• 能够辨别空间中的物体；

• 使人能立刻注意并区分通过视觉获得的信息的重要性；

• 通过大空间中被照亮的一部分，分辨其特性；

• 内部空间的多样性，避免黑暗空间带来的恐惧——人们通常认为，危险总是隐藏在黑暗中。

完善的设计和对照明区域的检验可以满足生物要求，即应用相应的生理需求标准（其中最重要的部分将在本章后半部分进行介绍）。为了适应人眼的特性，需要分别对多种不同的，但都同样重要的物理量进行调节。

视觉舒适度，和热舒适度、隔声（sound protection）、室内空气质量一起，成为提供舒适、健康、有建设性的室内环境的四个重要领域。满足视觉舒适度需要实现下列条件。

照度级

为了感知空间中的物体，实现各种目标，需要具备一定的照明水平。辨别人脸的照度至少为10lx，换算到水平面就要20lx，但如果要辨别脸上的细节，至少要具备十倍的照度，即200lx。第一个数值是能够辨识的最低要求，第二个则是工作区域需要的最小照度。通常，达到满意的工作环境所需要的工作区域适宜照度级随工作内容的不同而有所差异。表8.2列出的照度级是各类工作环境下人工照明区的照度级。

根据各类工作需求推荐的人工照明的照度级

表8.2

活动空间	建筑类型	照度（lx）
艺术、手工艺、教学	中小学、大学、医院、工厂、办公楼	300~500
实验室	医院、工厂、办公楼	500~700
员工休息室	医院、工厂、办公楼	150~300
办公室	医院、工厂、办公楼、邮局、银行、教育建筑	500
计算机机房	办公楼、银行、教育建筑	500~750
绘图室	教育建筑、办公室、工厂	500~1000

来源：J&J,1993年

采光系数标准

上文已将采光系数定义为测量日照质量的标准。和人工照明的照度级相同，需要根据工作内容的要求确定合适的采光系数。对于自然采光，由于照度水平会因空间进深的加大而有显著变化，评价采光的适宜程度，就需要使用采光系数平均值DF_{av}。表8.3为DF_{av}推荐值，但各个国家的采光系数推荐值也有所不同。例如，在英国，厨房的最小采光系数为2%，起居室为1.5%，卧室为1%；而在希腊，厨房的最小采光系数为1.5%，起居室为3.5%，卧室为1%。

不同空间内确保采光均匀的
推荐最小采光系数和平均采光系数

表8.3

环境	DF_{av}（%）	DF_{min}（%）
办公室	5	2
教室	5	2
起居室	1.5	0.5
卧室	1.0	0.3
厨房	2.0	0.6

来源：J&J,1993年

可以根据室外无遮挡水平面的名义照度（nominal illumination）和全阴天空模型，计算房间内选定点的采光系数值。名义照度表示在一天的给定时间段内的最低照度。图8.15显示在不同纬度地点和时间段，室外无遮挡水平面的名义照度。例如，在中欧，09:00~17:00的时间段内（即白天的工作时间），室外无遮挡水平面的照度至少应有90%的时间达到5400lx。

房间内某一点的采光系数受到多个参数的影响：天空条件，附近建筑及其表面的反射率；房间内表面的反射率；当然，还有窗户玻璃对于光线的透射率。图8.16表示了影响房间采光系数的组成部分。采光系数受到下列组成部分的影响：

$$D \propto (D_S + D_{sky} + D_a + D_b)\, \tau_{g,vis} + D_i$$

此处，$D_a \propto \rho_a$ 且 $D_b \propto \rho_b$。

此处，D_s是采光系数中太阳的组成部分（%）；D_{sky}是采光系数中天空的组成部分（%）；D_g是采光系数中地表反射的组成部分；D_b是采光系数中周围建筑反射的组成部分（%）；D_i是采光系数中内部反射的组成部分（%）；ρ_a是地面反射系数（反照率）（1）；ρ_b是周围建筑的反射系数（1）；$\tau_{g,vis}$是窗户玻璃的光线透射率（1）。

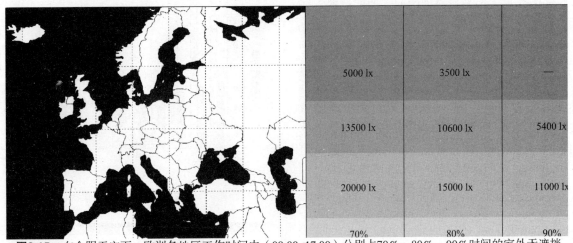

图8.15 在全阴天空下，欧洲各地区工作时间内（09:00~17:00）分别占70%、80%、90%时间的室外无遮挡水平面最小照度

在ρ_b中的典型反射系数ρ_a

表8.4

材料	ρ_a, ρ_b
铝	70~85
沥青	10
混凝土	0~50
石材	5~50
木材	5~40
白色涂料	70~90
浅色涂料	50~75
深色涂料	20~40
黑色涂料	5
红砖	25~45
刚下的雪	60~75
普通玻璃	7
反射玻璃	20~40
草地	10~30

来源：米德维，1993年

表8.5给出的各种类型玻璃的透射率对于干净的玻璃有效。由于城市严重污染的阻碍，在城区透过玻璃的光线随着时间推移产生的衰减比在其他地区要快。测量显示，垂直玻璃的透射率每六个月就减少5%，如果玻璃倾角为60°、减少25%，如果倾角为45°、减少45%。为此，可使用带有催化剂层的玻璃，具有太阳能辅助自清洁功能，目前已投入生产。除了改善阳光透射率，这种玻璃由于能够减少清洁剂带来的污染，并节约成本，更具环境友好性。

不同玻璃的热学特性和光学特性

表8.5

玻璃种类	U(W/m²·K)	τ_{vis} (1)	g(1)
双层玻璃	3.0	0.82	0.76
三层玻璃	1.8	0.74	0.70
双层Low-E玻璃	1.9	0.77	0.60
双层Low-EAr	1.1	0.74	0.60
遮阳玻璃	1.1	0.65	0.33

注：U＝玻璃热透射率；g＝玻璃总能源透射率。这说明进入生活空间的总热通量由太阳辐射决定。

来源：梅德韦德，1993年

城市中的高层建筑形成街谷，降低了采光中

的天空组成部分，但城市材料影响会有所增加，沥青、混凝土、玻璃和金属等材料都增长了周围环境和临近建筑的反射组成部分。北立面朝向街谷的建筑接收的阳光更多地来自对面南向立面的反射，在晴天这种情况尤其明显。

李博广泛罗列了多种计算图（1990），用于确定不同形状街谷和中庭的采光系数。由于采光系数受到气象、几何形状、光学等众多参数的影响，每种情况都有其独特性，但仍可通过各类电脑软件进行分析。本书附带的CD中的DFCAD计算工具（DF.xls）可用于计算全阴天空下的采光系数（阿尔卡，2001）。

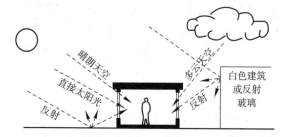

来源：莱希纳，1991年

图8.16　城市环境下采光系数的组成部分

图8.17　典型城市街谷

图8.18显示了在晴天街谷中的北侧建筑立面和周围无遮挡的建筑北立面之间的照度差。如果周围的立面具有较高的反射率，在冬季，

北立面会因对面南立面的反射，而获得较大的照度。

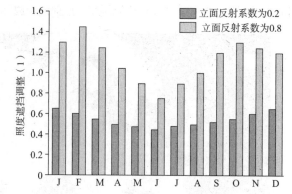

来源：Tsangrassoulis等，1999年

图8.18　照度遮挡乘数

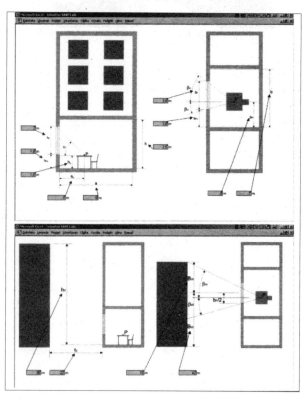

来源：莱希纳，2001年

图8.19　DF.xls电子表格的输入窗口，在左侧输入和周围房间相关的形状数据和观测点的位置，在右侧输入街谷数据

均匀照明标准

不论工作面处于空间的何处，其照明要求都应得到满足。评价均匀照明程度，需要根据工作面最小照度关系E_{min}和房间内各工作面平均照度E_{av}之间的关系。人工照明相对容

易实现均匀照明，但对于自然采光则很难保证照明的均匀，因为天空在持续变化，房间内的照度也会随着与窗户距离的增加而迅速减少。因此，要实现照明的均匀就必须实现以下要求：

- 窗户对面有与之平行的墙面，如果室内进深超过窗高的三倍，需要增设天窗。
- 通过反射百叶窗（jalousies）、棱镜体、全息膜（holographic film）等，将太阳光反射到顶棚上。这些构件运用了两个基本光学

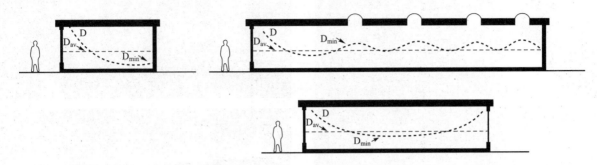

来源：莱希纳，1991年

图8.20　生活空间内自然采光照度的均匀程度可以通过精心设计的窗户得到改善

原理：反射和折射。必须根据窗户的朝向和建筑所在基地经度（L）选择具有何种光学特性的构件。

- 在窗的内外侧，如窗沿和格架，使用具有较高反射率的表面。
- 使用导光管（light pipe，light duct）和光纤，后者可以将太阳光传送到房间内。这些方法对于在城市中提高采光质量尤其有效，因为相对于侧墙上的窗户，设于屋顶上的导光管通常很少被遮挡，便于引入阳光。
- 考虑墙体和室内的色彩。选择色彩应保证顶棚的反射率为80%～85%，侧墙的反射率为50%～60%，地板的反射率为15%～30%。

眩光

眩光的产生是因为人的视觉中心范围内接收到强烈的光。眩光是视觉不适的主要原因之一，可能由光源（自然光和人工照明）的亮度，或是空间和周边环境表面，尤其是城市环境中的窗、玻璃、立面和金属表面反射产生的很强的光通量造成。如果把太阳、天空产生的眩光和灯光产生的眩光进行比较，人们对灯光产生的眩光更为敏感。因此，人工照明的眩光评价使用眩光指数（GI，glare index），自然采光的眩光评价使用自然采光眩光指数（DGI）。表8.6是由照明工程学会（IES，Illuminating Engineering Society）制定的眩光指数评价标准。

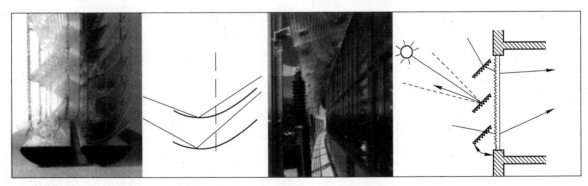

来源：穆勒，1991年

图8.21　使用反射式百叶窗、遮阳物、棱镜体等可将太阳光引入房间深处，这些构件运用了两个基本光学原理：反射（反射遮阳物）和折射（棱镜体）

注：使用全息膜可将三维空间体转化为二维平面，但具有相同的光学特性。

图8.22　在上面的办公室中，通过设置光隔栅自然采光照明的
均匀度从1:6变为1:3.5，上图为计算机模拟图以及安装光隔栅前后的窗户照片

可以通过建构设计，或使用各种不同的装置，减少建筑和空间中由自然光造成的眩光：

- 减少窗户的表面面积和/或调整其位置。
- 通过增加对太阳辐射的吸收或者增加玻璃外侧的反射率，以减少玻璃的透射率。

不同室内空间中，对眩光感受的
描述，允许的眩光指数和自然采光眩光指数
表8.6

眩光	眩光指数	自然采光眩光指数	室内空间
不易察觉	10	16	艺术画廊
可接受	16	20	办公室、博物馆、教室
	19	22	实验室、办公室、医院
不舒适	22	24	工厂－绘图室
	25	26	工厂－粗活
不可忍受	28	28	

来源：J&J, 1993年

但这些措施也会影响到自然采光照度。使用吸收玻璃时，玻璃的温度会升高，也会影响工作温度，导致局部热不适。玻璃的透射率会随着自然条件的变化自动改变——例如，随着光通量的变化（photochromatic glazing 光变色玻璃）或温度的变化（thermochromatic glazing 热变色玻璃），或是使用不同的物质（gasochromic glazing 气变色玻璃）。我们将这些窗户称为"聪明"窗。

- 在玻璃内外侧增加可移动的或固定的遮阳物。外部固定遮阳对于南向立面的窗户遮荫非常有效。最为适宜的空间自然采光措施是百叶窗，允许天空中最亮的部分天顶处的光线进入，又阻挡了直接太阳辐射，特别是在夏天当太阳位置很高时，就不必担心眩光的影响。通过在窗户内外侧使用活动遮阳装置，如百叶窗、遮阳板、卷帘和遮阳叶片等，可以有效避免眩光。当然，外遮阳装置的效果更好，因为能将太阳辐射直接挡在建筑外面，而内遮阳的优势在于便于使用者根据照度进行调节。

来源：Schmitz-Gunter,1998年

图8.23　使用导光管可以将太阳光引入地下10m的空间甚至更深；上图为通过使用抛物面循迹反射镜（parabolic tracking mirror）（左下），将天光和光学导管相结合，为地下4m处的走廊提供照明（左上、右）

在人工照明当中，当人的视野为水平时，需要注意避免因灯光照射方向而对人眼产生直接眩光，这一方向的眩光是由工作面的反射造成的，被称为模糊眩光（veiling glare）。可以通过改变灯的位置避免来自灯的眩光，同时要选择具有合适光度特性的灯具，有肋、透镜或漫射镜等构造，从而减少人眼对灯光或光源的直接接触。

关于自然采光和城市地区日照时间要求

城市环境中的高建设密度和高层建筑产生的影响，成为建筑自然采光方面的特殊问题。周围的建筑遮挡了天空，阻挡射向窗口的太阳光，因此降低了采光系数和日照时间。我们知道，采光系数的确定是基于全阴天空的，因此与给定点可见的天空角度成正比关系。全阴天空的照度只与观测地点的纬度有关。因而从地面测量的遮挡角度最大值和周围建筑高度最大值随所在地的纬度而变化。推荐最大值见表8.7。

图8.24　购物中心朝北的窗能够确保采光质量，而避免产生眩光和过热的问题

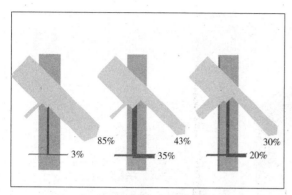

图8.25 普通吸收和反射玻璃的太阳辐射透射率，对于吸收玻璃，太阳辐射透射率会减小，而通过辐射和对流热交换进入室内的热通量则增加了

图8.26 只在可能有眩光的位置

采用印刷遮阳，减小玻璃的透射率（上）

注：在这个例子中，玻璃上部的印刷遮阳控制了由阳光造成的眩光，玻璃下部的印刷遮阳控制了由于地面反射造成的眩光。但同时，在天气晴朗、玻璃干净的情况下，玻璃内表面的温度会上升15℃。较高的辐射温度也会产生热不适。

图8.27 南立面上作为固定遮阳的百叶（10月8日，南立面，13:00；$L=46°$；$\gamma_s=7°$；$\alpha_s=35°$），此类装置能在保证采光质量的同时为室内空间提供有效遮挡，但当太阳高度较低时（$\alpha_s<30°$）不能遮挡眩光

距地面2m高处的最大遮挡角

表8.7

城市纬度（°）	城市	遮挡角（°）
35	克里特（kreta）	40
40	马德里	35
45	卢布尔雅那（Ljubljana）	30
50	斯图加特	25
55	爱丁堡	22
60	斯德哥尔摩	20

来源：李博，2001年

图8.28 可移动遮阳有效降低了眩光带来的视觉不适

注：使用者可以通过调整内部可移动遮阳设施，控制自然采光和眩光，不过内部遮阳装置遮挡的辐射也会造成温度升高，并将热量辐射到室内。即便是高反射效率的卷帘（下图）在室外温度低的情况下（5℃）也能使温度升至45℃并引起室内不适感。

采光对于人的健康也有着积极影响，因为阳光能让人们觉得温暖，形成健康的环境。因此，必要日照量的标准相对较为主观，需求的差异也很大。日照时间是某一点——例如窗户的中心——不论是在建筑中部还是靠近遮挡物，可以被太阳照射的时间，而不考虑云层对太阳的遮挡。

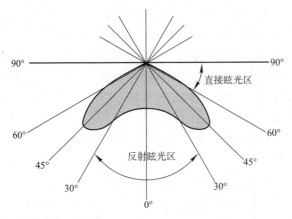

来源：莱希纳，1991年

图8.29 灯的光度图，分为直接眩光区和反射眩光区

表8.8和表8.9总结了一些国家和纬度的标准。

分析周边遮挡产生的影响，可使用若干计算机程序（根据J&J，1993年的总结）。而厂家的问题是如何输入现实中复杂的建筑形状和植被的数

据。通过对景观进行视觉处理，可以更为准确地分析周边环境。图8.31显示了照相机拍摄的观测点周边环境和计算机通过柱状图评估的周边环境（梅德韦德等，1992）。

各国规定的最小日照时间

表8.8

国家	日照时间
英国	>25％年可能日照时间的天数应多于6个月
德国	3月20日，日照>4h
荷兰	2月19日，日照>2h
斯洛文尼亚	12月21日，日照>1h；3月21日，日照>3h；6月21日，日照>5h

根据基地所在纬度（L）确定的最小日照时间

表8.9

城市纬度（°）	日照时间
40~50	2月19日，日照>2h
+50	>25％年可能日照时间的天数应多于6个月

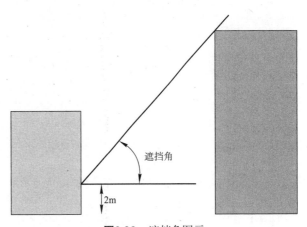

图8.30 遮挡角图示

使用太阳行程图并加入周围遮挡物的影响，可以便捷地计算出日照时间。对于通过太阳能供热的建筑，让窗户、阳光房（sun place）和受光墙朝南并在冬季不被遮挡尤为重要。因此，在建筑前方东南和西南（即方位角为-45°~+45°）范围内，遮挡物的高度角就不能超过太阳的最小正午高度。由于有周边建筑，城区内的建筑很少会在这么小的范围内被遮挡，因而更适合使用表8.10的标准。

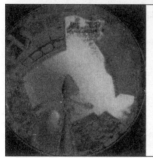

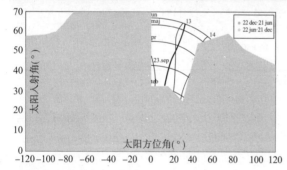

来源：梅德韦德等，1992年

图8.31　内院照片（上）、球面镜数字化（中右）电脑分析图（中左）和周边环境中的日照分析图（下）

太阳能供热建筑前方东南和西南范围内的最大遮挡角

表8.10

纬度（°）	临界角（°）
<45	66.5（纬度）
45~50	20
>50	70（纬度）

来源：李博，2001年

光污染

人们热衷于在夜晚仰望星空，然而随着

城区灯光照明的逐渐增加，星夜的美景正在逐渐减少。天文学家把这种不必要的射入天空的光称为"**光污染**"。99%的欧洲人生活在夜空遭到污染的地区，而有超过一半的人因为夜空太亮而无法看到银河。可以根据以人工照明夜空天顶可见程度的亮度绘制的地图，比较大气层中的光污染程度并划分污染区域。

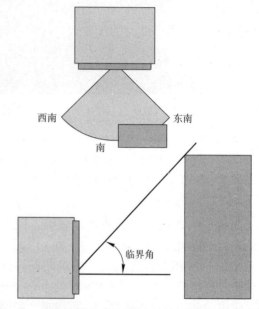

图8.32　太阳能供热建筑前方区域的遮挡角应尽量减小

有效的室外照明能够避免"过亮"和"向上照明"（uplighting），使这些温度明显减少。照明支出、灯光效率和适宜的照度等级等方面的控制情况，决定了室外照明的效率。有效照明支出和控制的特点包括以下方面：

· 停车场、人行道和街道照明应将所有的光指向地面。

· 从上方而非下方照亮标志和广告牌。

· 建筑照明应该只照亮指定目标，避免光线四溢。

· 在有阳光时灯光应自动关闭或减弱。

室外照明中，效率最高的是低压钠灯类灯泡，而通常使用的高效灯泡则是高压钠灯，因其有较好的显色性，另外常用的还有金属卤化物灯，通常用于非常注重显色性的公共和商业停车场。

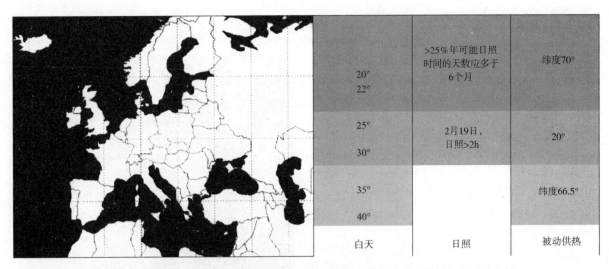

白天	日照	被动供热
20° 22°	>25%年可能日照时间的天数应多于6个月	纬度70°
25° 30°	2月19日，日照>2h	20°
35° 40°		纬度66.5°

图8.33 根据自然采光、日照时间和被动太阳能需求推荐的最大遮挡角标准的总结

来源：钦扎诺（Cinzano）等，2001年

图8.34 夜空亮度世界地图：亮的像素表示问题最严重的地区

建筑照明和能源利用

建筑及其环境的照明与能源利用有着直接关系。对于居住建筑中，照明使用的能源约占总能耗的5%~10%，而在商业建筑和公共建筑中，人工照明的能耗可占总能耗的50%以上［施米茨—甘特（Schmitz-Gunter），1998］。

因此，室内外照明对于合理使用能源起着重要作用，尤其是灯可以将高能电流转换为光。发电效率较低，因此会对环境造成较大影响。以下措施有助于降低建筑照明的能源消耗：

• 使用节能灯泡。表8.12对比了各种照明技术的安装功率（installed electric power）和办公室年均每平方米耗电量。

• 研究表明，通过使用形式、材料适合的反射装置，可以改进照明光通量分布，减少用电量15%~20%。

• 通过自动控制系统，根据何时（基于时间的控制）出现多少人（基于在场情况的控制）以及照明水平需求，调节灯的光通量（亦见第5章）。

• 将自然采光和人工照明相结合；但引入自然光也可能会导致冬季供热耗能增加，因为玻璃的热损失比建筑的实体结构要大，还可能增加夏季因太阳辐射带来的热负荷升高。因此，需要使用较低的热透射率（U）、较高的光透射率（τ_{vis}）和较低的总能源透射率（g）（见表8.5）。

各类建筑中人工照明耗能占总耗能的比值

表8.11

建筑类型	采光占总能耗的比值
住宅	10%
学校	10%~15%
工厂	15%
医院	20%~30%
商业建筑	50%

来源：施米茨—甘特，1998

灯的安装功率和办公建筑人工照明耗电量

表8.12

灯的种类	照明功率（W/m²）	年均耗电量[kWh/（m²·年）]
标准白炽灯	25	9.6
卤素灯	20	7.6
荧光灯	6	2.3

注：工作面照度为500lx，按工作时间自然采光满足80%需求计算。

建筑的设计过程是一个整体，一方面需要考虑玻璃的性能和光学性能的相互关系，另一方面还要涉及其他各个领域。下面两个例子都是成功的整体设计实例：一个是商业建筑典型办公空间在不同双层立面特性下的情况，另一个是购物中心在不同天窗形式下的能耗。

图8.35是一个三层商业建筑，南立面是双层立面，建筑所在基地的$DD = 2500k/$（天·年）。设计中进行了能源分析。典型办公室的面积为20m²。办公室和单层玻璃立面之间安装了高反射性能的白色固定百叶。其他参数（如温度、室内发热源、室内情况、通风、使用方式）都具有典型的商业建筑特点。对于供热的年能耗分析，分为不带双层立面的北向办公室和南向办公室、带双层立面的南向办公

室。人工照明耗电量由采光系数低于4%的时间段同一个办公室的情况确定。

图8.35   南立面为双层玻璃立面的商业建筑

表8.13为分析结果。双层立面减少了供热能耗，但增加了人工照明的使用。其整体表现说明，双层立面仍应被看作节能构件。

图8.35所示建筑典型办公室的供热能耗和人工照明耗电量

表8.13

	[kWht/（m²·年）]	[gkWhe/（m²·年）]
没有双层立面的北向办公室	49.0	+0
没有双层立面的南向办公室	26.0	+0
有双层立面和白色百叶的南向办公室	11.5	+7.5
有双层立面和反射百叶的南向办公室	11.0	+6.5

第二个例子是图8.37购物中心的能耗，根据天窗的大小和质量，分析供热、供冷、照明使用的能源。购物中心面积为1530m²，冬季室内温度20℃，夏季室内温度24℃。表8.14为按照屋顶天窗热透射率U=2.8W/（m²·K）、光透射率τ_{vis}=0.80、能源透射率g=0.75计算的结果。购物中心室内照度要求为900lx。天窗没有使用遮阳装置。

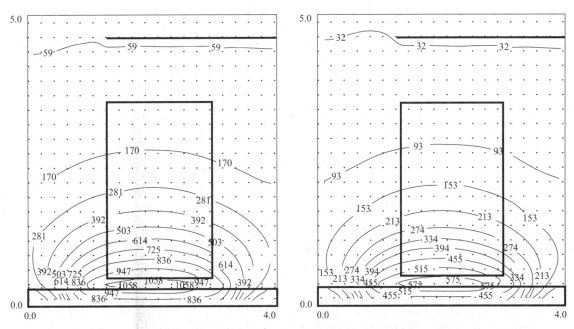

图8.36　等照度曲线图，表示全阴天空下的名义照度，
左侧为没有双层立面的办公室，右侧为有双层立面和反射百叶的办公室

图8.37　购物中心，中央购物区为平屋顶带天窗：从建筑南侧看（左），天窗构造（右）

图8.37所示购物中心的供热、供冷、照明能耗

表8.14

天窗面积（占建筑面积百分比）	(DF_avg)	供热 [kWh_t/（m²·年）]	供冷 [kWh_t/（m²·年）]	照明 [kWh_e/（m²·年）]	Σ [kWh/（m²·年）]
0.0%	0.0%	50.3	4.3	70.8	125.4
1.6%	1.3%	50.8	8.0	49.3	108.1
2.7%	1.8%	51.3	10.8	41.3	103.4
4.9%	2.8%	51.1	16.5	33.3	100.9

概览

光舒适性是居住舒适性的四个基本方面之一（其他三个是热舒适性、声学舒适性、空气质量舒适性），与其他三方面同等重要。除了基本原则，针对每个建筑的特性进行设计也非常重要。只有这样才能成功实现建筑建造的主要目标：提供最好的居住场所，并尽可能减少能耗及其环境影响。这一点尤其适用于城市建筑，因为城市建筑生活条件总是受到遮挡物众多的环境和城市气候的影响。

参考书目

Arkar, C. (2001) Daylight Computer Code, University of Ljubljana, Faculty of Mechanical Engineering, Ljubljana

Baker, N., Fanchiotti, A. and Steemers, K. (1993) *Daylighting in Architecture: A European Reference Book*, CEC, DG XII, James & James, London

Cerne, B. and Medved, S. (2001) *Influence of the Quality of the Building Envelope on Energy Use in Shopping Centres*, Thesis, University of Ljubljana, Faculty of Mechanical Engineering, Ljubljana

Cinzano, P. F., Falchi, C. D. and Elvidge, C. D. (2001) 'The first world atlas of the artificial night sky brightness', *Monthly Notices of the Royal Astronomical Society*, vol 328, pp689–707

'Daylighting: Areas for technical development', www.europa.eu.int/comm/energy_transport/atlas

Deutsches Institut für Normung e.V. (1985) *Tageslicht in Inneraumen*, Berechnung, DIN 5034, Teil 2

Deutsches Institut für Normung e.V. (1985) *Tageslicht in Inneraumen*, Grundlagen, DIN 5034, Teil 2

Energy Research Group (1994) *A Termie Programme Action: Daylighting in Buildings*, Energy Research Group, School of Architecture, University College Dublin, EC, DG DGXVII, Dublin

Hsieh, J. S. (1986) *Solar Energy Engineering*, Prentice-Hall, Englewood Cliffs, New Jersey

Lechner, N. (1991) *Heating, Cooling, Lighting: Design Methods for Architects*, John Wiley and Sons, New York

Littlefail, P. (1990) 'Measurements of the luminous efficacy of daylight', *Light Research and Technology*, vol 13, pp192–198

Littlefair, P. (1990) 'Innovative daylighting: Review of system and evolution method', *Lighting Research and Technology*, vol 22, no 1, pp1–15

Littlefair, P. (2001) 'Daylight, sunlight and solar gain in the urban environment', *Solar Energy*, vol 70, no 3, pp177–185

Medved, S. (1993) *Solar Engineering*, University of Ljubljana, Faculty of Mechanical Engineering, Ljubljana

Medved, S., Arkar, C., Cerne, B. and Vidrih, B. (2001) *Computer and Experimental Analyses of Thermal and Lighting Characterised in Selected Offices of the Commercial Buildings HIT*, University of Ljubljana, Faculty of Mechanical Enginnering, Report, Ljubljana

Medved, S., Griāar, P and Novak. P. (1992) 'Video and computer aided optimization of the solar radiation in urban environment', *Renewable Energy, Technology and the Environment*, Pergamont Press, vol 4, pp2244–2248

Mid-career Education, Technology Module 4: Daylighting and artificial lighting, Altener Project, Esbensen Consulting Engineers, Copenhagen

Mid-career Education, Technology Module 8: Calculation and design tools, Altener Project, CIENE, University of Athens, Athens

Moore, F. (1991) *Concepts and Practice of Architectural Daylighting*, Van NostrandReinhold, New York

Muller, H. F. O. (1991) *Intelligente beleuchtung von raumen*, Institut fur Licht und Bautechnik an der Fachhochschule Koln, Essen

Santamouris, M., and Asimakopoulos, D. (1996) *Design Source Book on Passive Solar Architecture*, EC, DC XVII, Altener, Athens

Schmitz-Gunter, T. (1998) *Lebensraume: Der Grosse Ratgeber für Okologisches Bauen und Wohnen*, Konemann Verlagsgesellschaft mbH, Köln

Tsangrassoulis, A., Santamouris, M., Geros, V., Wilson, M. and Asimakopoulos, D. (1999) 'A method to investigate the potential of south-oriented vertical surfaces for reflecting daylight onto oppositely facing vertical surfaces under sunny conditions', *Solar Energy*, vol 66, no 6, pp439–446

推荐书目

1. N·莱希纳（1991），《建筑师的供热、供冷、照明设计方法》（Heating, Cooling, Lighting, Design Methods for Avchitcts），John Wiley and Sons，纽约

本书在介绍建筑供热、供冷、照明时，不是将其看作分散孤立的问题，而是通过整体的观念整合这些部分，成为一项重要的环保操作任务。关于光、电气照明和自然采光的有三章，提供了设计者在创造高品质照明环境中需要的各类信息。建筑师可以从中获得与供热、供冷和照明系统设计紧密相

关的信息和实用工具。设计工具主要包括概念、指导方针、便捷的实用工具、实例和实体模型等。

2. N·贝克、A·凡基奥蒂（Fanchiotti）、K·斯帝摩尔（1993），《建筑自然采光：欧洲参考手册》（Day Lighting in Architecture: A European Reference），CEC，DGXII，James & James，伦敦

本书主要面对需要深入了解自然采光知识的建筑师和工程师。书中内容同时也对当代欧洲国家的科学和设计辅助工作进行了很好的介绍。本书分为若干章节，包含光和人类生理、心理背景对于视觉过程产生的需求；材料的光度，有对材料表面光度及其光学特性的详细描述；基于技术研究的光传递模型；简化工具和计算机编码。这本参考手册的主要任务是指导设计工作。

3. F·摩尔（Moore）（1991），《建筑自然采光的概念和实践》（Concepts and Practice of Architectual Daylighting），Van NostrandReinhold，纽约

本书的主旨在于使职业建筑师熟悉自然采光建筑设计中需要的概念和分析过程。书中尽可能使用比拟和图释的方法替代繁琐的数学理论，用图表和计算机设计工具代替表格和公式。本书内容广泛，为深奥的专业知识提供了实践推广性，辅以大量设计工具和实用要点。

题目

题目1

描述光物理现象和人的视觉特点。

题目2

比较照明技术的物理量和成像光学数值。

题目3

描述各种不同的自然天空近似数学模型之间的基本差异。

题目4

对于照明设计师来说，什么是电灯最重要的特性？

题目5

实现较好的室内视觉舒适度，首先需要满足什么需求？

答案

题目1

人们感知电磁波的方式是由电磁波波长和进行感知的器官决定的。例如，人能够通过双眼看到辐射，也能通过皮肤感受到辐射。人眼能够看到的电磁波的波长在380~770nm之间，这种辐射就被称为"光"。人眼可以被比作一架照相机。照相机的透镜、光圈和胶片，就等于人眼的晶状体、虹膜和视网膜。通过晶状体的收缩（调节），人眼可以看到不同距离内的物体，通过扩大或缩小瞳孔（适应）调整进入视网膜的光通量。人眼对于不同波长的光线的敏感度是不同的。在亮度相同的情况下，红色和蓝紫色的表面相对于绿色和黄色，就需要瞳孔扩大以获得更多的光通量，才能看清楚。眼睛的这种特性被称为光谱光视效率$V(\lambda)$。从视觉中心测量，视野范围在水平方向上大致有180°宽。眉毛和颧骨将视觉范围限制在130°，由于视网膜的特点，我们在这个范围内看到的东西是不一样的。敏锐（或称中央凹）视觉是位于视觉中心的一个2°的圆锥体，其周围30°内也都具有非常高的可见度。物体在这个视觉范围内的位置和亮度是非常重要的。

人们对于身边环境的感受质量的主要因素为：

• 视觉清晰度。

• 视觉感知的速度，即物体出现和辨别出它之间的时间。

• 分辨景深（我们可以在小于1m的距离下看到两个物体之间0.4mm的缝隙，当距离增大到1000m时，就只能在两个物体相距275m的情况下分清这是两个物体；而当距离为1300m时，就完全无法辨别景深了）。

• 我们可以区分照片和实物在物体形状（球面像差）和颜色（色彩像差）上的差异（这是由于太阳光在进入眼睛的晶状体时受到折射）。

题目2

暗适应和成像光学数值可用于对光源和视觉环境进行评价。第一个参数可使用能源单位，第二个则需要加入人对感受光的效果。两个数值系统都与光谱光视效率$V(\lambda)$有关。

当光线的波长为555nm时（垂直于视线），人眼的光谱光视效率达到最大值。实验证明，表面发射的这一波长的辐射通量等于683lm光通量，是此类单色辐射发光效率的最大值。但是由于通常光源发出的光线都在可见光谱范围内，可将整个可见光谱进行综合确定总辐射通量。

题目3

在自然情况下，辐射量以及直接和漫射辐射的关系始终在变化，因此天空中某一点的光强呈现出阶段性变化，这也成为采光设计的一大障碍。为了研究这类现象，针对某一特定地点和一年中的某天，选取了三种典型的天空条件——全阴天空、晴朗天空和多云天空。全阴天空的特点是天顶的照度是地平线的三倍。天顶角相同的点照度相同，与各自的方位角无关。晴朗天空各点的照度不像全阴天空那么容易判断，需要依据多个随时间和位置变化的几何和气象参数。晴朗天空下水平面的照度同样受到环境条件的影响，特别是大气中气体分子和微粒物质对光线的吸收和散射。这些天空条件，都是自然条件下的极端情况，非常少见，而通过多云天空模型则可以评价各种中间状况。这些模型基于不同气象数据的统计评价——例如对云量的估算，总辐射量和漫射辐射量的关系，以及每小时直接太阳辐射的概率。

题目4

灯是将电能转换为光和热的装置。根据光产生的原理及其效率等物理原则，可以将光源分为多种类型。光源的效率是发出的光和消耗的电能之间的关系，或者说是发出的光和产生的热之间的比例。理论上可以将电能全部转化为光，这时发出的辐射为680lm/W，波长为黄绿光（单色辐射，523mm）。但是人眼对于组成"白"光（white light）的各个波长的敏感度是不同的。因此，光源发出白光的理论效率只能达到200lm/W。当然，现代光源的效率还远远低于整个数值。

白炽灯的照明效率在15~25 lm/W之间，寿命为2000h。相比之下，荧光灯的照明效率要高很多（40~90 lm/W），使用新型镇流器，其寿命可达12000~15000h。金属卤化物灯具有非常高的照明效率，可达80~125lm/W，寿命很长，发出的光谱也很均匀，因此可用于需要高质量照度的地点，如学校、商店、办公室。高压钠灯也具有非常高的照明效率（70~140lm/W）和很长的寿命（20000~24000h），但其发出光线的波长集中在黄光和红光范围内，因而主要用于照明质量要求不是很高的地点，如仓库和室外照明。

灯具有三种主要功能：保护并支撑灯，提供灯泡的插槽；为灯泡提供电力；控制灯泡发出灯光的方向。通常可以根据灯光分布的方式，把灯具分为六种——从直接（将光射向工作面）；到全面（各个方向的光量基本相等）；到间接（所有的光都朝向顶棚）。灯具厂家会为其产品配备光度数据表。数据表会标明距离光源中心一定距离的固定角度的光强。通过使用光度表，掌握灯具和相同方向表面之间的距离，我们可以计算空间中，例如工作面上的照度分布。

题目5

为了感知空间中的物体，实现各种目标，需要具备一定的照明水平。辨别人脸的照度至少为10lx，换算到水平面就要20lx，但如果要辨别脸上的细节，至少要具备十倍的照度，即200lx。第一个数值是能够辨识的最低要求，第二个则是工作区域需要的最小照度水平。通常，达到满意的工作环境所需的工作区域适宜照度级随工作内容的不同而有所差异。和人工照明的照度级相同，需要根据工作内容的要求确定**合适的采光系数**。对于自然采光，由于照度水平会因空间进深的加大而有显著变化，评价采光的适宜程度，就需要使用采光系数平均值。不论工作面位于何处，其照明要求都应得到满足。评价均匀照明程度，需要根据工作面最小照度关系E_{min}和房间内各工作面平均照度E_{av}之间的关系。

人工照明相对容易实现均匀照明，但对于自然采光则很难保证照明的均匀，因为天空在持续变化，房间内的照度也会随着与窗户距离的增加而迅速减少。**眩光**是视觉不适的主要原因之一，可能由光源（自然光和人工照明）的亮度，或是空间和周边环境表面，尤其是城市环境中的窗、玻璃、立面和金属表面反射产生的很强的光通量造成。如果把太阳、天空产生的眩光和灯光产生的眩光进行比较，人们对灯光产生的眩光更为敏感。因此，人工照明的眩光评价使用眩光指数，自然采光的眩光评价使用自然采光眩光指数。采光对于人的健康有着积极影响，因为阳光能让人们觉得温暖，形成健康的环境。因此，**必要日照量**的标准相对较为主观，需求的差异也很大。日照时间是某一点——例如窗户的中心——不论是在建筑中部还是靠近遮挡物，可以被太阳照射的时间。

第9章

案例研究

科恩·斯蒂莫斯

本章范围

本章将介绍9个作为城市环境中案例研究的建筑的设计和使用。项目分别位于希腊、斯洛文尼亚、德国和英国,涵盖了欧洲的各种气候。建筑类型主要包括办公和居住建筑,代表建成环境中最主要的组成部分。

学习目标

本章主要提供成功实现节能的城市建筑的实例,目的不在于囊括各种建筑类型和微气候,而是介绍实际建筑项目中各种关键设计技术的应用。

关键词

关键词包括:
• 案例研究;
• 办公室;
• 居住和教育建筑。

序言

本章的案例研究提供了一种综合的设计方法,通过正确应用技术,实现低能耗建筑,同时在一定程度上有效地提出了大量尚未得到确证,针对某一特定环境和情况产生的理念。这些建筑的设计表明,低能耗城市设计并不是为了造成建筑和风格上的限制——反而增加了设计的空间。

本章提供9个案例,包含不同建筑功能:
• 办公;
• 居住;
• 教育。

案例研究涵盖了欧洲的各种气候:
• 南方气候;
• 大陆气候;
• 沿海气候。

这些项目同时展示了综合的低能耗措施:
• 自然通风(空气对流、中庭、双层皮、烟囱);
• 自然采光措施(包括人工照明开关系统);
• 综合被动机械系统。

提供的案例包括:

1. Meletikiki办公楼,雅典附近,希腊;
2. Avax办公楼,雅典,希腊;
3. Ampelokipi住宅楼,雅典,希腊;
4. Bezigrajski dvor:节能小区,卢布尔雅那,斯洛文尼亚;
5. 双层立面商务楼,诺瓦哥列卡(Nova Gorica),斯洛文尼亚;
6. 欧洲中心(EURO center)商务楼,有中庭,卢布尔雅那,斯洛文尼亚;
7. 波茨坦广场:办公、居住项目,柏林,德国;
8. 德蒙特福德大学工程学院,莱斯特,英国;
9. 税务局总部,有热压自然通风,诺丁汉,英国。

每个案例都有其自身特点(例如将气候背景条件,功能及功能组合,节能措施等方面结合起来),选取的原则是为了提供合适的信息。更重要的是,每个案例研究都是在城市建筑的照明、通风、机械系统等方面具有一定代表性的成功实例,能为环保设计道路提供独特的视角。

案例研究的格式遵循统一模式，有助于比较各个项目的背景和方法：

- 标题：名称，类型（办公、零售等），建筑地点（城市，社区）。
- 介绍：简要介绍项目面临的问题和创新（如在喧闹的城市中进行自然通风，遮挡严重情况下的自然采光，使荒废的建筑获得新生等）。
- 位置和气候：气候（纬度、经度、月平均气温、太阳辐射等），微气候（可用于和普遍数据比较的当地数据），物质环境，发展/设计的限制条件，等等。
- 建筑描述：建筑形式、空间布局、立面设计、系统细节等。
- 主要特点：对于城市背景和问题具有创新性和一定意义的特殊方面。
- 使用效果：使用过程中包括热、照明和能源性能等方面的数据（可能是实际的或是预计的），使用者满意程度评价。

案例研究1：Meletikiki办公楼

表9.1

名称：	Meletikiki公司：A. N. Tombazis 及合伙人建筑事务所
类型：	办公建筑，位于Polydrosso
位置：	雅典北部：居住区

概况

建筑位于Polydrosso，Halandri，雅典北部的一个居住区，是A. N. Tombazis及合伙人开办的建筑事务所——Meletikiki公司。

建筑充分贯彻了节能的设计理念和特点，外墙和屋顶的绝热性能得到提高，建筑整体具有良好的保温效果。

出于生物气候设计需要，建筑设计得窄而长。这种形式可以有助于实现自然采光的目标。此外，所有的窗户都采用独立室外垂直自动遮阳装置，屋顶天窗下面的遮阳织物则用于反射阳光。人工照明系统由吊顶隐藏式聚光灯和工位照明组成。人工照明系统由人工控制。另有7个分离式（split）和2个独立式空气－空气（air-to-air）热泵，满足供热和供冷需求。

建筑设计及其结构特点有利于采用各种减少建筑能耗的措施。采用夜间通风技术是为减少建筑供冷负荷的重要手段。安装吊扇是另一种减少供冷能耗的主要方式，可以提高夏季设定点的温度，因而减少供冷系统的运行时间。

建筑内部的工位都设在窗口附近，增强对自然采光的利用。此外，为了让阳光能够到达建筑上部，屋顶还开设了天窗。

位置和气候

建筑位于Polydrosso，Halandri，雅典北部的一个居住区，交通量相对不大（见图9.1）。

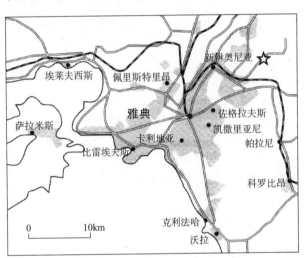

图9.1 建筑位置（星形表示项目所在位置）

图9.2~图9.4为雅典气候特点，气候数据为测试年的全年数据。

图9.2表示月平均太阳总辐射和太阳漫射辐射。根据该图，冬季太阳总辐射为200W/m²，夏季太阳总辐射为500W/m²（最大值出现在8月）。

图9.3表示雅典市的月平均环境温度和湿度。最低环境温度出现在2月，接近8℃，而最高环境温度则出现在8月，达28℃。考虑到室外温度，因为雅典非常热，夏季最高实测温度值将接近40℃，而冬季最高实测温度则接近0℃。相对湿度的季节变化则可以忽略不计。夏天相对湿度为40%~60%，冬季为60%~75%。

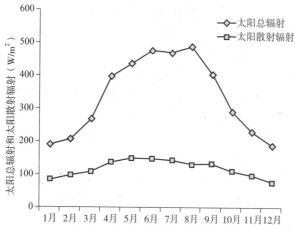

图9.2 雅典水平面月平均太阳总辐射和太阳散射辐射

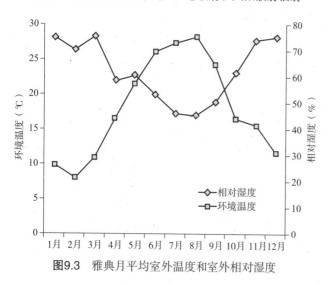

图9.3 雅典月平均室外温度和室外相对湿度

最后，图9.4表示月平均风速和风向，根据在雅典市中心的测量得出。全年风的速率在3~4.5m/s之间变化，风向范围则是从东南到西南。

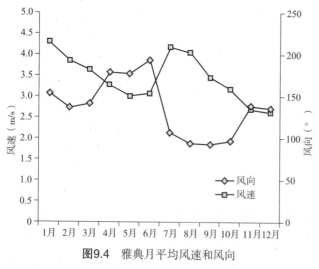

图9.4 雅典月平均风速和风向

建筑描述

这座建筑建于1995年，是A. N. Tombazis及合伙人建筑事务所的办公室。建筑师Alexandros Tombazis还设计了与其毗邻的另一栋建筑公司的办公楼。Meletikiki楼地上3层，地下1层，拥有独具特色的室内设计、空间处理和采光设计。

来源：A. N. Tombazis及合伙人建筑事务所

图9.5 Meletikiki楼

建筑长轴为南北向，主入口位于东侧，西立面和南立面围合了一个开敞空间。东立面的一端与一座高11.45m、长22.7m、宽10m的建筑相邻（见图9.6的楼1），其余部分面对半开敞的经过铺砌的空地，空地的另一面是楼2（见图9.6）。

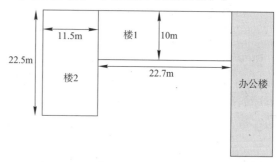

图9.6 建筑位置及相邻建筑

进入建筑需要穿过一个带水池的室外空间（图9.7）。从Monemvasias街进入天井，经木桥到达1.6m标高层。入口位于另一侧，是一个1.75m×4.75m，设有服务功能（电梯、厕所）的廊道。入口上方是1.6m层（见图9.8、图9.9）。建筑共分三层，每层则由两个标高组成，不同标高之间以楼梯连接。从1.6m层可到达平台两侧的3.2m层，从3.2m层可以到达4.8m层，从4.8m层可以到达6.4m层，6.4m层的楼梯可通往8.0m层。顶层设有天窗（6.4m层和8.0m层）。

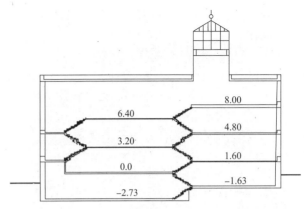

来源：A. N. Tombazis及合伙人建筑事务所

图9.9　表现不同标高的建筑剖面

来源：A. N. Tombazis及合伙人建筑事务所

图9.7　项目所在建筑群

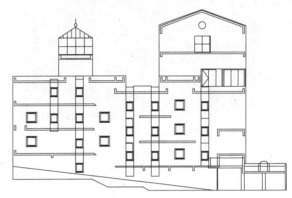

来源：A. N. Tombazis及合伙人建筑事务所

图9.10　建筑剖面

建筑内部为开敞空间（见图9.11），每层面积将近100m²，层高3m，平面为正方形，面宽10.6m，进深7m，高10.6m。不同标高的层代表着不同的功能。高1.6m的楼梯将每个标高层与其他层区分开来，室内空间不设内墙（见图9.12）。

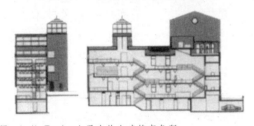

来源：A. N. Tombazis及合伙人建筑事务所

图9.8　建筑外观

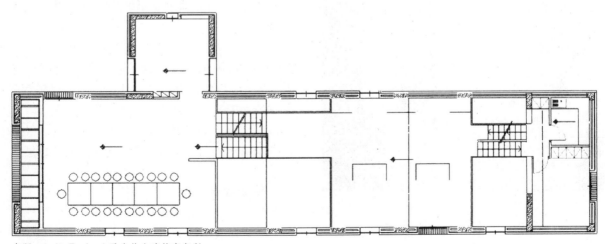

来源：A. N. Tombazis及合伙人建筑事务所

图9.11　建筑平面，图中为3.2m层和4.8m层（图书室、会议室、制图室）

图9.12　建筑内部空间

主要特点

建筑平面形状和靠窗的工位可以充分利用自然光。两侧开窗和屋顶天窗确保阳光能够完全进入室内（见图9.13）。首层的管理区也设置了天窗采光，由于当地晴朗天气较多，天窗尺寸较小，可适度控制自然采光，避免强光和过热。此外，天窗还装有反射百叶，可改变光线方向，进入建筑"深处"。

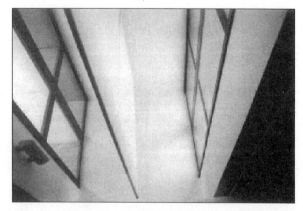

图9.13　屋顶采光天窗和反射帘

遮阳装置是建筑的重要构件，包括窗户的外

遮阳百叶和天窗的内遮阳百叶。百叶由白色塑料布制成，高度可通过卷帘机械调节。天窗设于建筑顶层顶棚的中部，下面悬吊白色织物覆盖的遮阳板。

建筑中另一个重要设施是用于减少建筑供冷负荷的吊扇。夏季，吊扇由建筑能源管理系统（BEMS）控制运行，可提高供冷所需的室内供热、通风和空调设定点温度。如图9.14所示，舒适范围比普通夏季舒适范围有所扩大，可达29℃。

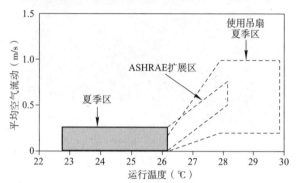

图9.14　使用吊扇后的舒适区

如前文所述，吊扇可降低系统设定温度1~3℃，可减少8%的供冷负荷。吊扇还能在较为舒适的夏日通过两侧开窗产生的空气循环增加自然通风。

在需要供冷的季节采用夜间通风技术，也会产生重要作用。在夏季夜晚，由于室外空气能够带走建筑内部的热量，通风会产生凉爽的效果。夜间通风与三类参数有关：室内外相对温差；补充新鲜空气；暴露在低温气流下的建筑形式。室外空气温度越低，提供的新鲜空气越多，系统的效果越好。此外，建筑室内布局对于热质量的暴露有重要作用，即决定了气流和穿过建筑的空气路径。

目前，屋顶上中安装了两个排风扇（2 × 25000m³/h），在使用时为促进内部空气流动，需要有4~5个窗户始终保持开启状态。两个风扇都受到建筑能源管理系统控制，只有在室外温度低于室内温度时才会启动，以提高这一措施的效率。围护结构的绝热层（10cm）也增强了夜间通风的效果。

使用效果

图9.15表示建筑供冷、供热、照明、设备等方面的能源使用情况，由于建筑主要是为减少供冷能

耗设计的，这部分能耗只占总数的5%。另外，人工照明的能耗也非常低（4%），证明建筑的自然采光设计是很有效的。

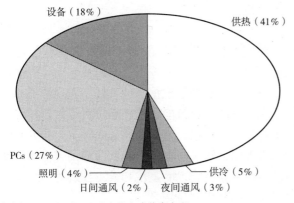

来源：A. N. Tombazis及合伙人建筑事务所

图9.15 能源使用

夜间通风技术的应用效果可使用瞬变系统（TRNSYS，transient system）模拟工具进行评估（克莱因（Klein），1990）。建立模拟模型，还需在设备运行时测量室内温度，并将测量数据与模拟结果进行比较（见图9.16）。

图9.16清楚地表明了夜间通风的应用时段（夜间室内温度和周围温度基本相同）。通过使用改进模型，可以计算夜间通风的性能系数（见图9.17）。当前结果显示，设定点的温度为27℃。这一分析参考了使用该方法时的四种不同风速（每小时换气次数分别为5、10、20、30次），说明当气流速度增加时，性能系数会降低，因而需要更大的风扇，使得通风的能耗相应增加。

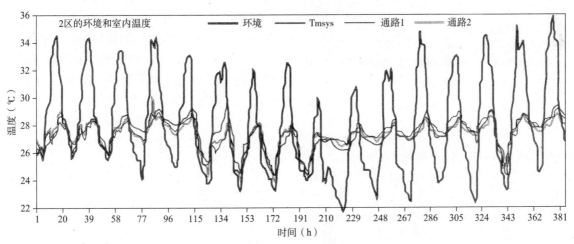

来源：格罗斯，1999年

图9.16 0.0层测量（通路1和2）、模拟（TRNSYS）和室外（环境）的气温

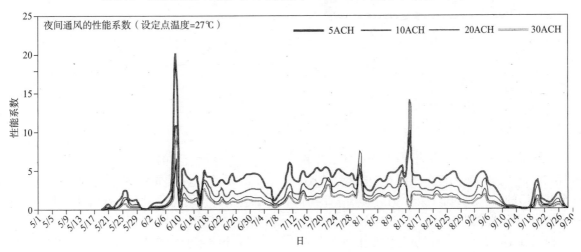

来源：格罗斯，1999年

图9.17 夜间通风的性能系数（COP）

由于建筑进深较小，且两侧开窗，其自然光环境因而相当均匀。由于室内为开敞空间，内墙表面具有高反射性，阳光能充分深入建筑。采光系数低于0.5的位置被用作档案存放或复印功能（见图9.18）。由于各层平面形状相同，各层采光系数基本是对称分布的。对上层的测量表明，天窗会显著影响采光水平。西侧窗户的采光系数是22%，北侧窗由于室外有遮挡物，采光系数为16%，而东侧面对共享庭院的窗户，其采光系数只有12%。

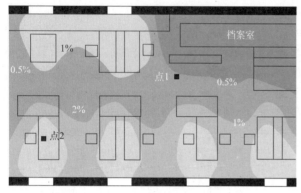

来源：A. N. Tombazis及合伙人建筑事务所

图9.18　建筑—1.63m层的采光系数

所有东、西两侧的洞口都配备了人工控制垂直室外电动织物百叶，位于墙外侧15cm处，用于遮阳和控制眩光。主楼梯井的大天窗，在其南侧安装了遮阳板。

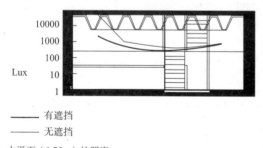

—— 有遮挡

—— 无遮挡

水平面（0.75m）的照度
时间：1996年7月6日，地方标准时间10:20

来源：A. N. Tombazis及合伙人建筑事务所

图9.19　无遮挡水平面照度

当百叶同时闭合时，室内照度相比阳光直射时将减少95%。室内遮挡部分照度水平的减少与这一点到窗口的距离呈反比。夏至时，地方标准时间15:00后，阳光将进入室内，冬至时则在14:30以后。通过使用遮阳装置，可以避免在工作面上形成光斑。朝东的窗户的问题则是，由于面朝庭院，白天大多数时间阳光都被遮挡，夏至时早上（地方标准时间9:00之前）的光斑更为令人生厌。

总结

这座办公楼是从节能角度出发进行建筑设计的良好实例。建筑的形式、朝向以及室内（开敞空间）布局，都有助于根据当地气候，实现节能和自然采光的目的。建筑能源管理系统可以控制建筑中的多种系统（吊扇、夜间通风风扇等）。研究和测量结果表明，建筑在自然采光和遮阳两方面之间获得了平衡。靠窗设置的工位和人工控制遮阳装置可以有效利用和控制自然光。

通过使用吊扇和夜间通风技术，建筑获得良好的保温性能，减少供冷带来的能耗。针对夜间通风的研究表明，目前使用的通风系统尺寸过大。两个夏季夜间运行的排风扇的每小时换气次数（ACH）约为25次，由于性能系数会随风速降低而提高，目前的送风系统的性能系数偏低（见图9.17）。另外，每小时换气次数为25时，性能系数通常高于2，几乎和空调系统的性能系数相近。这一经验表明，采用类似的供冷技术前，有必要进行更为详尽的研究。

案例研究2：Avax办公楼

表9.2

名称：	Avax S. A.建设公司
类型：	办公建筑，位于Lycabettus山
位置：	雅典市中心

概况

项目位于雅典市中心的Lycabettus山，是希腊一个主要建设公司的总部。

项目的目标是要建成一座真正环保的建筑，容纳公司日益增长的需求，强调其专业性，并为使用者提供舒适的环境。

设计的主要概念是适应性。建筑对于自然环境作出响应，能够将自身能耗控制在较低的水平，不对环境造成不必要的污染。

从美观需求出发，建筑需要表现这座充满活力的年轻的建设公司的特点，采用现代的、高科技的建筑手法，这些目标都深刻影响了整个设计过程中的材料和建造手法应用。

设计的主要概念是利用自然光，将人工照明作为后备系统。为了控制太阳得热，建筑设有可动式侧面遮阳叶片（side-fins）装置。夏天夜晚，建筑可开启机械通风系统，通过夜间通风实现预冷（pre-cooling）。此外，建筑办公空间安装了可人工控制的吊扇。采用这些装置扩大了建筑的舒适区。此外，中央供冷系统（气/水热泵）与冰蓄冷系统（蓄冰式水池）相结合，也成为建筑的一个重要组成部分。

位置和气候

项目位于雅典市中心，Lycabettus山的山坡上（见图9.20）。周围建筑密集，东侧有一定的视野景观，西侧与其他建筑毗邻。气候特点同案例1。

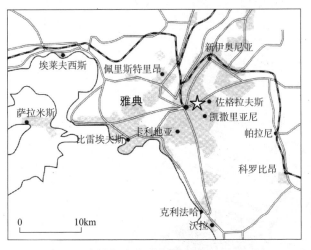

图9.20 建筑位置（星形表示项目所在位置）

建筑描述

Avax楼建于1998年（见表9.3）。建筑师为Alexandros N. Tombazis，助手为N.Fletoridis（Meletikiki公司：A. N. Tombazis及合伙人建筑事务所）。位于雅典市中心Lycabettus山的山坡上，基地面积约为500m²，处于建筑密集区，面朝东侧，清晨沐浴在阳光中，西立面为开敞式，被周边建筑

所遮挡。

楔形基地、建筑朝向，以及干热天气主导的雅典气候条件，都成为决定建筑设计的主要因素。

Avax项目时间表

表9.3

设计：	1992年2月～1992年10月
建造：	1993年2月～1998年5月
入住：	1998年6月
测试：	1998年9月～1999年9月

建筑南北向布置，面朝东方（见图9.21、图9.22），背面和侧面与其他建筑相邻。充分利用规范允许范围建造，首层前、后都设有开放空间，内部设有庭院。

来源：A. N. Tombazis及合伙人建筑事务所

图9.21 建筑东立面的玻璃面板闭合时

建筑总面积3050m²，地下3层，地上为入口层和三个相同的办公层，顶层有管理用房和屋顶花园。

来源：A. N. Tombazis及合伙人建筑事务所

图9.22 建筑东立面的玻璃面板开启时

各主要功能区（办公室、会议室）设于玻璃幕墙两侧，以交通空间与其他服务空间（厕所、分隔和垂直交通核）分隔。每层都被分为前/活动区和后/服务区，可根据未来的使用需求，调整各层布局的开放程度。室内空间采用落地玻璃隔断和活动的家具进行分隔，获得开敞而通透的效果。

建筑被设计为一个朝东的线性气候感应器。东立面为双层立面，外层可保护内侧的玻璃，可选择性地控制得热和采光效果。外立面的5根16m高的混凝土柱强调了建筑的结构体系，墙面由定做的遮阳叶片和玻璃面板组成，这些叶片为中间层提供遮阳功能，图9.21、图9.22显示了叶片开启和闭合时的情况。

来源：A. N. Tombazis及合伙人建筑事务所

图9.23　建筑室内照片

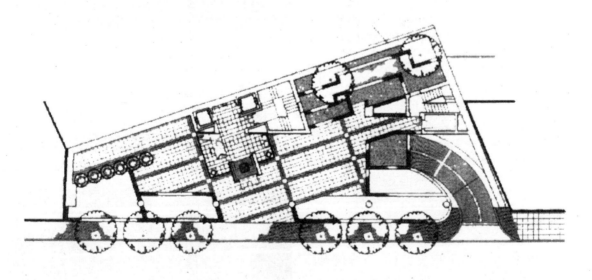

0 1 2　5M

来源：A. N. Tombazis及合伙人建筑事务所

图9.24　Avax楼平面

图9.23是建筑室内照片，其中第一张清晰显示了玻璃面板闭合时的效果。

图9.24、图9.25为建筑的平面和剖面。

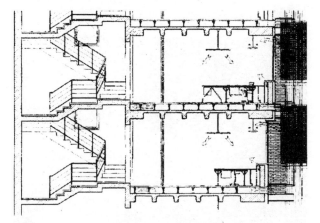

来源：A. N. Tombazis及合伙人建筑事务所

图9.25 Avax楼剖面

主要特点

建筑设计充分挖掘了该地区自然采光的潜力。通过两个重要措施：窄长的办公空间（工位都设于窗边，见图9.26）和东立面的"智能"渗透性（见图9.27）。标准办公室的规格（面宽7m，进深3m）提高了这些空间的日照水平。需要强调的是，由于西立面和其他建筑毗邻，不需要采取专门的遮阳措施。

来源：A. N. Tombazis及合伙人建筑事务所

图9.26 工位所处位置

设于东立面外侧的遮阳叶片是建筑主要的采光设计中的重心（见图9.27），组成垂直的丝网印刷玻璃面板，能够充分遮挡立面受到的阳光照射，减少室内空间的太阳辐射。遮阳叶片的另一个重要特点是能够根据温度和太阳辐射进行自动调节。也可以采用人工红外线远程遥控进行调整，确保这些装置的正确朝向。其外侧附加了一组固定的白色水平金属格栅用于遮阳。顶层和夹层的遮阳采用传统的外设活动百叶，这些百叶也可由中央系统或人工控制。

来源：A. N. Tombazis及合伙人建筑事务所

图9.27 室内外可移动遮阳叶片

侧窗和天窗（每个办公区一个）都可以人工控制。每个窗户的高为1.7m，上半部分（1/3窗高）对应采光，而下半部分（2/3窗高）用于观赏景色。西立面的窗墙比仅为10%，而东立面的开窗比则为45%。所有窗户安装的都是透明双层玻璃，U值为2.8W/（m^2·K）。

高效的自然采光系统使得人工照明系统成为后备系统。为了尽量减少能耗，设计还同时采用了多种理念。浅色的墙面和顶棚可以增加光线的漫射，每个工位配有可供使用者调节的工位照明，而普遍间接照明的水平较低（平均200~250lx）。使用最多的光源是高效荧光灯。专门的自动系统可根据自然采光水平，控制人工照明水平。为了确保照明系统的效果，使用者也可以通过红外线遥控措施，控制这些自动运行的系统。通过安装在场人数探测器，可以根据使用者的多少调整普遍照明系统的开关。此外，在停车场还安装了照明控制系统，只有在车辆移动的时候才开启照明系统。

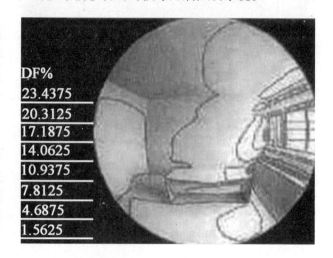

来源：A. N. Tombazis及合伙人建筑事务所

图9.28 墙体通透或阻隔情况下的房间采光系数分布

暖通空调系统用作后备系统。架空地板下可安装局部空调机组，满足局部负荷需求，提供新鲜空气，担负自然通风的送风和排风。架空地板因而成为通风装置。

建筑能源设计的目的是通过采用各种被动供冷技术，减少/避免空调系统的使用。为了更有针对性，在炎热季节可采用室外遮阳叶片来控制太阳能获得，并尽量避免人工照明系统产生的室内发热。此外，还采用了夜间通风技术，即在每晚21:30至次日7:00，当室外气温低于室内气温时，机械通风系统会以每小时30次的速度进行换气，作为建筑的"预冷"措施。在夏季还会以人工控制的吊扇作为混合供冷措施（见图9.26），可将舒适区由25℃提高到29℃。最后，还有结合冰蓄冷系统的中央供冷系统（空气/水热泵）。

这些设备受到，中央建筑能源控制系统控制和调控。建筑能源控制系统可以通过适当的遮阳和夜间通风措施，减少供冷负荷。此时，使用者也能协助减少能耗（开窗，在需要时选择使用吊扇或是空调机组）。

使用效果

正如前文所述，建筑的主要采光特点就是遮

阳叶片，遮阳系数达70%，可根据温度和太阳辐射自动转变方向。可使用辐射率软件工具扩展模拟评价遮阳叶片效果。图9.28是计算得出的典型办公室空间采光系数。图中显示的采光系数在2%~23%之间，工位高度的采光系数为10%。

建筑进入使用后，其实际运转情况一直受到监测，监测的参数包括以下几方面：

- 环境气温和相对湿度；
- 室内气温和相对湿度；
- 实际能耗。

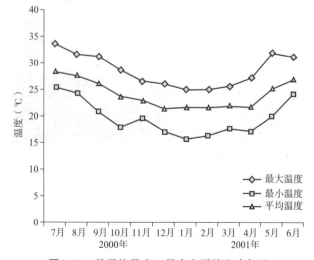

图9.29 月平均最小、最大和平均室内气温

根据监测结果，每层的室内气温都非常均衡。各种不同空间因使用功能不同造成的温差在0.5~1.0℃之间。平均室内温度变化，冬季为21.5℃，夏季为28.5℃。实现这一水准需要运行供热和供冷系统，属于可接受的热舒适性环境。

图9.30为检测阶段内的监测室内相对湿度，结果表明室内相对湿度在23%~61%之间波动。

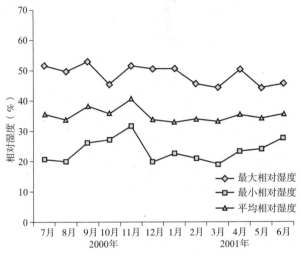

图9.30 月平均最小、最大和平均相对湿度

图9.31为各类用途的年均能耗，需要强调的是，由于热泵机组承担了供冷和供热两方面的功能，建筑能源控制系统记录的是二者的总能耗，而不能将供冷和供热的能耗分开统计。下图显示，年低压能耗接近80kWh/m²（设备、电梯和其他除供冷、供热和照明之外的耗能设备消耗的能源）。暖通空调系统中有一台中央热泵，其供热、供冷能耗为34kWh/（m²·年）。人工照明系统能耗接近15kWh/m²，而风机盘管和送风系统的能耗为12kWh/m²。

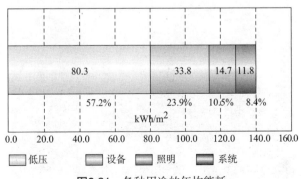

图9.31 各种用途的年均能耗

低压设备的高能耗是由夜间通风系统（独立于暖通系统之外）、冰蓄冷、吊扇、遮阳叶片运动等因素造成的，年能耗接近于140kWh/m²。

结论

Avax办公楼是结合多种被动混合技术的建筑实例。在设计过程中除了上面已经谈到的，还考虑了以下环境问题：

- 材料和构件的蕴藏能源；
- 减少二氧化碳排放量；
- 避免破坏臭氧层的物质；
- 使用天然材料；
- 使用经营林（译注：砍伐一棵树后就种植一棵树）的木材。

遮阳叶片的运行有效地控制了太阳能获得和对自然采光的利用。但正确的设计形式和尺寸因而尤为重要。例如，夜间通风的应用使得气流速度增加，因而需要安装大容量风扇。风扇的运转能耗，甚至比因为采用夜间通风措施而为第二天减少供冷负荷节约的能源还要多。此类装置的其他问题还包括风扇发出的较大噪声，特别是当建筑坐落于住宅区中时。在本项目中，周围住宅楼的居民就经常抱怨夏季夜间风扇造成的巨大噪声。

人工控制吊扇是可行的，但通常应与建筑能源控制系统结合才能发挥更高的效率。

使用人数感应器也是减少人工照明能耗的有效手段，但设计者应注意，将此类感应器安装在人员出入频繁的空间才能发挥较大效率，比如走廊、车库等处。

建筑能源控制系统能够控制通风、遮阳和后备空调系统，安装这一系统不仅可以减少能耗，实现对建筑的监控，还能改进各种系统的运行并提高效率。

案例研究3：Ampelokipi住宅楼

表9.4

名称：	Ampelokipi住宅楼
类型：	住宅楼
位置：	雅典市中心，希腊

概况

该项目位于雅典市中心的Ampelokipi居住区，靠近希尔顿酒店，用于居住。

狭小的地块，以及为了尽可能增加太阳能收集表面，这两方面的需求造成了建筑的垂直形式。

建筑的热学设计具有突出特点。设计要点包括南立面的温室；在外围护结构适宜位置上使用的特朗布墙；太阳能集热器；天然气辅助供热系统；使用生物质能木材的传统壁炉。

建造目标是节约冬季消耗的热能：将太阳能空气加热（solar-air heating）方式和能源收集构件等设计元素用于该住宅设计。通过要求实现一定的经济限制目标，优化建筑设计和太阳能收集的效率，改较为主动的高级技术为被动的太阳能收集方式。

为了保持较低的初始成本，解决整个项目因使用蓄热罐（heat tanks）、强制气流和简单日常系统（day-to-day system）等措施带来的限制和技术问题，各种需要的元素都被设计为建筑传统构造的一部分。

位置和气候

建筑位于雅典市中心的Ampelokipi区，属于城市建成环境中的居住区，周边交通繁忙（见图9.32），气候特征同案例1。

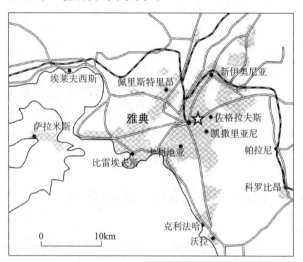

图9.32　建筑位置（星形表示项目所在位置）

建筑描述

项目建于1986年，建筑师为Katerina Spiropoulou，

位于雅典市中心的Ampelokipi区。建筑为半独立住宅，面积为210m²，体积为900m³。城市和建筑规范，周围高耸建筑形成的密集的城市建成区，以及狭小的用地，这些限制条件使得建筑不得不采用垂直形式（见图9.33），这同时也影响到内部居住空间的组织。

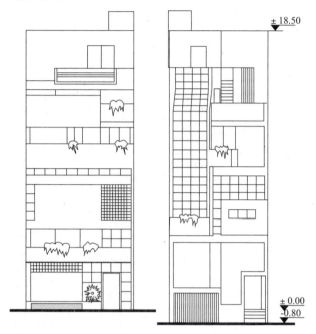

来源：Katerina Spiropoulou

图9.33　Ampelokipi楼剖面

来源：Katerina Spiropoulou

图9.34　建筑南立面

建筑为供一家四口使用的四层住宅，于1986年入住。其建筑形式相比周边建筑更为现代，设于各立面的被动太阳能系统成为其主要特点。建筑南北向轴线沿顺时针旋转，因此主立面没有和街道轴线平行，而是形成了18°的偏角。南北两侧的主立面分别面向Likias街和Avlidos街，另两侧则紧贴着相邻的建筑物。

来源：Katerina Spiropoulou

图9.35　建筑室内照片

项目用地面积狭小，仅有99m²，家庭需求和周边高耸的建筑物促使设计垂直向上发展。首层层高5.5m，用作店铺，以及中央供热设备和其他辅助用房。居住空间因而设于5.5m标高以上，包括三个完整的楼层和一个13m²位于一层、二层之间的小夹层。一层为起居室、餐厅、厨房和储藏室（见图9.36a）。二层为儿童房、客房和浴室（见图9.36b）。三层为父母卧室、必备的辅助空间和书房（见图9.36c）。四层面积最小，容纳了两个工作室。阳光室设于卧室层上方，9m标高处（夹层）。图9.36为各层平面。

建筑内设有由40个感应器和一个数据测量表组成的监测系统，用于测量外界气温、总太阳辐射、外界空气相对湿度、风速、风向等气候参数。对于室内空间主要测量下列数值：各层和阳光室的气温、空气相对湿度、耗电量、耗煤气量和空间供热系统的体积流量。图9.37表示建筑中气象站、温度感应器、湿度感应器的位置。

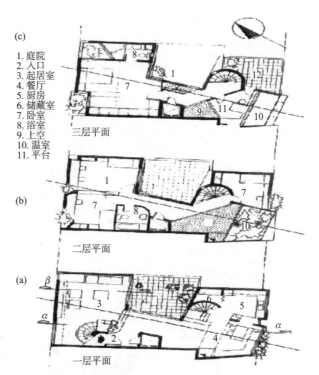

1. 庭院
2. 入口
3. 起居室
4. 餐厅
5. 厨房
6. 储藏室
7. 卧室
8. 浴室
9. 上空
10. 温室
11. 平台

三层平面

二层平面

一层平面

来源：Katerina Spiropoulou

图9.36　建筑平面

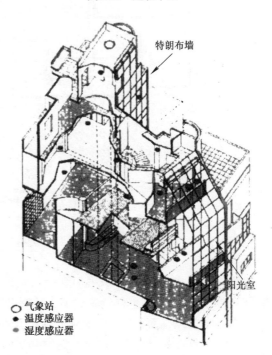

特朗布墙

阳光室

○ 气象站
● 温度感应器
※ 湿度感应器

来源：Katerina Spiropoulou

图9.37　Ampelokipi楼轴测图，标出气象站和感应器的位置

主要特征

设计的目标是充分利用太阳能以节约热能，

其中包含三个主要因素：温室/阳光室，外立面凹槽的特朗布墙，南立面开窗的直接太阳能获得。

建筑最重要的设计元素是阳光室。温室朝南，以获取间接太阳能获得，作为过渡部分，连接室内外空间。阳光室成为建筑的关键部分，从室内外的各个角度几乎都能看到它，经过绿化，这里成为一个花园，在密集的城市建成区中营造出少有的自然氛围。温室面积达19m²，有两层半高（9m），金属框架结构上装配单层强化玻璃，以确保安全。温室和室内空间之间是单层玻璃，为居住空间和楼梯提供自然采光——自然采光对于长条形的建筑和外形狭窄的立面而言，是非常珍贵而稀缺的资源。空气经过温室加热上升到达卧室所在的上方楼层，为了让暖空气进入起居室，设计以小型风扇作为空气传输系统形成强制通风（见图9.38a）。

温室玻璃外围护结构上的不规则开洞和顶部换气口（damper）可防止在夏季出现过热现象（见图9.38b）。对于温室的遮阳，并没有进行过多考虑，唯一的遮阳措施是室内铝涂布窗帘。

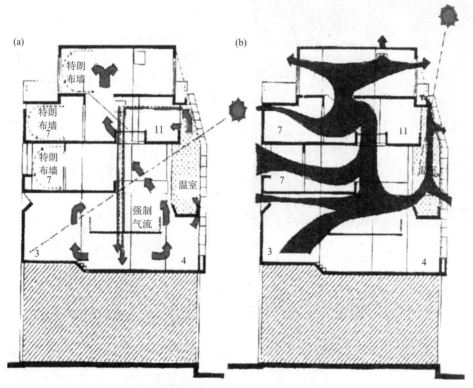

来源：Katerina Spiropoulou

图9.38 冬季、夏季室内气流

建筑的另一个重要特点是用于减少供热能耗的特朗布墙。外立面的适宜位置设有两个特朗布墙。其中一个朝东，面积8m²（在厨房和客房的外墙上），另一个朝南，面积30m²（在卧室和浴室外侧）。由于特朗布墙的较大部分为建筑自身遮挡，因而特别针对其成本进行了分析。特朗布墙由钢筋混凝土和实心砖制成。外围护结构为金属框架，装配强化玻璃，某些位置设有外开洞。

上述均为多层特朗布墙，将热空气分别送往各层。通过特朗布墙上下部分之间的换气口实现空气循环。与窗户相对的是形状相同的对外开口，作用是增加夏季系统和建筑的通风（见图9.38b），协助维护墙体外部构件。在两个相对的窗户之间，是防止热损失或过热的旋转百叶。

白天，漫射和间接太阳辐射会使室内温度大幅升高。部分辐射被储存在建筑热质量，即特朗布墙中。到了晚上，储存的热量被释放出来，将室内温度保持在一个相对较高的水准上，这时外卷帘百叶和窗帘都是闭合的，以减少室外环境的热损失。到了夏天，由于上文提到的遮阳不充分，空气对流成为唯一的自然降温措施。

　　白天，换气口处于闭合状态，通过玻璃外围护层的开口解决特朗布墙的过热问题。值得注意的是，开放的室内空间结构会产生温差层（significant temperature stratification），使得热空气上升，建筑因此成为一个烟囱，靠上的楼层显得更为暖和。据测量，底层和顶层之间会有3℃的温差。

　　另一个重要元素是南立面开口的直接太阳能获得。南立面开口（总面积为19m²）增加了各个空间的太阳辐射。一层和二层之间的夹层使得阳光和自由空气对流能够深入建筑。南侧开口偏东18°，所有的玻璃都由金属框架支撑。北立面采用双层玻璃，其他玻璃窗安装的则是单层玻璃，出于安全考虑选择了强化玻璃。外卷帘百叶用于夜间保温隔热，没有内部绝热层，窗帘则为室内遮阳。

　　此外，还采用了各种措施以降低能耗。使用太阳能集热器为住户供应热水，偶尔还可以点燃餐厅里的传统壁炉，壁炉的烟囱同时可用于在房间内产生更多的热空气。

　　当然，建筑仍然配备了辅助供暖系统。辅助供暖系统由天然气锅炉供热，配有局部温度调节装置，以节约燃料。

使用效果

　　在供热季，室内温度会因漫射和间接太阳辐射而显著上升。部分辐射储存在建筑热质量中，主要是墙、地板和特朗布墙。图9.39为建筑外围护结构中实墙和玻璃部分所占比例。

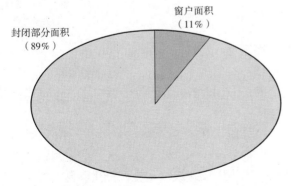

图9.39　建筑外围护结构中封闭和透明部分所占比例

　　图9.40是建筑的供热能耗。太阳能系统满足了

建筑42%的供热能源需求，而偶发得热（incidental gains）占28%，其他太阳能获得满足了2%的热需求量。辅助供暖需求只有28%。

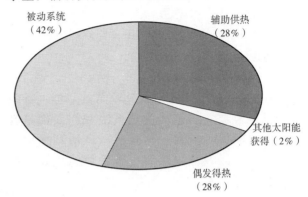

图9.40　热能消耗

　　由于建筑的主要目标是节约冬季供热热能，辅助供暖的能耗只占28%，证明建筑热环境设计是成功的。建筑72%的供热需求由太阳能和内部得热满足。和以传统方式设计的同类建筑相比，如果要达到同等水平的热舒适水平，传统类型建筑年均能耗为12362.2kWh［59kWh/（m²·年）］，而这座具有被动太阳能系统的建筑，其辅助供热系统的实际年均能耗为5380.2kWh［26kWh/（m²·年）］。

　　图9.41表示供暖季的热负荷和建筑被动系统获得的总能源。系统平均效能接近于74.8%。

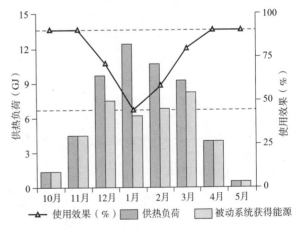

图9.41　建筑月均供热负荷和被动系统使用效果

　　热舒适条件基本得到满足。设计者，同时也是这所房子的住户证实，夏季的垂直和水平对流都达到了有效的自然降温效果。

室内温度始终保持在舒适范围内。只有每年7、8月间暑期休假房子里无人居住，因而没有自然通风时，温度才会达到32℃。舒适区的温度范围在19~28℃之间。

结论

Ampelokipi住宅是居住建筑节约热能设计的良好范例。建筑的被动供热系统和朝向都是其中最重要的设计元素。建筑适应环境和当地气候的方式，以及减少二氧化碳排放的成效都值得称道。

密集的建成环境、狭窄的街道、高耸的建筑和有限的立面，这些都成为被动太阳能设计的难题。建筑通过竖向设计解决了上述困难。外围护结构细致的保温设计和北立面小面积的开口能够满足建筑内部的热舒适环境要求，同时减少了冬季能耗。夏季遮阳措施相对较为缺乏，特别是缺少遮阳装置的温室。南北侧开窗形成的空气对流缓解了夏季过热现象。

各层之间可相互眺望，通过室内挑空部分产生垂直联系，使得各个空间能产生交流，并在整个建筑中形成良好的通风和空气循环，这在夏季更是必不可少的。此外，进入室内的太阳辐射也提供了良好的自然采光环境。

从使用者的观点出发，对外开口的设计应该根据季节进行调节，减少冬季空气渗透。双层玻璃也能够改善热舒适性，并降低噪声水平。

夏季，所有外窗都会打开，顶部和特朗布墙之间的换气口也会开启，以促进通风。在有玻璃窗的位置，墙和玻璃板之间会安装反射窗帘。

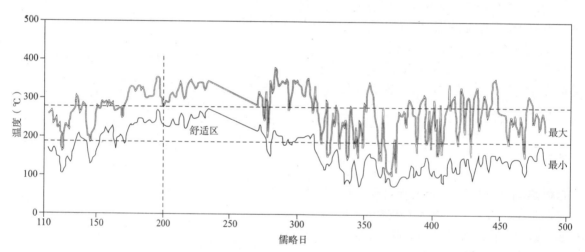

来源：Katerina Spiropoulou

图9.42　每日建筑不同位置最大、最小温度值

案例研究4：Bezigrajski dvor：卢布尔雅那节能小区

表9.5

名称：	Bezigrajski dvor
类型：	民居聚落
位置：	卢布尔雅那市中心

概况

Bezigrajski dvor小区位于市中心，这里以前是一处军事营房。

设计阶段没有对小区的设计进行空间限制。设计师希望设计一个低密度社区，房屋间距得当，既能确保住户私密性，又能充分获取自然采光。

位置和气候

卢布尔雅那市位于斯洛文尼亚的中部：北纬

46.5°，东经14.5°。图9.43为小区位置，城市气候属于大陆性，每年日照时间为1660h，日度为3300K·天/年。月平均温度和太阳辐射通量（solar irradiation）见图9.44。平均每年有160个降水日，降水量为1220mm。

图9.43 小区位置（左为斯洛文尼亚地图，右为卢布尔雅那城区局部）

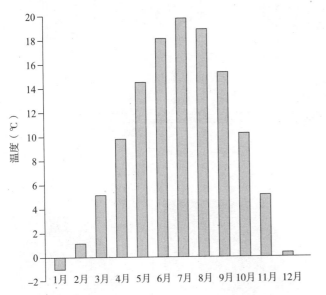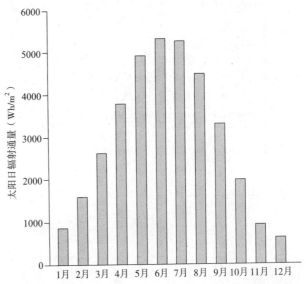

图9.44 卢布尔雅那月平均气温和太阳日辐射通量

小区描述

该小区于1998年建于卢布尔雅那，由建筑师Andrej Mlakar设计。在小区的南北两侧，沿主要交通道路建有两栋较高的商务办公楼（7层），同时限定了小区内的视觉景观。两栋大楼作为坚固屏障，同时也为小区阻挡了进入噪声。三组较矮的住宅（4层）各自围合形成三个院落，建筑之间的最小间距等于建筑高度，提供充足的用于采光、绿化、活动和步行道路的室外空间（见图9.45和图9.46）。

整个小区下面设有两层停车场，停车场顶板上方覆土高80~120cm，可种植乔木和灌木，用以削弱热岛效应。

住宅楼每层容纳4个户型，每个户型都在一角设有被动供热阳光室。这些空间（阳台）同时也是住宅与室外景观的联系。阳光室不设供热设备。夏季，室外可移动遮阳装置可以覆盖全部玻璃窗，为住宅遮蔽阳光（见图9.47、图9.48）。

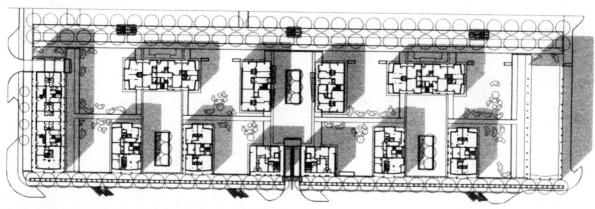

来源: Andrej Mlakar u.d.i.a., Bureau Krog d.o.o., 卢布尔雅那

图9.45 Bezigrajski dvor小区平面，投影区表示太阳高度角为45°，方位角为-45°（4月10日10:00）时的建筑阴影

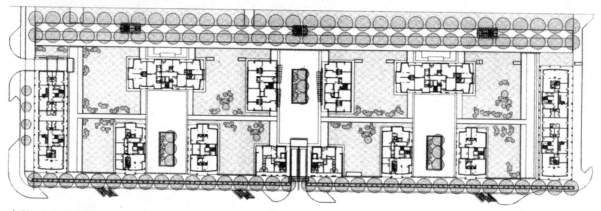

来源: Andrej Mlakar u.d.i.a., Bureau Krog d.o.o., 卢布尔雅那

图9.46 绿化缓解了小区的热岛效应

图9.47 从东北侧看Bezigrajski dvor小区

图9.48 阳光室的南立面和东立面，建筑东立面设有外遮阳装置，窗户设有夜间保温措施

供热

小区与距离172km的远程供热系统相连接。该系统主要为热水供热，部分为蒸汽供热，主要供应工业用户（见图9.49）。集中供暖系统全年运转，有两个中央供暖厂，同时提供热量和电力，燃料为中等重度油（medium-weight oil）和煤。

来源：公共健康协会（Institute of Public Health），斯洛文尼亚共和国，卢布尔雅那市政府，1998年

图9.49　集中供暖系统的热水（黑色）、蒸汽（红色）管网及各自的热力厂，图中黑点为Bezigrajski dvor小区

尽管交通量增加了，但测量显示，近10年来，空气中的污染物浓度在减少。图9.50表示近10年来市中心二氧化硫浓度减少的情况。

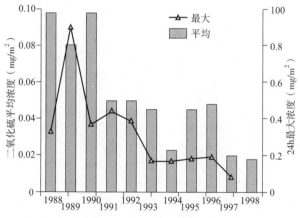

来源：公共健康协会，斯洛文尼亚共和国，卢布尔雅那市政府，1998年

图9.50　卢布尔雅那市中心二氧化硫平均浓度和24h最大浓度

市中心的污染物排放量之所以能减少，有赖于以下几个方面：

• 远程供热网的扩展（热力增加29%，悬挂分离式锅炉的热力达到110MW）；

• 设立天然气配送燃气网络（近10年燃气网络延长了150km）；

• 改善燃料供冷（一般情况下，中等重度油的硫含量从1.5%降低到0.7%，煤的硫含量从2.5%降低到0.3%）。

图9.51　Bezigrajski dvor小区热力分站

使用效果

采用LT Method 4.0对小区的能源效率进行了评价。

LT法是一种计算建筑能源性能的设计工具，根据剑桥建筑研究公司（Cambridge Architectural Research）剑桥大学马丁中心（Martin Center, University of Cambridge）的模型综合发展而来。操作过程简单，只需要一根铅笔和一个计算器。LT法使得设计者能够在设计的初始阶段，预测建筑未来的能耗。LT Method 4.0主要关注建筑形式和规模，建筑结构U值，玻璃窗的面积、类型和分布，空气渗透，内得热，是否有阳光室或中庭，是否有供热系统等数据，同时还能得出年均主要能源使用情况和供热、照明、供冷等过程最终产生的二氧化碳的数量。不同设计选择导致的结果可以综合到一个表格内，完成各能源组成相对重要性的图表。根据气候条件和建筑外围护结构的表面积体积比（surface-to-volume ratio），选择合适的表格。供热量主要受到冬季气温的影响，表达为供热度日数，其次是能够获得的太阳辐射。上述两个天气变量划分出三个气候区，每个气候区都各有三个工作表，计算不同程度的建筑外围护结构表面积体积比。

图9.52是图9.48中建筑的计算结果。建筑的实墙有良好的保温措施［$U=0.42W/（m^2 \cdot K）$］，窗和阳光室为双层玻璃［$U=2.8W/（m^2 \cdot K）$］。该表还提供了其他重要参数。

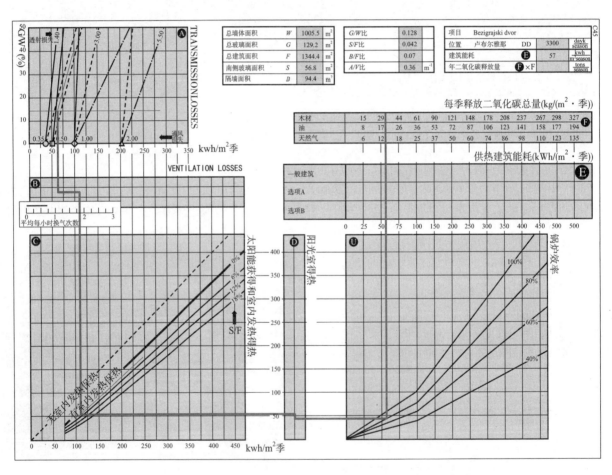

图9.52　Bezigrajski dvor小区某建筑采用LT Method 4.0的计算结果

结论

这些结果说明，如果不考虑室内发热和太阳能获得，建筑每季耗热量接近于110kWh/m²。来自于人体、照明和设备用电造成的室内发热，和来自于南向开窗和阳光室的太阳能获得，减少约40%的供热耗能需求。

案例研究5：双层立面商务楼

表9.6

名称：	HIT中心
类型：	商务楼
位置：	诺瓦哥列卡市中心

概况

这座商务楼位于诺瓦哥列卡市中心，是一个可容纳多个公司办公的多层商务楼。建筑主立面为南立面，朝向街道。南立面主要采用双层玻璃立面，对外展示建筑的可持续特征。玻璃立面同时也为建筑提供噪声屏障，在面向街道的同时确保建筑的私密性。玻璃立面持久耐用而无须专门的维护措施。

双层玻璃立面可适应商务楼内不同类型办公室的工作条件需求。经过充分设计的双层立面减少了整个建筑的能耗。

位置和气候

诺瓦哥列卡市位于斯洛文尼亚西部：北纬45.6°，东经13.4°。建筑位置见图9.53。

图9.53　商务楼位置（左为斯洛文尼亚地图，右为诺瓦哥列卡城区局部）

建筑描述

该建筑由诺瓦哥列卡Stolp bureau的建筑师于1997年设计完成，设计主持人为Aleš Šuligoj，项目于1999年竣工。建筑与周边已有的商务办公和居住环境紧密结合，其主立面朝南面向街道，北立面面向停车场和其他商务、居住建筑。

建筑地下两层，均为停车场。首层东侧为商业银行，其余部分为小商铺和餐厅。上为三层办公楼层，用于管理和商务活动，包括多个不同类型的办公室、一个会议室和一个电视中心。顶楼主要为后勤用房。图9.54为建筑横剖面，可以看到南侧的双层立面。图9.55为建筑平面。

双层立面有一个单层玻璃和60cm的空气间层，与室内空间相邻一侧由轻型预制构件和 U 值为1.3W·m²/K的双层玻璃组成。外层玻璃为8mm厚的高效遮阳玻璃，光线透射率为50%。每个办公室在外层玻璃内侧设百叶帘（Venetian blinds）遮阳，可人工控制。

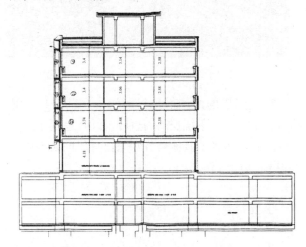

来源：Aleš Šuligoj，诺瓦哥列卡Stolp bureau d.o.o.

图9.54　建筑横剖面图，图左为三层高的双层立面

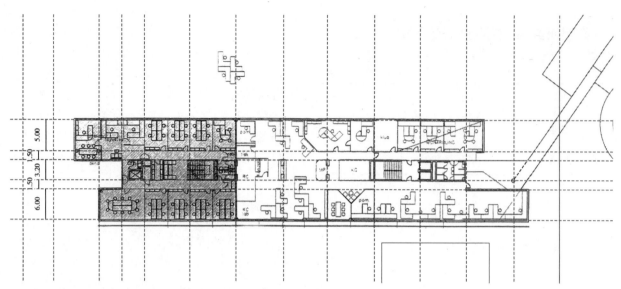

来源：Aleš Šuligoj，诺瓦哥列卡Bureau Stolp d.o.o.

图9.55 建筑首层平面

图9.56 商务楼南立面

空气间层的两侧都是封闭的，底部开口。顶部为由中央控制系统控制的百叶。叶片在夏季一直保持开启，而到了其他季节则只在空气间层温度高于40℃时才开启。

主要特点

建筑外围护结构是对建筑的热、照明和声学舒适性影响最为显著的组成部分。现代商业建筑的普遍规律是大规模使用玻璃外墙。然而，这种立面形式并不能产生最为理想的舒适性。大面积的玻璃有利于寒冷季节的自然采光和被动供热，但同样也会造成眩光和过热，由于温度不对等而产生热不适。新技术层出不穷，但"聪明窗、聪明立面"等技术的市场价格仍然过于昂贵。较为适宜的方式是通过综合使用各种建筑构件和概念，如选择性透过玻璃遮阳装置和可控通风措施，满足供热、供冷和照明等方面的用能需求。

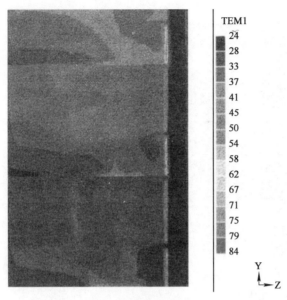

图9.57 双层立面温度的计算流体力学分析

大小。通过使用电脑流体力学（CFD）工具进行分析，确定了底部、顶部以及玻璃外立面不同的开口形状。使用电脑流体力学可以近似模拟双层立面缝隙间的自然通风气流速度。近似结果可输入瞬间传热模拟程序（transient heat transfer simulation programme），分析建筑的供热和供冷需求。在自然采光研究方面，可采用自然采光模拟工具LUMEN对不同类型、位置的遮阳百叶进行分析。

使用效果

根据多种模拟结果，最终选择总能源透射率为0.27，光线透射率为0.5的遮阳玻璃。人工操控的遮阳叶片设在立面每个窗户玻璃的内侧。底部气孔开启，顶部气孔则由自动机械挡板封闭。

图9.58列出了双层立面每个楼层的环境温度和气温，以及测试年最热的一周，各靠近双层立面的办公室的得热情况。

在本项目的设计过程中，对于各种选择进行了分析。其一是研究何种玻璃可以在提供充足自然采光的前提下，避免建筑过热的问题。其次还考虑了内外立面之间的开口排列方式和

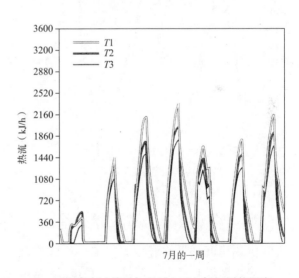

图9.58 双层立面的温度和得热。T_e：环境温度；$T_{f1} \sim T_{f3}$：不同高度（楼层）双层立面空气间层的温度；$T_1 \sim T_3$：各楼层典型办公室的得热

由建筑管理系统进行控制的暖通空调系统可以对双层立面内的温度进行控制。图9.59为2002年最热的一天，双层立面内不同高度的温度值。一天中的温度呈渐变趋势，证明立面间隙的自然通风的确是有效的。

建筑管理系统同时负责监测气候数据，图9.60为2001年6月的一周内测得温度与模拟温度的比较。

双层玻璃立面对于供暖能源需求的影响，可以通过将没有双层立面的朝北或朝南办公室的能耗，与有双层立面的朝南办公室的能耗数值进行比较得出。结果表明，朝南的办公室的供热时间比朝北的少将近2个月。图9.61是建筑各层的热量需求（不包括首层）。采用双层立面的朝南的办公室需要的供热能耗非常少。

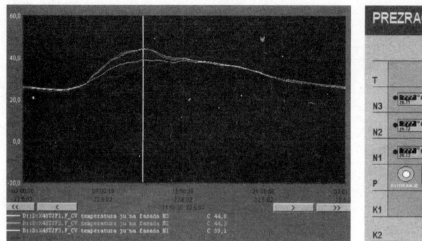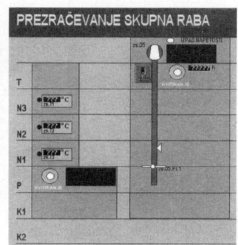

图9.59 2002年6月22日，双层立面测得温度；图示表明，各层立面空气间层的气温和环境气温。右图为楼宇控制系统显示双层立面温度的截屏

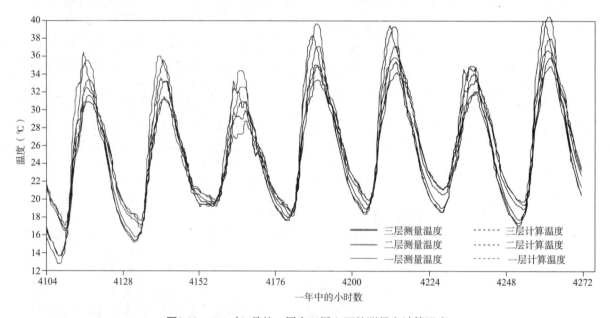

图9.60 2001年6月的一周内双层立面的测量和计算温度

实际供热房间的平均温度为23℃，可据此对图9.61中的数据进行修正，总体耗能为46.8kWh/（m²·年）。图9.62为按月测量的2001年的天然气消耗量，在计算这方面最终能源消耗时，按照锅炉效率为50.5kWh/（m²·年）进行。

双层立面的遮阳玻璃和百叶帘会减少自然采光。图9.63是使用采光模拟程序对自然采光进行的研究结果，左侧为带反射百叶的双层立面办公室，中间为带白色百叶的双层立面办公室，右侧为没有双层玻璃的办公室，数据全部采自阴天自然光水平照度为5000lx的条件下。

结果显示，在年平均采光系数为4%的情况下，有双层立面的南向办公室，比没有双层立面的要增加400~500h的人工照明。这相当于增加了4~5kWh/m²的照明耗能，但相对于节约的供热耗能要少很多。针对照度不够均匀的问题，在南侧的办公室采用了双区人工照明。

结论

本项目表明，双层玻璃立面可以持续减少供暖能源需求，因此，虽然消耗的电能稍大于照明用能，双层立面仍然属于节能构件。外层玻璃和百叶帘可提供遮阳，而朝南的双层立面的供冷则可以通过有效的通风实现。

这些成功的经验促使业主公司决定再建造一座具有双层立面的商务楼，解决夏季暂时性的过热问题。

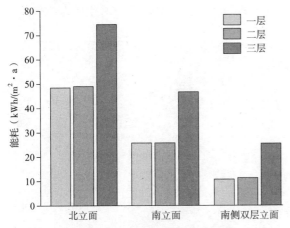

图9.61 办公室每平方米建筑面积供热耗能，测试年室内温度为20℃

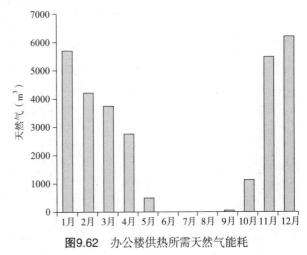

图9.62 办公楼供热所需天然气能耗

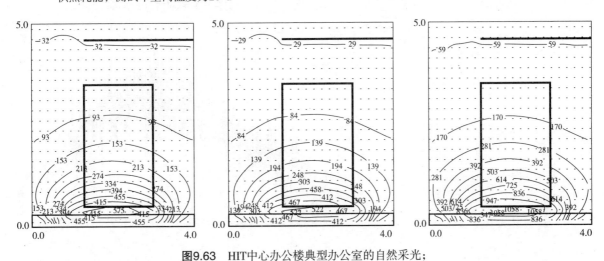

图9.63 HIT中心办公楼典型办公室的自然采光；
（左）带反射百叶双层立面办公室；（中）带白色百叶双层立面办公室；（右）无双层立面办公室

案例研究6：欧洲中心商务楼，带中庭

表9.7

名称：	欧洲中心
类型：	商务楼
位置：	卢布尔雅那

概况

欧洲中心商务楼位于卢布尔雅那市中心，为多层商务建筑，中心设有"眼形"的中庭。建筑北立面朝向繁忙的城市干道，南侧隔一条街道与一些居民楼相邻，形成狭窄的东西向街谷。建筑充分融入现有环境的商务建筑和部分居住建筑中。建筑在设计阶段就采用了若干创新的措施，减少供热、供冷和照明等方面的能耗。朝南的办公室采用经过特殊设计的通风系统，防止产生过热现象。在办公室内安装穿孔反射百叶卷帘进行遮阳，卷帘和窗户之间空隙设排气管，防止热空气进入室内。通过各种自然采光和通风措施分析，最终针对中庭的特点设计了机械通风系统。建筑于2002年中期投入使用，由中央建筑管理系统对于各种系统运转参数进行监测。

位置和气候

卢布尔雅那市位于斯洛文尼亚中部：北纬 46.5°，东经14.5°。建筑位置如图9.64所示。城市气候属于大陆性，每年日照时间为1660h，日度为3300K·天/年。月平均温度和太阳辐射通量见图9.65。平均每年有160个降水日，降水量为1220mm。

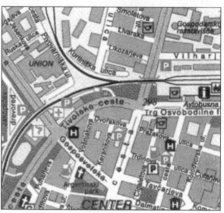

图9.64 欧洲中心商务楼位置（左为斯洛文尼亚地图，右为卢布尔雅那城区局部）

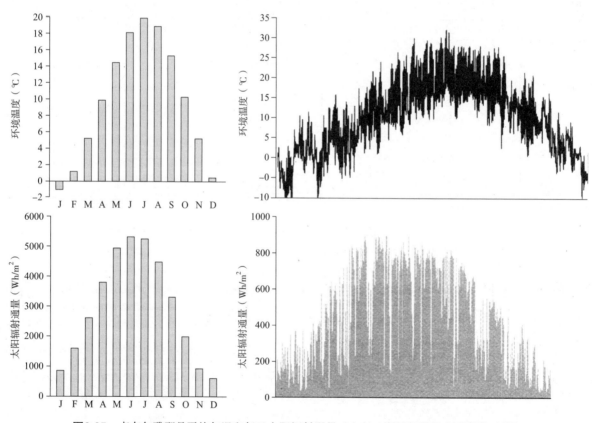

图9.65 卢布尔雅那月平均气温和每日太阳辐射通量（左），测试年的每小时数值（右）

建筑描述

该建筑于1999年由Gorazd Groleger、Samo Groleger和Davorin Gazvoda等三人为主的建筑师设计完成，与现有环境（主要为商务楼）进行了充分融合，于2002年中期投入使用。

地下共三层，用作车库。首层有若干小商

铺、一个餐厅和一个控制中心。二到七层用作商务办公。图9.66为建筑横剖面，不包括地下部分，图9.67为建筑二层平面。

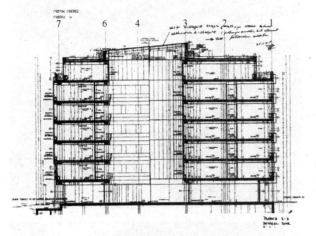

来源：Gorazd Groleger、Samo Groleger、Davorin Gazvoda

图9.66 欧洲中心商务楼横剖面

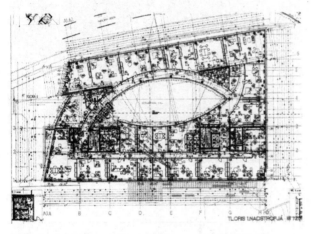

来源：Gorazd Groleger、Samo Groleger、Davorin Gazvoda

图9.67 欧洲中心商务楼二层平面

图9.68 欧洲中心商务楼北立面

北侧和西侧的玻璃幕墙外有带涂层栅格，U值为1.8W/（$m^2 \cdot K$），室内设有遮阳装置。

朝南办公室窗户的U值为1.4W/（$m^2 \cdot K$），采光面积为1.8m^2。在办公室内安装穿孔反射百叶卷帘进行遮阳。遮阳装置和窗户之间空隙通过机械通风进行供冷。新风由办公室北侧进入，防止产生置换通风（displacement ventilation）。

300m^2的中庭如同"眼形"，是建筑的交往和视觉中心，其顶部设有夜间照明设备，底层的玻璃隔墙的反射性表面则进一步强化了照明的效果。设计中不希望为中庭设置供冷设备，而是通过设计适当的机械通风和遮阳措施，防止中庭和建筑上部楼层产生过热现象。如图9.69所示，上面三个楼层与中庭之间安装了玻璃隔断，采用机械方式进行通风。

图9.69 "眼形"中庭

主要特点

建筑设计中研究分析了多种照明、通风和供

冷措施。

中庭采用高度通透的玻璃屋顶，不设置遮阳装置，中庭内部墙面均为反射性较好的玻璃，这些都增强了底层的自然采光效果。中庭北侧的六个楼层均安装玻璃隔墙，而在南侧则只有上面的三层设有玻璃隔墙（见图9.70）。人工照明以重点照明和镜面反射模拟自然光。

图9.70 部分模拟自然光的人工照明

根据建筑需要，夏季中庭不采用遮阳措施，而是以通风进行供冷。运用计算流体力学和瞬间传热分析确保中庭内的温度和气流速度不会导致热不适的情况。顶层上方侧墙安装了双向运转风扇，以产生必需的空气对流（见图9.71）。同样的风扇也可用于消防。根据图9.72所示的数字模

拟，在5~7层设置玻璃隔墙，防止靠近中庭的办公室温度过高。

图9.71 双向风扇安装前，中庭顶部侧面的开洞

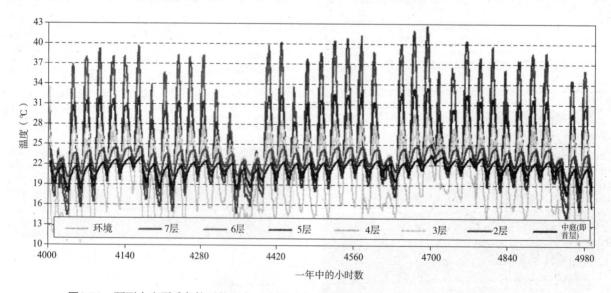

图9.72 预测中庭夏季条件下的温度：7层的空气对流（0.14m³/s），中庭的置换通风（4m³/s）

根据建筑师的要求，为了确保南立面的平整，其外侧没有采取任何遮阳措施，而是在室内设置了与通风系统配套设计的遮阳装置。窗户和反射百叶之间排出的气流带走了百叶的热量，使得气温和辐射温度维持在较低的水平上。这一系统根据计算流体力学模拟进行设计，详见图9.73。

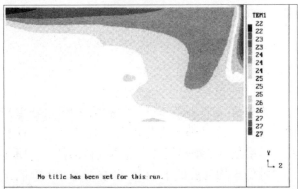

图9.73　南侧办公室的通风系统；通风设计的理念（上），夏日正午12时室内温度计算流体力学分析（中），建造过程中安装系统的照片（下）

使用效果

建筑于2002年夏季建成并投入使用。通过建筑管理系统对建筑设备系统进行监控和调整。建筑管理系统使得每个使用者都能对办公室的微气候进行调节。当前参数（见图9.74）可以通过中央控制室能源管理者的干预进行调整。

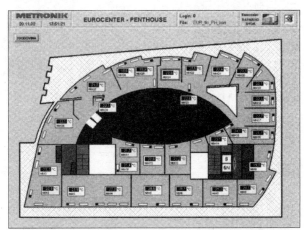

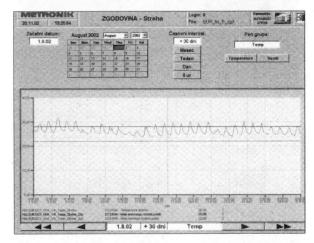

图9.74　测量月7层办公室温度（上）和中庭底层温度（下）

根据实际气候数据进行室内环境的数值判断。图9.75为2002年7月，即建筑投入使用的第一个月，中庭内测量温度和计算温度的高度一致。

结论

欧洲中心商务楼的设计是建筑综合设计的良好范例。项目设计伊始，各方面专家就与建筑师开始了密切的合作。设计采用多种节能技术，如节能照明和被动太阳能供热，未来使用过程中的监测结果将有助于我们评价这些措施的效果。

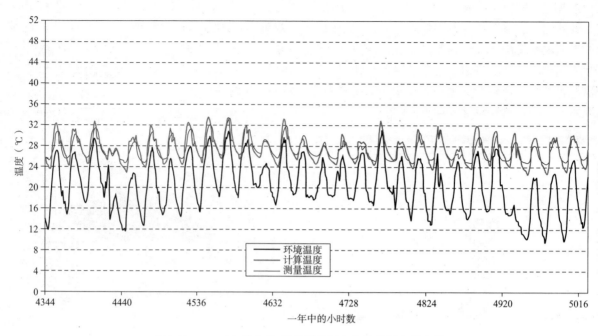

图9.75　2002年7月中庭7层处测量温度和计算温度的比较

案例研究7：波茨坦广场：办公、居住项目

表9.8

名称：	波茨坦广场
类型：	办公、居住建筑
地点：	柏林

概况

本项目是波茨坦广场开发计划总体规划的一个组成部分，位于德国首都柏林的中心地带，人口约为350万。项目是密集的，由三个院落组成，部分建筑高32m，三面为宽度仅13m的狭窄街道。东南向是一片开阔的绿地空间，提供景观、采光、通风和清晨的朝阳，因此庭院向这一方向开放。即便在这样的城市环境中，三座建筑（两座为办公楼，一座为住宅）的设计仍然采用自然通风。建筑设计为理查德·罗杰斯建筑师事务所（Richard Rogers Architects），合作机构为RP+K Sozietat工程师事务所（RP+K Sozietat Engineers）和剑桥建筑研究顾问公司［Cambridge Architectural Research Ltd (CAR) Consultants］。

位置和气候

德国东北部地区属于大陆性气候，夏季温暖，冬季寒冷，季节变化显著。建筑针对气候特点，尽量减少冬季热损失和夏季空调的使用。每年1、2月份平均气温低于0℃，夏季则为20℃左右。降雨量适中，年均降雨量为500~750mm。湿度较高，秋季常见大雾，冬季大多为阴天。降雪阶段较长，猛烈的北风通常伴随着严寒天气。

由于没有显著的热岛效应，该地区微气候的主要问题是遮挡和噪声。地块内的机动车交通，大部分集中在北侧，南侧和东侧街道则有一些局部交通（主要为送货）。该地区通过以地铁为主的公共交通措施得到发展，这也减轻了交通方面的问题。然而，随着商业街、咖啡厅、剧场和其他公共休闲设施的兴起，这一地区将会变得更为喧闹而繁忙。

规划限制条件，以及整个地区的总体规划［由皮亚诺、科尔贝克（Kohlbecker）设计］，对建筑的外形进行了严格的限制。要求建筑紧贴基地边缘，且高度大于32m，以确保城市空间的整体性和连续性。

柏林气候数据

表9.9

月	平均日照（h）	温度（℃）		相对湿度（%）		平均降雨量（mm）
		平均最低	平均最高	上午	下午	
1月	2	-3	2	89	82	46
2月	2	-3	3	89	78	40
3月	5	0	8	88	67	33
4月	6	4	13	84	60	42
5月	8	8	19	80	57	49
6月	8	12	22	80	58	65
7月	8	14	24	84	61	73
8月	7	13	23	88	61	69
9月	6	10	20	92	65	48
10月	4	6	13	93	73	49
11月	2	2	7	92	83	46
12月	1	-1	3	91	86	43

建筑描述

项目包括三个内院式建筑，北侧为两个办公区（首层和二层为零售商铺），南侧为居住区（底部三层均为零售商铺）。从概要设计中发展形成若干关键设计策略，充分注重建筑的节能和环保性能要求。

首先，决定将封闭的内院打开，面向东南侧的公园。尽管会损失一些建筑面积，但能使内院享受到公园的景致。开口（东南立面设计为退台）在冬季上午引入更多的阳光，使得街区北部能获得采光和通风（见图9.76、图9.77）。此外，在内院周边的办公室内，视线也能透过内院，看到公园的景色。最后，立面的开口也成为这组建筑在外立面上的主入口。通过一个建筑形式上的变化，就实现了上述多项效果。

另一项措施是为内院加上玻璃顶，形成中庭（图9.78）。这对于环保的好处在于可以形成热缓冲，在冬季减少热损失，并对空气进行预热，在夏季因热浮力效应促进通风，阻挡街道的噪声，为休闲设施（如咖啡厅和花园）提供舒适的环境。由于朝向中庭立面的热损失较少，可以在这里开设更多的玻璃窗，而不会流失热量，大面积开窗改善了室内采光条件（至少能够补偿中庭玻璃顶和结构遮挡的阳光）。

来源：理查德·罗杰斯合伙人建筑师事务所

图9.76 波茨坦广场东南立面，立面退台式的开口

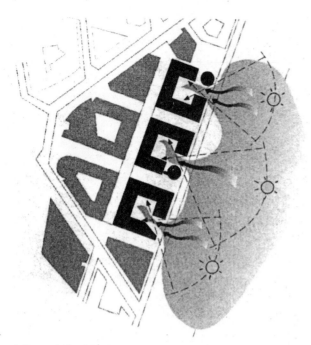

来源：理查德·罗杰斯合伙人建筑师事务所

图9.77　建筑形式的环境设计策略

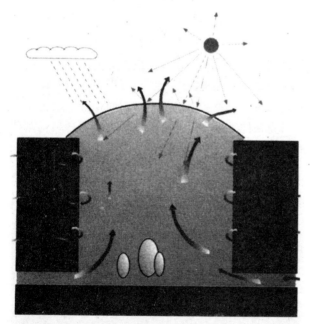

来源：理查德·罗杰斯合伙人建筑师事务所

图9.78　中庭环境设计措施

由于街道和内院都非常狭窄，首先要按照遮挡的水平决定适当的立面开窗比例。在顶部原本遮挡较少的几层，可以将遮阳措施与减少开窗面积相结合，减少太阳能获得。北侧的遮阳方式不同于南侧。建筑底部的遮挡情况是最严重的，为了获得更多的阳光，需要增加开窗面积，尽量少用遮阳措

施。面朝中庭的立面也按照这一方式进行设计。因此，为立面设计的"整套部件"（kit-of-parts）由简单构件组成，虚实结合，并与室内外可移动遮阳装置和可开启的立面固定构件结合（见图9.79）。

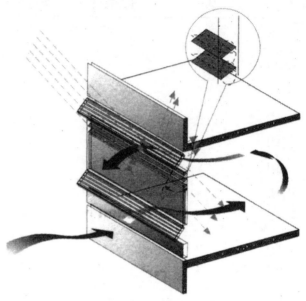

来源：理查德·罗杰斯合伙人建筑师事务所

图9.79　立面环境设计措施

室内布置方式如下：平面进深14m，可分隔为独立办公室或用作开敞办公，窗的上部和下部均可开启。穿孔悬挂吊顶可促进通风和室内空间辐射交换，并减少坚硬表面产生的不利噪声，为室内装修和照明系统的安装提供更多的可能性。沿周边布置的散热器可在平日早晨和冬季供暖，避免来自立面和洞口的冷下沉气流。室内无机械通风，不过可以使用中央水蓄冷系统（centralized chilled water system），为必要位置的冷吊顶降温（如室内发热量高的空间）。夜间通风时，较高楼层的窗可自动开启（见图9.80）。

来源：理查德·罗杰斯合伙人建筑师事务所

图9.80　室内环境设计措施

主要特点

上文的简略描述已经显示出，建筑的设计综合了一系列相互依存的低能耗设计措施，而不是通过个别特点来决定设计的成功。首先需要考虑的显然是通风措施，尤其是该项目处于市区环境中，并用作商务办公地产。建筑的主要通风特点是在中庭底层有直径1.5m的通风系统，贯通整个建筑（见图9.78）。这一通风设施能够从建筑的三个方向将新风引入中庭，能够满足为夏季中庭和周边办公室的降温需求。从室外天窗到中庭的距离为14m，并结合使用声屏障，显著减少了外界噪声对中庭的干扰。由现浇混凝土构筑的通风系统，能够结合夜间供冷，降低白天峰值时段新风的温度。

使用效果

建筑于近期建成并投入使用，目前尚未进行数据监测。设计时预期不使用供冷系统的话，建筑的能源性能为200kWh/m²，只相当于典型空调建筑能源的一半。目前尚不清楚在何种情况下承租者会调整制冷吊顶（chilled ceiling）设置，而又会如何影响能源使用。

对于过热问题的预测表明，通过综合使用自然通风、热质量、夜间供冷、采光和遮阳设计等技术，每年温度高于27℃的时间只有不到40h。这比使用阶段（100h）的预期目标低5%。

建筑造价约为2250欧元/m²，略高于普通的办公建筑。然而，建筑设计的质量却大大高于其他建筑，也使之成为先进的建筑。

结论

本项目证明了在市区内设计低能耗出租建筑的可能。成本增加是由于必须实现被动降低能耗需求，但这同样也能减少维护的费用。提供可选择供冷这一措施，尽管不是低能耗措施，但对于这类品质的商务出租办公建筑来说却是非常需要的。虽然目前还不确定应提供何种供冷，但有人提出，承租人会不适应被动系统，这些已经习惯了空调供冷办公环境的使用者可能会在进行室内装修时，要求设计师为他们安装供冷系统。因此，提供供冷系统，相当于大大增加了他们的选择空间。

该项目对于在类似的城市环境中进行商务出租办公的建设，提供了非常有价值的理念。其气候条件的变化范围也说明这些概念可适用于从北欧寒冷地区到法国等欧洲中部地区的广泛气候类型。但中庭的方式并不适用于南方的气候，因为热缓冲的效果得不到发挥，而夏季气候条件（特别是在夜间炎热时）也要求对被动供冷措施作进一步改进。

来源：理查德·罗杰斯合伙人建筑师事务所

图9.81　典型中庭内景

案例研究8：德蒙特福德大学工程学院

表9.10

名称：	工程学院大楼
类型：	办公、车间、会议室
位置：	莱斯特，英国

概况

德蒙特福德大学工程系（由Short Ford建筑师事务所与Max Fordham工程事务所共同设计）容纳了多种功能，包括会议、办公、计算机机房和工程车间等。易受噪声影响的区域（如会议室）和产生噪声的空间（车间）的结合，是除了能源效率之外的另一项环境挑战。建筑处于城市环境之中，完全采用自然通风，并以自然采光为主。建筑采用了各种被动措施，平面形式为环绕式——与大进深平面相反——能够形成从室外庭院到室内"街道"等多种微气候。

建筑容纳人数为1000人，面积10000m²，共四层。使用者和重型机械产生的大量室内发热的问题通常会通过全年供冷来解决。而通过采用浅进深、热质量和烟囱自然通风，实现了设计的被动低能耗。

位置和气候

莱斯特是位于英格兰中部的小城（北纬52.7°，西经1°），属于温和的海洋性气候，受到其西侧海洋的保护。全年的降雨量变化很小，降雨量总体较低——通常年均低于750mm。莱斯特的天气很符合人们对英国"阴霾"的理解，每天的平均太阳照射时间只有3.7h。

莱斯特城地处起伏丘陵之中，历史上以纺织工业著称。项目基地位于莱斯特市中心，周围多为二到四层的建筑，毗邻街道。对于需要保持安静的会议室，街道可能产生的交通噪声就成为设计中需要解决的重要问题。反过来看，对于周围的建筑而言，由于本项目设有会产生噪声的工业厂房，如何减少噪声排放是设计中的另一个主要问题（图9.82）。

建筑描述

建筑容纳下列功能：大讲堂（会议室）、教室、工程实验室、办公室和咖啡厅。楼高四层，与周边建筑以街道和庭院进行分隔。

平面为环绕式，进深较小，增加了自然光和

自然通风的可达性。在传统的大进深工程设施内，由超过1000名使用者和众多产生热量的机械造成的大量室内发热，再加上照明负荷，通常会产生持续的供冷需求。而本项目的线性浅进深平面的环绕布置，则围合出院落空间，并组织了内部流线。易受噪声影响的区域都不朝向街道，仅以简单的开窗满足通风的需求，而产生噪声的空间和大讲堂则采用特殊的隔声和通风措施，面向街道布置。

来源：Alan Short事务所

图9.82　德蒙特福德工程学院大楼及其周边环境

精心设计的立面能够反映内部空间的功能和环境特点。有小的观景、通风窗、屋顶高窗，也有设在建筑底层和顶层的通风百叶，都用以满足不同的环境特点需求（图9.83、图9.84）。

在进深较大或面积较大的部分（会议室和工程实在验室），建筑设计对于通风措施的影响更为明显。建筑外观对通风烟囱的使用进行了清晰的表达，很自然地形成到达主要通风空间的路线。

主要特点

通常，建筑主要部分的新风来自建筑周边——从外窗或内附吸声材料的百叶送风室，经过一组烟囱，到达建筑内部。工程实验室为独立通风，但基本原理相同。砖立面上的开洞使得空气能够通过内附吸声材料的百叶送风室（为避免室外噪声进入室内），到达使用空间，安装在屋顶上的控制器完成排风的功能。这些空间均为两层通高（见图9.85）。

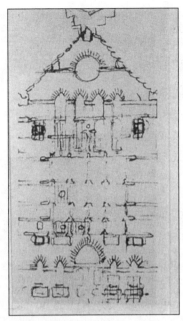 

来源：Alan Short事务所

图9.83　建筑师绘制的草图和最终建成的立面

 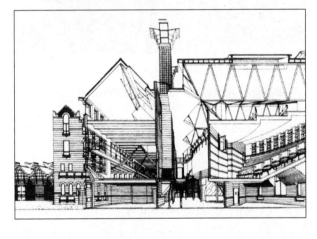

来源：Alan Short事务所

图9.84　建筑的屋顶轮廓线（左）表现了通风烟囱的重要地位，据建筑剖面（右）所示，带有大面积开窗的教学空间位于左侧，面向内院，高敞的集会空间位于中部，设有烟囱，而会议空间则位于右侧

由砖和混凝土组成的厚重外形，为建筑提供了充足的热质量，可将过热现象控制到最小程度（与受建筑管理系统控制的夜间供冷相结合）。

通过将烟囱通风系统与热质量、夜间供冷等措施相结合，可以有效防止容量为150人的会议室出现过热现象。这一方式的主要难点在于，需要在暴露足够的热质量和确保充足的吸声表面以获得适当的混响时间之间进行协调，经过精确计算，设计在热工和声学性能两方面取得了完美的平衡。

自然采光措施根据功能和朝向而有所不同。计算机机房的底部开设小窗，上部开窗面积加大，设导光板，在获得良好的采光分布的同时，减少阳光和眩光的影响。机械实验室（见图9.85）的屋顶山墙和屋面均设有开窗。宽大的悬挂物避免了直接太阳照射。

除了一些小办公室，大部分的人工照明都是自动的，每天晚10点中央控制系统会自动关闭所有的灯。楼内还设有光和动作感应器，以及手动操作开关。

来源：Alan Short事务所

图9.85　建筑外部可以看到砖墙砌筑的进风道，在室内可以看到高窗为通高两层的机械车间提供了充足的采光

使用效果

本项目目前仍处于使用测试阶段。不过经过评估，建筑节约的能源应该相当于使用机械供冷的传统工程大楼的50%~70%。由于电力和机械维护费用的减少，建筑的运行成本减少24%~35%。

结论

该项目证明在城市环境中的复杂问题可以得到解决，建成低能耗、自然通风的建筑。首先针对自然通风和噪声问题进行详细规划，设计采用较大的表面积体积比，以获得适宜的条件和微气候。烟囱的使用，即便对于室内发热量很高的会议室和其他空间，效果也很显著。精确的建模和通风、声学、采光模拟是设计过程的基本组成部分，对于实现设计策略的平衡和协调非常必要（不包括防火措施）。

设计从整体而言基本适于其他气候，但夜间供冷和烟囱的效果仍需加以评估。可能在每日气温变化波动比英国更小的地区，不适用于产生室内发热水平如此高的建筑物。

案例研究9：税务局总部

表9.11

名称：	税务局总部
类型：	办公
位置：	诺丁汉

概况

税务局总部被用作英国国家税务机构办公场所，由6栋3~4层的办公楼组成，总面积40,000m²，占地100,000m²，位于诺丁汉市中心。在城市中心区建造低能耗、自然通风和自然采光的建筑，成为设计的难点。设计采用有利于空气流通和采光的小进深平面，辅以烟囱通风和暴露热质量等措施。由于基地面积较大，通过城市设计方法，可以避免影响自然通风措施的噪声、污染等不利条件，使得建筑的大多数立面都获得较为安静而洁净的微气候环境。建筑设计由Michael Hopkins建筑师事务所完成，设计合作为Ove Arup工程事务所。

位置和气候

诺丁汉和案例研究8所在的莱斯特属于同样的气候区，主要气象数据一致。但在具体条件上有一定差异，基地南面铁路，北临运河，同时紧靠两条干路，其中与其短边相邻的是一条高架路。由这些交通路线环绕的基地面积较大，足以在其半步行街道和内院中形成自身的微气候。城市设计的重点是保持面向市中心和城堡的景观视野。

建筑描述

设计主要采用一系列小型内院（13.6m）和3~4层的L形平面建筑，围绕经过景观设计的街道和广场。建筑的各翼和各个立面不论朝向何处，其形式都基本一致。建筑采用重型结构，除顶层外，各个楼层均为外露的预制混凝土屋面，顶层则为钢结构轻型屋面，开设采光天窗，以利通风。顶层为独立通风，不需要借助其他各层使用的自然通风塔。

建筑每部分的各角为通风塔，产生烟囱效应，抽出办公空间的空气。这些塔内还设有消防楼梯。

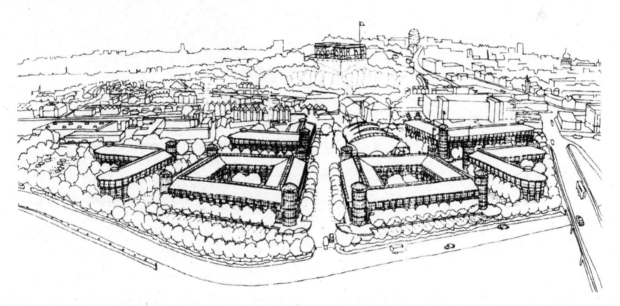

来源：DETR，2000年

图9.86 基地鸟瞰，远眺城堡

大型滑动玻璃门上的窗可以开启，以促进自然通风，当然设计也提供了其他供应新风的途径。所有开窗都采用三层玻璃窗，内层空隙密封充氩，外层空隙设可调节百叶。尽管开窗面积较大，但通过对竖高窗采取固定百叶、室外导光板和供使用者控制的可动内侧百叶相结合的方式，获得了良好的遮阳效果。窗上方部分玻璃未设外导光板，用以提高阳光进入房间的深度，改善采光（见图9.87）。办公空间基本为开敞平面，但在核心空间周边仍设有部分小型办公室。

该建筑的环境系统为风扇辅助（fan-assisted）自然通风，建筑周边设有小型送风扇，在冬季满足最低限度的新风需求。供暖设备也沿建筑周边设置，抵消冬季热损失，需要时可在清晨进行预热。

主要特点

该设计的主要能源特点是将自然通风、热质量、遮阳和自然采光相结合。

其中最有特点的是自然通风措施，需要得到进一步介绍。自然通风和机械通风的结合，使得一年中的不同时段获得各自对应的通风措施。自然通风通过在炎热天气人工开启玻璃窗（顶层的窗或其他各层的滑动门）实现。而相应地，地板下方周边的进风口可供应新风，避免噪声可能引起的干扰。也可采用地板下的风扇强制空气进入周边进风口，对于夏季夜间通风和冬季预热（地板系统包括周边供热设备）可以提供一定程度的控制。图9.87为周边设计原理。

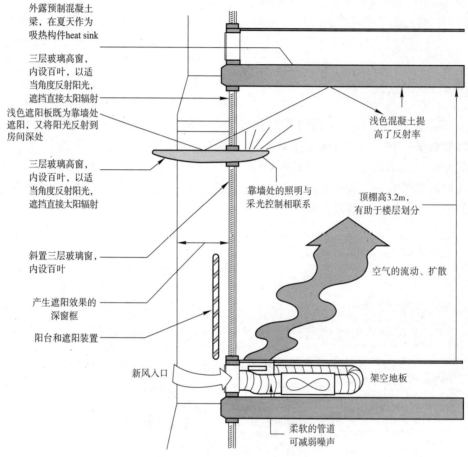

外露预制混凝土梁，在夏天作为吸热构件heat sink

三层玻璃高窗，内设百叶，以适当角度反射阳光，遮挡直接太阳辐射

浅色遮阳板既为靠墙处遮阳，又将阳光反射到房间深处

三层玻璃高窗，内设百叶，以适当角度反射阳光，遮挡直接太阳辐射

斜置三层玻璃窗，内设百叶

产生遮阳效果的深窗框

阳台和遮阳装置

新风入口

浅色混凝土提高了反射率

靠墙处的照明与采光控制相联系

顶棚高3.2m，有助于楼层划分

空气的流动、扩散

架空地板

柔软的管道可减弱噪声

来源：DETR，2000年

图9.87   围护结构的环境措施

空气可以通过传统的空气流通（即空气从建筑一侧进入，从相对一侧排出）或是高塔产生的烟囱效应（见图9.88）排出。但是空气对流只在窗口和进风口开启的情况下有效，且上风侧和下风侧之间必须具有足够的压差（即具备足够的风）。当风压较小时，高塔就成为通风的后备措施。从底部几层通往塔的门总是处于开启状态（只在火灾时闭合）。以玻璃砖砌筑的高塔能够充分利用太阳能获得，增加热浮力（可称为"太阳能烟囱"）。可以通过将塔顶部的织物遮挡逐渐抬高1m，来增加开启面积，促使热空气排出。塔顶开口是伞状的"风帽"（top hat），由建筑管理系统进行控制。只有顶层是通过屋顶排风口进行机械排风的（见图9.89），夜间供冷也通过机械通风途径实现（即周边进风口进入，经过办公空间，再从塔和屋顶的排风口排出），由建筑管理系统对其进行控制。办公室暴露的混凝土顶棚是被动供冷措施的重要特征，遮阳和采光措施可进一步减少得热。由于采用了周边系统，不必担心会引入噪声而影响自然通风。

使用效果

1996~1997年间，对建筑的一翼进行了测试。夏季温度评估显示，顶层的温度始终是最高的（平均24.3℃），而首层温度为22.5℃。

来源：DETR，2000年

图9.88 通风塔成为建筑的主要特征

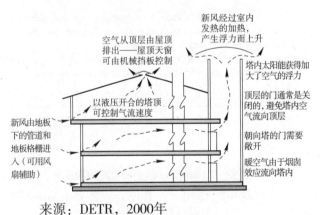

来源：DETR，2000年

图9.89 自然通风整体措施

在1996年夏季共有25个工作日顶层温度超过27℃，三层超过27℃的时间只有13h，二层为10h，首层则没有。全年使用期间建筑平均温度超过25℃的时间占2.9%，超过28℃的占0.3%——满足全年只允许5%的时间温度超过25℃的要求（见图9.90）。

空气流通比预期的速度慢，特别是在各翼的中部。根据测量，典型的夏季通风速度甚至低于每小时2次的换气次数。夜间供冷是有效的，可将白天的温度降低2℃。

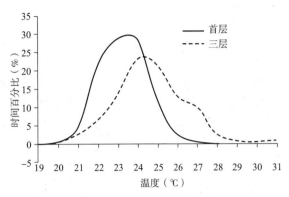

来源：DETR，2000年

图9.90 室内温度记录

过多使用遮阳措施（窗扇内的可动百叶不能自如伸缩），以及室内深色的混凝土顶棚（原设计中的"白色混凝土"效果因预算问题被修改），都导致自然采光效果不佳。由于顶层开设天窗，仍然获得了大于2%的平均采光系数，而其他楼层的平均采光系数不足1%。

预计全年总能耗为94kWh/m²（不包括小功率（small power）），其中26%用于照明，6%用于水泵和风扇，57%用于供热和热水，其余为辅助用途。第一年运行的实际能源性能为157 kWh/m²——几乎为预期的两倍。总体上，建筑的供热能耗比使用空调的建筑小20%，但照明能耗为后者的两到三倍（见图9.91）。

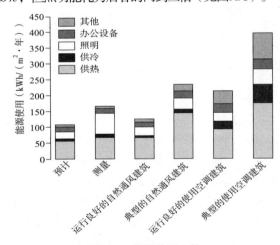

图9.91 能源使用比较

调研表明，使用者对于该建筑基本是满意的，尽管顶层的温度较高，令人感到"闷热"，报告指出，这可能是由于通风换气次数不够导致的。使用者好像没有注意到墙边的机械通风装置——每次只有1/5的风扇在运行。使用者还反映自然采光不足，这和统计报告的结论一致。

结论

本项目提供了许多有价值的经验和教训。能源措施的整合具有非常重要的理论潜力，但也会导致混乱和妥协。例如，过多采用固定和不能伸缩调节的遮阳措施，导致自然采光能力下降；暴露热质量的混凝土顶棚降低了反射率，造成昏暗的视觉环境，降低导光板的效率；使用者的行为（如对通风进行控制）削弱了热学性能和能源性能；烟囱距离过远，不能对楼层进行有效通风。

建筑通过各种补救措施解决了其中大部分问题。包括改善建筑管理系统对周边风扇的控制（而不是单纯依靠使用者自己调节）；使用者和感应器都可对照明进行控制；针对楼层和朝向进行分区供热控制。对各个立面采用相同的设计减少了。例如，北立面并不需要过多遮阳，因为即便阳光充足也不会引起过多的热获得。也许采用更具控制性的开窗设计，而不是采用本项目中的滑动门，可能更有助于手动控制自然通风、调整风速。

尽管没有全部实现设计目标，但相对普遍的设计方式，建筑仍然实现了较好的能源性能，而通过采取补救措施，最终实现了设计的预期效果。

概览

案例研究表明综合设计方法，合理应用技术，以实现低能耗建筑的方法。尽管尚未面面俱到，这些案例已经充分显示了各种针对特定背景和理念发展而来的概念，当然这些概念在实际应用中尚未得到充分确证。多样化的建筑设计方式证明了，低能耗的城市设计不会带来风格和设计上的限制，反而扩展了创作的空间。

参考书目

DETR (2002) 'The Inland Revenue Headquarters, Nottingham: Feedback for designers and clients', *New Practice Case Study 114*, Energy Efficiency Best Practice Programme, London

Geros, V. (1999) 'Ventilation nocturne: Contribution a la reponse thermique des batiments', PhD Thesis, INSA de Lyon, France

Klein, S. A. (1990) 'TRNSYS: A transient system simulation program', Solar Energy Laboratory, Report no 38-13, University of Wisconsin, Madison

Rohles, F. H. (1983) 'Ceiling fans as extensions of the summer comfort envelope', ASHRAE Transactions, vol 89, pp245

推荐书目

下面是一些涉及节能项目案例研究的书籍。

1. 琼斯，L.（1998），《可持续建筑》（Sustainable Architecture），Laurence King，伦敦

本书收录了各种类型的"环境可持续"案例研究项目，图片精美，但技术数据可能有所不足。作为启发设计的书籍，具有一定的吸引力。

2. 霍克斯D.、福斯特W.（2002），《建筑工程与环境》（Architecture, Engineering and Environment），Laurence King，伦敦

本书主要为案例研究，并针对设计进行了实用的评价，因而对于建筑研究具有相当的裨益。书中的案例集中探讨了环境设计中建筑和工程方法之间的联系。

3. 冯德龙（Fontoynont）M.编（1999），《自然光在建筑中的作用》（Daylight Performance of Buildings），James & James，伦敦

最后需要介绍马克·本杜努针对"建筑采光"编辑的一本非常有用的书，书中概括介绍了60个案例的采光效果。案例包含了各种类型、各个阶段和各种气候条件下的建筑，且都经过监测。书中对每个例子的效果进行了描述，提供了详细的监测结果，并配有照片。本书是对新近出版的由贝克和斯帝摩尔撰写的《建筑自然采光设计》（Daylight Design in Buildings）一书的有益补充，后者也是自然采光方面的基础资料和设计指南。

第10章

综合节能导则

马克·布莱克、斯皮罗斯·阿莫及斯

本章范围

本章对城市建筑环境状况和节能的若干关键问题进行了总结。虽然每个问题在其他各章中已经进行了深入研究，但本章主要探讨综合方法的优势和设计者可选择的各种方法，形成导则。由于基地条件、建筑功能都各不相同，需要设计者灵活处理各种问题和因素，通过建筑设计进行解决。

学习目标

通过本章的学习，读者可以了解如何处理城市建筑中各种影响环境状况的因素，具体对于建筑设计过程，可以获得减少不可再生能源使用的方法。

关键词

关键词包括：
- 城市气候；
- 建筑中的热传递和物质传递；
- 建筑照明；
- 城市能源管理；
- 建筑的经济可行性；
- 智能控制和高级建筑管理系统；
- 建筑设计导则。

序言

对于节能（energy conservation）的理解，需要涵盖建筑材料在其制作过程中"蕴藏"的能源（见第4章），在建造过程中消耗的能源，在建筑整个生命周期中运行和维护过程需要的能源。最后，在建筑物生命终结之时将其拆除也需要消耗能源。

本章主要讨论建筑使用寿命中的节能问题。建筑的能源性能主要由规划阶段的设计决策和使用者对建筑产生何种影响决定。在本书第2章探讨了结合建筑概念环境和节能问题做出正确决定的重要性。在这些概述之后，则提出强调建筑设计的最初阶段多种选择可能性综合节能手段的若干导则。

没有哪种方法和措施可以单独让所有建筑实现最大程度的节能，会有各种各样的因素影响解决建筑设计各个问题的**决策阶段**。最佳方法是对每个建筑设计节能方案中的各种可能性和选择都加以考虑，研究其协同作用，以获得累加的效果。因此，在建筑设计中，尽可能综合各项选择就显得尤为必要。

对于综合设计而言，需要分清这两种情况，一是**对构成建筑设计概念的众多手段进行利用和同化**，这样能够减少整个建筑生命周期的能源消耗，另一种是用"分散"的方法分别解决各个问题，**将某些元素应用到建筑设计中**，这样只改善建筑能源性能方面的问题。第一种方法更为困难，会对建筑设计者的创新形成挑战。第二种方法较为简便，传统上的建筑设计就遵循这样的规律，在最初设计完成后，加入若干有利于环境的调整措施。这样的例子相当普遍。

对于一个建筑设计的形成而言，环境标准和节能与其他设计标准和因素同样重要。因此，本文的这些导则不应只被看作解决具体建筑功能问题的方法，也应将它们综合用作形成建筑概念和功能的关键所在。

建筑的环境设计是一项非常复杂的任务，需

要有效应对经常产生相互冲突的环境需求。例如，太阳为室内空间提供自然光，但也会产生眩光。同时，在寒冷季节，人们希望阳光能够进入建筑室内，但到了炎热的时候，人们就不这样想了。只考虑一种情况是不够的。

最后一点，在设计城市建筑时设计者需要面对大量限制条件。这是由城市背景下环境条件的显著差异导致的，如土地形态的不同，建筑密度的高或低，街道和私人物业的固定朝向，建筑基地的尺寸和形状，以及建筑高度和体量的不同。每个城市基地的这些差异，对于节能尤其是被动太阳能系统可进行的选择而言，既是限制，也是机会。

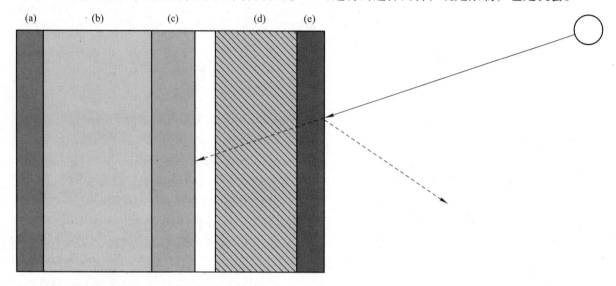

注：绝热层（c）能够阻挡外墙（d）获得的太阳辐射热通过热传导进入内墙（b），而白色粉刷（e）则通过反射减少部分外墙（d）受到的辐射。

图10.1 墙身剖面：（a）内侧抹灰；（b）内侧空心墙体（即砖）；（c）多孔绝热材料；（d）外侧空心墙体（即砖）；（e）白色粉刷（高反照率）

主要问题

以下是若干对于理解和形成特定建筑设计决策非常重要的方面。这些内容在本书的各章中进行了较为深入的分析，而在本章内，将简要罗列这些原则和从这些原则得来的结论将如何被引入建筑设计过程。设计人的职责是整合各专业的结论形成建筑设计导则，在复杂情况下需要咨询相关专家，解决具体问题。

城市气候

乡村地区的土地利用在肌理和程度上更为均衡，而城市环境土地利用的肌理和密度变化较大，微气候条件差异很大，难以评价和预测。因此，有若干要点需要着重强调。其中有些有利于理解建筑的益处，有些则关系到建筑设计是如何影响其周边的微气候的。

如第6章所述，城市地区环境和周围乡村地区的主要差异在于：

• 城市的气温相对高于周边农村（这种差异被称为"城市热岛"效应）。

• 城区风速通常低于周边农村同样高度的风速。

• 工业区的城市污染降低了日照的强度。

• 由于大型建筑物透射的阴影遮挡其他建筑，城区内直接阳光照射和采光强度会因地点而变化（同时还受建筑朝向和位置的影响）。

很难测定城市冠层中各建筑之间的气流。尤其在建筑密度不均的地区，如果不进行广泛的观察和测试，就很难确定对微气候起主导作用的因素。其他导致难以评价和确定空气流动的因素是城市环境中产生的持续变化，以及不同体量和形态的旧建筑的拆除、新建筑的建造，还有材料的种种变化。

通常，改善炎热季节的整体城市环境，首先需要根据下列方式减少太阳得热：

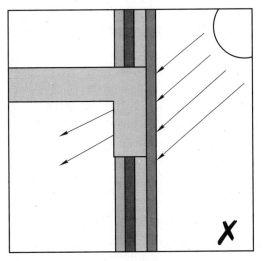 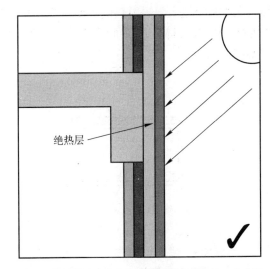

注：（左）不正确，热量未经减少，就直接进入混凝土梁、板；（右）正确，绝热材料设于建筑表面和混凝土梁之间，有效隔绝了热传递。

图10.2 两张剖面详图，说明如果对于构造材料的绝热措施不当，将会产生热桥

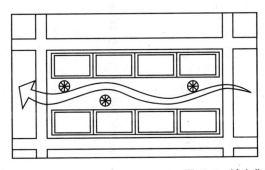 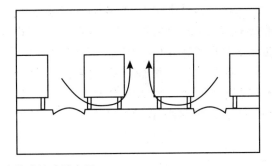

图10.3 城市街区中的连续建筑布局

• 在建筑和其他坚硬表面上使用具有高反照率的材料；

• 种植乔木、灌木和草坪；

• 保持建筑间距，促进空气流通。

关于各种材料的反照率和发射率的介绍详见第6章。

合理的建筑间距和阔叶树的种植都有利于寒冷季节的太阳得热和自然采光。

热传递和质量传递

在建筑设计中的热传递有以下三种方式（见第7章）：

• 传导；

• 对流；

• 辐射。

在这些方式中，第一种方式必须通过建筑的实体进行热传递，主要是墙和屋顶，有时也包括楼板。第二种方式对于建筑主要是由气流造成的。而第三种则是由物体发出，通过电磁波进行传递的，太阳是辐射热的主要来源。第7章的图7.13解释了建筑的热传递平衡。

绝热

避免建筑产生热损失和热获得的首要方法是为建筑的各类外部元素提供绝热措施。专利绝热材料主要减少建筑外围护结构墙体的传导传热。

热获得

炎热季节，当室外空气高于室内空气时，建筑外围护结构会通过太阳辐射和对流吸收热量。为了避免这种情况，需要使用绝热材料，避免形成热传递。目前，最有效的方式仍然是在外饰面采用颜

色、质地能隔绝太阳辐射热的表面材料。可以通过使用高反照率的材料来增加阳光的反射率（见第6章表6.3）。

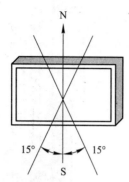

图10.4　建筑屋顶平面显示主要立面的最佳朝向在南偏东15°到南偏西15°之间

热损失

在寒冷季节，墙体内侧（b）储存通过对流和辐射获得的室内发热源产生的热，绝热材料（c）阻止热通过对流方式向外表层（d）传递（见图10.1）。

然而，如果建筑只能偶尔得到使用，就会需要较长时间的预热，才能使得内表层（b）吸收足够的热量，将室内温度保持在一个稳定的水平上。

热桥

当传导性能不均匀的材料被放置在一起，或柱、梁、板等结构构件打断了绝热层，就会产生热桥。在这种情况下，必须在热桥部位采取措施，避免得热或失热。

照明

白天我们能享受免费的自然光，而到了晚上才需要人工光源。但过去40多年来，室内人工照明已经成为一种白天的"景象"，尽管人们其实根本不需要！

自然采光

白天的建筑室内照明由自然采光实现。对于城市建筑，朝向由基地位置决定，而基地位置又为城市肌理中的街道形式所左右。在不利情况下，可以利用某些表面，将直射光进行反射，改善自然采光。本书第8章对视觉舒适度需求进行了分析，并介绍了城市环境中采光系数的组成（见图8.16）。在设计任何城市建筑时，很重要的一点就是要根据基地所在纬度，确定建筑间的遮挡角（见第8章表8.7）。为一个新的地区做设计时，需要特别注意保持建筑间距，确保冬季的阳光入射。

人工照明

白天结束后，需要开启人工光源。使用紧凑型荧光灯可以节省大量能源。在美国，每年有20%

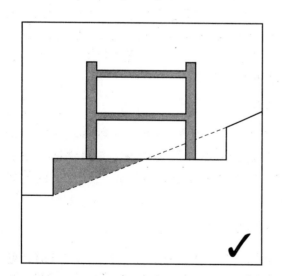

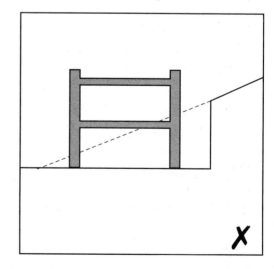

图10.5　（左）正确的建筑剖面，显示在平整场地时应使挖土和填土的量相等；（右）错误的建筑剖面，显示在平整场地时挖掘土方过多

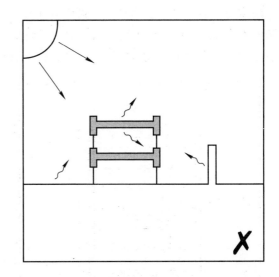

图10.6 （左）正确的建筑剖面，显示应如何处理建筑表面和场地，才能有助于吸收不需要的得热；（右）错误的
建筑剖面，显示建筑表面和场地如何吸收和辐射热量

的电力是直接用于照明的。实际上，如果考虑到为了消除由照明产生的热所消耗的能源，其总能耗会更高［冯·魏茨泽克（Von Weizsäcker）等，1997，p36］。

通常节能的方法有，使用定时器，在临时性使用的空间（如厕所）使用感应器，在建筑室外使用光伏电池，还有前面提到的紧凑型荧光灯。

城市环境的能源和资源管理

基础设施

城市化的发生，限制了挖掘各种可能性的机

会。除了那些完全新建的城市，大多数城中心都需要采取补救措施，改善基础设施，解决废弃物循环利用等问题；逐渐增加二次资源的使用（如热电厂废热）；转向污染较少的能源，如天然气；改善公共交通（冯·魏茨泽克等，1997，plate11）[1]；通过植树改善温室效应；使用光伏电池辅助公共照明；水资源管理；利用太阳能加热生活热水；以及其他主要针对基础设施改善的类似措施。第12章将提出一系列可能的方式和在欧洲各地尝试的实例。

建筑项目

通常，已建成城市中的大多数构筑物都是独

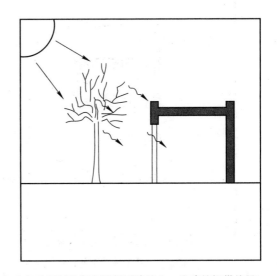

图10.7 建筑剖面显示（左）落叶树在夏季可以为建筑遮荫，（右）在冬季可以让阳光照射到建筑上，为建筑提供热量

立的建筑。对于处于中高密度区域中的建筑，可以按照本书第2、3、4章介绍的内容进行设计，解决节能问题。通过对高能效的内部设计，资源管理，

旧有建筑改造，适应当前使用者需求等方面进行详尽的考虑，每个建筑项目都能在节能方面取得显著成效。

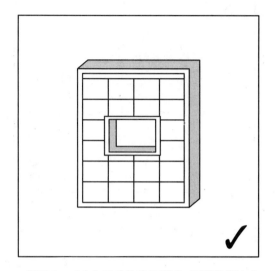 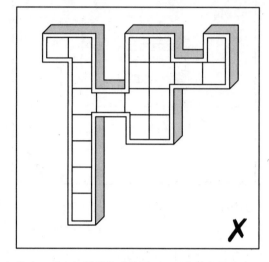

图10.8 （左）正确的建筑平面，面积体积比（surface to volume ratio）较小；（右）错误的建筑平面，面积体积比过大

经济可行性

可以通过成本和经济效益两方面对节能情况进行定量方面的测定。然而，效益的量化并不容易，其中有些方面也并非显而易见。"臭氧层空洞"和"全球温室效应"在50年前都很难为人们接受，实际上，即使现在能够实现全球范围的干预活动，仅仅停止而非减轻这一过程，也是非常困难

的。毫无疑问，要想说服人们从事不同的活动，即便不能提供长期的保障，也必须提供中期目标中的经济利益保障。因此，经济分析是建筑项目评价中一个非常重要的工具。可行性研究有助于避免设置过高的建筑标准，而能够对已有的建筑进行循环利用。被动供冷和供热系统可以改善室内环境的质量，同时也能消除某些会因机械系统催生的空气传播疾病。此外，用可再生的材料代替人工材料也能产生一个更为健康、不易引起过敏的室内环境。

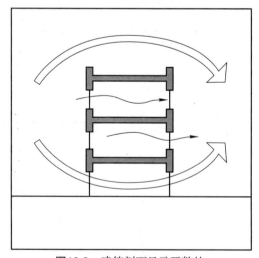 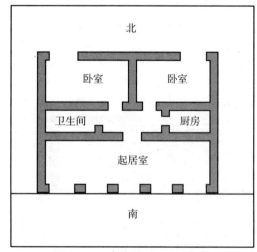

图10.9 建筑剖面显示开敞的柱廊能使气流在建筑下部自由流通

图10.10 建筑平面显示理想的房间关系，朝南和朝北布置不同的房间

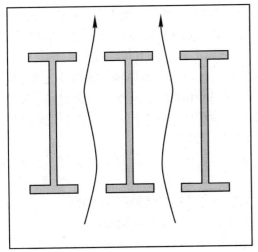 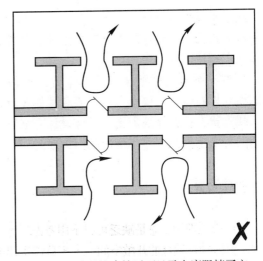

图10.11 （左）正确的建筑平面显示气流可以自由地在空间中流动；（右）错误的建筑平面显示走廊阻挡了空气的流通

智能控制和高级建筑管理系统

城市建筑中，以往简单的建筑管理系统只能控制供热、空调和照明等方面。而当前的建筑管理系统则可对建筑环境进行整体的控制。对于后者，目标是实现效率最大化，并改善环境对于人们的舒适程度（如第5章所述）。

控制系统有三种基本类型：

- 提供二位调节方式（开/关）；
- 提供比例控制方式；
- 人工智能程序，能够同步相应，适应变化的环境。

本书第5章的图5.2~图5.4表示建筑中可以控制和监测的活动范围。

所谓"智能建筑"，产生于利用信息和通信技术的优势来控制和监测建筑环境以及其他各种建筑功能的可能性。目前，最为切实可行的应用是制造中央控制系统，对所有影响建筑环境的设备组成的综合系统进行调控，实现舒适性的最大化，减少能源消耗。

社会变化和城市生活会增加对智能控制的需求，可能还需要遥控。将来，远程监控建筑环境将得到更广泛的实行，这能进一步降低能耗需求。

设计导则

建筑节能措施类型可以较为松散地划分为两类［克里索玛利多（Chrisomallidou），2001，p247］。第一种是使用一些简单的节能方法：

- 建筑外表皮的绝热措施；
- 通过构造细部，堵住通往建筑室内的空气流通的缝隙；
- 对建筑的机械系统进行干预。

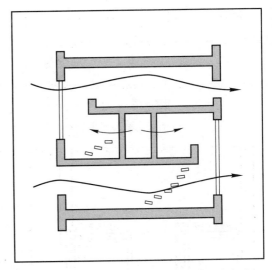

图10.12 建筑剖面表示了一种折中的解决办法；两个公寓单元中有一个走廊，可以让空气自由流通

第二种类型包括的方式有：

- 利用被动太阳能供热；
- 自然供冷；
- 自然通风。

建筑外部构件有效的绝热层是实现第二类中其他附加技术的先决条件。除了原料和成本的可行

性，建筑绝热没有其他基本限制条件。但在其他情况下不是这样，很难在所有基本城市环境条件的基地和地点都得到充分应用。

下列导则着重强调了若干基本要点。设计师不能孤立地看待某个要点，而是要和其他要点相结合，找到符合特定场地需求的最佳设计方案。本章提到的各个实例都以北半球的朝向为准。

基地布置

在城市肌理中，总是缺乏可以不用考虑现有条件限制，自由进行设计的开敞空间。大多数位于建成区的空间都非常拥挤，安排一座建筑，都必须遵循许多限制性的因素（建筑红线、退红线、后院等条件）。

城市更新项目很少直接清除旧的建筑物，城市的限制条件，反而为加建和改建的场地设计提供了机会。在这种情况下，最重要的是根据基地分析后，紧密结合环境进行设计，解决项目中的其他问题，利用现有的优势：

• 地形，不破坏天然的分水岭（watershed）；

• 局地风和建筑之间的空气流通；

• 阳光照射，规划建筑间距；

• 绿化的可能性。

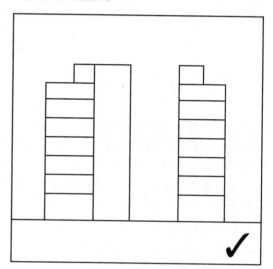

图10.13 （左）错误的建筑剖面，显示两个建筑组团间的空间狭窄拥塞；（右）正确的建筑剖面，显示建筑间的空间开敞，有助于空气流通和自然采光

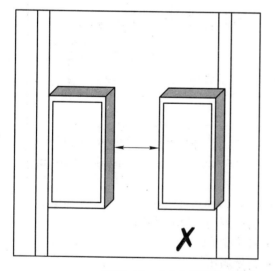
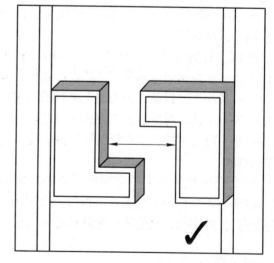

图10.14 （左）错误的建筑布局，显示建筑间距狭小；（右）正确的建筑布局，显示经过改善的布置方式在建筑之间形成较为宽敞的间距，有助于空气流通和自然采光

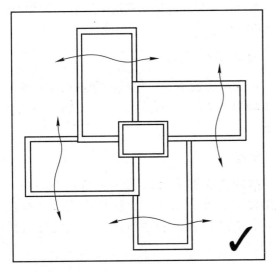
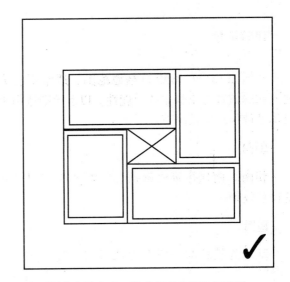

图10.15 两种可行的建筑平面，显示同样的组成部分可以有不同的布置方式，以实现充分的空气流通

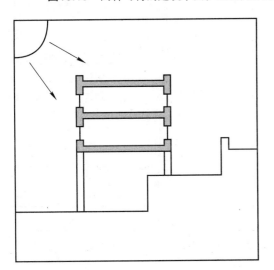
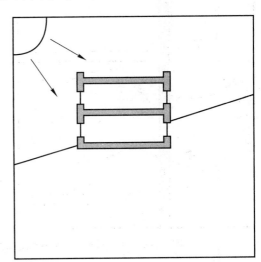

图10.16 建筑剖面，显示不同的建筑形式与地面的关系

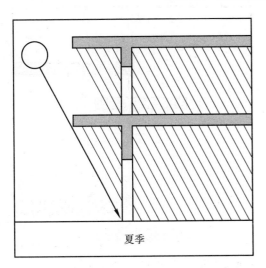
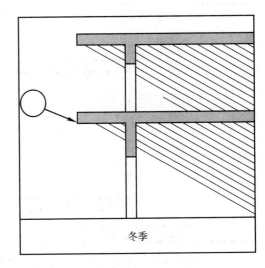

夏季

冬季

图10.17 建筑剖面，显示可以通过悬挑构件对入射的阳光进行控制

建筑选址

在城市环境中的建筑基地范围，通常不会为建筑物的放置提供很多的可能性。以下导则适用于具体条件可行的情况下：

朝向

朝南、南偏东或南偏西15°都能够实现最佳的得热效果。

挖方

基地为坡地时，应合理计算挖、填土方量，减少外运土方量，并尽量利用表层土（土质可满足需求时）。

后院和建筑退线

避免硬质铺地。应尽量确保降水渗入地下。停车场地面应设计为稳定的表面，能让雨水渗入地下。

植被

落叶树能够有效满足建筑物和地面的夏季遮阳需求，在冬季又不会遮挡阳光。在最热的时候，对硬质铺地和建筑进行遮阳能使气温降低7℃。

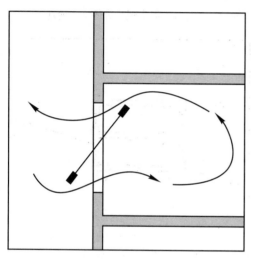 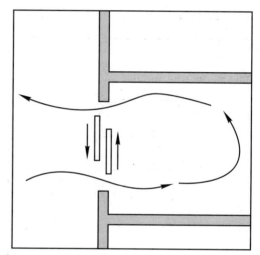

图10.18　建筑剖面，显示各种类型的窗和空气流通形式，（左）中轴窗，（右）双扇窗

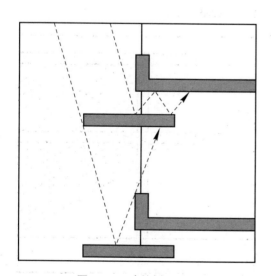 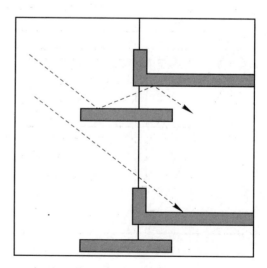

图10.19　建筑剖面，显示了固定的遮阳板在夏季和冬季对进入建筑物的阳光的不同控制方式

建筑形态

一座建筑物的外形、内部布置、规模以及朝向，都是制约建筑能耗的因素。为了实现能源储存的最大化，需要综合考虑这四个方面。

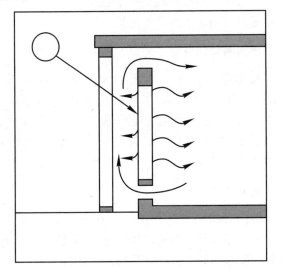

图10.20 特朗布墙垂直剖面，显示了太阳能是如何进入玻璃墙，并储存在墙体内，向相邻房间缓慢辐射热量的

建筑外状

通过减少表面积体积比、选择正确的朝向，可以大幅节约能源。

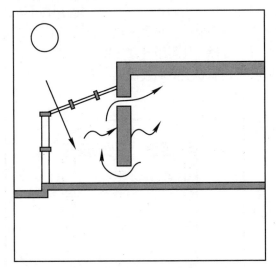

图10.21 附加阳光房垂直剖面，显示了热空气是如何在玻璃房内形成，向建筑内流动的

底层架空

底层架空并开敞，可形成街道和内院之间的

空气流通。

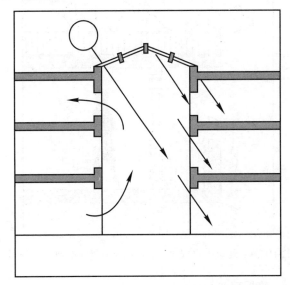

图10.22 中庭垂直剖面，显示了阳光是如何进入这一空间，并到达周边房间的

室内布局

根据朝向进行恰当的布置，有助于节约供暖、供冷以及照明的能耗。

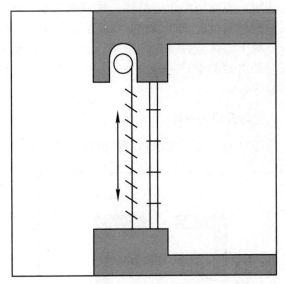

图10.23 窗户垂直剖面，显示了外卷帘百叶可在阳光进入建筑物之前对其进行控制

与相邻单元的关系

避免无法形成空气对流的单元布置，确保空气流通和居室的直接采光。

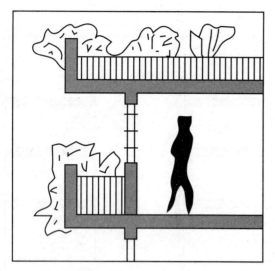

图10.24   建筑垂直剖面，显示绿化有助于吸收夏季热量

高层建筑

避免过于紧凑的建筑布局，以确保通风和采光。当这些难以实现时，通过调整建筑剖面设计，获得更多的南向采光。

建筑与地面的关系

建筑和地面的距离越远，建筑受气候条件支配的程度就越严重。因此，在可能的情况，如郊区环境下，尽量保持建筑物接近地面，否则就需要增加更多的室外绝热措施，才能实现室内温度的稳定。

外墙开口的设计

开口的位置、比例和面积的设计需要满足室内空间的功能需求（自然采光和通风）和与建筑外立面相关的视野、美观等需求。

北向开窗

通常，北面开窗可以获得没有眩光的稳定自然光。双层玻璃可以减少冬季热损失。在夏季，北面开窗也有助于形成自然通风。

东向和西向开窗

在温暖气候下，东向和西向的开窗会因较低的太阳位置而需要在早晨和黄昏进行遮阳。因而需要经过精心的考虑（是否有利于自然通风、采光和视野），因为这两个方向的遮阳难度比南侧要大。

南向开窗

南向开窗的好处很明显，在冬季阳光可以进入室内，而在夏季则可遮挡阳光。当然，南向的窗也会产生眩光问题，尤其是对工作区而言。

窗系统

开窗系统的选择，显著影响着建筑的能源消耗。开窗方式可以提高也可以阻碍自然通风。而门窗的细部构造则会因空气"通风或冷热桥"（draughts or hot-cold bridges）等原因，降低或增加得热和失热。大面积的玻璃窗一定要使用双层玻璃，避免不必要的得热和失热。目前，有许多五金材料可供选择，使得平开窗等窗扇在使用者需要通风的时候，能够灵活而方便地开启。

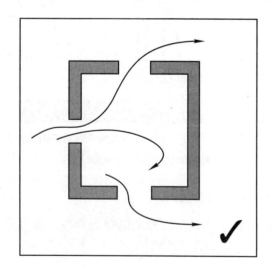

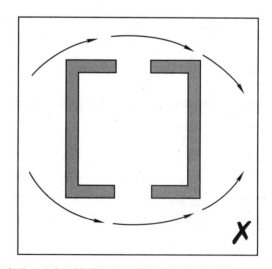

图10.25   （左）正确的开口位置，有助于在房间内形成空气流通；（右）错误的开口位置，有碍空气流通

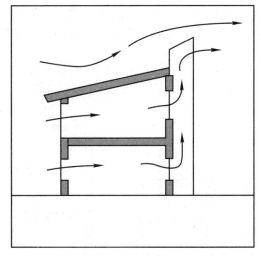

图10.26 建筑剖面，显示风塔的应用

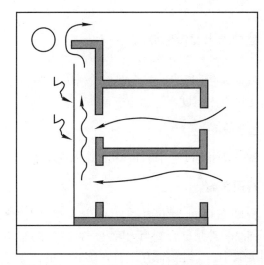

图10.27 建筑剖面，显示太阳能烟囱的应用

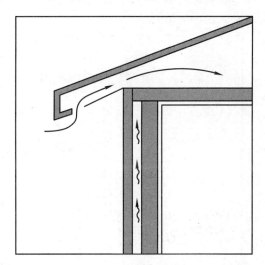

图10.28 建筑剖面，显示了建筑绝热的不同方式；（左）伞状屋顶（parasol – like roof），既能遮挡阳光，又能保证空气流通；（右）屋顶和墙体内的开洞，确保空气流通

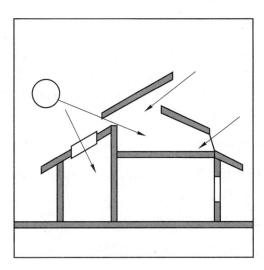

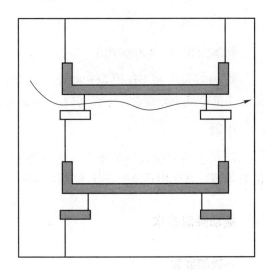

图10.29 建筑剖面，（左）天窗；（右）水平通风口

被动太阳能供热导则

被动系统可以通过多种方式利用太阳热量，提高建筑室内温度。

直接得热

室内表面可以通过设计得当的南向窗获得热量。

特朗布墙

特朗布墙可为室内空间减少直接太阳能获得，同时将热量储存到当天晚些时候。特朗布墙的作用类似于一个能够储存来自太阳的热量，并将其传送到建筑室内的实体，主要通过对流，在封闭的室内系统范围内进行。

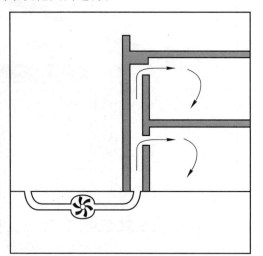

图10.30　建筑剖面，表明冷空气如何经过地下管线泵送到建筑物内

附加阳光房（sunroom）

附加阳光房的工作原理和特朗布墙类似，区别在于热空气主要储存于阳光房内，并加热墙体。

中庭

建筑中的多层玻璃屋顶房间也可作为太阳能的收集器，其作用在寒冷气候下尤其显著。

被动降温技术

外遮阳装置

减少夏季得热的措施，包括固定悬挑装置或遮阳板（breeze soleil）、活动悬挑装置，如遮阳棚和可调节百叶等。还有一些新的材料能够提供类似的效果。

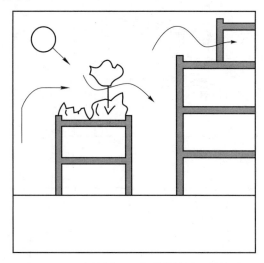

图10.31　建筑剖面，表明种植屋面的情况

植被

如前文所述，通过在建筑周边、屋顶和墙面上种植植物，可以减少热负荷，降低内部温度。

气流

正确的建筑位置和外形能够产生风或气流，有助于降低建筑室内外温度。

外表层

建筑外墙表面材料和颜色的选择会影响对热量的吸收。因此，需要认真选择外表层。

风塔

风塔的结构很简单，就是利用压差，让热空气逸出，将冷空气从底部抽入建筑。这一过程也可以逆转，在塔顶部开口处引入冷空气，迫使热空气从底部开口流向室外。

太阳能烟囱

在没有室外空气流动时，可利用建筑南侧的金属管抽出热空气。

通风墙和通风屋面

通过在建筑内外表面之间形成空气夹层，可增加建筑的绝热效果。

图10.32　建筑剖面，显示了屋面水体的应用

天窗和屋顶通风口

这些简单装置都有助于实现直接阳光照射和室内空间的通风。

地下管线

埋入地下的管线可抽取地下潜能用于建筑供冷。

屋面形态

种植屋面

种植屋面是屋面绝热的理想方式，尽管增加了结构荷载和构造上的防水处理费用，仍然物有所值。这种绿化方式也有助于降低市中心的环境温度。

屋顶水面

屋面喷淋或水池能够具有种植屋面的所有优点，又避免其缺点，但屋面不能用作人的活动空间。

室内发热控制

通过使用节能照明和自然采光，可显著降低建筑的内部得热。

自然采光

利用自然光为建筑提供照明可选择多种方式。

人工照明

低能效的人工照明相比高能效的人工照明需要消耗更多的电能。这是因为低效能的灯会在建筑室内产生更多的热量。需要设立规定督促使用高能效人工照明。而对于建筑设计，则需要最大程度地利用白天的自然采光。

电器和设备

大多数家用电器和设备都会产生热，这些热量在夏季是多余的。因此，可在冬季直接利用电器余热提高室内温度，而在夏季将热量引向室外。

自然空气供冷

空气流动是自然产生的，可能需要一定的机械手段，通常使用可再生能源。空气流动和室内通风能够带走建筑和使用者的热量。以下要点有助于形成空气自然流通，促进建筑通风：

- 开口位置，形成空气对流。
- 在高处开窗，促使热空气流向室外。
- 在温度水平持续变化的室内外空间之间形成开口，作为荫凉区（如有水面或植物覆盖的有遮荫的地方），室内空间通常设计为有利于空气流动的空间序列。

概览

本章清晰地表明了运用综合手段实现建筑节能的复杂性。在设计过程中需要考虑到众多方面，才能结合在一起，获得最佳的效果。正因为这样，本章提供了一系列指导方针，而不是一个统一的条例。各类需要考虑的方面，从概括性问题，一直到材料、结构等具体而微的细节问题。而最终效果，还要受到建筑使用者行为方式的影响。

一项综合的设计是关注方方面面的处理方式：

……需要考虑到建筑项目中许多各不相同的部分，设计、施工和操作过程的相互作用，来改善项目的能源和环境性能。这一过程的难度在于，需要同时考虑所有相关问题，并加以解决（洛佩兹·巴内特、伯朗宁，1995，p100）。

注释

1. 巴西的Curritiba是根据环境要求进行合理规划的成功案例。

参考书目

Chrisomallidou, N. (2001) 'Guidelines for integrating energy conservation techniques in urban buildings', in Santamouris, M. (ed) *Energy and Climate in the Urban Environment*, James & James, London, p247

Goulding, R. J., Lewis, J. O. and Steamers, C. T. (eds) (1993) *Energy in Architecture: The European Passive Solar Handbook*, B. T. Batsford Ltd, London

Lopez Barnett, D. and Browning, D. W. (1995) *A Primer on Sustainable Building*, Rocky Mountain Institute, Aspen, Colorado

Olgyay, V. (1963) *Design with Climate*, Princeton University Press, New Jersey

Roaf, S., Fuentes, M. and Thomas, S. (2001) *Ecohouse: A Design Guide*, Architectural Press, Oxford

Santamouris M. (ed) *Energy and Climate in the Urban Environment*, James & James, London

Von Weizsäcker, E., Lovins, A. B. and Hunter Lovins, L. (1997) *Factor Four: Doubling Wealth, Halving Resource Use*, Earthscan Publications, London

Watson, D. and Labs, K. (1992) *Climatic Buildings Design*, McGraw Hill Book Co., New York

推荐书目

将下列出版物推荐给读者。这两本书均可视作对本章问题和研究对象的拓展。

1. E·冯·魏茨泽克（Von Weizsäker E.）、艾默里·洛文斯和亨特·洛文斯（A.B. and Hunter Lovins L.）、（1997），《四倍跃进：双倍幸福，一半资源消耗》（Factors Four: Doubling Wealth, Halving Resourve Use），Earthscan出版社，伦敦

设计是一个创新的过程。为了创新，人们必须具备正确的思维框架。本书收录了多种建成环境节能实例的信息和分析，形成了囊括设计师关注的各类重点的完善框架，是涉足带有环境的思考设计过程前必不可少的背景读物。

2. M·桑塔莫瑞斯编，《城市建成环境的能源和气候》，James & James，伦敦

本书涵盖了与建成环境各个方面问题相关的详尽论述，由一系列具体的环境问题文献组成。

题目

题目1

通过简要草图，描绘至少两种不同的方法，能够在夏季让阳光从南侧进入建筑，而不会产生过多的太阳得热。

题目2

某开发商现有两块基地可供建设，这两块基地位于北纬40°地区，面积、价格、地点类似，均处于两座已建成建筑物之间，其中一块面朝南北两侧，一块面朝东西两侧。你会建议他开发哪块地？

题目3

介绍至少两种不同的在冬季利用太阳能加热室内空间的方法。

答案

题目1

种植茂密的树木可以为建筑遮蔽直射的阳光，而周围的天光仍然可以通过门窗开口进入建筑。

此外，还可设置水平百叶，将直射的阳光转变为反射光。

题目2

面朝南北方向的基地具有最为显著的优势，因为可以通过在南立面设置水平百叶控制阳光照射，而北立面原本就没有阳光射入。面朝东西方向的基地可能会因较低的太阳角度而在早、晚产生眩光，因此必须采用垂直百叶，而这又会产生视线遮挡的问题。

题目3

1. 特朗布墙：太阳能被储存在墙体内。建筑中的冷空气经由墙体被加热，采用机械措施，不论日间还是夜间，都可以输送到居住空间中。

2. 通过窗户和天窗获取直接得热是另一种选择。

3. 中庭：玻璃顶的室内空间，可以储存太阳的辐射热。如果是在多层建筑中，可采用机械措施将上升到空间最高处的热传送到建筑其他部分去。

第11章

室内空气质量

瓦西李奥斯·格罗斯

本章范围

室内空气质量（IAQ）是建筑的重要指标，与使用者的健康及其舒适程度密切相关。本章的目标是探讨室内空气质量的重要原则，介绍城市建筑应用的通风系统和措施。此外，本章还收录了各种污染物的需求水平和国家标准，以及用于评价室内空气质量参数的过程。

学习目标

完成本章的学习后，读者应该能够：
- 掌握与室内空气质量相关的各方面情况；
- 熟悉各种室内外气体来源和相关空气污染物；
- 了解室内空气质量的国际标准；
- 掌握控制室内外污染物的机制；
- 熟悉各种室内空气质量的计算模型。

关键词

关键词包括：
- 室内空气质量；
- 有害建筑综合症（SBS）；
- 空气污染；
- 通风；
- 室内空气质量计算模型。

序言

室内空气质量是描述室内环境的重要参数，与建筑使用者的健康息息相关。此外，通风系统的使用方式也非常重要，因为通风的主要任务是改善建筑室内气候。因此，通风系统的性能直接决定了室内空间的室内空气质量水平。此外，建筑中的气流及其路径对于使用者的热舒适性也会产生重要影响，这一点在夏季尤其明显。通风对于建筑能源性能的影响也非常显著，因为增加室外/新鲜空气的进风量，实际上就是在增加供冷/供热系统的能源负荷。另一方面，某些节能措施，例如自由冷却运转，通过减少通风系统处理的室外空气总量，从而减少了建筑的供冷负荷。因此，根据城市微气候的自身条件（如风速、风向、气温和污染物浓度等），恰当地进行通风系统的设计和运行，以确保系统的最佳性能，就显得尤为重要。

本章内容包括建筑相关疾病（BRI），介绍主要室内外污染物及其主要源头（包括使用者、材料排放物等），通风的必要性和为改善室内空气质量而采用的技术/措施，室内空气质量标准，以及一些简单的计算步骤。

室内空气质量

在现代社会，人们有90％的时间待在室内。因此，确保室内环境的质量非常重要，需要考虑到房间的热舒适性、视觉舒适性，更不能忽视室内空气质量。事实上，通过使用各种技术措施进行室内空间通风，引入室外空气，替换室内空气，提高室内空气质量——这样的事情，从人类将火苗带到他们居住的洞穴时就开始了，他们在洞穴顶部开口，把有害气体排向室外。当然，现在大城市的室外环境也是被污染的，但必须承认，大多数时候室内空气的污染程度大于室外空气（即便在最大的、工业化程度最高的城市）。因此，室内空气污染物对人们的健康危害更大。1984年，世界卫生组织得出结论，全世界超过30%的新建和改建建筑会导致因室内空气质量引起的症状。

另一方面，由于新风的能源负荷是整个建筑能耗的重要组成部分，增加通风次数通常不利于提高能源效率。因此，在控制通风次数的同时获得适宜的室内空气质量水平，就成为一个重要任务。通常，只有在建筑的使用、管理和维护方式与最初设计或恰当的操作步骤有所差异时，才会产生相应的室内空气质量问题。当然，室内空气质量问题也可能是由不当的设计和错误的居住活动导致的。

有害建筑综合症和建筑相关疾病

室内空气质量对于建筑使用者的健康有非常显著的影响。由室内空气质量引起的疾病包括两个基本类型。第一种是有害建筑综合症，建筑使用者感到不舒服，显然是因待在建筑中的时间引起的。无法确定具体是什么病，也不知道原因何在。这样的情形可能发生在一个或几个房间或区域，也可能蔓延到整栋建筑。但是，无论在何种情况下，症状都难以诊断，并伴有下列特征：

• 建筑的使用者感到乏力、头疼、恍惚、流涕、咽干、眼涩、皮肤刺痛、头昏眼花、恶心作呕、气味刺鼻。

• 病症原因不明。

• 离开房子后症状通常很快消失。

在使用建筑相关疾病一词时，所指的是可诊断疾病的症状，并且可以直接找到相应导致疾病的室内空气污染物。出现建筑相关疾病情况涉及以下几方面：

• 建筑的使用者产生咳嗽、胸闷、发烧、寒战和肌肉酸疼等症状。

• 症状可以得到临床诊断，找到明确的原因。

• 患者在离开建筑后需要经过一段时间才能得到恢复。

当然，这些症状也可能是其他原因导致的，与室内空气质量无关。例如，和处于室外相比，强烈敏感（即过敏）、职业压力或不满，以及其他心理因素。

每栋建筑都有一些潜在的室内空气污染物，有些如建筑材料和装修的污染，是持续释放的，而像供冷、吸烟和使用溶剂、油漆、清洁产品所释放的污染物，则是断断续续的。主要污染源可根据其来源进行如下分类：

• 人和动物的新陈代谢：人类和动物消耗的氧气和释放的二氧化碳是关联的。除了二氧化碳，这一过程还会产生一些挥发性有机物。通常，新陈代谢气体会导致空气质量问题和异味；但只有在浓度很高的时候才会对健康产生威胁。这类污染物一般对通风的需求较低。

• 使用活动：室内空间的空气质量在很大程度上与空间的使用，即使用者的活动有关。例如，吸烟、烹饪和清洁活动都会直接影响室内空气质量，也会造成各类污染物浓度的上升。

• 建筑材料和设备：建筑材料和设备也是污染物的重要来源。地毯、家具、涂料、油漆等都会释放污染物，根据其化学成分不同，会对室内空气质量水平产生显著影响。使用低排放材料可以减少通风需求，因而降低建筑能耗。

很多原因会导致或部分导致有害建筑综合症，下列几项是其中最为常见的因素。

通风系统

通风系统的空气流速对室内空气质量有很大的影响。如果空气流速减小，就很难实现确保建筑使用者健康和舒适的室内空气质量水平。影响有害建筑综合症的另一个因素，是看建筑暖通空调系统的气流组织是否有效。建筑内的"封闭"空间，即通风系统的气流无法到达的地方，其室内空气质量可能会产生一系列问题。根据美国采暖、制冷与空调工程师学会（ASHRAE, American Society of Heating, Refrigerating and Air-conditioning Engineerings），每人每小时所需室外空气量至少应为27~30m³（在办公楼内每人每小时需要近36m³）。此外，如果允许吸烟（即室内污染物增加），那么所需室外空气量至少应为每人每小时110 m³。室外空气流速通常由该空间内的活动决定（见美国采暖、制冷与空调工程师学会标准62，1989）。此外，管道和过滤系统显然也是提高或降低室内空气质量水平的重要因素。

室内污染物

通常，室内污染物的主要部分来自于建筑内部的污染源。例如，甲醛等挥发性有机物，就有可能从胶粘剂、地毯、室内装潢、手工木制品、复印机和其他各种媒介中挥发出来。而吸烟也会提高挥发性有机物、其他有毒化合物和可吸入颗粒物的水平。高浓度的挥发性有机物可能会导致慢性或急性健康问题，其中有些甚至是致癌物。即使挥发性有机物的浓度是中等水平，也会产生一些急性反应。此外，密闭的煤油天然气加热器、木柴炉（woodstove）、壁炉和燃气炉还会释放一氧化碳、二氧化氮和能够燃烧的可吸入颗粒物。通常，房屋的建造和使用，其室内环境中进行的活动都会对室内空气质量水平产生显著影响。

室外污染物

通风系统的作用是将室外空气引入建筑，替代一部分（在大多数情况下）室内空气，改善室内空气质量水平。室外空气的引入可以通过自然方式（自然通风：例如单侧通风或十字通风），也可以通过机械方式（机械通风：使用送风、排风扇，以及管道）。在这一情况下，在进入建筑物的同时，室外空气可能将室外污染物带进建筑，而成为室内空气污染的来源。例如，当通风系统的进风设备、窗口和其他开口所设位置不当时，可能将机动车尾气、管道排风和其他建筑（如浴室和厨房）排风引入建筑。

生物污染物

这类污染包括细菌、霉菌、花粉和病毒。这些污染物可以在凝滞的积水，如管道、加湿器和接水盘中繁殖，或是有积水的地方，如吊顶板、地毯和绝热层里。昆虫或鸟类的粪便也是生物污染物的来源。军团病和庞蒂亚克热（Pontiac fever）是由一种叫做军团杆菌属（Legionella）的室内细菌导致的。细菌污染可能会导致包括咳嗽、胸闷、发烧、寒战、肌肉酸疼，甚至黏膜受损及上呼吸道感染等过敏反应在内的各种身体不适。

研究表明，利用通风（引入室外空气）保持满意的室内空气质量水平，只是这一相当复杂问题中的一个方面。前述的各类因素也都会对污染物产生作用，并导致温度、湿度和照明等其他方面的不适。当然，在通风换气次数不够（这也会导致员工工作能力下降）时，其导致的不利因素显然远远大于其他方面。不过也有可能即使经过了建筑调查，仍然无法确知导致不适的具体原因。

室内空气质量设计

建筑调查过程

为了确定和处理室内空气质量问题造成的不适，避免这些问题再次发生以及产生其他相关问题，必须完成必要的建筑调查程序。首要的调查步骤是研究是否每个症状都与室内空气质量有关，以及问题的原因是否相同。第二步需要确定导致不适的源头。最后，调查者还需要找到解决问题最为恰当的方式。典型的调查程序首先要到产生室内空气质量问题的地点，进行建筑或区域入户调查，收集四个基本因素方面的信息：使用者、暖通空调系统、可能的污染物传播途径、可能的污染源。

"入户调查"必须收集有关建筑历史、已出现的不适、暖通空调分区及有不适情况的区域等信息。审核包括在视觉上观察有问题的建筑区域，并向使用者调查情况。在入户调查的开始阶段，调查者需要运用收集到的信息，找到对不适情况的合理解释，以便形成合理的解决方案。第二阶段则测试这一方法是否能够解决问题。

从"入户调查"中收集到的信息如果不足以形成解决方案，或不能通过测试，那就不能解决问题。这时，调查者需要收集额外信息，形成新方案或是修改方案。在这一过程中需要持续进行方案阐述、测试和评价，直到产生最后的解决方法。

另一种确定引起症状的污染物的方法是空气采样，但有时很难判定导致问题的准确原因。这一方法包括对温度、相对湿度、二氧化碳和空气流动等可能影响建筑或区域环境条件的参数的测量。但如果不了解建筑的运行方式，以及症状的实质情况，对某种特定污染物进行此类采样，其浓度结果容易产生偏差。在调查者收集了所有必要信息，并对建筑的运行方式有了清楚了解后，才能进行采样，测量各类参数。

采取下列措施，可解决室内空气质量问题：

• 日常维护暖通空调系统；

• 定期清理、更换过滤器；

• 更换有水渍的吊顶和地毯；

• 制定限制吸烟的制度；

• 将污染源的排放物排到室外；

• 在通风良好的场所储存和使用油漆、胶粘剂、溶剂、杀虫剂等；

• 尽量在没人的时候使用这些污染源；

• 在建筑建成或改建后，要在使用前留有一段时间，让建筑材料的有害气体得到释放。

当然，最简单的方法（假设通风系统始终维持在必须的状态之下）是增加室外空气通风速度，这一行为通常是非常经济地降低室内污染水平的方法。暖通空调系统的设计必须符合根据当地建筑规范制定的通风标准。然而，仍然存在运行和维护不得当的暖通空调系统，以及相应的设计通风次数不能满足需求的情况。为了获得适宜的室内空气质量

水平，暖通空调的运行首先必须满足设计标准；这通常就能保证室内空气的质量。当存在严重污染源时，如有局部通风系统，可将过度污染的空气排向室外。

各种清洁空气的过滤器和设备有助于解决这一问题，但也有相当的局限性。例如，使用典型的火炉过滤器（便宜的颗粒物控制装置）就不能有效地挡住较小颗粒物，同时机械过滤也不能除去气体污染物。另一方面，高效能的空气过滤器可以过滤很小的可吸入颗粒物，但其安装和运行费用相对高昂。此外，可使用吸收床过滤某些特殊气体污染物，但这些装置也很昂贵，并且需要频繁清理吸收物。

最后，还有一个重要问题是对使用者、管理者和维护人员的培训，以及有关各方之间组织良好的交流。避免如果各方面都能够了解问题产生的原因和后果，并且更为有效地合作，就能避免室内空气质量问题。

图框11.1 设定室内空气质量设计的目标

• 设定总体目的，即室内空气质量需求水平。

  —确定客户为实现良好的室内空气质量，能够接受做多少事情（有助于建立室内空气质量目标）。

  —确定客户对于室内空气质量水平的希望（标准的/高于平均水平的/优良的）。

• 确定与客户有关的室内空气质量情况。

  √减轻使用者的有害建筑综合症症状。

  √降低使用者的缺勤情况。

  √减少使用者的因气味产生的不适。

  √降低使用者的过敏和哮喘症状。

  √降低军团病和庞蒂亚克热、伤风和流感、过敏性肺炎等对健康的危害。

  —确定客户对规划和设计过程的接受程度。

• 确定为实现良好的室内空气质量而需要特别加以保护的空间。

  —确定在建筑内的所有易过敏者，进而确定各使用空间和去往使用空间的路途（针对访客或长期使用者），以及这些人的特点和需求。

• 确定可能有污染源的空间。

  —记录这些空间所履行的功能（主要和例行活动，材料、设备和使用过程可能排放的污染物）。

  —根据室内空气质量的评价标准，列出"可疑"材料和其他可能从外界进入建筑的污染源。

  —列出可能进入建筑的危险或有毒化学品。

  —确定建筑内室外污染源可能进入的空间和范围。

图框11.2 确定与室内空气质量相关的基地特点
- 选择合适地点，作为室外空气进风、空气清洁和过滤的位置，根据短期室外空气污染浓度峰值（如交通繁忙时段），制订相应的系统操作程序。
- 调查周边可能产生污染物排放的所有工业和商业活动（制造、垃圾处理、干洗、食品制作等）。
- 调查所有由土壤或地下水导致的潜在污染源。
- 确定建筑所在地的主导风情况。
- 确定交通类型。
- 确定当地环境空气质量。

图框11.3 设定与环境控制相关的整体方法
- 辨别通风系统（全机械、混合系统、全自然）。
- 确定系统分布情况。
- 确定通风系统的回风和排风部分。
- 决定供热/供冷系统和通风系统之间的联系。
- 描述使用层面对热环境和其他环境参数（如噪声水平）调节的控制方式。

好的室内空气质量设计过程

本章的这一部分描述了各阶段的顺序，可能在典型的室内空气质量设计项目中遇到的问题及其解答。下面这些图框是分条列出的此类设计项目的各主要步骤（斯宾格勒（Spengler）等，2000）。

图框11.4 建筑描述
- 确定建筑的总体量、布局和对外开口。
- 描述通风系统循环、设备位置和主要污染源的位置，通风系统的排风装置、冷却塔、燃烧排气口等。
- 确定如何为使用者提供新风。
- 确定室外污染源（包括冷却塔凝水，厕所、厨房、生物/化学类废气等）。
- 确定进风口（暖通空调系统、开门、开窗等）与室外污染源的位置关系。
- 确定机械通风设备的位置。
- 描述通风系统各层面（使用者层面、区域层面、建筑层面）的控制方式。

图框11.5 描述建筑材料
- 描述与室内空气质量有关的主要建筑材料及其特性（例如，使用了低排放材料）。
- 确定墙面和地面必须使用的清洁物品（有毒、无毒）。
- 确定楼面面层材料的围护需求（木地板、地毯等）。

图框11.6 确定通风系统的选择和评价
- 进行箱模型（box model）分析，以此研究不同选择性，并叙述最佳选择的组合情况。
- 评价与通风系统有关的不同选择，如通风的使用者层面控制，有关能源效率和改善室内空气质量的选择，自然或被动通风技术的使用，以及热回收系统（heat recovery system）和置换通风（displacement ventilation）。

图框11.7 确定用于室内空气质量评价的目标材料
- 选择对于室内空气质量问题较为重要的建筑材料。
- 确定并非混凝土、石材、金属、建筑材料、石质砖（stone tile）和玻璃的材料。
- 分析建筑各个区域中单位体积内主要材料的面积和体量，用以确定材料的最大使用范围、最大室内总表面积和最大体积。
- 确定目标材料（包括干制品和湿制品），估计这些材料的排放物对室内污染物浓度的影响（用排放系数乘以面积或体积）。

图框11.8 确定目标材料的化学成分和排放物
- 获取产品目录，干制品的挥发性有机物排放测试，湿制品的化学成分列表。
- 判断木制合成材料是否得到充分使用，低排放产品是否得到使用。
- 查看木制品是否与室内空气"隔绝"（如密封、覆膜等）。
- 查看能否减少湿制品的使用。

图框11.9 确定清洁、维护需求

- 查看用于主要表面区域（墙体、地面、顶棚）的清洁、维护的化学产品，确定这些产品的化学成分。

图框11.10 检查化学制品数据，是否存在强烈恶臭、刺激物、剧毒素和遗传毒素

- 根据储存有各种制品的化学性质（恶臭、刺激性、毒性）信息的特殊数据库，查找释放量很大的化学制品。

图框11.11 计算室内排放物浓度

- 使用室内空气模型，计算最差情况下，建筑各区域的化学制品在24小时和30天周期内的排放物，查看哪些污染源会对室内空气质量造成最严重的影响。

图框11.12 将计算浓度与室内空气质量需求进行比较

- 根据室内空气质量标准确定浓度标准。
- 将建筑各区域的计算浓度和浓度标准进行比较，评价各个污染物水平。

图框11.13 选择产品，确定安装需求

- 针对新建建筑，确定对已选取产品的获取、储存、运输、处理和安装方式。
- 针对建成建筑，确定哪些产品需要重新放置，或是与室内空气"隔绝"，包括前面提到的步骤。

图框11.14 通风系统需求

- 确定在满负荷和部分负荷的运行情况下需要的室外空气量。
- 确定新风进风口。
- 确定需要的过滤器（类型、效率、安装/运行/维护方针）。
- 确定在室外空气质量不佳的情况下需要进行的空气清洁规程。
- 确定回风需求。
- 确定送风系统在满负荷和部分负荷情况下供热/供冷的特点，以确保达到室内空气质量标准。
- 确定在室内空气质量情况与建筑控制系统相结合时的监控变量、感应器位置、报警、计算步骤和运行需求。

室内污染物和污染源

室内污染物来自于室外污染源和室内污染源。此外，也可将室内污染物分为自然原因形成的，和使用者的活动造成的。当然，每个建筑内的空气污染源也会因建筑设计、建筑结构、建筑位置和使用者行为等方面的差异而有所不同。

室内来源包括建筑材料和装修材料，它们或多或少地持续释放着污染物。在大多数情况下，与使用者的活动有关的污染源的释放呈间歇状态。影响室内空气质量的使用者活动包括吸烟、烹饪和使用油漆及清洁用品。是否具备通风系统以及通风系统是否运行，都会显著影响室内环境中污染物的浓度。

在城市环境中，室外来源表现出相当的重要性，因为这会影响到进入建筑的空气的质量。当然，通风系统在一定程度上可以控制作为新风进入建筑的室外空气的质量（如使用过滤器）；但对于自然通风的建筑而言，空气清洁就是无效的了。主要的室外来源与下面几个方面有关：

- 工业排放物（当地或远程）由高浓度的氮氧化物、硫化物、臭氧、铅、挥发性化合物、烟雾、颗粒物和纤维造成。污染情况受到特定气候条件的影响，这在受热岛效应作用或建筑周边空气分布影

响明显的城区尤其显著。

• 交通污染是城市地区的另一个主要污染源，也是靠近街道、隧道和停车场等区域的主要室外污染来源。主要的交通污染物是一氧化碳、碳尘、铅和氮氧化物。

• 建筑附近土壤传播的污染物，包括氡（自然产生的放射性气体）、甲烷（有机降解产物）和潮气。

• 临近污染源，包括邻近建筑或装置的燃烧排放物，与新风进风口相邻的排风系统等。

某些污染源几乎存在于所有建筑之中；但是设计、空气控制系统和使用者活动会对污染物的浓度产生影响，这也是有些污染源比其他污染源影响更为显著的原因。下面几节将根据其产生原因介绍若干主要的污染物。

合成有机物

合成有机物的使用在近几十年里变得越来越普遍，有机化学的发展产生了各种不同类型的产品。

挥发性有机物（VOCs）

挥发性有机物一词表示能够与周边空气进行光化学反应的碳化物。在挥发的气体中可以监测到有机化合物。

世界卫生组织（WHO）分级系统，根据挥发性有机物的沸点，将其分为下列四种类型：

• 极易挥发（气态）有机物（沸点：<0℃到50~100℃）；

• 挥发有机物（沸点：50~100℃到240~260℃）；

• 半挥发有机物（沸点：240~260℃到380~400℃）；

• 与颗粒物质结合的有机物或颗粒有机物（沸点：>380~400℃）。

挥发性有机物包括三种主要类型：

1. **卤化物**：通常为氯化物，存在于去污剂、清洁剂和气雾剂里的挥发剂等产品中。长期暴露于卤代烃下，会导致心律不齐、肝肾功能受损、神经系统危害，还会影响生殖系统。卤化物的危害有些已被人们发现，有些仍然未知。

2. **芳烃化合物**：主要为苯环。主要的芳烃类挥发性有机物就是苯（存在于燃料中，是燃烧的副产品）、甲苯和二甲苯（是胶粘剂、喷漆、美术颜料的主要成分）、苯乙烯（存在于烟草中）。暴露在芳烃类挥发性有机物下的急性反应包括上呼吸道刺痛、眼睛酸疼、头疼和疲劳。长时间的暴露会导致中央神经系统损伤，甚至癌症。

3. **脂肪族化合物**：这类化合物分子链短而直，由碳和氢基、羟基、羰基功能团（乙醇和乙醛）或甲醛组成。脂肪族烃是汽油和其他燃料的组成成分，主要用作溶剂。甲醛是带有刺激性气味的无色气体。室内的甲醛主要来源是建筑材料、绝热材料、香烟、燃具的胶粘剂。室内的甲醛浓度通常比室外高，特别是在大量使用刨花板的新建筑中。暴露于甲醛中产生的症状包括呼吸系统和眼睛刺痛、头疼、恶心和疲劳。甲醛也是一种已知的致敏剂（sensitizer），有些人暴露于高浓度的甲醛环境后，会对低浓度的甲醛产生过敏反应。

杀虫剂

杀虫剂通常是采用不同使用方式来控制、防范或消灭昆虫的化学品。可以根据其各自的作用划分为不同的类型。全世界共有600多种不同的杀虫剂和超过45000种配方。杀虫剂包括无机化合物（如砷、硫、氯类盐）、有机氯化物、有机磷化物和拟除虫菊酯（pyrethroid）。杀虫剂通常在农业中得到使用，在建筑内的主要用途是控制害虫（如木结构建筑）。杀虫剂可能通过吸入（如使用在空气中播撒的杀虫剂）、表皮吸收和摄取危害人类健康。

杀虫剂会危害神经系统、肝脏，甚至导致癌症。其症状可能包括疲劳、缺乏食欲、恶心和头疼。

燃烧产物

燃烧产物是在各种燃料，包括烟草的燃烧过程中产生的。燃烧产物是气体和微粒物质的混合物。水蒸气和二氧化碳是燃烧各种状态（固态、液态或气态）有机燃料时释放的两种主要产物。燃烧过程中释放的最为重要的污染物通常是碳氧化物（CO、CO_2）、二氧化氮（NO_2）和多环芳烃。

暴露于燃烧污染物下的症状包括呼吸系统和眼睛刺痛，长时间暴露可导致头部和肺部的严重疾病。

氮氧化物

人为产生氮氧化物产物的主要来源是煤炭、石油、天然气和汽车燃料的燃烧，因此氮氧化物既有室内来源，又有室外来源。二氧化氮生成的速度和氧气量、火焰温度和燃烧产物冷却速度等方面有关。

碳氧化物

一氧化碳和二氧化碳都可以通过含碳物质在氧气中的燃烧而在室内和室外产生。一氧化碳是无色无味的有毒气体，是由各种含碳燃料的不完全燃烧产生的。一氧化碳的室外来源包括汽车尾气和工业废气排放。一氧化碳的主要室内来源包括通风不善或有故障的燃气炉灶和供热设备、壁炉和紧靠房屋的车库中排放出来的尾气。二氧化碳也是无色无味的气体，是地球大气层的组成部分。总体上说，二氧化碳并非有毒气体，但高浓度的二氧化碳也能影响正常呼吸。二氧化碳的室内来源与人员出现多少密切相关（人会呼出二氧化碳，见表11.1）；因此，监控二氧化碳浓度是通风研究很重要的一方面。

各种活动产生二氧化碳的速度

表11.1

活动	代谢率（W）	二氧化碳的产生速度（l/s）
久坐工作	100	0.004
轻度劳动	100~300	0.006~0.012
中度劳动	300~500	0.012~0.020
重度劳动	500~650	0.020~0.026
极重度劳动	650~800	0.026~0.032

燃烧颗粒物

通常，室内燃烧产物的颗粒都较小（直径小于 $10\mu m$），因此是可吸入颗粒物。此外，这些微粒吸收的多种化学成分，也可能危害人体的健康。

环境香烟烟雾（ETS）

这种污染物指的是由主动吸烟者呼出的烟气混合物（主流烟，mainstream smoke），以及直接由香烟燃烧产生的烟气（测流烟，side-stream smoke）。通常，被动吸烟在数量和质量上都与主动吸烟有所区别。香烟的烟气包括几千种化学成分，会增加在室内环境中可吸入颗粒物、烟碱、多环芳烃、一氧化碳、二氧化氮和其他多种物质的浓度。

重金属

重金属的来源既存在于室内，也存在于室外。污染物包括铅和汞，可能来自油漆产品和加铅汽油。如果污染源是来自室外的土壤或灰尘，可能因人们的走动而增加室内环境的污染水平。重金属会影响神经系统，导致胎儿毒性（foetotoxicity）、致畸性（teratogenicity）和诱变性（mutagenicity）。长时间暴露于重金属环境中，会导致血压升高，并危害肾脏和神经系统。

生物气溶胶污染

生物气溶胶是空气传播的微粒，形成或来源于生活有机体。其中可能包括微生物、碎片、毒素和活体生物的废弃物。生物气溶胶既来自于室外环境，也存在于室内环境，以及使用者和建筑本身。室外来源包括霉菌、细菌和植物的花粉。使用者也可以成为细菌和病毒的来源。对于建筑内的来源而言，暖通空调系统可能助长霉菌和细菌的滋生，特别是系统内那些导致湿度增加的部件（如冷却塔、加湿器、冷却管和空气过滤器等）。此外，湿地毯、各种建筑材料和装饰材料都可能成为滋养微生物的因素。通常，室外生物气溶胶很难得到控制，只能防止其进入室内环境。慢性接触可能会导致永久的肺部损伤、超敏性肺炎、"湿热症"（humidifier fever）和哮喘。"军团病"（由一种被称为"嗜肺性军团病菌"（Legionella pneumophilia）的细菌导致的疾病，这种细菌可存在于冷却塔、蒸发凝汽器和其他热水系统中）以及庞蒂亚克热（与接触空气传播的军团杆菌属有关）也都是与生物气溶胶有关的疾病。

可吸入颗粒物

可吸入颗粒物（灰尘）的空气动力学直径小于$10\mu m$。室内环境的可吸入颗粒物是由于封闭或有故障的燃烧器具、吸烟、烹饪、房间灰尘、气溶胶飞沫，以及玻璃纤维绝热材料产生的。接触可吸入颗粒物可能会导致呼吸疾病、支气管缩小，并加重哮喘病人的病情。慢性接触还会引起肺气肿和慢性支气管炎等疾病。

臭氧

臭氧是主要的次级室外污染物，是由挥发性有机物和氮氧化物的混合物暴露在阳光下生成的。臭氧的浓度与阳光强度和二氧化氮、一氧化氮的浓度直接相关。因此，臭氧浓度在白天有阳光时达到最大值。通常，靠近大城市的臭氧浓度会比较高，臭氧才会通过通风系统和渗透进入建筑物，当然只有在室外浓度超过健康标准的情况下，才会对居民造成危害。但同时臭氧也是强氧化剂，会迅速和气体发生反应，并立即在表面分解。吸入臭氧会增加肺部感染的可能，也会加重对过敏源和其他空气污染物的反应。

室内空气质量的国际标准

目前，有许多机构确定与室内空气质量相关的污染物存在情况的具体水平。此外，还有很多国家各种规范来确定具体标准，主要关注的是室内环境污染物浓度。

通常，国家标准和国际标准在认定物理或化学杂质为导致建筑使用者潜在健康危险的污染物上，标准是基本一致的。此外，有六种污染物被称为标准污染物（criteria pollutants），作为室内空气质量的指示剂，其中包括：一氧化碳、二氧化氮、臭氧、铅、颗粒物和二氧化硫。当然，除了这六种标准污染物，还有很多其他对人类健康有害的污染物；但这些污染物牵扯到用于室内通风的室外空气质量。另一种方式是由美国采暖、制冷与空调工程师学会制定的Standard 62，将可接受室内空气定义为"空气中没有已知污染物浓度达到公认的权威

机构所确定的有害浓度指标，并且处于这种空气中的绝大多数人（≥80%）对此没有表示不满"。

表11.2~表11.8介绍了室内空气质量的国际标准（该研究由国际能源署完成）。主要强调了三个方面：

- 工作场所8h范围内最大允许浓度（MAC，maximum allowable concentration）；

二氧化碳浓度水平国际标准

表11.2

国家	最大允许浓度（ppm）	峰值限制（ppm）	允许室内浓度（ppm）
加拿大	5000		1000~3500
德国	5000	2×最大允许浓度	1000~1500
芬兰	5000	5000	2500
意大利			1500
荷兰	5000	15000	1000~1500
挪威	5000	最大允许浓度+25%	
瑞典	5000	10000	
瑞士	5000		1000~1500
英国	5000	15000	

来源：世界卫生组织，1984；桑塔莫瑞斯，2001年

- 最大环境（ME，maximum environmental）值；
- 允许室内浓度（acceptable indoor concentration，AIC）；浓度临界值应低于可忽略或可忍受的健康负面影响。

表11.2列出了各国有关二氧化碳的标准。

表11.3是根据面积确定的建议一氧化碳的浓度范围。

表11.4总结了各国对于一氧化碳的要求。

表11.5为二氧化氮浓度值。

最后，表11.6提供了各国关于甲醛（HCHO）的国家标准。

表11.7列出了6种标准污染物中的5种，是根据世界卫生组织和美国环境保护署（USEPA，US Environmental Protection Agency）等组织的标

准进行的总结。表11.8列出了美国国家环境空气质量标准（NAAQS，National Ambient Air Quality Standards）对于全部6种污染物的规定。

室内污染建模

室内污染建模对于研究室内空气质量作用显著。这些模型主要用于污染浓度预测。因此，甚至在房屋建造之前就能够方便地评价使用者在各种室内污染物中的暴露情况。此外，通过使用这类模型，也很容易研究针对通风系统等多种系统中的多种控制措施，并评价其效率。

模型通常分为两类：稳态模型和非稳态模型。第一种以最为简单的方式处理问题，不考虑室内外污染物浓度、通风量（ventilation flow）等参数随时间的变化。非稳态类模型则更为复杂，需要考虑参数随时间产生的变化。

通常，稳态模型将区域或房间内的空气视作充分混合的，即认为送风和已有的空气经过了充分的混合。当然，这不符合真实情况，因为会有一定量的送风经过并离开这一区域，而没有和该处现有空气混合。通风效率可以准确确定用于该范围内的送风量，因而能够提高数学模型的准确性。

不同地区的一氧化碳浓度水平

表11.3

地区	浓度范围（ppm）
自然基础水平	0.044~0.087
乡村地区	0.175~0.435
工业区	0.87~1.75
市中心	高于40

来源：世界卫生组织，1984年；桑塔莫瑞斯，2001年

一氧化碳浓度水平国际标准

表11.4

国家	最大允许浓度（ppm）	峰值限制（ppm）	最大环境值（ppm）	允许室内浓度（ppm）
加拿大	50	400		9
德国	30	2×最大允许浓度	8~43	1~18
芬兰	30	75		8.7~26
意大利	30			
荷兰	25	120		8.7~35
挪威	35	+50%		
瑞典	35	100		12
瑞士	30		7	
英国	50	400		

来源：世界卫生组织，1984年；桑塔莫瑞斯，2001年

稳态模型

最为简单的形式是箱状模型（box model），按照在一个充分混合，无加压，带一个进风口和一个出风口的房间内进行计算。在这种情况下不需要考虑回风（见图11.1）。

通过应用整体平衡（mass-balance）公式和按照进风量等于出风量进行考虑，以下公式可用以描述问题，并计算室内空气污染物浓度（C_i）：

$$Q \cdot C_o + S = Q \cdot C_i \Rightarrow C_i = C_o + \frac{S}{Q} \qquad (11-1)$$

此处，Q是室外空气和排气的气流速度；C_o是进气的污染物浓度；S是污染物排放速度（物质扩散速度）；C_i是室内污染物浓度。

二氧化氮浓度水平国际标准

表11.5

国家	最大允许浓度（ppm）	峰值限制（ppm）	最大环境值（ppm）	允许室内浓度（ppm）
加拿大	3	5		0.3（办公室）
				0.052（家庭）
德国	5	2×最大允许浓度	0.05~0.1	
芬兰	3	6		0.08（日平均）
				0.16（小时平均）
荷兰	2			0.08~0.16
瑞典	2	5		0.15~0.2
瑞士	3		0.015~0.04	
英国	3	5		

来源：世界卫生组织，1984年；桑塔莫瑞斯，2001年

甲醛（HCHO）浓度水平国际标准

表11.6

国家	最大允许浓度（ppm）	峰值限制（ppm）	允许室内浓度（ppm）
加拿大	1	2	0.1
德国	1	2×最大允许浓度	0.1
芬兰	1	0.12（新建筑）	0.24（既有建筑）
荷兰	1	2	0.1
挪威	1	+100%	
瑞典	0.5	1	0.01~0.1
瑞士	1		0.2
英国	2	2	

来源：世界卫生组织，1984年；桑塔莫瑞斯，2001年

标准污染物世界卫生组织指导值

表11.7

成分	年均环境空气浓度（μg/m³）	健康临界点（health endpoint）	察觉有害作用水平（μg/m³）	指导值（μg/m³）	平均时间
一氧化碳	500~700	碳氧血红蛋白（COHb）临界值<2.5%		100000	15min
				60000	30min
				30000	1h
				10000	8h
铅	0.01~2	血铅临界值<100~150μg		0.5	1年
二氧化氮	10~150	哮喘反应的轻微变化	365~565	200	1h
臭氧	10~100	呼吸功能反应		120	8h
二氧化硫	5~400	肺功能变化，出现哮喘症状。敏感个体的呼吸病症会加重	1000	500	10 min
			250	125	24h
			100	50	1年

来源：世界卫生组织，1999年；舍曼（Sherman）、马特森（Matson），2003年

美国环境保护署国家环境空气质量标准对标准污染物的规定

表11.8

污染物	标准值	平均时间
一氧化碳	9ppm（10mg/m³）	8h平均
	35ppm（40mg/m³）	1h平均
二氧化氮	0.053ppm（100μg/m³）	年算术平均
臭氧	0.12 ppm（235μg/m³）	1h平均
	0.08 ppm（157μg/m³）	8h平均
铅	1.5μg/m³	季平均
微粒（PM10，直径≤10μm的颗粒）	50μg/m³	年算术平均
	150μg/m³	24h平均
微粒（PM2.5，直径≤2.5μm的颗粒）	15μg/m³	年算术平均
	65μg/m³	24h平均
二氧化硫	0.03ppm（80μg/m³）	年算术平均
	0.14ppm（365μg/m³）	24h平均
	0.50ppm（1300μg/m³）	3h平均

注：ppm＝百万分之几
μg＝微克
m³＝立方米
mg＝毫克
来源：美国环境保护署，1999年；舍曼、马特森，2003年

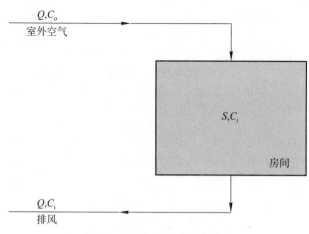

图11.1　不带回风的稳态模型

如果对污染物汇集地而言，公式（11-1）可以写成下面的形式：

$$C_i = C_o + \frac{S-R}{Q} \qquad （11-2）$$

此处，R为污染物聚集。

公式（1）和公式（2）只能在没有回风的条件下成立，这意味着室外空气100%进入室内。在这种情况下，将发生再循环，需要安装过滤设备，而前面的公式将变得更为复杂。当过滤器装在回风口时（见图11.2），可用以下公式阐述问题并计算室内污染物浓度：

$$Q \cdot C_o + (1-E_f) \cdot R \cdot Q_R \cdot C_i + S = Q_R \Rightarrow C_i = \frac{Q \cdot C_o + S}{Q + E_f \cdot R \cdot Q_R} \qquad （11-3）$$

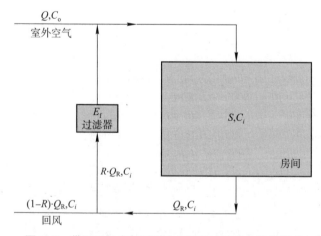

图11.2　带回风且在回风道内安装过滤装置的稳态模型

此处，E_f是过滤效率（filter efficiency）；R是循环系数（recirculation factor）；Q_R是回风的体积式空气流量（volumetric airflow）。

解答公式（3）需要假设房间内单位时间进风和出风量相同，如下式所示：

$$Q = Q_R \cdot (1-R) \qquad （11-4）$$

在这种情况下，过滤设备应安装在送风通道上（见图11.3），物质平衡公式如下：

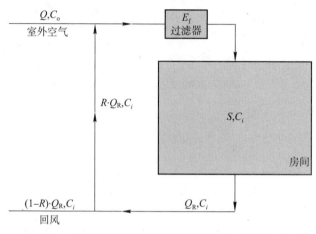

图11.3　带回风且过滤装置安装在送风道内的稳态模型

$$(Q \cdot C_o + R \cdot Q_R \cdot C_i) \cdot (1-E_f) + S = Q_R \cdot C_i \Rightarrow$$
$$C_i = \frac{Q \cdot C_o \cdot (1-E_f) + S}{Q + E_f \cdot R \cdot Q_R} \qquad （11-5）$$

非稳态模型

非稳态模型考虑了时间依赖（time dependence）参数，如室内、室外污染物的排放速度和污染物的消除速度，以及送风、回风和排风的速度。

而室外污染物释放速度的变化则由其来源、排放的时间段和排放强度决定。释放的变化来自街道机动车交通、工业活动和其他来源的污染物释放，还与天气情况有密切的联系，会影响污染物在污染源及其临近地区的分布。

室外污染物排放量的变化，主要与其来源、排放时间和排放强度有关。汽车尾气、工业生产以及其他排放和天气也有着密切关系，因为天气情况决定着污染物是否会分布到污染源周围地区。

安装过滤装置或各种空气清洁器会直接改变污染物的浓度。污染物浓度的减少肯定与安装上述设备的管道位置有关，同时也与污染物负荷有关（因此由随污染物负荷变化的时间依赖参数）。此外，某些污染物的化学分解也是随时间变化的。

最后，建筑中通风系统的气流速度也会变化。渗透量会随着室内外环境的压力差和温度差而变化，这会影响通风系统的气流速度（送风、回风和排风）。此外，如果使用变风量（VAV）系统，通风系统的气流速度也是变化的，会根据区域或建筑的室内外温度和湿度进行调节。

有多种考虑到上述时间变化参数的非稳态数学模型。由罗德里格斯（Rodriguez）和阿拉德（Allard）设计的瞬变多区模型（transient multi-zone model），假设污染物在各区域内充分混合，污染物交换通过区域间空气交换发生。

另一方面，在瞬变条件下描述污染物浓度变化，可以使用简单的箱状模型，这也是最简便的方法。此时可使用以下公式：

$$V \frac{\mathrm{d}C_i}{\mathrm{d}t} = Q(C_o - C_i) + S \qquad (6)$$

此处，Q 是室外气流和出风气流；C_o 是进风的污染物浓度；S 是污染扩排放速度（质量扩散速度）；C_i 是室内空气污染物浓度；V 是体积。

概览

室内空气质量对于建筑使用者的健康和舒适有着至关重要的作用，因为人们有大量时间都生活在室内环境当中。糟糕的室内空气质量水平会导致各种病症，众多研究人员也已证明，建筑材料对于这些问题的产生起到主要作用。此外，建筑的通风措施，从室外环境引入的新风量和建筑的运行环境（例如允许吸烟）都是对室内空气质量条件的重要影响因素。

本章是对室内空气质量相关问题的概览。第一部分叙述了与室内空气质量有关的有害建筑综合症和建筑相关疾病。本章同时也介绍了各种室内外污染物，以及室内空气质量的国际标准和要求。此外，还探讨了通过控制室内外空气污染物降低室内污染物浓度的问题。好的室内空气质量设计的另一个要点是室内污染物浓度的理论评价，本章的最后一部分围绕这一主题提供了若干简单的算术模型，可用于模拟室内污染物的浓度水平。

参考书目

Alevantis, L. and Xenaki-Petreas, M. (1996) *Indoor Air Quality in Practice*, Energy Conservation in Buildings Series, University of Athens, Greece

ASHRAE (American Society of Heating, Refrigerating and Air-conditioning Engineers) (1996) *HVAC Systems and Equipment*, ASHRAE, Atlanta, Georgia, US

ASHRAE (1997) *Fundamentals*, ASHRAE, Atlanta, Georgia, US

ASHRAE (2001) *Standard 62: Ventilation for Acceptable Indoor Air Quality*, ASHRAE, Atlanta, Georgia, US

du Pont, P. and Morrill, J. (1989) *Residential Indoor Air Quality and Energy Efficiency*, ACEEE, Washington, DC, US

EPA (1991) *Indoor Air Facts No 4 (revised): Sick Building Syndrome (SBS)*, www.epa.gov/iaq/pubs/sbs.html

Lester, J., Penny, R. and Reynolds, G. L. (eds) (1992) *Quality of the Indoor Environment*, IAI, London

Liddament, M. (1996) *A Guide to Energy Efficient Ventilation*, AIVC, Coventry

Maroni, B., Seifert, B. and Lindvall, T. (eds) (1995) Indoor Air Quality, Elsevier Science, The Netherlands

Martin, A. (1995) *Control of Natural Ventilation*, BSRIA, Bracknell

Morawska, L., Bofinger, N. D. and Maroni. M. (eds) (1995) Indoor Air: An Integrated Approach, Pergamon Press, Oxford

Rodriguez, E. A. and Allard, F. (1992) 'Coupling Comis Airflow Model with other transfer phenomena', *Energy and Buildings*, vol 18, pp147–157

Santamouris, M. (ed) (2001) *Energy and Climate in the Urban Build Environment*, James & James, London

Sherman, M. H. and Matson, N. E. (2003) *Reducing Indoor Residential Exposures to Outdoor Pollutants*, Lawrence Berkeley National Laboratory, Report Nb LBNL-51758, Berkeley, California, US

Spengler, J., Samet, J. and McCarthy, J. (eds) (2000) *Indoor Air Quality Handbook*, McGraw-Hill, New York, US

USEPA (US Environmental Protection Agency) *National Air Toxics Assessment*, www.epa.gov/ttn/atw/nata/index.html

USEPA (1991) *Building Air Quality: A Guide for Building Owners and Facility Managers*, Craftsman Book, Co, Carlsbad, US

WHO (World Health Organization) (1999) *Air Quality Guidelines*, WHO, www.who.int/environmental_information/Air/Guidelines

推荐书目

1. 美国环境保护署（1991），《建筑空气质量：建筑业主和设备管理者指南》（Building Air Quality: A Guide for Building Owners and Facility Managers），Craftsman Book公司，卡尔斯贝，美国

本书涉及室内空气环境的质量和安全，以及通常什么会导致有害建筑综合症等问题。文字按照解决现有室内空气质量问题和防治未来产生问题这一顺序展开。其他的主题包括室内空气控制、暖通空调系统、霉菌、石棉和氡。其中全面的评价过程便于读者评价建筑的已有条件，并发现室内空气问题的原因。本书分为4个部分。第一部分介绍室内空气质量问题的基本情况，第二部分讨论如何避免室内空气质量问题。第三部分介绍了可行的解决方法。而最后一部分则提供了室内空气质量调查的表格。

2. L·莫拉夫斯卡（Morawska）、N·D·博芬格（Bofinger）、M·马罗尼（Maroni）编（1995），《室内空气：综合方法》（Indoor Air: An Integrated Approach），帕加玛出版公司（Pergamon Press），牛津

首先，通常的监控、健康风险评估和室内空气质量管理方法是将空气污染物各自分离看待的。但人们现在认识到，不管是舒适还是随之而来的健康危害，都不仅是单个污染物浓度导致的，也是所有空气中的成分相互作用的复杂结果。此外，任何减少某个特定污染物的过程都会对其他污染物造成影响。综合的处理方式应该统一考虑这些过程，意在全面改善室内环境。本书有其独到的特色和关注点，选取了若干篇《国际室内空气研讨会：综合方法》中的文章，全面描述了室内空气、综合健康危害评估措施和控制管理室内空气环境措施。

3. B·马罗尼、B·塞弗特（Seifert）、T·林德瓦尔（Lindvall）编（1995），《室内空气质量》（Indoor Air Quality），爱思唯尔科学出版社（Elsevier Science），荷兰

本书不仅介绍了毒物学，也论及物理、化学危害，以及多种医学和心理后果，并将这些与更好的设计和管理结构结合起来。各类学科的专家（医生、建筑师、工程师、化学家、生物学家、物理学家和毒物学家）提供的见解，涵盖了与室内空气质量相关的各个方面，包括建筑设计、健康危害和医学诊断、室内污染物毒物学研究，以及空气取样和分析。一些章节为建筑师、工程师和公共健康专家提供了格式化和教程化的信息；但涉及信息的难度可能会影响其教学用途。各部分的扩展书目有助于将其用作相关领域的参考书。

题目

题目1

有害建筑综合症

有害建筑综合症是一种与室内空气质量有关的疾病的总称。产生有害建筑综合症的问题可能是局部的，也可能会蔓延到整个建筑。此外，症状主要涉及建筑使用者的无力、头疼、精力不集中、流鼻涕及其他未知原因导致的不适。通常，这些症状在使用者离开建筑物之后就会消失。描述和解释导致有害建筑综合症的主要因素。

题目2

室内空气质量问题的解决

经过建筑调查并完成后，可以确定与室内空气质量相关的各种问题。为了解决这些问题，避免可能造成的使用者不适，请确定普遍地提高室内空气质量水平的方法和步骤。

题目3

室内空气质量设计

对于室内空气质量项目设计过程的步骤，设计者多少应该遵循一个顺序。简短描述室内空气质量设计项目应该包括的主要步骤。

题目4

室内空气质量设计

通过各种系统和技术，可以有效控制室内外的污染物浓度。简要描述有助于控制室内外污染物浓度的可行方法。

答案

题目1

通风系统的运行会强烈影响建筑的室内空气质量水平。其中最重要的因素是用于室内空间通风的室外气流应有合适的流速。在依据国家和国际标准的前提下，使用恰当的速率可以保持可接受的室内空气质量水平，并减少有害建筑综合症症状。另一个重要因素是通风系统形成的室内空间空气分布。无效的通风分布会使得空间被"隔绝"，最终导致没有通风。而通风系统的正确设计和运行可以减少空气污染物，提高室内空气质量。最后一个重要方面是通风系统的维护（首先是管道和过滤系统）：这一过程可以提高或降低（当措施不恰当时）室内空气质量水平。通风系统的围护还与存在于管道、加湿器和泄水盘（以及其他能积聚吊顶、地面和绝热层中冷凝水的地方）的生物污染物有关。正确清洁通风系统可以迅速减少此类污染物带来的病症。

当然，室内污染物的数量和类型会对有害建筑综合症症状的产生和消除产生重要影响。室内污染物的来源主要存在于建筑内部。例如，高浓度挥发性有机物会产生慢性或急性健康危害，有些甚至是致癌物质。通常，建筑的建造和使用，以及室内环境中的活动，都会影响室内空气质量水平。通风系统采用合适的尺寸、设计和运行，能够有效控制室内污染物，并改善建筑的室内空气质量水平。

鉴于通风系统的作用在于为建筑引入室外空气，进入室内空间的外来空气也会因为将室外污染物带入室内，而成为室内空气污染物的又一来源。因此，室外污染源研究也是室内空气质量研究的重要组成部分，有时甚至需要安装专门的过滤器，来"捕捉"室外污染物。

题目2

通常，糟糕的室内空气质量不一定是缺乏清洁导致的；各种相关因素的相互作用和联系经常是非常复杂的。但仍有一些"标准"操作可用于提高室内空气质量。这些方式包括定期维护暖通空调系统，定期清洁或更换过滤器。更换有水渍的吊顶板和地板也很有必要，此外，如果要改善室内空气质量水平，最好能够实行禁止吸烟的制度。当然，"隔绝"释放污染物的建材（如油漆、胶粘剂、溶剂和杀虫剂），对存储空间进行适当的通风，对于室内空气质量来讲都是有效的措施。最后，如果要使用会成为污染源的材料，应在无人居住的情况下，并推迟新建或改建区域的入住时间，以便在特定条件下污染物能够得到充分释放。

如果必要，提高室外通风速度可以直接改善室内空气质量；但同时会增加建筑的整体能耗，因而需要关注其经济效益。通常，暖通空调系统应按照设计标准运行，在绝大多数情况下满足室内空气质量的要求。出现重大污染源时，如果设有局部通风系统，应开启此装置将受污染气体排向室外环境。

此外，各种过滤器和空气清洁设备也可用于解决此类问题，但仍存在相当的局限性。当然，也必须对使用者、管理者和维护人员进行培训，以避免或解决室内空气质量问题。

题目3

设计师在进行室内空气质量项目设计时需要遵循的步骤主要为以下几点：

• 确定室内空气质量的设计目标，设计的总体目的和室内空气质量需求水平。在这一过程中，应确定需要特殊保护的空间，以及某些污染物的可能来源。

• 确定与室内空气质量相关的场地特点，这一过程包括确定通风系统不同部分的正确位置，勘察可能的室外污染源，调查建筑所在地的气候特点。

• 确定相关的环境控制整体方法，关于如何确定和设计通风和送风系统暖通空调的整体安装和运行的方法。

• 从建造材料的角度进行建筑整体描述，并对暖通空调系统及其辅助系统进行更为详尽的描述。

• 介绍建筑材料和清洁用品等与室内空气质量有关的性质。

• 选择通风系统，通过计算方法，如箱模型分析进行评价。

• 确定和分析用于室内空气质量评价的目标材料。

• 确定目标材料的化学成分和排放物。

• 确定清洁和维护的要求。

• 检查具有强烈气味、刺激性、剧毒和遗传毒性等化学成分的数据。

• 计算主要排放物浓度。

• 将计算浓度与室内空气质量需求进行比较。

• 选择产品，确定安装要求。

• 确定通风系统在不同运行条件下的需求。确定通风系统各部分的位置，将其整合到建筑管理系统中。

题目4

可以通过以下系统和技术控制室外空气污染物：

• 在机械通风系统中安装过滤装置，防止污染物从室外进入室内。

• 仔细设置进风口，尽量远离污染源。

• 使用空气质量控制新风门（fresh air damper），可以当室外空气污染物达到峰值时关闭进风口。

• 通过增加建筑气密性减少渗透，以便正确控制室内环境。

• 采用直接污染源控制，通过阻止污染物排放，减少可避免的污染物进入室内。

• 使用局部通风系统将源头污染物直接排出（对污染源进行通风）。

• 采用适当的主通风系统设计，其最小操作状态应符合通风需求。

第12章

城市环境的应用能源和资源管理

萨索·梅德韦德

本章范围

城市人口的大量聚集，需要大量能源、水、食物和其他与人们日常生活息息相关的物质的供应。通常，我们称之为"输入"——可再生以及不可再生的自然资源——通过能源和物质的转化过程，最终"输出"，形成废弃物，以气体、液体和固体的形式，排放到空气、水和土壤中去。减少能源和质量流是可持续城市设计过程中的主要目标。另一方面，对于发展中国家持续扩张的城市领域，应用可再生能源转化技术，实现无污染给水系统，减少废弃物排放量，也都是非常重要的目标。

本章的目的是介绍能源流和物质流的重要性和数量，它们对环境产生的影响，以及为了创造可持续城市而需要使用的技术。本章主要分为三个部分。第一部分探讨能源问题，包括可再生能源和对能源的合理使用。第二部分探讨给水和水处理问题。第三部分则介绍城市中的物质流和废弃物处理。

学习目标

通过本章的学习，读者能够：
• 估算城市中能源流和质量流的数量和环境影响；
• 对各种不可再生能源和可再生能源进行比较；
• 认识到集中供应系统的优势；
• 认识到可靠的供水和保护水资源措施的重要性；
• 估计城市废弃物量，对各种废弃物处理技术进行比较。

关键词

关键词包括：
• 能源资源；
• 化石燃料；
• 可再生能源；
• 集中供应系统；
• 区域供热和供冷；
• 城市运输；
• 供水和水处理；
• 废弃物及废弃物处理。

序言

最近几十年来，城市地区人口的持续增长，导致农村人口一直不断地减少。城市越变越大，原来的郊区现在已经成为整个城市的一部分。据估计，目前欧洲有80％的人居住在城市中。

大量的城市居民对于能源、水、食物等方面的需求非常迫切。城市可以被表述为一个"黑箱"（black box），需要各种自然资源（包括土地、能源和物质；见图12.2）进行输入和输出。城市的发展，居民生活、健康和文化标准的提高，都有赖于充足和持续的资源流。

城市对其周围环境的影响可以通过几种方式进行表达。生态足迹（ecological footprint）是一种很有效的手段，表示为满足居民所有需求和吸收人类产生的排放物（如二氧化碳和废弃物）等生物活动所必须的陆地和水域范围。例如，伦敦的生态足迹比其城市自身面积的大120倍。这是所有城市的普遍现象（EnerBuild RTF，2000）。

描述城市足迹是实现可持续城市的一项重要任务。除了改善城市生活的经济和社会质量，合理地使用土地、能源和材料也是其中的重要步骤。前面的章节已详述了若干合理使用土地的方法，本章的后半部分则主要介绍合理使用能源和材料，如水处理和废弃物的问题以及部分解决方法。

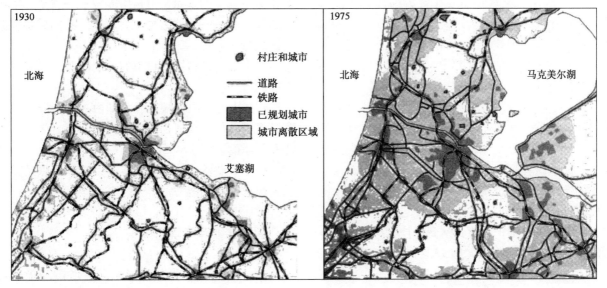

来源：欧洲环境（Europe Environment），1995

图12.1 现代城市实体相比以往占据了更多的土地，欧洲有80%的人口生活在城市

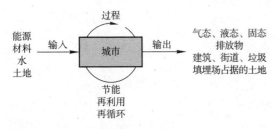

图12.2 城市的能源流和物质流

能源

可再生能源与不可再生能源

我们的生活和文化水准有赖于充足而持续的能源供给来实现。为了满足能源需求，人类采用了各种能源转换技术，将能源转换为需要的形式——如热能、电能和机械运作。燃料可以被分为两类：可再生燃料和不可再生燃料。前者的特点是在自然界可以不断更新。根据其来源，可以分为：

- 太阳辐射，由太阳发出，可以转换为热能和电能，还可以形成波浪能、风能、水能以及生物质能；
- 月球和太阳的行星能，和地球的动能共同作用，产生海洋的潮汐运动；
- 从地球内部到达表面的热能，通常被称为"地热能"。

太阳辐射代表了这个星球上的主要能源。在工业革命之前，水能和风能等可再生能源形式是除了人和动物的劳作之外，少数可以利用的能源。然而，近两个世纪以来我们所面对的迅速发展的文明，依靠的则是大量使用自然（不可再生）能源：化石燃料和核能。

化石燃料——煤、石油和天然气——是以往地球进化过程中能源的不同积聚形式。煤是地球上应用最为广泛的化石燃料。煤的生成需要数百万年的高温、高压和化学反应，使树木和其他植物在含有硫、氮、灰烬和蒸汽的沉积物中燃烧形成。在地层更深处，随着温度和压力的升高，还会发生其他类型的热反应。蒸汽吸收了硫、氧和氮分子，同时，有机成分开始被分解为液态的分子。这就是石油产生的过程。石油在经过精炼加工得以使用之前，其中含有碳、氢、硫、氮等成分。石油是碳水化合物的混合物，使用前需要通过炼油厂进行蒸馏。汽油、燃油以及丙烷、丁烷等燃气就是这样产生的。这些气体在相对低压状况下液化，体积只有气态时的1/260，便于以油罐车运往使用处。丙烷和丁烷混合称为液化气（liquefied gas，LG）。在更深的地层，会形成气态的化石燃料：含有碳、氢和氮的天然气。天然气需要非常大的压力才能液化，能耗较大，因此通常用天然气管道运输。在欧洲，已经建造了大规模的天然气运输管网。各类燃料的单位体积化合能源即热值（calorific value）不同，转换过程产生的环境影响也有所差异。

另一种重要的能源代表是核燃料。其中最为人熟知的是铀、钍和钚。和平年代的能源转换，只会用到铀同位素U_{235}。核能是通过原子核的裂变释放的。原子核在吸收一个中子后，分裂为两个质量较小的原子核；同时释放出新的中子，因而产生链式反应。核电厂在水、重水或石墨之间进行这一反应，吸收产生的中子，使其达到可控状态，并以合适的保护罩吸收非常危险的γ辐射。

近两个世纪人类文明的迅速发展，在很大程度上是依靠密集的化石燃料的消费实现的。即便到了今天，全世界的核能供应（nuclear supply）也有3/4来自化石燃料；核能占据的份额仍十分重要。在较为不发达的国家，可再生能源——主要是生物质能和水能——仍然占据主要地位。我们需要根据能源进行区分：

• 化石燃料和核燃料中的一次能源，以及可再生能源；

• 二次能源或终端能源，即由一次能源将其内能转换为其他用户所需的形式（热、电，固态、液态和气态的燃料）；

• 许多设备，如供热和供冷系统、灯以及其他装置释放的可用能源。

能源转换和环境影响

化学能源转换为其他形式会对城市环境和乡

来源：梅德韦德、诺瓦卡（Novak），2000年

图12.3　可再生能源包括太阳辐射、月球和太阳的引力（gravitational force）和地热

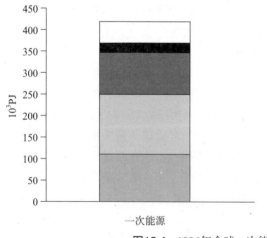
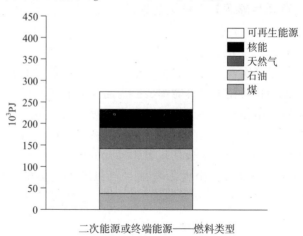

图12.4　1996年全球一次能源与二次能源或终端能源的使用情况

村环境产生严重影响。化石燃料最为主要的转换方式是燃烧。这是一个化学能源通过氧化转换为热能的过程。这一过程的产物（空气污染物）以废气的形式排放到大气中。化石燃料燃烧过程中排放的污染物中，对环境危害最大的是二氧化碳、一氧化碳、氮氧化物、硫氧化物和悬浮颗粒。排放物总量由化石的成分和燃烧所处设备的性能决定。

二氧化碳和一氧化碳是燃料中的碳在燃烧中氧化产生的。在浓度小于1000~1500ppm的情况下，二氧化碳自身对于人体无害。但二氧化碳会加重大气层的温室效应（包围地球的绝热层）。在18世纪末工业革命开始前的1000年间，二氧化碳的浓度只有微弱变化（180~280ppm，浓度很低；1ppm表示单位体积的气体混合物与百万单位体积空气的比值）。然而自那以后，二氧化碳的浓度就开始不断上升，1990年已达到350ppm。随着二氧化碳浓度的上升，气温也不断上升。在过去的100年间，气温上升了0.3~0.6K。二氧化碳会阻挡地球的长波辐射向外太空扩散，因此会加重温室效应。具有此类性质的气体总称为温室气体。除了二氧化碳，还有甲烷、氮氧化物和氟、氯、碳等的化合物。人们认为，温室效应可能会导致海平面升高，在广大沿海地区形成大量洪水，随着时间的推移，还会导致富饶地区的气候变化。一氧化碳能影响血液输送氧气的能力，对人有更大的威胁。吸入一氧化碳，会导致血红蛋白立即转化为碳氧血红蛋白（COHb，carboxihaemogobin）。血液中有10%的碳氧血红蛋白会导致头疼，50%的碳氧血红蛋白就会致命。

化石燃料燃烧释放的氮氧化物，来自于燃料中和燃烧过程需要的空气中的氮。由于其形式多样，总称为氮氧化物。这些氮氧化物在大气中会因阳光的照射，和碳水化合物再次发生反应，形成具有危害性的光化学烟雾。据记载，1952年11月12日至15日，伦敦就曾出现异常高浓度的氮氧化物、二氧化碳和固态颗粒，其间因呼吸器官障碍和心脏问题导致的死亡比平时多了160%。

氮氧化物与二氧化硫可形成酸雨，即溶于水滴中，成为较稀的酸。酸雨是除森林火灾之外，森林衰退的最主要原因。酸性降水还会与石灰石中的碳酸钙再次反应，形成可溶于水的石膏，因而会被雨水冲刷掉。据估算，每年城市受酸雨侵蚀造成的损失高达数十亿欧元。

化石燃料的燃烧还会产生形状、大小和化学成分各异的固态或液态颗粒。其中包括各种物质排放的尘粒（尘粒大小为1~100μm），金属蒸发的烟（粒径为0.03~1μm），气溶胶（喷雾，粒径为0.3~0.5μm）或化石燃料燃烧过程中排放的烟（固态颗粒，粒径为0.05~1μm）。大小在0.5~10μm之间的悬浮颗粒对于人体呼吸器官的危害最大，以PM10表示［颗粒物质（particulate matter），10μm］，吸入肺部会导致肺部疾病。

挥发性有机物是各类容易向空气中挥发的有机化合物的总称。汽车尾气含有超过100种挥发性有机物质，如苯和1.3丁二烯（1.3 butadene）。苯是一种有机化学品，在汽油中的含量为2%。空气中苯的主要来源是交通工具排放的尾气。苯是遗传毒性致癌剂（即可导致癌症的物质）。汽车燃料中没有苯，但会在燃料的燃烧过程中通过化学反应形成，并向外排放。挥发性有机物在炎热的夏季会与大气中的氮氧化物反应，形成臭氧（烟雾）。

如图12.5所示，交通排放的挥发性有机物比热电厂多10倍，其中排放的一氧化碳要高100倍。交通导致的氮氧化物排放也是其他来源总和的两倍。

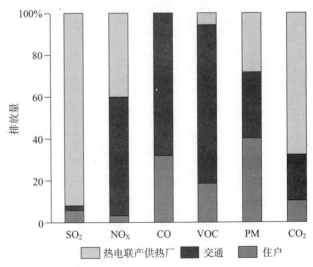

来源：Kraševec，1998年

图12.5　中等规模城市热电联产供热厂（DHPP）、住户和交通的排放量

排放物控制

化石燃料是当前能源供给的主要来源，出于技术和经济双方面的原因，在短期内还不能为环境友好型能源取代。但化石燃料对于环境的影响

也有不同，应选用含氢量较高，而碳、硫、氮等含量较低的；因为氢在燃烧后会变成无害的水蒸气。固态化石燃料通常由分子链较长的碳水化合物组成，其中含有大量碳原子；而气态化石燃料，则由较短的分子链组成，其中所含的氢原子是碳原子的四倍。因此，在产热方面，可以用液态燃料替代固态燃料，而在交通运输方面可用气态燃料替代液态燃料。此外，建议使用由生物质生产的液态燃料（如生物乙醇、生物甲醇和生物柴油），以降低对环境的影响。在未来30~50年内，燃烧后只会生成水的氢，将会得到更广泛的应用。

除了热，燃烧化石燃料通过向大气排放废气的形式释放其副产品。通过煤气净化

（gas cleaning）步骤，可以有效减少废气排放的氧化硫和微尘等有害物质。"脱硫"（de-sulphuration）、"湿法"（wet）已得到广泛应用，即将石灰水Ca（OH）$_2$注入废气中，二氧化硫因而反应成为对环境无害的石膏，再对其进行填埋。而去除固态颗粒（浮尘）则使用静电过滤或织物过滤袋。对于使用内燃机的汽车，可使用催化式排气净化器（catalytic converter），可以同时将不完全燃烧的碳水化合物和一氧化碳氧化为二氧化碳，将氮氧化物还原为氮气。柴油发动机则使用一种特殊的过滤器，去除废气中的颗粒物。

减少环境影响最有效的方式是通过节能，使用高效率的化石燃料，或用可再生能源替代。下面将分析一些可能的解决方式。

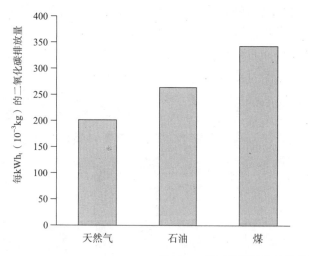
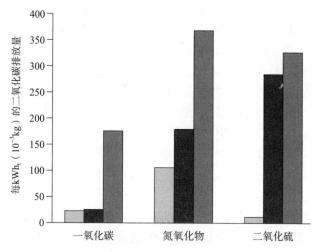

图12.6 化石燃料燃烧的排放物，按每单位千瓦时的热量计算

城市中的能源使用

城市中最为重要的能源来源是可以转化为热、机械功和电力的化石燃料。在有些国家（法国和瑞士），核能也在能源供应中起着重要作用，在另一些国家，水能则起到主要作用（奥地利和斯洛文尼亚）。

城市的能源使用与气候、建筑和运输、工业化、生活习惯以及生活标准有关。如果我们审视不同部门的能耗，会发现城市中消耗能源最多的是民用部分，这主要是因为供热、供冷、密集建造和大量家用设备等方面的能耗均大于乡村造成的。大量能耗源于城市交通。从1970年开始，几乎所有城市的民用和商业部门能耗增长都超过50%，交通能耗

的增长为10%~15%。后者是由城市人口增长和小汽车数量增加造成的。统计数据显示，城市中每辆车平均只运载1.4个乘客。另一方面，城市工业部门的能耗由于技术改造而有所降低。在民用部门中，建筑供热消耗了大多数的能源（接近75%），热水的生产消耗10%的能源，其余为家用电器耗能。

城市环境中的能源效率

有多种可能性可以降低城市能耗，减少环境污染和提高生活质量。其中包括：

- 需求面（demand-side）管理；
- 引入集中供应系统（central supply system）；
- 将可再生能源加入能源供应链。

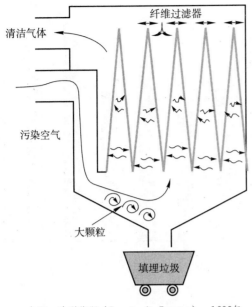

来源：欧洲能源（Energy in Europe），1996年

图12.7　通过纤维过滤器，98％直径小于1~5μm的颗粒物将被去除

图12.8　275MW热电厂，采用湿法"废气脱硫"洗涤器和
静电过滤器，去除颗粒物

注：该热电厂的二氧化硫去除率为94％~95％；石灰石用量为16t/h；脱硫产生的石膏和固态颗粒物总量达70 t/h。

需求面管理

"供应面"（supply-side）增加能源供应，有助于满足城市持续增长的能源消耗，而更为有效的是"需求面"的行动或管理（DSM）。这一行动可以通过城市的各种来源和能源流实现。本节集中探讨能源的需求面管理。其他资源的需求面管理——如水资源和物质流——在后面的章节中介绍。

需求面管理鼓励消费者改变他们的能源消费，使用节能电器、设备和建筑。基本措施包括以下四类：

1. 削峰（peak-load clipping）：在日峰负荷时减少能耗。实例包括对空调和生活热水加热设备进行控制，或给生活热水加热安装定时器。

2. 填谷（valley filling）：抹平负荷，提高系统的经济效益。例如，电动交通工具可以在夜间，即电力负荷小于白天的时候充电。

3. 负荷调整（load shifting）：可以通过热量储存等方式实现；即在消耗量很低时，可以采用显能（sensible energy）或潜能的形式提供并存储热和冷，而在消耗量高的时候加以使用。

4. 进行能源储存：通过个人和城市的一致行动，获得更低的能耗。人们作为居住者可以影响能源的使用，例如可以提高建筑的绝热性能，采用更有效的热回收通风，购买能效更高的电器设备。能源标签是评价建筑能源效率的有效方式。

交通使用是另一个与个人生活方式、习惯相关的节能领域。众所周知，欧盟75％的私人汽车行驶距离小于8km，其中有1/3甚至小于1.6km。对于如此短的距离，其实步行、自行车或公共交通工具更为方便。表12.1列出了不同交通方式所需的能源和释放的排放物。

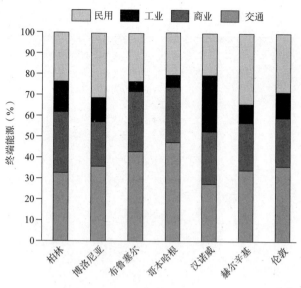
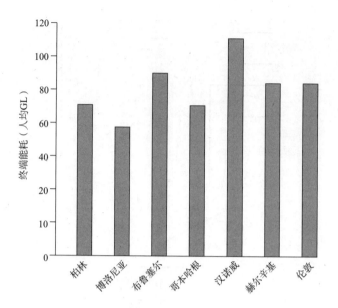

来源：欧洲环境，1995年

图12.9 城市不同部门相对终端能源消耗（左）和人均绝对终端能源消耗（右）

注：各城市的结果非常近似；由于汉诺威的工业比重较大，其人均能耗指标最高。

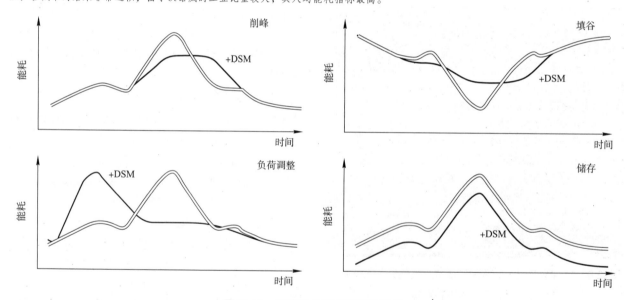

图12.10 四种基本需求面管理措施

人员和货物运输所需能源和运输产生的排放物

表12.1

人员运送	MJ/（km·人）	g二氧化碳/（km·人）	货物运输	MJ/（t·km）	g二氧化碳/（t·km）
自行车	—		管道	0.25	—
公共汽车	1.0	35~60	内陆水运	0.32	40~70
火车	1.5	40~80	火车	0.40	40~50
小汽车	3.2	130~200	卡车	1.37	200~300
飞机	4.2	160~450	飞机	21.7	1160~2150

来源：Masters，2001年

在城市层面，通过民用和交通部门广泛采取的支持和推动环境"友好型"技术和公众认识的改善活动，以及设计、规划手段，能源效率的重要性已经得到显著提升——例如，高效能源转换，规划和使用集中能源系统，在城市规划中加入自行车道路网（cycle-path network），以及高效的公共交通等。

需求面能源管理系统具有若干优势，如减少消费者的支出，使新增效益扩展到未来，减少环境影响，确保自由市场环境的灵活性。执行DSM程序需要新的技巧，投入成本；不过支出通常小于购买一台新的机组的花费。

中央供应系统

中央供应系统是城市最为重要的服务内容之一。这些系统将能源通过气体、电力、热或水的形式从集中的源头输送到各单体建筑中，从单体建筑中收集污水甚至垃圾，运送到中央处理厂。考虑到住宅和商业建筑需要消耗大量的能源，以及能源转换过程对于环境造成的影响，集中供热和供冷系统和独立供应方式（见第13章）相比，具有显著的优势。

集中供热和供冷系统

集中供热和供冷系统将热和冷以水蒸气、热水或冷水的形式沿管道进行输送。这些系统包括三个主要组成部分：总厂（central plant），配送网络（distribution network），供热使用系统（user heating system）。

图12.11 没有绝热层的旧建筑（左）、该建筑的热成像照片（右）；亮斑表示热桥，热损失的位置很大

注：此类建筑居住面积年消耗热量至少为200~300kWh/m²，如果建筑得到充分绝热，窗户泄漏的热量很少，安装热回收通风装置，年均耗热量将下降到40~50 kWh/m²。
来源：朱潘（Zupan），1995年

总厂的热源可能是锅炉或垃圾焚化炉，或地热能、太阳能等可再生能源。锅炉燃烧各种化石燃料——煤、天然气、石油或生物质。管网将能源从热源运送到建筑物中。通常，管网由预绝热及防氧化（field-insulated）管线，设置于混凝土管沟内或直接埋入装置内。集中供热和供冷系统的第三部分是消费者系统，即建筑内部的供热、供冷系统。在大多数情况下，集中管网和建筑设备系统由热转换器分隔开。

集中供热和供冷系统耗资高，因而应具备以下条件：

• 高热负荷密度：即寒冷气候高层建筑和高人口密度地区的主要特征。由于管网系统的投资金额通常占总投资的50%~75%，在这种情况下的建设将是经济的。

• 高年负荷因数：当集中系统具有持续的动力，能全年运行时。

因此，集中系统要满足成本效益，需要在建筑物数量密集（每公顷至少50座建筑物）的城区，具有高热负荷的高密度建筑群或工业综合体中。这些集中系统相比独立系统，具有显著的热力学、经济和环境优势，其中包括：

• 大型厂比起小型厂，可以获得更高的热效率；在部分荷载运行的情况下差异更大，因为大厂的热源多，可以单独开闭。

• 大型机组可使用各种类型的化石燃料，更便于采用价格较低的燃料。此外，还可将废热和可再生能源用作热源。

• 集中供热和供冷系统通过简单的远程温度传感器，就可以测量使用者的用能，也便于有效监控系统的运行。

• 可以减少供热和供冷系统的操作人员，随着建筑机械设备的减少，相应的维护工作也可减少。

• 由于取消了锅炉、制冷装置等相应设备以及燃料存放的空间，建筑的使用面积也得以扩大。

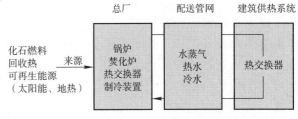

图12.12 集中供热系统的主要组成部分

图12.13　管道中大多数情况下需要绝热并埋入地下

• 总厂的排放物更易于控制管理；同时还将减少运输燃料造成的空气污染和灰尘，液体化石燃料如果在交通事故中泄漏，其危害更为严重。

• 对于集中供冷系统，非环境友好型的制冷剂的泄漏可以被控制在总动力厂的范围内。

图12.14　容纳40个公寓的建筑的热力站，左边是热交换器，将集中供热系统与建筑内的供热系统连接起来

集中供热系统

最为常见的集中供热系统分类是根据传送液体温度的差异确定的。热水和水蒸气都被视为传送液体。后者在工业区更为普遍，因为水蒸气不仅可用于供热或供冷，也可用于工业生产。热水系统又分为三种温度范围：高温系统，温度大于175℃；中温（medium-temperature）系统，温度在120~175℃之间；低温系统，温度低于120℃。中温系统是住宅区集中供热最为常见的形式，因为它具有低压、低热损失和低渗漏损失等优点。适用于建筑供热系统热交换器的温差较大（50~60K）的情况，可以降低传送液体流速和泵送功率（pumping power）。

热电联产（co-generation）可以提高集中供热系统的热力学和经济效益，即同时生产电力和热力。由于热电厂向周边环境释放出大量低温热，使得化石、生物质和核燃料的一次能源效率只能达到30%~40%。但这些废热可用于集中供热。热电联产的能源效率能达到80%~85%。但建筑只需要在冬季供热；因此，原燃料（primary fuel）全年的能源效率为55%左右。小型热电联产系统可使用柴油或天然气发电机。可以从排放的气体中吸收热，对发电机进行冷却和润滑。大型机组配备了蒸汽涡轮机，可以从涡轮排放的蒸汽中吸收热量。

规划集中供热系统的一个主要困难是预测随着城市不断扩张而增长的耗热量。当系统建成以后，仍然可以通过一些方式在现有的集中供热系统中加入新的设备：

• 通过提高和执行需求面管理措施；

• 设置使用低温供热系统（建筑与回管相连，因为传送液体的温度足以为建筑供热）的低能耗建筑；

• 结合储热（热储存减少耗热量的日峰负荷，提高热电联产的日产量，也更为经济）。

集中供冷系统

现代建筑的制冷主要有两种基本形式：局部供冷或集中供冷（或空调）系统。这些设备的运行都需要电力，还都必须使用非环境友好型的制冷剂。城市的建筑密度越大，且热岛效应以及建筑日益增长的供冷需求更为显著，集中供冷的效率也就更高、更经济。

目前有两种集中供冷系统：开放式和封闭式。开放系统的冷水来自深井或深海（500~1000m），泵送到地表，传送到热交换器，冷却中央水管内的水。在这种情况下，冷源的水温不能超过5℃，如斯德哥尔摩从1995年开始使用的海水集中供冷系统。

注：远距离供热系统可使用太阳能集热板替代燃料锅炉。

图12.15　集中供热系统和热电厂，图中管道是156km长的中等城市集中供热系统管道的一部分；

热水系统（130℃/70℃），可为45 000户居民供热（左）；近期建成的24 000m³的热水储存罐，

可满足850MWh储热量的削峰需求，避免进一步扩大锅炉的热容量（右）

封闭系统的冷量则由总厂生产。中央机组耗电量峰值较低，冷量可以得到有效储存。冷量以冷水、冰浆（ice slurry）或盐水的形式输送。通过使用冰浆和盐水，冷媒的温度可以进一步降低，因而所需的泵送成本也更低。供水温度通常在5~7℃，而回水温度在10~15℃之间。这是室内空气供冷和除湿必须的低温。

如果夏天有可以使用的高温热源或废热（110℃），就可以通过吸收制冷系统将热转换为冷。即不使用含有氯和氟等不安全的制冷剂，而使用二元溶液，其中的一种成分能吸收另一种成分的蒸汽，这种溶液被称为吸收剂；而它所吸收的成分，就是冷却剂。通常使用的成分是水和氨，或是水和溴化锂。热电联产系统也可以升级为吸收制冷系统。在这种情况下，系统最好能转变为三联供（triple generation，同时生产热、电、冷）。因此，废热全年都可以得到应用，热电联产系统的效率也将大大提高。

尽管集中供冷系统的主要应用在美国，欧洲也有一部分需求。瑞典的首个集中供冷系统建成于1992年。现在已经有超过20个集中供冷系统，投入运转的长度超过85km。法国已建成5套集中供冷系统，最大的在巴黎，供冷能力达到220MW。在德国最为常见的是集中供冷的局部系统（local system），即将吸收制冷系统与集中供热系统的热水管网连接。

与可再生能源相结合

无限的使用和巨大的潜力是可再生能源的主要特点。大多数可再生能源对于环境的危害都很小，甚至无害，可以单独使用或用作某一大型中央供应系统的一部分，如用于集中供热系统的生物质和太阳能系统，或用于发电机的太阳能电池和风力发电机。

生物质

世界上约有14%的能源供应来自生物质，生物质可以说是世界上最重要的可再生能源。在欧洲山区和北欧国家，生物质占一次能源的比例达20%，

但欧洲的平均水平只有2%~5%。生物质的直接使用和加工有多种形式：燃烧，通过厌氧发酵等自然反应进行生物转化；借助微生物和酶的作用发酵堆肥；以及热化学处理，如高温分解、液化和气化。这些处理中应用最为广泛的是燃烧固态生物质，产生热量，用于建筑供热。

现代生物质固体燃料是加工森林生物质、农作物和能源植物（energetic plant，如柳树、杨树和中国芦苇）得到的产物，可以加工成各种形状用于燃烧：片状、球状、饼状和捆状。这些燃料的优点是便于运输，能够使锅炉设备实现较高的效率，燃烧排放量更少。一些城市已建成类似于供油系统的输送系统。

燃烧木材生物质，除了会产生一般的污染物，也会产生各种不同的有机化合物（CxHy）和少量木材中含有的重金属（汞、铅和铬）。现代燃烧木材生物质的技术，可以自动控制燃料和进风，还可以自动除去灰烬，通过过滤器减少排风中的未燃颗粒。这些装置价格较贵，因而适宜配合集中供热采用较大的机组。丹麦有这方面的成功案例，1990年征收环境燃煤税后，37个集中供热厂用木柴取代了煤。

生物质还可以生产各种液体燃料，如主要应用于机动车的生物乙醇（bio-ethanol）和生物柴油（bio-diesel）。生物乙醇通过对含有糖、淀粉或纤维素的植物进行发酵制成。发酵是自然的化学反应过程，水和植物中的微生物分解糖，释放出酒精和二氧化碳。表12.2是不同农作物的酒精产量。

来源：辛格（Singh），1998年；可再生能源世界（Renewable Energy World），1999年

图12.16　木颗粒（左），将成捆的稻草运入小型集中供热系统的总厂锅炉中（右）

不同农作物酒精产量

表12.2

植物	生物乙醇年产量		
	t/（hm²·年）	L/t	L/hm²
甘蔗	50~90	70~90	3500~8000
甜玉米	45~80	60~80	1750~5300
甜菜	15~50	90	1350~5500
小麦	4~6	340	1350~2050
水稻	2.5~5	430	1075~2150

注：1hm² = 10 000m²。

来源：梅德韦德、诺瓦卡，2000年

关于生物乙醇的使用，最为知名的是巴西，其生物乙醇产量占全球的70%。对于环境污染物的测量表明，从1978年到1983年，里约热内卢和圣保罗的空气污染下降了1/4。

生物柴油是由植物油加工生产的，通过压榨油菜籽、大豆、花生和其他植物的种子获得。可在天然油中加入化石柴油燃料或酯（ester）化——例如菜籽油甲酯（RME，rapeseed oil methyl ester）。菜籽油甲酯含有7%的氧，因此排放物较少，也能够生物降解。每亩种植油料植物的农田可以生产超过900L的燃料。欧洲目前有超过50个菜籽油甲酯炼油厂已投入生产，许多国家的加油站已开始销售生物柴油。

太阳能辅助集中供热

太阳能集热器（solar collector）可将太阳能转化为热能。集热器与蓄热器、管网、泵和控制机组等结合，组成"主动太阳热能系统"。最常用的太阳能热水系统就是建筑屋顶或立面上安装的太阳能集热器。太阳能集热器还能用于集中热水供热系统为居住区供热。太阳能系统的集热器集中布置，也可以分散布置，可以使用小型的短期（日）蓄热器，或使用较大的季节性蓄热器。

来源：可再生能源世界，1998

图12.17　许多加油站可为交通工具加生物柴油燃料

中央场系统将众多大型平板集热器集中安装，设于某处地面上。丹麦城镇马斯塔尔（Marstal）使用的就是这类系统，那里有最大的太阳能集中供热系统，安装了8000m²的太阳能集热器。分散布置的太阳能供热系统通常采用与屋面相结合的太阳能集热器。

带有日蓄热器的系统的设计要求是可以满足

夏季晴天的全部热水需求；而另一方面，到了冬季则可以满足10%~20%的家庭供热需求。平均每平方米建筑供热面积应具备0.03~0.05m²的太阳能集热器场地。

使用季节性蓄热系统，可在夏季和冬季将热量储存于蓄水池中。通过季节性蓄热，可以提高SC面积（0.2~0.3m²每平方米建筑供热面积）；而另一方面，容器体积则为2m³每平方米SC面积。可满足的建筑供热和热水需求可达50%~80%。

来源：大型太阳能供热（Large Scale Solar Heating），1999
注：该集中供热系统已连接1260座建筑。

图12.18　丹麦马斯塔尔，世界上最大的太阳能集中供热系统的集热器场，图片左下角靠近集热器场的是2000m³的大型蓄热器，可储存全天需热量

欧洲有超过50个太阳能辅助集中供热系统，SC面积达到500~800m²，总供热功率达到40MW。经验表明，大型太阳能系统可以成功使用其他较便宜的可再生能源，如生物质和废热进行补充。

地热能供热

蕴藏在地球内部的热能被称为地热能。来自于地球内部铀、钍和钾等放射性同位素的衰变。因此，地热能是持续可再生的。来自地核的热能以各种方式来到地表。地下热水来自于大气降水，穿过多孔的地层深入地下，得到加热。这些地层被称为含水层（aquifer）。

地热能的开采有多种方式。最为传统的方式是利用温泉。降雨渗透到多孔的岩层中，深入地下，被加热，然后又通过天然或人为开采的缝隙涌出地面，到达地表时多为热水，偶尔也可能是蒸汽。经过能源开采的热水仍应被泵送回含水层，以避免地表水的热污染，并保持含水层压力势能。在

没有含水层的地区，可先使深层岩石破裂，形成人工含水层，用水泵可抽取到热水或蒸汽。这种开采地热能的方法被称为"干热岩"（hot dry rock）。还可以使用垂直热交换器通过管道抽取地热能，即所谓的垂直埋管式热交换器。由于温度相对较低，埋管式热交换器通常被用作热泵的热源。

城市中的地热能有众多用途，如道路供热，为生产食物的温室供热，作为集中供热的热源。雷克雅未克自1930年就开始使用集中供热。随着系统的不断扩张，目前整个城市都在使用地热能供热。巴黎同样也使用了地热能，自1980年至1985年，共安装了7套集中供热系统。瑞士广泛使用热泵，运转中的井下热交换器（borehole heat exchanger）多达几千座。然而，除了意大利，欧洲其他地方的温泉温度都还不足以生产电力。

地热能的储量由地下的地质结构所决定。在冰岛、奥地利、德国、法国和其他欧洲中部潘诺尼亚低地（Panonian lowland）周边国家，地热能是一种非常重要的可再生能源。但其应用也会因开采地下水，释放出二氧化硫、硫化氢和二氧化氮等气体，对环境产生影响，同时这些盐水也会具有一定的腐蚀性。

光电系统

热电厂或核电站通过将热能转换为机械功产生电流。当前，2/3的电力生产采用这种方法。太阳能热电厂的原理类似于此，采用镜面聚集太阳辐射。通过使用光伏电池（photovoltaic cell），可将太阳能源直接转变成电能，而无须经过热能的转换。光伏电池由半导体制成，主要成分是硅。光伏电池由两层硅组成，各自具有不同的电动机械（electromechanical）特性，外接电路，可将产生的低压电流传送出去。由于光伏电池尺寸小而易碎，因此通常被安装在一起制成模块，再设置于系统中。单个的设备、建筑或小区都可以使用光伏系统供电。前者指消耗电力较少的设备和机械，如电

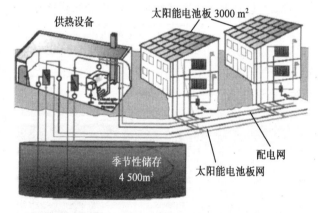

来源：大型太阳能供热，1999年

注：123个独栋住宅在屋顶上安装了太阳能集热器，总面积达3000m²；此外还有4500m³热水蓄热器，太阳能系统产生的热量可以满足50％的生活供热和热水需求。

图12.19 最早用于居住区的太阳能供热系统之一，位于德国汉堡

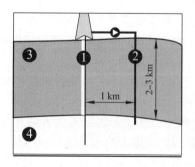
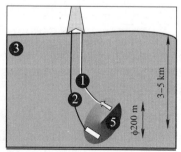
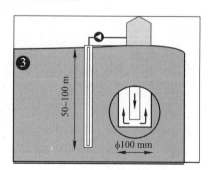

图12.20 开采地热能的不同方法：热含水层（thermal aquifer）（左）、干热岩（中）、埋管式热交换器（右）

灯、停车计时器和无线电广播发射机，后者指远离公共电网的建筑，或是不希望使用化石燃料对环境造成污染的建筑。例如，位于斯洛文尼亚国家公园内的所有建筑均使用光伏系统。

图12.22　城市公园中安装太阳能电池的照明设备

来源：辛格，1998年

图12.21　雷克雅未克是唯一全部使用地热能供暖的首都城市

较大的太阳能电池系统被称为光伏发电厂。安装光伏电力系统的建筑成为城市电力生产的辅助形式。经过专门设计，太阳能电池模块可以制成屋面瓦、立面墙板、遮阳装置和窗户等多种形式，替代普通的建筑围护结构部件，减少系统安装的费用。此外，模块的使用寿命很长，不需要过多维护，可附加于多种建筑围护结构部件。通过电力生产，太阳能电池生产电力的过程没有排放物和噪声，不会造成环境污染，这对于城市非常重要。

据预测，到2010年，欧洲光伏系统的发电能力将从目前的52MW上升到2000MW，其中65％的模块将与建筑外立面相结合。

风能

在运输、抽水和磨坊中使用风能的历史已有几千年了。在欧洲，1850年开始已有50 000台小型风力发电机得到使用。但自从蒸汽机发明后，这一数字迅速减少，直到最近，情况才有所转变。大型高效风力发电机作为发电机组，实现了更高的效率，规模更大，而价格更低。现代风力发电机高达150m，叶片直径达100m，输出电力达3MW。多个风力发电机组成风电场（wind farm）。可以位于城市周边的山上、海边或近海，与主要供电网相连。

未来，风力发电机的建造会走向两个方向——安装在工业或办公建筑上的小型机组，以及作为特定设计建筑的一部分的大型机组。风力发电机可以和光电（PV）设备相结合，通过太阳能和风能的相互补充，确保发电的持续性：夏季利用光伏电池发电，冬季使用风能发电；白天用光伏电池，夜间用风力发电。

来源：欧洲指导可再生能源供应和服务，1994年

注：可以通过合理排列玻璃窗上太阳能电池的密度来控制阴影和眩光。

图12.23　屋顶、玻璃窗和外墙板上的太阳能电池模块

来源：辛格，1998年

图12.24   近海风电场

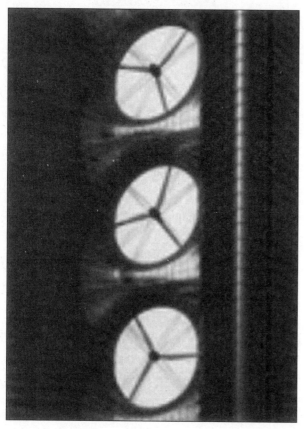

来源：EnerBuild RTD，2002年

图12.25   安装在建筑上的风力发电机

水资源及其管理

水是生命之源。人类的健康和发展需要充足而合格的水源。研究地球上水循环的科学被称为水文学。研究岩石圈（大地）中水分运动的是水文地质学，研究水及大气中水蒸气循环的是水文气象学。由于到达地球表面的太阳辐射作用，水一直在循环着，这种循环被称为水文循环（hydrological cycle）。据估计，约有

23%的太阳辐射消耗于这一循环中，其中涉及的水的总量则无法估算。陆地可以被分为两种区域：干涸、干燥地带和湿润、多雨地带。水无法流出干旱地带，因为降水蒸发总是发生在内陆地表水形成之前。

在城市中，水和水面具有多种用途，可以改善微气候，缩小日温差的变化幅度；可以用于运输；也可供旅游和体育运动；水还是机械功和电力生产不可缺少的一部分；水体储存的水还可以用作防火……这些都只是水的一部分用途。而对于城市中的水来说，最重要的用途当然是供人们饮用。

据估算，地球上水的总量约为$1.36 \times 10^9 \text{km}^3$，但只有3%是以液态淡水的形式存在的。水的可用性与水的质量一样，都是其重要指标。每个国家获取水的主要来源都有所不同。西班牙、比利时、荷兰和芬兰主要依靠地表水。而瑞士、斯洛文尼亚、丹麦以及其他国家，则主要依靠地下水。马耳他的饮用水主要来自于海水淡化。统计表明，在欧洲，53%的水用于工业，26%用于农业，19%为生活用水。1950年欧洲的用水量为100 km^3，1990年上升为560km^3，占可用水源的20%。当地条件决定了用水环境的巨大差异。

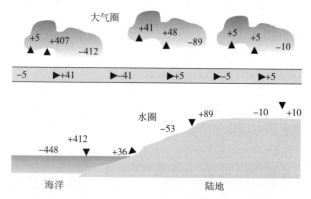

图12.26   水文循环涉及的水量（10^6m^3）（大气圈、水圈、干旱地区、湿润地区、岩石圈、海洋、陆地）

城市供水

城市中的水流可以是天然的（地表水或地下水），也可以是人工的（供水系统和污水系统）。城市中水的供应取决于其供水系统。人口和工业化的增长，以及其他各种广泛需求（如农业用水），造成了水的需求量的日益增长。统计表明，城市饮

用水的使用由城市规模决定。大城市较高的用水量是由于每个住宅内居住的人相对较少，有更多的电器设备，以及供水管网的渗漏造成的——在法国为25%~30%，在西班牙、英国的某些地方，甚至达到50%。

欧洲有超过65%的人口依靠地下水作为水源。在城市周边的乡村，抽取的地下水已经超过了地下水流入量，导致地下水位不断下降。这不仅会影响植被生长，也会给城市土地承载力带来影响，危害建筑的安全。

用水管理

大气中水文循环受到的污染与日俱增，可以供人类使用的饮用水资源也在变得越来越少。水污染是由许多人类活动造成的，如对城市和工业垃圾的不当处理；在农业中使用硝酸盐和杀虫剂；排放有害物质；以及对天然地质特征的影响，如冲洗金属、矿石和盐，将海水净化为纯净的地下水。由于地下水的补给非常缓慢，这些问题也变得越来越紧迫。在目前的情况下，地下水的补给每月仅有几米，有时甚至需要一年才能达到这一水准。

因此，保护和谨慎使用已有的水资源是非常必要的。这需要避免扩张对现有水资源的使用，能够采用的方式包括以下几方面：

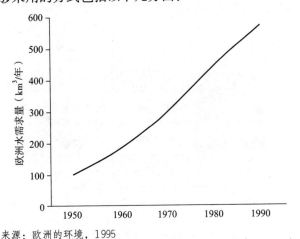

来源：欧洲的环境，1995

图12.27　欧洲近50年来水需求量的增长

• 通过解决技术难题（technical fix），减少耗水量，如为水龙头安装过滤器；冲厕用水改为可变水量（低流量坐厕）；公共活动及推广；安装使用水计量装置。

• 用中水取代饮用水——超过60%的生活用水的卫生要求不是很高，可以使用净化后的污水（即中水）和雨水替代，如冲厕用水、洗衣服和洗车用水、浇灌花园和打扫房间用水等（见图12.29）。

• 加强供水管网密闭性，这不仅有助于节约用水，同时也能节约泵送所需消耗的能源。

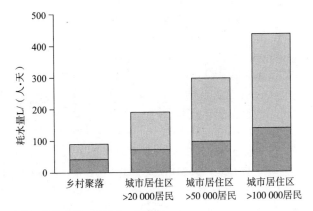

来源：梅德韦德、诺瓦卡，2000年

图12.28　人均日淡水用量：底部为最小值，上部为最大值

污水处理

水经过使用而被污染；生活污水和工业污水经过收集，排放到污水系统中。但由于许多城市和建成区都为不能渗水的材料所覆盖（如屋顶和道路），降水也必须得到收集和排放。大致说来，有两种排污系统——混合式系统和独立式系统。第一种系统同时收集、排放污水和雨水；第二种则是独立排放的。第二种在收集到的雨水未被污染的情况下（例如从建筑屋顶流下的雨水）最为有效，雨水将被引入地下管网、地表水或再生水（中水）。但这种污水管理方式相对昂贵，因而较少得到使用。有超过95%的建筑连接的是混合式雨水污水排放系统，而在大城市则高达99%。

污水会导致多种疾病，其中的食物残渣和人类排泄物使得污水含有大量有机物，给微生物和老鼠提供了养分和食物，另一方面，污水中还含有磷酸盐（家庭中使用清洁剂和洗衣粉的结果）。出于这一原因，现代城市需要将污水送往市政污水处理厂进行净化（始建于1960~1970年），然后才能排往江河湖泊。污水经过机械净化（除沙、除油）、化学净化（中和杂质）、生物净化（分解有机成分）。衡量净化厂生产能力规模的指标是人口当量（PE，population equivalent），人口当量是以每人每天用水量为一单位量。图12.30是一个现代小型污水处理厂的原理图。

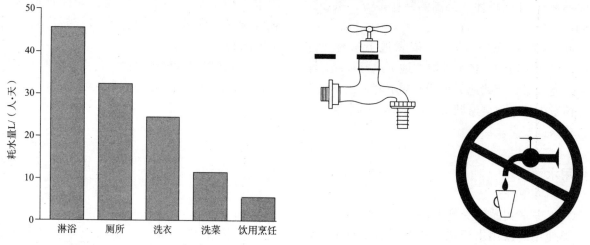

来源：梅德韦德、诺瓦卡，2000年

图12.29 生活用水不同需求的耗水量；所有使用雨水的地点都需设置标志，表明此水源不适合饮用

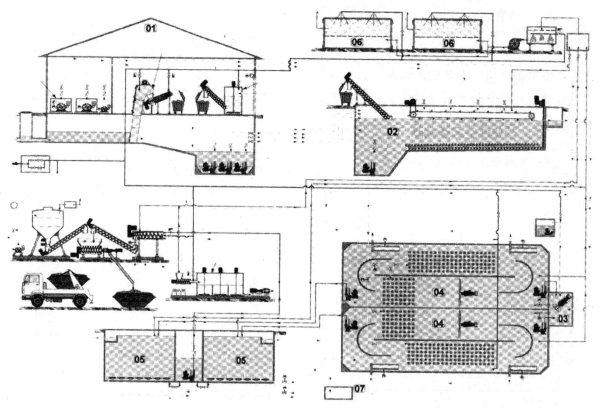

来源：Water，1999年

注：将较大物质用筛子从污水中移除（01）；在沉沙池和去油池（grease catcher）（02）中，砂石沉入池底，上层油脂被撇去。在两个曝气池（aeration tank）内吹入空气，利用微生物对有机物进行生物分解（04）；微生物以有机物作为其食物。周期性清除淤泥，在污泥消化池（05）中脱水后加以处理。经过净化的水经由排放管排入附近河流。由于附近有居民区，该处理厂采用了封闭形式，所有设备都处于地下封闭空间内。生物过滤器（bio-filter）（06）抽出带有臭味的气体，避免恶臭散发到周围环境当中。

图12.30 人口当量为8000的市政净化厂的图示

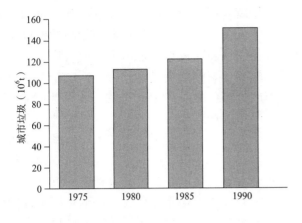

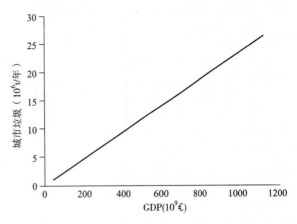

来源：欧洲环境，1995年

图12.31　经济合作与发展组织（OECD）国家的城市垃圾生产量（左）；城市垃圾生产量与国内生产总值
（GDP）的关系（右）

城市中的物质流

每天都有各种各样的货物源源不断地被送往城市，那些都是维持我们生存（食物）或生产必不可少的物品。这些物品的转移，和产品的生产都会将各种物质释放到空气和水中；其中一部分没有得到使用的物质则作为剩余物被丢弃。前者是所谓的排放物，而后者就是废弃物。废弃物可以是液态、气态和固态物质，是其所有者不需要继续保存和使用的物质。作为形形色色人类活动的结果，废弃物同样也来自于城市地区。根据其在城市环境中的来源，废弃物可以被分为生理的（physiological）（人和动物的排泄物）、人类活动产品（家庭、餐厅、办公室、工厂、建筑物拆除剩余物等）或天然的（树叶、草等）。我们称这些为城市垃圾（municipal waste）。所有国家的城市垃圾数量都在不断上升，且与生活水准有密切联系。

在发达国家，人均每年产生250~500kg的城市垃圾。生活水准和城市垃圾之间的关系表明，随着生活水平的提高，垃圾的数量也在增长，其中最主要的就是食物残渣和包装的增加。城市垃圾的结构中大量存在的有机废物和（不考虑再循环活动）纸质品也证明了这一事实。

除了城市垃圾，城市中还存在着有害废弃物，如电池、油漆、油类和药物等，以及工业废料，医疗和研究机构的废弃物。这类废弃物尽管数量较少，但会对环境产生严重危害，因此必须单独收集，还需要特殊的运输和最终处理方式。

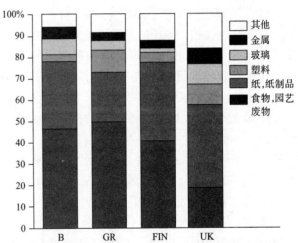

来源：欧洲环境，1995年

图12.32　若干欧洲国家的城市垃圾结构

废弃物处理

城市垃圾处理的技术有多种类型。大部分垃圾内具有可再利用或再循环的原材料。回收不仅可以减少垃圾的体积，也可以减少原材料生产消耗的能源。表12.3列出了各种材料再循环可以减少的能耗和污染。

各个国家可再循环的垃圾量有很大区别。据统计，在欧洲20%（挪威、英国）~60%（荷兰）的废纸得到再循环；铝的再循环量可达60%；20%（挪威、希腊、英国）~63%（荷兰）的玻璃得到再循环。再利用和再循环说明，通过废弃物处理，可以尽量减少排放物。

各种材料再循环可减少的能耗和污染

表12.3

	铝 （%）	钢 （%）	纸 （%）	玻璃 （%）
对能源的影响				
消耗	90~97	47~74	23~74	4~32
空气污染	95	85	74	20
水污染	97	76	35	—
工矿废弃物	—	97	—	80
用水	—	40	58	50

来源：欧洲环境，1995年

城市垃圾包含的有机物，可通过粉碎制成肥料，加入堆肥设施，用于园艺和农业施肥。在西班牙、葡萄牙、丹麦和法国等此种处理方式的发源地，城市垃圾的堆肥率为6%~21%。堆肥尤其适用于产生这些垃圾的家庭环境。

垃圾焚化是大城市中另一种有效的垃圾处理方式。垃圾焚化的主要目的是有效减少垃圾的体积，至原体积的20%。这项技术起源于英国，经过100多年，不断得到发展。现代焚化炉用释放的热量发电。但由于焚化炉价格昂贵，只能用于大型电厂（年均焚化垃圾量达100000~200000t）建设。当然，垃圾焚化会排放重金属（镉、铅、汞、铬、锌等），以及燃烧不充分的残渣和气体，其中含有导致酸雨的成分（氯化氢、二氧化硫、氮氧化物）。净化厂的日趋完善已使此类排放物逐渐减少，但数量较多的垃圾（300~500kg/t干燥的燃烧后垃圾）经过燃烧和气体净化后，仍然会产生灰烬和残渣。垃圾处理水准越发达的国家，城市垃圾焚烧的比例就越高，反之则越低。

大型焚化厂产生的热可以用于生产蒸汽和发电。首先将垃圾粉碎并混合，这样可以使易燃物均匀分布。随后将垃圾填入锅炉，加入空气和化石燃料燃烧。排出的热气通过涡轮机将冷却水蒸发形成蒸汽，产生用于发电的机械能。排出的气体经过半干式洗烟塔（semi-dry scrubber）去除

二氧化硫，同时使用织物过滤器或静电过滤器去除固体颗粒。目前，焚化炉生产能源的费用总体而言仍然偏高。这首先是由于垃圾清理的费用很低，而焚化炉的费用相对较高，其次是因为对允许排放的气体有条件苛刻的规定，使得焚烧必须遵循严格的操作规程。当然，垃圾清理的费用将来会越来越高，而新型焚化技术的效率也将得到提高，如果不考虑严格的排放规定和复杂的排放控制，当地公众民意对于排放物中的有毒物质和重金属的关注将是非常重要，甚至是决定性的因素。无论如何，到2010年，欧洲的城市垃圾焚化率将达到30%，相比当前增长22%。分析显示，有机垃圾堆肥和再循环的增长也将增加垃圾的热量值。

应用最为广泛的城市垃圾处理方法是将垃圾送往填埋场。作为公共设施，卫生填埋场（sanitary landfill）在选址、准备工作、运行、关闭，和最后的封闭、恢复等方面都需要满足特殊的要求。在准备阶段，雨水和渗水被排入净化处理厂。填埋场的底部和侧面建造不透水层（如夯土），再覆盖塑料垫。将垃圾摊成薄层，使用各种机械压实。经过碾压后，垃圾中的有机物（无须氧气的厌氧发酵）逐渐腐烂。这一过程会释放填埋气体，其主要成分为甲烷（45%~55%）和二氧化碳。

如果对废弃垃圾不加管理（露天垃圾场），产生的填埋气体就会扩散到大气中，加剧温室效应。甲烷是除了二氧化碳外最危险的温室气体。在世界范围内，填埋气是农业之外，最为主要的温室气体排放来源。因此，需要收集填埋气，并使用空气炉燃烧，这被称为"火炬"（the torch）。这样会减少气味散布到周围环境中或引发爆炸的危险。各个国家城市垃圾填埋的比例有所不同：丹麦和法国为50%，英国为93%，斯洛文尼亚为100%。大型填埋场可使用填埋气发热、发电。1970年，美国首先使用这一方式，后来迅速传入欧洲。设计阶段的重要内容是预测填埋气的产量。尽管在垃圾填埋后就开始发生化学反应，但仍需要多年才能达到天然的甲烷产量最大值。尽管甲烷的生产能持续50~100年，能够满足能源回收质量的填埋气则只出现在最初的10~20年。

各国城市垃圾焚化比例及欧洲平均值

表12.4

国家	城市垃圾焚化比例
奥地利	11%
德国	36%
英国	7%
荷兰	35%
丹麦	48%
法国	42%
欧洲（平均）	22%

来源：欧洲环境，1995年

来源：http://europa.eu.int/comm/energy_transport/atlas

图12.33　英国伯明翰的现代垃圾焚化厂

卫生填埋法需要大面积用地，会对景观产生严重影响。长远来看，大规模填埋、生物降解城市垃圾的方式将会显著减少（到2010年可能将减少75%）。处理这些垃圾的最好方法可能是堆肥。可能未来会影响填埋气体的产量。不过这些设施产生的电力仍将从现在的700MW提高到1400MW。

垃圾处理技术对环境的影响

不论采用何种垃圾处理技术，我们都无法避免它对环境造成的影响。

幸运的是，每个人都可以改变自己生活周期中产生垃圾的数量和类型。解决废弃物问题最基本的方法是减少其数量。通过产品设计，设计师能够使用产品评价方法，研究产品的整个生命周期。这一方法按照ISO14000标准指定，称为生命周期评价（LCA，life-cycle assessment）。带有环境标志的产品，能够给消费者更多带有环境友好性的产品选择。

个人可以对废弃物的减少和循环作出重要贡献。这一过程可以非常有效，但必须得到城市社区的支持，获得公共意识的认同，推动和有效组织垃圾处理活动。废弃物的转移应与人口密度相联系，且应精心规划运输路线。

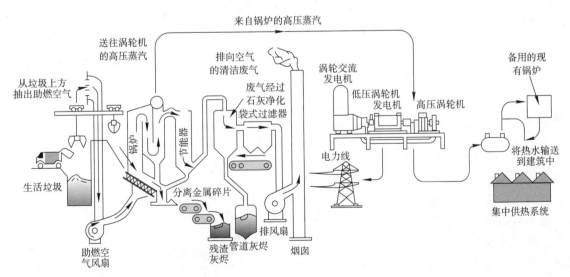

来源：http://europa.eu.int/comm/energy_transport/atlas

图12.34　带有能源回收功能的典型城市垃圾焚化厂图示

某50 000人小镇的经验表明，每吨垃圾能减少2.8~2.5L的燃料消耗（格尔梅克、梅德韦德，2000）。

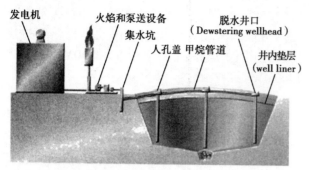

典型填埋气抽取和燃烧厂布置
来源：http://europa.eu.int/comm/energy_tansport/atlas

图12.35　卫生填埋法图示

注：这里每天要填埋来自附近城市（约有34万居民）的近千吨城市垃圾。两台功率为1.2MW的活塞发动机，附带发电机。使用64个直径200mm的垂直钻孔管道收集填埋气。如果气体质量不适用于活塞发动机，将会自动于火炬处燃烧。该填埋场的规模，是典型的通过填埋气实现能源回收的城市垃圾卫生填埋场。

图12.36　使用填埋气发热、发电的发动机、发电机

垃圾处理技术对环境的影响

表12.5

垃圾处理技术	空气	水	土壤	生态系统	城市环境
填埋	释放甲烷、二氧化碳和异味	增加地下水中盐、重金属和有机物的比例	在土壤中积聚有害物质	增加有害物质进入食物链的风险	有害物质暴露
堆肥	释放甲烷、二氧化碳和异味			增加有害物质进入食物链的风险	
焚化	释放二氧化硫、氮氧化物、氯化氢、一氧化碳、二氧化碳、有毒物质和重金属（锌、铅、铜、砷）向地表水排放有毒物质	排放的气体经过净化仍会含有飘尘和残渣	增加有害物质进入食物链的风险		
再循环	释放灰尘	排出污水	外观脏乱	噪声	

概览

　　近几十年城市人口持续增长，同时也导致农村人口急剧减少。为了维持人们的日常生活，人口密集的城市需要大量的能源、水、食物和其他资源。减小城市生态足迹是实现可持续城市的重要任务。除了改善城市生活的经济和社会水准，合理使用土地、能源和物质也是这一重大任务中的重要环节。

来源：www.eco-label.com

图12.37　欧洲蒲菊，作为环境友好型产品的标志；其标准是可循环，并可自然降解

参考书目

ASHRAE (American Society of Heating, Refrigerating and Air-conditioning Engineers) (1996) *HVAC Systems and Equipments*, ASHRAE, Atlanta, Georgia, US

Atkinson, G., Dubourg, R., Hamilton, K., Munasinghe, M., Pearce, D. and Young, C. (1997) *Measuring Sustainable Developments*, Edward Elgar Publishing Limited, Cheltenham

Cross, B. (ed) (1994) *European Directory of Renewable Energy Suppliers and Services: Photovoltaics in Buildings*, James & James, London

Directorate-General for Energy (DG XVII) (1996) *Energy in Europe: A Scenario Approach*; ECSC-EC-EAEB, European Commission, Brussels

'Ecological footprints' (nd), www.earth.day.net/footprints.stm

EnerBuild RTD (nd) *Wind Enhancement and Integration Techniques to Enable the Productive Use of Wind Energy in the Built Environment*, ERK6-CT-1999-2001 'ENERBUILD' Energy Research Group Dublin, Research Directorate General European Commission

Energetika Ljubljana (1995) *District Heating in Ljubljana*, JP Energetika, Ljubljana, Slovenia

Grmek, M. and Medved, S. (2001) 'Implementation of Directive IPPC', Faculty for Mechanical Engineering, Ljubljana, Slovenia

Grubler, A. (1988) *Technology and Global Change*, Cambridge University Press, Cambridge www.hawaii.gov/dbedt/ert/dsm_hi.html

Hewitt, M. and Hagan, S. (eds) (2001) *City Fights: Debate on Urban Sustainability*, James and James, London

International District Energy Association (nd), www.districtenergy.org

International Energy Agency (nd) www.iea.org

International Energy Agency (nd) *District Heating and Cooling, Including the Integration of CHP, Annex VI*, www.iea.org/textbase/publications/index.asp

Kitanovski A. and Poredo? A. (2000) *District Cooling*, SITHKO, Ljubljana

Kraševec, R. E. (1998) *Ljublana's Health Profile*, Institute of Public Health of the Republic of Slovenia, Slovenia

'Landfill gas' (nd) www.europa.eu.int/comm/energy_trans-port/atlas

Lechner, N. (1991) *Heating, Cooling, Lighting: Design Methods for Architects*, John Willey and Sons, Toronto

Lewis, J. O. (1999) *A Green Vitruvius: Principles and Practice of Sustainable Architectural Design*, James and James Science Publishers, London

Masters, C. M. (1991) *Introduction to Environmental Engineering and Science*, Prentice Hall International Editions, Englewood Cliffs, New Jersey, US

Medved, S. and Novak, P. (2000) *Environmental Engineering and Renewable Energy Sources*, University of Ljubljana, Faculty of Mechanical Engineering, Ljubljana, Slovenia

'Municipal waste' (nd) www.europa.eu.int/comm/energy_transport/atlas

Municipality of Ljubljana (2000) *Water*, Periodic Publication, Municipality of Ljubljana, Ljubljana, Slovenia

Pogacnik, A. (1999) *Urbanistical Planning*, University of Ljubljana, Faculty of Civil Engineering, Ljubljana, Slovenia

Renewable Energy World (1998) *From the Field to the Fast Line: Biodiesel*, James & James, London

Renewable Energy World (1999) *Biomass: Does Renewable Mean Sustainable?* James and James Science Publishers, London

Singh, M. (1998) *The Timeless Energy of the Sun*, Sierra Club Books and UNESCO, San Francisco, California, US

Stanners, D. and Bourdeau, P. (ed) (1995) *Europe's Environment: The Dobris Assessment*, European Environment Agency, Copenhagen

Sustainable Urban Design (nd) *Energy: General Information*, EC, Energy Research Group, University College Dublin, Ireland

Dalenbäck, J.-O. (1999) 'European large-scale solar heating network thermie project', DIS/1164/97, Chalmers University of Technology, Goteborg, http://wire.ises.org/wire/doclibs/EuroSun98.nsf/id/1A880E3F0CED45FCC1256771003045F0/$File/DalenbaeckIII28.pdf

Twidell, J. and Weir, T. (1986), Renewable Energy Resources, E. & F. Spon Ltd, New York, US

Zupan, M. (1995) *Thermal Insulation of Residential Buildings: IR Approach*, ZRMK, Ljubljana, Slovenia

推荐书目

1. D·斯坦纳斯（Stanners）、P·布尔多（Bourdeau）编（1995），《欧洲的环境：多布日什评价》（Europe's Environment: The Dobris Assessment），欧洲环境局（European Environment Agency），哥本哈根

《欧洲的环境》详细而全面地介绍了欧洲的环境现状。本书结构清晰，知识易懂，其各个章节分别讨论了八个方面的环境问题，包括空气、水、土壤、自然、野生动植物和城市地区。本书还探讨了环境的压力，如排放物和废弃物等，调查环境压力中有多少是来自于不同类型的人类活动，包括能源和资源管理。

2. G·阿特金森（Atkinson）、R·汉密尔顿（Hamilton）、M·芒纳星河（Munasinghe）、

D·皮尔斯（Pearce）、C·扬（Yong）（1997），《衡量可持续发展》（Measuring Sustainable Developments），爱德华·埃尔加出版有限公司（Edward Elgar Publishing Limited），切尔腾娜姆（Cheltenham）

本书的重点是从可持续的角度出发，审视经济发展的理论和实践。作者没有拘泥于细节，而是着重探讨了发展策略的可持续性。本书表明，通过将环境议题与宏观经济全景相结合，可以极大地丰富传统上从微经济层面出发的针对节约和投资的研究和分析。

3. M·休伊特（Hewitt）、S·黑根（Hagan）等编（2001），《城市战争：关于城市可持续发展的争论》（City Fights: Debate on Urban Sustainability），James & James，伦敦

本书根据正在研究中的前端概念，提出涉及广泛的各类原则，以期城市能够在环境、社会和经济方面实现更好、更具可持续性的发展。本书容纳的不同视角显示了上述问题的复杂性和多样性，为未来城市的共同价值提供了有价值的信息。

4. J·特威德尔（Twidell），《可再生能源》（Renewable Energy Resources），E. & F. Spon Ltd，纽约

《可再生能源》介绍了一门技术和经济重要性持续增长的学科。本书分为众多章节，介绍了各种可再生能源。每章起始是从自然科学角度出发的基础理论，随后介绍应用实例和发展过程。后面的章节对各类问题及其解决方式进行了总结。本书对于初学和实践应用都将大有裨益。

题目

题目1

介绍城市能源供应中最为重要的能源。

题目2

哪种化石燃料燃烧释放的污染物对于人类健康和环境的危害最大？

题目3

描述四种基本需求面能源管理措施。

题目4

描述城市环境中集中供热/供冷供应系统的情况。

题目5

描述你对城市环境下可再生能源应用的理解。

题目6

描述城市供水的重要性。

题目7

城市中主要应用的是哪种废弃物处理技术？

答案

题目1

能源可以被分为两种类型：可再生能源和不可再生能源。前者的特点是在自然界可以不断更新。根据其来源，可以分为：

• 太阳辐射，由太阳发出，可以转换为热能和电能，还可以形成波浪能、风能、水能以及生物质能；

• 月球和太阳的行星能，和地球的动能共同作用，产生海洋的潮汐运动；

• 从地球内部到达表面的热能，通常被称为"地热能"。

然而，近两个世纪以来我们所面对的迅速发展的文明，依靠的则是大量使用自然（不可再生）能源：化石燃料和核能。化石燃料——煤、石油和天然气——是以往地球进化过程中能源的不同积聚形式。煤是树木和其他植物在沉积层和冲积层中经过数百万年的高温、高压和化学反应燃烧生成的。除了碳和氢，煤还含有硫、碳、灰烬和蒸汽。在地层更深处，随着温度和压力的升高，还会发生其他类型的热反应。蒸汽吸收了硫、氧和氮分子，同时，有机成分开始被分解为液态的分子。这就是石油产生的过程。石油在经过精炼加工得以使用之前，其中含有碳、氢、硫、氮等成分。石油是碳水化合物的混合物，使用前需要通过炼油厂进行蒸馏。在更深的地层，会形成气态的化石燃料：含有碳、氢和氮的天然气。天然气液化需要非常大的压力，通常用管道运输。核燃料是另一种重要的能源。其中最为人熟知的是铀、钍和钋。和平年代通常用到的是铀同位素U_{235}。核能是通过原子核的裂变释放的。原子核在吸收一个中子后，分裂为两个质量较小的原子核，同时释放出新的中子，因而产生链式反应。

题目2

化石燃料燃烧排放的污染物中，对环境危害最大的是二氧化碳、一氧化碳、氮氧化物、硫氧化物、颗粒物和挥发性有机物。如果需要完整的答案，还需描述每种污染物对人类和环境的影响。

题目3

需求面管理措施包括以下四种基本类型：

1. 削峰，在日峰负荷时减少能耗。实例包括对空调和生活热水加热设备进行控制，或给生活热水加热安装定时器。

2. 填谷，抹平负荷，提高系统的经济效益。例如，电动交通工具可以在夜间，即电力负荷小于白天的时候充电。

3. 负荷调整，可以通过蓄热等方式实现，即在消耗量很低时，可以采用显能（sensible energy）或潜能的形式提供并存储热和冷，而在消耗量高的时候加以使用。

4. 进行能源储存。通过个人和城市的一致行动，获得更低的能耗。人们作为居住者可以影响能源的使用，例如可以提高建筑的绝热性能，采用更有效的热回收通风，购买能效更高的电器设备。

题目4

集中供热和供冷系统将热和冷以水蒸气、热水或冷水的形式沿管道进行输送。这些系统包括三个主要组成部分：总厂，配送网络和供热使用系统。总厂最好的热源是锅炉或垃圾焚化炉，或地热能、生物质能、太阳能等可再生能源。管网将能源从热源运送到建筑物中。在大多数情况下，集中管网和建筑设备系统由热转换器分隔开。

集中供热和供冷系统耗资较高，因而适用于高热负荷密度的地区。集中系统在人员密集（每公顷至少50座建筑）的城区，热负荷高的高度密集的建筑群，以及工业综合体等类型的项目中，成本效益最好。相对于独立系统，这些集中系统在热动力、经济和环境方面具有显著优势，包括以下方面：

• 大型厂比起小型厂，可以获得更高的热效率；在部分荷载运行的情况下差异更大，因为大厂的热源多，可以单独开闭。

• 大型机组可使用各种类型的化石燃料，更便于采用价格较低的燃料。此外，还可将废热和可再生能源用作热源。

• 集中供热和供冷系统通过简单的远程温度传感器，就可以测量使用者的使用量，也便于有效监控系统的运行。

• 可以减少供热和供冷系统的操作人员，随着建筑机械设备的减少，相应的维护工作也可减少。

• 由于取消了锅炉、制冷装置等相应设备以及燃料存放的空间，建筑的使用面积也得以扩大。

• 总厂的排放物更易于控制管理；同时还将减少运输燃料造成的空气污染和灰尘，液体化石燃料如果在交通事故中泄漏，其危害更为严重。

• 对于集中供冷系统，非环境友好型的制冷剂的泄漏可以被控制在总动力厂的范围内。

目前有两种集中供冷系统：开放式和封闭式。开放系统的冷水来自深井或深海（500~1000m），泵送到地表，传送到热交换器，冷却中央水管内的水。在这种情况下，冷源的水温不能超过5℃，如斯德哥尔摩从1995年开始使用的海水供冷集中系统。

封闭系统的冷量则由总厂生产。电动压缩机可以产生冷水。中央机组的耗电量峰值较低，冷量可以得到有效储存。冷量以冷水、冰浆或盐水的形式输送。通过使用冰浆和盐水，冷媒的温度可以进一步降低，因而所需的泵送成本也更低。供水温度通常在5~7℃，而回水温度在10~15℃之间。这是室内空气供冷和除湿必须的低温。

题目5

现代生物质固体燃料是加工森林生物质、农作物和能源植物（如柳树、杨树和中国芦苇）得到的产物，可以加工成各种形状用于燃烧：片状、球状、饼状和捆状。这些燃料的优点是便于运输，能够使锅炉设备实现较高的效率，燃烧排放量更少。一些城市已建成类似于供油系统的输送系统。

生物质还可以生产各种液体燃料，如主要应用于机动车的生物乙醇和生物柴油。除了最为常见的安装在建筑物屋顶和外墙上的太阳能热水系统，

太阳能集热器还能用于集中热水供热系统为居住区供热。太阳能系统的集热器集中布置，也可以分散布置，可以使用小型的短期（日）蓄热器，或使用较大的季节性蓄热器。

通过使用光伏电池，可将太阳能源直接转变成电能，而无须经过热能的转换。单个的设备、建筑或小区都可以使用光伏系统供电。较大的太阳能电池系统被称为光伏发电厂。安装光伏电力系统的建筑成为城市电力生产的辅助形式。经过专门设计，太阳能电池模块可以制成屋面瓦、立面墙板、遮阳装置和窗户等多种形式，替代普通的建筑围护结构部件，减少系统安装的费用。此外，模块的使用寿命很长，不需要过多维护，可附加于多种建筑围护结构部件。

地热能的开采有多种方式，最为传统的方式是利用温泉。降雨渗透到多孔的岩层中，深入地下，被加热，然后又通过天然或人为开采的缝隙涌出地面，到达地表时多为热水，偶尔也可能是蒸汽。经过能源开采的热水仍应被泵送回含水层，以避免地表水的热污染，并保持含水层压力势能。在没有含水层的地区，可先利用水力使深层的岩石碎裂，形成人工含水层，用水泵可抽取到热水或蒸汽。这种开采地热能的方法被称为"干热岩"。还可以使用垂直热交换器通过管道抽取地热能，即所谓的垂直埋管式热交换器。由于温度相对较低，埋管式热交换器通常被用作热泵的热源。

大型高效风力发电机作为发电机组，实现了更高的效率，规模更大，而价格更低。现代风力发电机高达150m，叶片直径达100m，输出电力达3MW。多个风力发电机组成风电场。可以位于城市周边的山上、海边或近海，与主要供电网相连。

燃烧木材生物质，除了会产生一般的污染物，也会产生各种不同的有机化合物和少量木材中含有的重金属（汞、铅和铬）。现代燃烧木材生物质的技术，可以自动控制燃料和进风，还可以自动除去灰烬，通过过滤器减少排风中的未燃颗粒。这些装置价格较贵，因而适宜配合集中供热采用较大的机组。丹麦有这方面的成功案例，1990年征收环境燃煤税后，37个集中供热厂用木柴取代了煤。

地热能的开采，会因开采热水提取热能前排放的二氧化硫、硫化氢和二氧化氮，以及产生的腐蚀性盐液而产生一定的环境影响。

题目6

水污染是由许多人类活动造成的，如对城市和工业垃圾的不当处理；在农业中使用硝酸盐和杀虫剂；排放有害物质；以及对天然地质特征的影响，如冲洗金属、矿石和盐，将海水净化为纯净的地下水。因此，保护和谨慎使用已有的水资源是非常必要的。这需要避免扩张对现有水资源的过度使用，能够采用的方式包括以下几方面：

• 通过解决技术难题，减少耗水量，如为水龙头安装过滤器；冲厕用水改为可变水量（低流量坐厕）；公共活动及推广；安装使用水计量装置。

• 减少饮用水的使用比例，只在饮用和清洗时使用饮用水；超过60%的生活用水的卫生要求不是很高，可以使用净化后的污水（即中水）和雨水替代，如冲厕用水、洗衣服和洗车用水、浇灌花园和打扫房间用水等。

• 增加供水管网的密闭性，这不仅能节水，还能减少抽水消耗的能源。

题目7

城市垃圾处理的技术有多种类型。垃圾内有可再利用或再循环的原材料。回收不仅可以减少垃圾的体积，也可以减少原材料生产的能耗。城市垃圾包含的有机物，可通过粉碎制成肥料，加入堆肥设施，用于园艺和农业施肥。在西班牙、葡萄牙、丹麦和法国等此种处理方式的发源地，城市垃圾的堆肥率为6%~21%。堆肥尤其适用于产生这些垃圾的家庭环境。垃圾焚烧是大城市中另一种有效的垃圾处理方式。垃圾焚烧的主要目的是有效减少垃圾的体积，至原体积的20%。垃圾焚化会释放重金属（镉、铅、汞、铬、锌等），还会排出燃烧不充分的残渣和气体，其中含有导致酸雨的成分（氯化氢、二氧化硫、氮氧化物）。净化厂的日趋完善已使此类排放物逐渐减少，但经过燃烧和气体净化后，仍然会有灰烬和残渣。

应用最为广泛的垃圾处理方式仍然是将垃圾送往填埋场，对于城市这种方式更为普遍。作为公共设施，卫生填埋场在选址、准备工作、运行、关闭，和最后的封闭、恢复等方面都需要满足特殊的要求。经过碾压后，垃圾中的有机物（无须氧气的厌氧发酵）逐渐腐烂。这一过程会释放填埋气体，其主要成分为甲烷（45%~55%）和二氧化碳。

第13章

经济学方法

瓦西李奥斯·格罗斯

本章范围

本章的目的是探讨在计算投资项目经济影响中需要运用的经济评价基本方法。通过使用这些方法，可以估计不同类型建筑改造的经济影响，以及不同建筑部件的功效。例如，有些方法关注成本效益评价法（即比较投资项目在一段时间内的收入和支出，用以评价投资的经济效益）。

学习目标

当读者完成本章的学习后，应该可以：
• 从经济角度出发评价建筑项目的效益；
• 比较不同的类型方法，确定哪一种效益更好；
• 应用各种从简单到较为复杂的经济相关评价方法。

关键词

关键词包括：
• 经济学方法；
• 折现法（discount techniques）；
• 非折现法（non-discount techniques）；
• 生命周期成本法（life-cycle cost method）；
• 净节省额法（net savings method）；
• 内部收益率法（internal rate of return method）；
• 折现回收期法（discounted payback method）；
• 净现金流法（net cash-flow method）；
• 简单回收期法（simple payback method）；
• 未调整收益率法（unadjusted rate of return method）。

序言

经济学方法，是建筑设计需要使用的重要工具，用以评价建筑项目。这些方法为研究投资项目（如为屋顶做绝热层，或是更换遮阳装置）经济层面的各类问题提供了手段。因此，这些方法能够评价各种情况，有助于设计者决定哪一种可选择的方法在经济上是最为合理的。

本章介绍了两种类型方法。第一种类型运用折现法，而第二种则运用非折现法。它们的主要区别在于，第一种类型考虑到货币的时间价值（即金钱的价值随着时间变迁会发生怎样的变化；在未来某个时间获得或付出的数额和今天同样数额的价值是不同的）；第二种类型则不考虑这些因素。通常，后一种技术类型的应用更为简单，能够较快地对投资项目的经济性能作出评价。

经济学方法

阐明"经济学方法"的概念非常重要。这一概念指为了理解各种经济学现象，得到明确定义的方法。这些方法来自于经济学和相关方面的各个领域，用于研究与建筑相关的经济学现象。

因此，为了评价这些方法，有必要总结主要的建筑能源问题。这些问题首先包括经济可行性（融资决策、购买决策和设计/定型决策），以及经济影响（就业、环境和能源等相关影响）。

还需要提出下列问题。经过检查的系统、成分或技术是否具有较好的成本效率（如经过长期运行，是否能节省开支）？哪种类型的设计和/或尺度成本效率可能更高？这一系统是否能筹措到资金？对环境和能源方面会造成怎样的影响？

通常，成本和收益是实现投资项目中描述项目的主要参数。在这种简化的案例中，现金流是某个时间段内——通常是项目的生命周期中，现金收入（这一参数可被视为正）与支出（相对于现金收入，这一参数被视为负）的和。如果使用者想应用这一基本方式比较不同的选择，就需要估计每种选择的现金流。但这一过程中最重要，有时也是难度很高且耗费时间的部分是对必要的现金流进行正确的经济评价。该判断还需要对直接和间接现金流进行评价。

比较各种选择时的另一个重要方面是考虑最初投入是否具有足够的资金。在这种情况下，某个备选方案可能会因其较高的投资而被删去，即使其回报较高。

另一个很重要的方面是评估每年的可接受现金流（acceptive cash flow）。这样，准确估计评价阶段中每个时间段的各类现金流，如运行和维护费用，以及节能等方面就尤其必要。

表13.1是比较两个备选方案的简单例子。表中总结了两种调查情况的现金流。根据这个例子，在购买和设备安装之后，现金流就仅限于用作维护费用，而现金收入则来自节能。

比较两种备选方案简单现金流的例子

表13.1

年	现金收入（+） 现金支出（−）	备选方案1 （€）	备选方案2 （€）
0	设备费	−9000	−11000
	安装费	−2000	−2500
1	维护费	−700	−1200
	节能	+1500	+2200
2	维护费	−700	−1200
	节能	+1500	+2200
3	维护费	−700	−1200
	节能	+1500	+2200
4	维护费	−700	−1200
	节能	+1500	+2200

折现法

使用折现率（discount rate）这一指标，可以比较不同的投资方案。折现率的优点是考虑到货币的时间价值（即货币的价值随时间变化）。

运用此类方式，现在得到的货币比未来得到的货币更有价值。由于货币时间价值的作用，现金流的时间差异可以使某项投资比其他投资更具吸引力。

折现法根据其投资类型选择折现率。此类方法可以比较不同时间的现金流。例如，如果折现率为d，那么现在收入F和一年后收入$F(1+d)$是等同的。

$$F_j(0) = \frac{F_j}{(1+d)^j} \qquad (13\text{--}1)$$

此处，j为年；d为折现率；$F_j(0)$也被称为收入在未来的现值。

表13.2是一个应用折现率的例子。其中的折现率为3%，最初的货币值经过四年后等于112.6欧元。

使用折现率的例子

表13.2

年	现金流（€）（折现率=0.03）
0	100
1	100×（1+0.03）＝103.00
2	100×（1+0.03）×2＝106.10
3	100×（1+0.03）×3＝109.30
4	100×（1+0.03）×4＝112.60

因为折现率的数值会显著影响结果，以及和净现金流具有显著差异的备选方案的比较，因而需要慎重选择。此外，在计算的不同时间段中选择不同的折现率可以进一步提高该方法的准确率。

生命周期成本法

生命周期成本法（LCC）是用来评价系统或其组成部分经济性能的方法。这一方法统计相关百分比，以及能源系统或其组成部分产生的未来成本的总和，减去所有正的成本［即残值（salvage value）］。其总和表明该研究阶段内货币的现值或年值（annual value）。各种成本包括工具的能源成本、设备和系统的成本、维护成本、维修和置换成本等。可采用以下公式计算生命周期成本：

$$LCC_{A1} = \sum_{j=0}^{N} (C_{A1} - B_{A1})_j / (1+d)^j \quad (13-2)$$

此处，C_{A1}是经估算系统A_1在j年的成本（$j=0$是该阶段开始时的成本）；B_{A1}是经估算系统A_1在j年的收益；d是折现率。

生命周期成本法不仅可以判断某个项目是否具有成本效益，也有助于找到项目各组成部分之间的合理组合，以实现减少长期成本的性能需求。可以通过比较各种备选方案的生命周期成本，或是基本案例的能源系统或其组成部分的生命周期成本来评价各备选方案。在这种情况下，如果比较中的各系统性能相当，具有较低生命周期成本的将更为经济。因此，可以根据对备选方案的比较，确定能源系统或组成部分的规模，甚至进行设计。这一方法的目标是通过找到合适的子系统/部分的组合方式，降低设备的整体生命周期成本。

生命周期成本方法适用于更为关注成本而非收益的经济分析。此外，当项目预算有限时，可通过这一方法决定是否放弃某个项目，或为完成某个项目而增加投资，以实现更大的节约（尽管其生命周期成本比其他方案低）。

表13.3和图13.1都有一个假设的基本案例和相应的备选方案。根据这个例子，备选方案1的生命周期成本最大，因此比基本案例的成本效益更好。

使用生命周期成本法比较两种备选方案

表13.3

年	基本案例		备选方案1	
	净现金流（€）	$LCC_{(bc)}$（€）	净现金流（€）	LCC_1（€）
	$(C_{A(bc)} - B_{A(bc)})$	(d=3%)	$(C_{A1} - B_{A1})$	(d=3%)
0	−8000	−8000.00	−10000	−10000.00
1	−600	−8582.52	−200	−10194.17
2	1600	−7074.37	2800	−7554.91
3	1600	−5610.14	2800	−4992.51
4	1600	−4188.56	2800	−2504.75
5	1600	−2808.39	2800	−89.44
6	1600	−1468.42	2800	2255.51

净节省额（net savings）或净收益（net benefits）法

净节省额（NS）或净收益（NB）法是另一种评价建筑系统或组成部分经济性能的方法。净节省额法或净收益法能用于判断一个项目是否划算。使用这一方法能够得出两个备选系统之间的当前或年均净差异，公式如下：

$$NS_{A1:A2} = LCC_{A2} - LCC_{A1} \quad (13-3)$$

此处，LCC_{A1}是系统A_1的生命周期成本；LCC_{A2}是系统A_2的生命周期成本。

$$NB_{A1:A2} = \sum_{j=0}^{N} \frac{(B_{A1} - B_{A2})_j - (C_{A1} - C_{A2})_j}{(1+d)^j} \quad (13-4)$$

此处，B_{A1}是系统A_1的收益（正现金流）；B_{A2}是系统A_2的收益（正现金流）；C_{A1}是系统A_1的成本；C_{A2}是系统A_2的成本；d是折现率。

当净节省额或净收益为正时，项目是符合成本效益的。这种方法可用于确定项目的最佳设计和规模。此外，需要对每种设计和规模的净节省额或净收益进行计算。通过净节省额或净收益法得出的最高数值，是项目的最佳选择。

表13.4示范了净节省额法的使用。我们仍然采用生命周期成本法中的例子，但加入净节省额计算过程，并对基本案例（bc）和备选方案（A_1）进行了比较。$NS_{基本案例：备选方案1}$表示这两种情况的

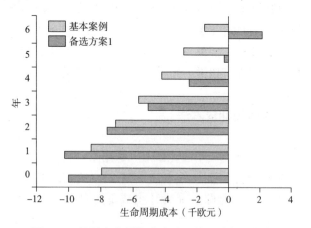

图13.1　使用生命周期成本法比较两种备选方案

净节省额。

使用净节省额比较两种备选方案

表13.4

年	基本案例		备选方案1		
	净现金流（€）($C_{A(bc)}-B_{A(bc)}$）	$LCC_{(bc)}$（€）($d=3\%$）	净现金流（€）($C_{A1}-B_{A1}$）	LCC_1（€）($d=3\%$）	$NS_{基本案例：备选方案1}$（€）
0	−8000	−8000.00	−10000	−10000.00	−2000
1	−600	−8582.52	−200	−10194.17	−1611.65
2	1600	−7074.37	2800	−7554.91	−480.54
3	1600	−5610.14	2800	−4992.51	617.63
4	1600	−4188.56	2800	−2504.75	1683.82
5	1600	−2808.39	2800	−89.44	2718.95
6	1600	−1468.42	2800	2255.51	3723.93

内部收益率法

这个方法也可用于评价建筑系统或其组成部分的经济效益。内部收益率法（IRR）可假设项目现金流的净现值等于0，以计算折现率。该方法的主要概念是计算投资实现成本收益的最小内部收益率，有两种形式。第一种是非调整形式，需要计算下列公式，利率为i：

$$\sum_{j=1}^{N} \frac{(B_{A1}-B_{A2})_j - (C_{A1}-C_{A2})_j}{(1+i)^j} - (C_{A1_0}-C_{A2_0}) = 0 \qquad (13-5)$$

此处，i为利率；C_{A10}是系统A_1在周期开始时的成本；C_{A20}是系统A_2在周期开始时的成本。

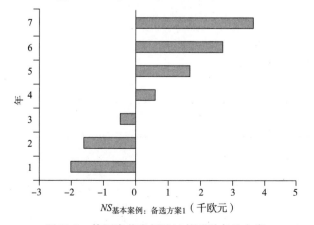

图13.2 使用净节省额法比较两种备选方案

这一公式可能为多解或无解。经过调整的形式，按照i解答为：

$$\sum_{j=1}^{N} \frac{[(B_{A1}-B_{A2})_j - (C_{A1}-C_{A2})_j](1+r_j)^{N-j}}{(1+i)^N} - (C_{A1_0}-C_{A2_0}) = 0 \qquad (13-6)$$

此处，r_j是再投资率（reinvestment rate）。

决策规则是当项目的内部收益率超过投资者的最低可接受回收率（或是其回收率高于其他备选方案）时，就接受该项目。

如前文所述，内部收益率是使得收入现金流的现值总和为0的折现率。通常，内部收益率没有闭合形式解（closed-form solution）。为了得出结果，就需要使用反复法（repetitive method）。其基本方法为先使用一个内部收益率初值进行计算，根据计算结果（等式的结果是否接近于0），再使用另一个内部收益率值重复计算，直到实现预期的接近于0的结果。

使用内部收益率法，可以采用C语言源代码，如图框13.1中所示。

这一方法计算的利率结果是唯一的。如果有超过一个内部收益率结果，可将现值看作利率的函数，通过曲线所示，找到投资与收益要求相吻合的位置。

对于没有任何追加投资的单一期初投资，且仅涉及一种系统，公式（6）可简化为以下形式：

$$IRR = \left(\frac{C_{A1}}{C_{A1_0}}\right)^{1/j} - 1 \qquad (13-7)$$

表13.5和图13.3为使用内部收益率法进行为期10年投资估算的实例。根据这个例子，采用备选方案收益更好，因为其内部收益率是基本案例的三倍。

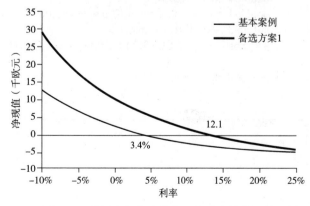

图13.3 使用内部收益率法比较两种备选方案

图框 13.1　　使用IRR法进行必要计算的C语言源代码

```
// file cflow_irr.cc
// author: Bernt A Oedegaard

#include <cmath>
#include <algorithm>
#include <vector>

#include 'fin_algorithms.h'

const double ERROR=-1e30;

double cash_flow_irr(vector<double>& cflow_times, vector<double>& cflow_amounts) {
// simple minded irr function. Will find one root (if it exists.)
// adapted from routine in Numerical Recipes in C.
    if (cflow_times.size()!=cflow_amounts.size()) return ERROR;
    const double ACCURACY = 1.0e-5;
    const int MAX_ITERATIONS = 50;
    double x1=0.0;
    double x2 = 0.2;

// create an initial bracket, with a root somewhere between bot,top
    double f1 = cash_flow_pv(cflow_times, cflow_amounts, x1);
    double f2 = cash_flow_pv(cflow_times, cflow_amounts, x2);
    int i;
    for (i=0;i<MAX_ITERATIONS;i++) {
        if ( (f1*f2) < 0.0) { break; }; //
        if (fabs(f1)<fabs(f2)) { f1 = cash_flow_pv(cflow_times,cflow_amounts, x1+=1.6*(x1-x2)); }
        else {f2 = cash_flow_pv(cflow_times,cflow_amounts, x2+=1.6*(x2-x1)); };
    };
    if (f2*f1>0.0) { return ERROR; };
    double f = cash_flow_pv(cflow_times,cflow_amounts, x1);
    double rtb;
    double dx=0;
    if (f<0.0) {                        rtb = x1;  dx=x2-x1;     }
    else {                              rtb = x2;  dx = x1-x2;   };
    for (i=0;i<MAX_ITERATIONS;i++){
        dx *= 0.5;
        double x_mid = rtb+dx;
        double f_mid = cash_flow_pv(cflow_times,cflow_amounts, x_mid);
        if (f_mid<=0.0) { rtb = x_mid; }
        if ( (fabs(f_mid)<ACCURACY) || (fabs(dx)<ACCURACY) ) return x_mid;
    };
    return ERROR;  // error.
    };
```

使用内部收益率法比较两种备选方案

表13.5

年	基本案例		备选方案1	
	净现金流（€）$(C_{A(bc)}-B_{A(bc)})$	$IRR_{(bc)}$	净现金流（€）$(C_{A1}-B_{A1})$	IRR_1
0	−8000		−10000	
1	−900		−1000	
2	1200		2300	
3	1200		2300	
4	1200		2300	
5	1200	3.4%	2300	12.10%
6	1200		2300	
7	1200		2300	
8	1200		2300	
9	1200		2300	
10	1200		2300	

折现回收期法

折现回收期法是指收回最初投入的现金流所需的必要时间长度。可以使用折现法或非折现法来计算回收期。本节介绍折现回收期法（后面将介绍非折现法的使用）。比较两种不同的建筑系统或组成部分，可使用该方法，计算当一个能源系统与另一个能源系统的未来现金流累计差异正好等于它们最初的投资成本时，所需要的时间段。

该方法需要找到 PB 的最小值：时间段数值（即年数），因此下式的第一部分等于开始阶段的成本差异：

$$\sum_{j=1}^{PB} \frac{(B_{A1}-B_{A2})_j - (C_{A1}-C_{A2})_j}{(1+d)^j} - (C_{A1_0}-C_{A2_0})$$

（13–8）

计算单体建筑能源系统或组成部分的投资回收期，可采用以下公式：

$$\sum_{j=1}^{PB} \frac{(B_{A1}-C_{A1})_j}{(1+d)^j} - C_{A1_0}$$

（13–9）

对于简单回收期法而言，$d=0$。

此方法被视为评价项目成本效益的指数。如果一个项目的投资回收期小于项目预期寿命，项目就是具有成本效益的。

有必要了解阶段性回收方法不足以提供完整的经济分析。具有最短回收期的项目不一定是最佳的投资，可能无法达到预期收益。另一个明显的缺陷明显是这一方法忽略了回收期后产生的现金流，即需要获得的经济收益。

表13.6和图13.4为使用折现回收期法的实例。该例将项目基本案例与备选方案进行比较。在这个例子中，基本案例的最初成本在初始投资8年后得以收回。相对而言，备选方案则效率更高，投资回收期只需要6年。

使用折现回收期法比较两种备选方案

表13.6

年	基本案例		备选方案1		投资回收期
	净现金流（€）$(C_{A(bc)}-B_{A(bc)})$	运行值（$d=3\%$）	净现金流（€）$(C_{A1}-B_{A1})$	运行值（$d=3\%$）	
0	−8000	−8000.00	−10000	−10000.00	
1	−600	−8582.52	−200	−10194.17	
2	1600	−7074.37	2800	−7554.91	
3	1600	−5610.14	2800	−4992.51	
4	1600	−4188.56	2800	−2504.75	
5	1600	−2808.39	2800	−89.44	
6	1600	−1468.42	2800	2255.51	← 备选方案（6年）
7	1600	−128.44			← 基本案例（8年）
8	1600	1211.53			

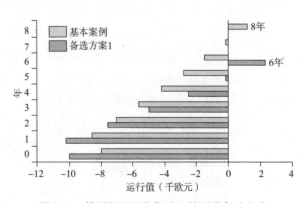

图13.4 使用折现回收期法比较两种备选方案

非折现法

非折现法相比折现法更为简单。涉及建筑能源系统或组成部分的项目，其项目投资由最初成本（购买、安装设备的费用）和其他预期现金支出组成。此外，对项目进行经济分析需要考虑各种现金收入，任何与投资直接相关的当期收入、预期收入和储蓄。在不考虑货币时间价值的情况下，可使用这两类参数对系统或组成部分的经济性能进行分析。

下面介绍三种主要方法：净现金流法，回收期法和未调整收益率法。

净现金流法

净现金流是简单的方法，总结在投资项目实现过程中发生的各种现金流，允许对项目进行经济评价。

项目通常既有收入（现金流入），也有支出（现金流出），净现金流就是在同一研究时段内，同一时间间隔中（如每年）现金流入与现金流出的总和。收益通常来自运行过程中节约的能源和成本，以及增加的产出等。

将与能源相关的现金流加入计算公式（如节约的能源），就必须将能源转换为货币单位，这样才能用于计算净现金流。因此，估算能源现金流还需要为能源价格添加一个具体通货膨胀率（specific inflation rate）g。通货膨胀率也可用于修正其他周期性成本，如运行成本。发生于 j 年的能源现金流可用以下公式计算：

$$B_j = E \cdot c \cdot (1+g)^j \qquad (13–10)$$

此处，j 是年，E 是节约的能源，c 是单位能源价格；g 是具体通货膨胀率。

表13.7和图13.5是这一方法的简单例子。

使用净现金流法比较两种备选方案

表13.7

年	基本案例 现金收入（+） 现金支出（−）	备选方案1 （€）	备选方案2 （€）
0	设备成本	−9000	−11000
	安装成本	−2000	−2500
	最初成本	−1000	−1250
	净现金流	−12000	−14750
1	维护成本	−700	−1200

年	基本案例 现金收入（+） 现金支出（−）	备选方案1 （€）	备选方案2 （€）
	能源节约	+1500	+2200
	净现金流	+800	+1000
2	维护成本	−700	−1200
	能源节约	+1500	+2200
	净现金流	+800	+1000
3	维护成本	−700	−1200
	能源节约	+1500	+2200
	净现金流	+800	+1000
4	维护成本	−700	−1200
	能源节约	+1500	+2200
	净现金流	+800	+1000

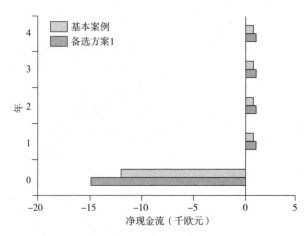

图13.5　使用净现金流法比较两种备选方案

简单回收期法

简单回收期法和折现法类似，不考虑金钱价值随时间的变化，因此准确性稍差。这一方法可用于估计投资项目的净现金流能够超过最初投资成本所需的时间。使用该方法，如果估算得出的投资回收期小于项目的经济寿命，就可以接受该项目的投资。如果比较各备选方案，投资回收期最短的项目就是最有效的项目。简单回收期法的缺点是不考虑回收期结束后的收入，因而可在项目初步分析阶段作为过滤项目的工具。如果某个项目的投资回收期比规定的时间段长，就可能成为拒绝这个项目的原因。

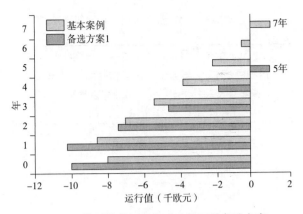

回收期法有两种类型。第一种是每年回收的投资相等,第二种则考虑到每年回收投资不等的情况。

下面的公式可用于计算每年回收投资相等情况下的投资回收期:

$$PB = \frac{C_{A1_0}}{B_{A1} - C_{A1}} \qquad (13\text{-}11)$$

此处,C_{A1_0}是最初投资成本;$B_{A1}-C_{A1}$是平均每年运行节约的资金(即年均收入),在项目的每个时间段内是持续的(收入减去支出)。

如果一个时间段和另一个时间段的年均现金流不同,计算投资回收期就需要采用以下公式:

$$\sum_{j=1}^{PB} (B_{A1} - C_{A1})_j = C_{A1_0} \qquad (13\text{-}12)$$

此处,j是研究阶段内的时间段。

表13.8和图13.6是应用简单回收期法的例子,其净现金流与折扣回收期法的例子相同。结果表明,基本案例和备选方案的投资回收期相对折扣回收期法缩短了(基本案例从8年减少为7年,备选方案从6年减少为5年)。该方法因不考虑折现率,会影响其准确性,但由于较为简单而便于快速得出结论。

图13.6 使用简单回收期法比较两种备选方案

使用简单回收期法比较两种备选方案
表13.8

	基本案例		备选方案1		
年	净现金流(€)	运行值	净现金流(€)	运行值	投资回收期
	$(C_{A(bc)}-B_{A(bc)})$	(d=3%)	$(C_{A1}-B_{A1})$	(d=3%)	
0	-8000.00	-8000.00	-10000.00	-10000.00	
1	-600.00	-8600.00	-200.00	-10200.00	
2	1600.00	-7000.00	2800.00	-7400.00	
3	1600.00	-5400.00	2800.00	-4600.00	
4	1600.00	-3800.00	2800.00	-1800.00	
5	1600.00	-2200.00	2800.00	1000.00	←备选方案(5年)
6	1600.00	-600.00	2800.00		←基本案例(7年)
7	1600.00	1000.00	2800.00		

未调整收益率法

未调整收益率(URR)法是一种可以快速估算简单收益率的投资预算法,便于对投资机会进行评价。该方法计算投资的平均预期收入,将其表示为最初投资成本的比率。

决策规则是要求项目具备可接受的最小未调整收益率。比较两个备选方案时,未调整收益率较高者的经济效益更好。

可用以下简要公式计算未调整收益率:

$$\sum_{j=1}^{N} (B_{A1} - C_{A1})_j / N \qquad (13\text{-}13)$$

未调整收益率法的主要优点是简便,主要缺点则是未考虑货币时间价值而导致的技术漏洞。

概览

建筑项目评价的经济学方法是研究项目效率的重要工具。通常我们只从能源的角度看待各种技术、设计方法和系统在改善建筑室内环境和减少能耗方面的应用,但经济方法有时会成为在项目的多个方案中进行选择的主要标准。

本章提供了若干基本经济学方法。这些方法主要被分为两种。第一种考虑到货币的时间价值,而第二种则不考虑这一因素。通常,第一种方法需要使用折现率这一指数,指出货币价值随时间发生的变化。采用这一指数可以比较不同时间发生的现金流,相比第二种方法更为复杂,但结果也更为精确。

使用未调整收益率法比较两种备选方案

表13.9

年	基本案例		备选方案1	
	最初成本（−）和 URR_{bc} 未来年净收入（+）（€）		最初成本（−）和 URR_1 未来年净收入（+）（€）	
0	−5000		−7000	
1	700		600	
2	800		800	
3	900	12%	900	8.37%
4	700		500	
5	600		400	
6	300		600	
7	200		300	

第二类更为简单，被称为非折现法，采用这类方法能快速评价投资项目的经济效益。此类方法不考虑货币的时间价值，简单计算各种现金流入和流出，得出某一系统或组成部分投资的经济性能。

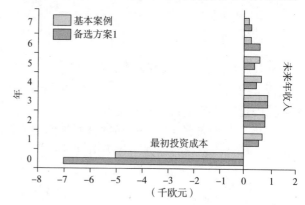

图13.7　使用未调整收益率法比较两种备选方案

参考书目

Atrill, P. and McLaney, E. (1994) *Accounting II, Unit 3: Investment Decisions*, Open Learning Foundation Enterprises Ltd, www.eds.napier.ac.uk/flexible/OLF/materials/bs/MANAGEMENT%20ACCOUNTING/06unit3.pdf

Brown, W. B. (1999) *Problems in Microeconomics*, Michigan State University Department of economics, www.bus.msu.edu/econ/brown/pim/

Cottrell, M. D. (2000) 'Managerial accounting, Chapter 22: Capital investment decisions', www.panoptic.csustan.edu/2130/22/

Hazardous Waste and Toxics Reduction Program (2000) *Cost Analysis for Pollution Prevention*, www.ecy.wa.gov/pubs/95400.pdf

Johnson, R. E. (1990) *The Economics of Building: A Practical Guide for the Design Professional*, Wiley-Interscience, New York

Lott, C. (2002) 'The investment frequently asked questions (FAQ)', www.invest-faq.com/articles/

McCracken, M. (1998–2000) 'Teach Me Finance: Basic Finance Concepts', www.teachmefinance.com/

Odegaard, B. A. (1999) *Financial Numerical Recipes*, www.finance.bi.no/~bernt/gcc_prog/algoritms/algoritms/

Peterson, P. P. (2001) 'Capital budgeting techniques', Florida State University, www. garnet.acns.fsu.edu/~ppeters/fin3403/pp01/day20.ppt

Polistudies (1998) *A Multimedia Tool for Buildings in the Urban Environment*, SAVE Programme, Commission of the European Community, XVII/4.1031/Z/96-121, Brussels

West, R. E. and Kreith, F. (1988) *Economic Analysis of Solar Thermal Energy Systems*, MIT Press, Cambridge, Massachusetts and London

推荐书目

1. R·E·维斯特（West）、F·克赖特（Kreith），《太阳热能系统的经济分析》（Economic Analysis of Solar Thermal Energy Systems），麻省理工大学出版社，剑桥市，马萨诸塞州及伦敦

推荐本书是由于其介绍的经济学方法。尽管这些方法主要针对热能系统，但其主要概念对于建筑项目同样适用。本书对一系列自20世纪70年代中期至80年代中期产生的经济方法进行了回顾，分析太阳能系统的可行性。文章还介绍了这些技术的应用会对政府支持的研究、发展和展示技术。此外，书中对于主动及被动供热或供冷、采用电能或工业废热（industrial process heat）等情况的应用分析、净能源分析和成本需求进行了概述。

2. R·E·约翰逊（1990），《建筑经济学：设计专业实用指南》（The Economics of Building: A

Practical Guide for the Design Professional），Wiley-Interscience，纽约

本书既是对与建筑设计相关的经济原理的概括，也是使这些原则得以有效应用的实践指导。本书介绍了包括成本估算、生命周期成本计算、成本指数、资本预算、决策分析和房地产可行性分析等众多与建筑经济相关的专业问题，并将这些概念整合到设计和管理决策制定相结合的综合方法框架中，进行了适当简化，但不损原意。《建筑经济学：设计专业实用指南》通过采用一系列简单的电子数据模型，成为一本实用的教材，可用以指导建筑在规划、设计和管理决策等方面的金融评估。

3．P·阿特里尔、E·麦可雷尼（1994），《会计学II》（第三章：投资决策）（Accounting II, Unit 3, Investment Decisions），开放学习基金有限公司

www.eds.napier.ac.uk/flexible/OLF/materials/bs/MANAGEMENT%20ACCOUNTING/06unit3.pdf>

这篇文章出自爱丁堡纳皮尔大学（Napier University）远程学习课程的工商管理课程。文章涉及多种经济领域，并对基本概念和术语进行了解释。文章同时解释了如何运用各种经济技术进行投资决策。此外，还为各种经济方法附加了便于应用的实例。

题目

题目1

简单回收期

对于办公建筑的能源研究显示，需要在建筑南侧安装新的遮阳装置。总成本以及安装费用共计6500欧元，而每年减少的供冷负荷为9kWh/m^2，且不需考虑维护费用。根据下面提供的信息，计算遮阳装置的简单回收期：

- 建筑面积为1000m^2；
- 供冷系统的性能系数为1.6；
- 电价为0.15欧元/kWh。

题目2

生命周期成本法

一个教育机构正在考虑降低供冷能耗，其中一项措施是通过安装吊扇增加建筑中的热舒适区域，平均每35m^{2}需要安装一台吊扇。如果建筑中需要安装吊扇的面积是3850m^2，而安装前后每年每平方米消耗的电能分别为12.2kWh和11kWh（已包含使用吊扇消耗的电能），然后使用生命周期成本法估算这一方案的经济效益。每个吊扇的安装成本共40欧元，折现率为3%（消耗的电能为0.15欧元/kWh）。

题目3

未调整收益率法

一家快餐店的供冷需求因建筑运行的方式，根据消费者数量的多少而在一天内产生很大的变化。安装了空气分配管网的中央热泵机组是主要的供冷装置。为减少供冷能耗，设计者研究了两种方法。第一种方法要将现有的单级压缩机换成变转速压缩机，以便根据建筑供冷需求的变化，调整系统的供冷能力。第二种方法建议安装蒸发式冷却系统，降低吸入的新鲜空气的温度。对于使用频繁的室内空间，新风量是非常重要的，因此这一方法取得了显著效果。对该建筑而言，如果不考虑上述方法，每年的供冷耗电量接近90kWh/m^2，建筑面积为150m^2。更换压缩机的方法每年可以减少15%的耗电量，其成本为10000（无其他维护成本）。而采用新风蒸发冷却的方式（第二种方法）减少的供冷耗电量为21%，安装成本为4000欧元，维护成本为150欧元/年。假设电费为0.15欧元/kWh，采用未调整收益率法评价哪一种方法成本效益更高。

题目4

净节省额法

某一超市设于单体建筑内，目前正在进行改造，测算了多种手段以期减少建筑能耗。请根据净节省额法对以下两种备选方式进行评价。

第一种情况需要用更为节能的荧光灯替换现有荧光灯。这一方法在维持原有照明水平的情况下，减少灯的安装数量。按原方式，整个照明系统需要安装1253盏36W的灯泡，经过改造则只需要1085盏同样瓦数的灯泡。灯的总亮度降低，照明需要的能耗也相应减少，还会由于室内发热的减少而降低建筑的供冷负荷。但出于同样的原因，室内发热减少会导致供热负荷有所上升。对建筑能源的研究表明，使用现行照明系统，供热耗电量为64 669kWh/年，供冷耗电量为77215kWh/年，照明耗电量为246 552 kWh/年（暖通空调系统都消耗电能）。如果采用更为节能的灯泡，供热耗能将上升5%。安装成本为6500欧元，无维护成本。

第二种情况尝试了在超市屋顶安装吊扇。这类系统能够为使用者增加舒适区域，减少建筑的供冷需求。安装成本约为1500欧元，实际情况下可减少7%的供冷能耗。电费为0.15欧元/kWh，折现率3%。

答案

题目1

每年由供冷能耗降低（节能）产生的现金流可用供冷负荷乘以建筑面积和耗电成本，再除以供冷系统的性能系数计算：

9kWh/（m²·年）1000m²·0.15欧元/kWh/1.6 =844欧元/年

净现金流和年运行总计（running total）

表13.10

年	净现金流（欧元）	运行总计（欧元）	回收期
0	−6500.00	−6500.00	
1	844.00	−5656.00	
2	844.00	−4812.00	
3	844.00	−3968.00	
4	844.00	−3124.00	
5	844.00	−2280.00	
6	844.00	−1436.00	
7	844.00	−592.00	
8	844.00	252.00	8年

遮阳系统的投资回收期是8年。

题目2

可根据以下公式计算每年减少的电能消耗：
(12.2kWh/（m²·年）–11kWh/（m²·年）× 3850m²=4620kWh/年

因此，每年通过使用吊扇节约的成本为：
4620kWh/年 × 0.15欧元/kWh= 693欧元/年
安装吊扇花费的成本为：
3850m²/35m² × 40欧元=4400欧元
生命周期成本法可采用以下公式计算：

$$LCC = \sum_{j=0}^{N} (C - B)_j/(1 + d)^j$$

此处，C是经估算系统在j年的成本；B是经估算系统在j年的收益；d是折现率。

净现金流和每年生命周期成本

表13.11

年	净现金流（$C-B$）	生命周期成本（欧元）（d=3%）
0	−4400	−4400.00
1	693	−3727.18
2	693	−3073.97
3	693	−2439.77
4	693	−1824.05
5	693	−1226.26
6	693	−645.89
7	693	−65.51
8	693	514.87

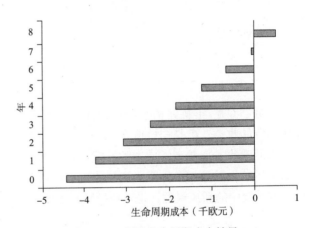

图13.8 项目生命周期成本结果

题目3

对于第一种方法，每年减少供冷耗电量节约的成本为：

90kWh/（m²·年）× 150m² × 0.15 × 0.15欧元/kWh= 303.75欧元/年

对于第二种方法，每年减少的成本为：

90kWh/（m²·年）× 150m² × 0.21 × 0.15欧元/kWh= 425.25欧元/年

由于设备安装后，每年的成本和收益是固定的，可以选择某一时间段来计算各个方案的未调整收益率。根据目前状况，以7年为周期，采用以下公式计算未调整收益率：

$$URR = \frac{\sum_{j=1}^{N}(B-C)_j/N}{C_0}$$

未调整收益率法的不同方案结果比较

表13.12

年	第一种方法 最初成本（−）和 未来年净收入（+）（€）	URR_1	第二种方法 最初成本（−）和 未来年净收入（+）（€）	URR_2
0	−10000		−4000	
1	303.75		275.25×（425.25−150.00）	
2	303.75		275.25×（425.25−150.00）	
3	303.75	3.04%	275.25×（425.25−150.00）	6.88%
4	303.75		275.25×（425.25−150.00）	
5	303.75		275.25×（425.25−150.00）	
6	303.75		275.25×（425.25−150.00）	
7	303.75		275.25×（425.25−150.00）	

此处，C是j年所评估系统的成本；B是j年所评估系统的收益；C_0是初始成本。

未调整收益率越高，成本效益就越好。因此，根据上述结果，第二个方案，安装蒸发冷却系统降低空调系统中的新风温度，是效益最好的选择。

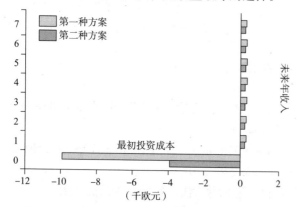

图13.9 未调整收益率法备选方案比较

题目4

在改造之前的供热、供冷和照明耗电量如下：

64669kWh/年+77215kWh/年+246552kWh/年=388436kWh/年

第一种方案（换灯泡）的年耗电量为：

(64669kWh/年 × 1.05)+（77215kWh/年 × 0.96)+（246552kWh/年 × 0.9)=363926kWh/年

因此，通过节电节约的经费为：

（388436kWh/年− 363926kWh/年）× 0.15欧元/kWh= 3676.50欧元/年

第二种方案（换灯泡）的年耗电量为：

64669kWh/年+77215kWh/年 × 0.93+246552kWh/年=383031kWh/年

节约的经费为：

（388436kWh/年− 383031 kWh/年）× 0.15欧元/kWh= 810.75欧元/年

根据净节省额法，可根据以下公式计算各方案的生命周期成本：

$$LCC = \sum_{j=0}^{N}(C-B)_j/(1+d)^j$$

此处，C为j年的成本；B为j年的系统收益；d是折现率。

通过以下公式可计算两种情况A_1和A_2的净节省额：

$$NS_{A1:A2}=LCC_{A2}-LCC_{A1}$$

两个方案的偿还期都很短，但第二个的正现金流更高，因而效益更好。

使用净节省额法比较两种备选方案

表13.13

年	方案2 净现金流（欧元）($C_{A2}-B_{A2}$)	LCC_{A2}（欧元）(d=3%)	方案1 净现金流（欧元）($C_{A1}-B_{A1}$)	LCC_{A1}（欧元）(d=3%)	$NS_{A2:A1}$（欧元）
0	−1500	−1500.00	−6500.00	−6500.00	−5000
1	810.75	−712.86	3676.50	−2930.58	−2217.72
2	810.75	51.35	3676.50	534.87	483.53
3	810.75	793.30	3676.50	3899.39	3106.09
4	810.75	1513.64	3676.50	7165.91	5652.27
5	810.75	2213.00	3676.50	10337.29	8124.30
6	810.75	2891.99	3676.50	13416.30	10524.32

第14章

综合建筑设计

科恩·斯蒂莫斯

本章内容

本章提供了对建筑和技术因素间相互关系的全面论述和例证。其中涉及的技术性能特点包括供热、通风、供冷和照明等与城市规划、建筑形式、立面设计和构造设计密切相关的内容。

学习目标

完成本章后，读者能够：
- 理解设计和技术参数的相互关系；
- 描述其复杂性和互动。

关键词

关键词包括：
- 综合设计；
- 设计方法论。

序言

本章探讨为了实现良好的建筑性能，首先需要考虑建筑中影响能源使用的各个方面——从规划到材料的详细规格。这些方面在前面各章中都进行了深入的探讨。本章的重点在于综合性的设计，强调对各种因素之间相互影响的理解——既包括设计决定的部分，也包括那些技术部分——以便于获得更为平衡而整体化的政策。

在最基本的层面，综合设计的例子是尽量采取被动措施，减少对常规机械服务的依赖。例如，

遮阳设施减少了对机械供冷的依赖，自然采光措施减少了人工照明的用能需求。

综合方法的策略目标是避免建筑和技术之间的冲突。这需要建筑师和工程师在设计过程伊始就进行紧密的合作。而这和通常先由建筑师设计建筑，然后由工程师应用服务设施（以及通过能源使用"纠正"不当设计决策）加以实现的方式是冲突的。本书第3章简要介绍了对能源的理解，随后的章节进行了更为深入的探讨，如果设计决策时没有对能源问题进行整体考虑，就很难仅仅通过技术应用提高节能潜力。同样，如果设计没有结合自然通风策略，能源密集型的机械系统对于设计也只能是治标不治本。

前面已经提到，综合性的设计是非常重要的，而实现这一目标则需要通过设计团队尽早并有效的合作。下一步是精确地描述过程的状况以及未来可能发生的情况。

综合环境设计可以被概括为三个步骤：
1. 界定问题和边界条件。
2. 根据标准制订策略和进行选择。
3. 应用工具和认知评价策略的性能。

下面三个例子可用以表述这一方法：

1. 确定适当的室内空气质量的一个关键的边界条件是室外环境。如果已知或能够预测城市空气污染水平，超过了国际或地区设定的标准，在寻找适当的设计应对措施时，就必须对此加以着重考虑。显然临街处不应采用自然通风，因此在设计中需要使用合适的带有过滤装置的通风系统（可能是机械驱动的）。另一种方法是从远离污染源（在位置确定的情况下）的其他地方，如绿化庭院处，引入空气为建筑通风。在确定合适的设计策略前，需要应用工具并根据专家意见，测试和评价这些措施

的效果。

2. 需要根据城市微气候下的温度条件，确定建筑供冷需要达到的通风水平。结合热质量，地下管线，蒸发供冷和通风烟囱等措施，都会决定自然通风是否有效，或是否需要加入机械系统。可以采用计算机模型评价通风措施的性能，确定最终的建筑解决方式。

3. 减少照明电力是减少能源需求的有效方式。然而，这需要设计团队对问题进行清晰的判断——尤其是是否有光线遮挡物，采光和遮阳之间的潜在矛盾，以及眩光问题等方面。解决方法需要在各种关键的设计参数，如开窗比和平面进深之间进行精确的平衡，以确保自然光的可达性。此外，还需要根据日照对人工照明进行有效控制。

这些简单的例子强调了综合思考和设计团队合作的必要性。下面的内容将从更为广泛的视角，了解建筑和技术之间的这种相互关系。

综合建筑设计系统

本章旨在描述城市环境中综合建筑设计系统（IBDS，integrated building design system）的结构和方法论。通过建立工作框架，向设计团队阐释和提出设计过程中的各类问题和它们的相互关系。这不是一个严格的过程，而是提示我们关注各类环境和设计参数的整体联系的方法。综合建筑设计系统主要来源于第2章详细介绍的设计阶段。

这里提出的综合建筑设计系统措施包括以下四个主要部分：

1. 低能耗设计原则；
2. 预设计背景；
3. 建筑设计；
4. 建筑设备。

低能耗设计原则

本部门关于综合建筑设计系统的内容，主要探讨会对设计产生影响的重要环境设计原则和相应的建筑物理所扮演的角色。重点关注能够决定建筑形式和材料能源性能的因素和相关的舒适性问题，其中包括：

- 被动太阳能设计；
- 自然采光；
- 自然通风；
- 舒适性。

上述几个内容并非是唯一的，可以根据所从事项目的具体情况增加和调整内容。然而，上述条件仍是节能城市设计的主要方面。

每个方面——可细分为若干子项——都会对建筑设计和设备所采用的策略产生影响，并为基本决策提供必要的原则。这些原则阐述了联系设计决策并实现设计效果的物理机制，因而具有重要意义。

预设计背景

每个项目都预先设定有设计约束条件。这些条件由场地、业主和规划部门确定，包括以下内容：

- 用地的气候和环境；
- 建筑概况；
- 当地建筑和规划规范。

同样，如果需要还可以增加相应的预设计内容。上述各个关键因素都会从一开始就对设计产生显著影响，而且是基本不变的，当然每种情况也都存在改造和协调的可能性。例如，城市环境是基本给定的，但用地边界可以进行适当的调整。同样，客户经过用地分析，可能会改变建筑的主体，规划部门也可能进行调整，取消某些规范要求。

建筑设计

综合建筑设计系统的核心是建筑设计条件。其基本因素可简要概括为：

- 城市规划；
- 建筑形式；
- 立面设计；
- 建筑构造。

这些变量除了会受到上述原则和预设计问题的影响，相互之间的依存关系也很显著。例如，台地式、内院式或是大进深平面等建筑形式，都会影响到整体布局，也会影响到建筑立面设计和构造做法的选择。这些相互影响还会进一步影响到对适宜的建筑设备的选择，如下文所述。

建筑设备

上述"低能耗设计原则"和"建筑设计"的章节，主要关注被动设计策略。然而，在某些条件下，建筑需要在一定程度上依靠机械系统，确保环境的舒适性。我们可将这些系统视作辅助措施（即尽量减少对机械系统的依赖性，以减少能源需求），其中包括以下四类：

1. 供热；
2. 供冷；
3. 机械；
4. 人工照明。

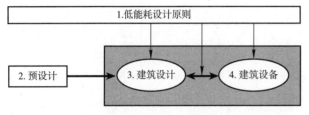

图14.1　整个综合建筑设计系统的步骤和相互关系图解

显然，建筑设计决策包括正确的建筑设备选择。简单说来，如果平面进深大，就要增加机械通风，可能还要增加供冷，也必须使用人工照明。太阳能获得和热损失的减少，可相应弥补一些能源消耗，同时还需要认真履行低能耗设计原则。

综合建筑设计系统

综合建筑设计系统的目标是表明上面描述的这些因素是如何相互作用的，以及更重要的——它们是如何得以成功整合，得以实现低能耗建筑设计的。图14.1描述了综合建筑设计系统的情况。

显然，设计是一个反复的过程，上述措施不应被视作单纯的线性过程。其主要目的是为了增进对设计过程中这些相互关系的认知和理解。这些措施可以作为设计团队在各个关键设计阶段进行研讨的框架，以及某些阶段的设计工具（从概念设计到施工图详图设计）。这一系统还必须与当地条件、专业技术和具体程序相结合，而且不能孤立使用，作为决定性的策略。

图14.2提供了简单的结构浏览。框内为建筑的相关步骤，即综合建筑设计系统的重点。该示意图首先以几个主要分类表示建筑涉及的问题，然后表示与其他设计参数的关系，与低能耗原则的关系（见图14.2）。随后是细分的建筑设备方面的示意。最后，是包括所有关键参数的矩阵图，显示了各个参数之间的相互关系。

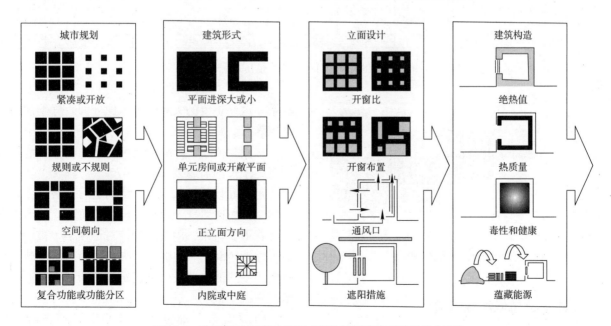

图14.2　建筑相关因素示意图（栏头标明该类型涉及的方面）

设计参数之间的相互关系

矩阵图14.3显示了两种变量之间的相互作用。因此，例如在城市设计方面，"紧凑或开放"的城市规划会对建筑形式方面产生影响，决定了是采用大进深还是小进深平面，立面朝向（和遮挡的程度）应该如何，以及是采用内院还是中庭的形式。经过这样的练习，就很容易发现建筑设计参数群之间的强烈联系。图14.4是该图的简化形式。

建筑形式和立面设计之间的联系是各种设计参数之间最强的（94%）。因此，一种变量的设计决策会显著影响另一种。例如，建筑形式的基本朝向会影响立面的开窗比和开窗布置。其他的显著联系包括城市规划与形式之间（69%），以及城市规划与立面设计之间（63%）。分类内部也有很强的依存关系——特别是在建筑形式中（50%）。因此，平面进深的大小会影响到平面布置（即单元房间或开敞平面）。

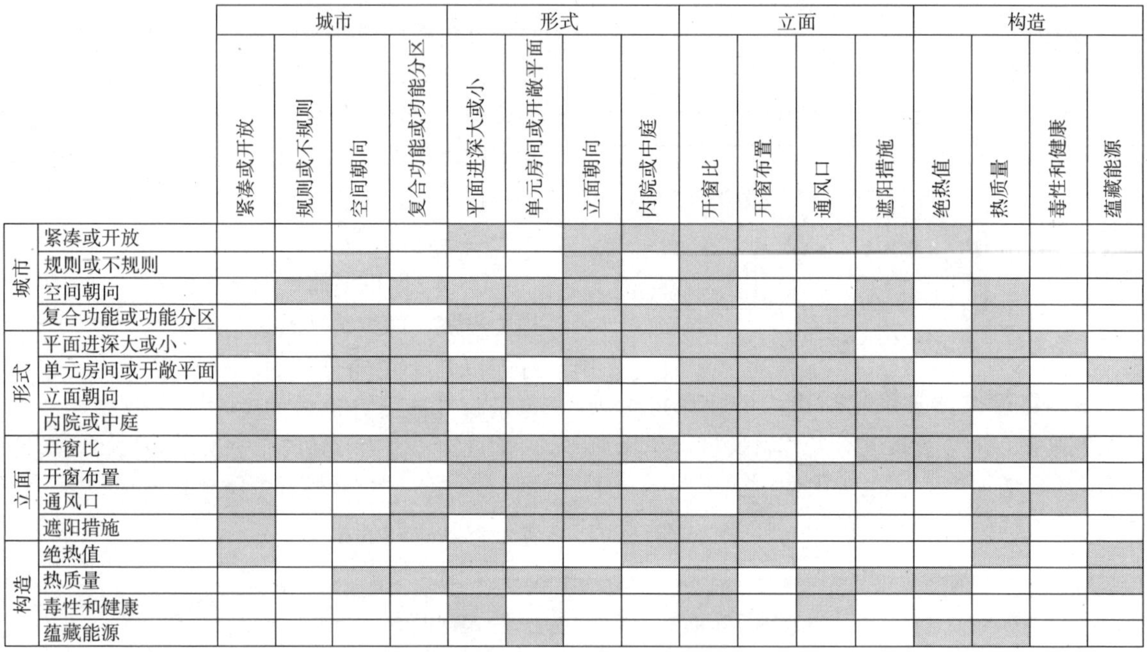

	城市				形式				立面				构造			
	紧凑或开放	规则或不规则	空间朝向	复合功能或功能分区	平面进深大或小	单元房间或开敞平面	立面朝向	内院或中庭	开窗比	开窗布置	通风口	遮阳措施	绝热值	热质量	毒性和健康	蕴藏能源
城市 紧凑或开放																
规则或不规则																
空间朝向																
复合功能或功能分区																
形式 平面进深大或小																
单元房间或开敞平面																
立面朝向																
内院或中庭																
立面 开窗比																
开窗布置																
通风口																
遮阳措施																
构造 绝热值																
热质量																
毒性和健康																
蕴藏能源																

图14.3　建筑设计与环境参数相互关系矩阵图

	城市	形式	立面	构造
城市	25%	69%	63%	19%
形式		50%	94%	44%
立面			38%	44%
构造				38%

图14.4　建筑设计变量之间"相互依存度"相关强度图示

设计参数与低能耗措施

图14.5显示了设计参数和某些关键的被动能源措施之间的潜在联系，填充的格子表示相互之间有联系。这些重要的关系也可以像前面一样绘制出简化矩阵图。

从图14.6可以看出，建筑形式在整个低能耗设计措施中扮演着重要角色（67%）。其次，较为重要的是立面设计（52%），特别是对于被动太阳能（69%）和自然采光设计（63%）而言。城市规划也起着重要作用，而建筑构造对于热学（被动太阳能）性能（58%）的影响是决定性的。这反映了热质量和绝热的重要性。而建筑构造与采光和通风措施的联系则很弱。

能源措施全都会对设计产生显著影响，特别是被动太阳能措施（57%），其次是自然采光（51%）和通风设计（42%）。

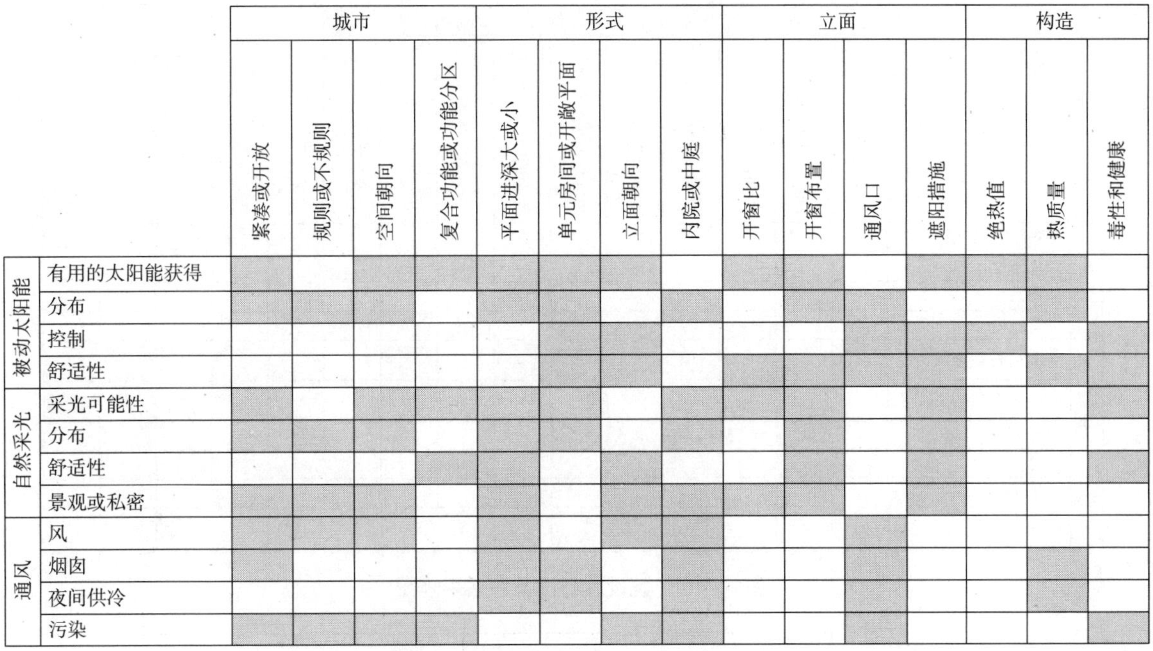

		城市				形式				立面				构造		
		紧凑或开放	规则或不规则	空间朝向	复合功能或功能分区	平面进深大或小	单元房间或开敞平面	立面朝向	内院或中庭	开窗比	开窗布置	通风口	遮阳措施	绝热值	热质量	毒性和健康
被动太阳能	有用的太阳能获得															
	分布															
	控制															
	舒适性															
自然采光	采光可能性															
	分布															
	舒适性															
	景观或私密															
通风	风															
	烟囱															
	夜间供冷															
	污染															

图14.5　建筑设计与环境性能关系矩阵图

	城市	形式	立面	构造	
被动太阳能	38%	63%	69%	58%	57%
自然采光	56%	69%	63%	17%	51%
通风	50%	69%	25%	25%	42%
	48%	67%	52%	33%	

图14.6　设计与低能耗策略之间的相互关系图示

设计参数与环境系统

图14.8重点关注设计和设备之间的具体联系。图14.7则相对更为策略化。

	城市	形式	立面	构造	
供热	44%	44%	50%	17%	39%
供冷	69%	75%	50%	67%	65%
照明	13%	75%	25%	0%	28%
	42%	65%	42%	28%	

图14.8　设计与设备之间的相互关系图示

图14.7表示供冷（空调或自然、机械、混合方式等）和城市建筑形式以及构造方面潜在的强烈联系。

结果表明，供冷与所有的设计参数都有显著关联。

对于设计参数，建筑形式对环境设备方面的措施影响更为显著。构造参数和照明之间的联系是最弱的（此处谈到的构造设计不包括室内装修，室内装修是综合建筑设计系统方法的另一类参数）。

设计参数与能源措施

如果有人将设计变量加入被动和主动能源措施，就可以根据其相互关系的密切程度进行排序。下面的矩阵图14.9对此进行了详细说明。

图14.9列出了与设计相关或与能源相关的各种参数，以及各类别相互联系的密切程度。设计团队可采用这一方法进行各种关键参数设置。设计参数位于该矩阵图顶部，各变量根据与能源和设备措施联系及影响的密切程度，排列如下：

- 平面进深大或小；
- 单元房间或开敞平面；
- 通风设计；
- 内院或中庭；
- 朝向。

主要环境问题如下：

- 需要空调还是自然通风；
- 机械通风还是自然通风；

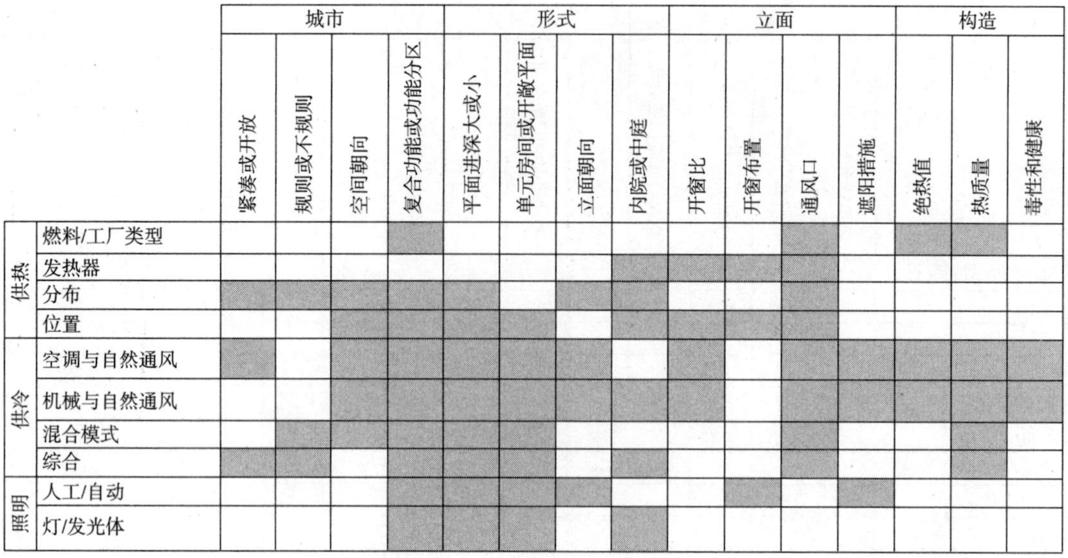

图14.7 建筑设计与设备关系矩阵图

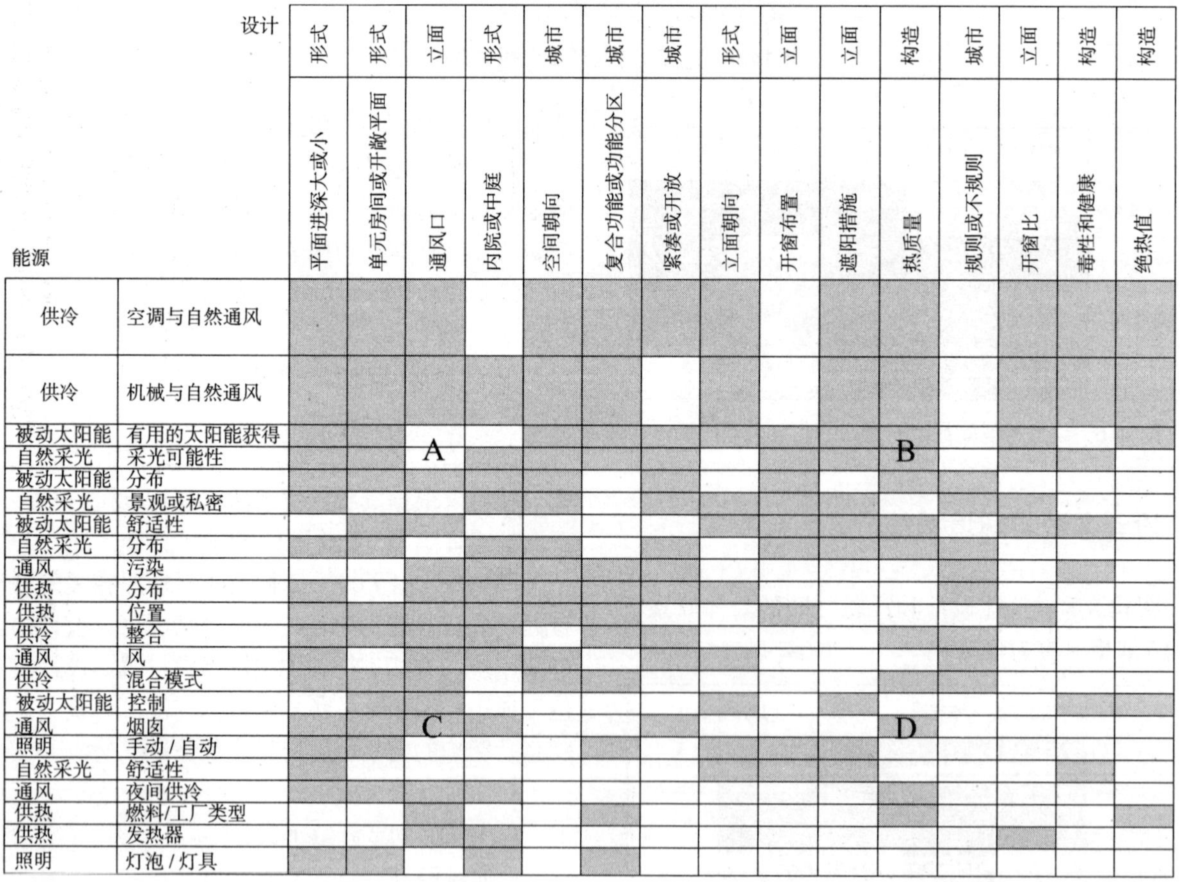

第一矩阵表头：

		城市			形式				立面				构造		
		紧凑或开放	规则或不规则	空间朝向	复合功能或功能分区	平面进深大或小	单元房间开敞平面	立面朝向	内院或中庭	开窗比	开窗布置	通风口	遮阳措施	绝热值	热质量	毒性和健康
供热	燃料/工厂类型															
供热	发热器															
供热	分布															
供热	位置															
供冷	空调与自然通风															
供冷	机械与自然通风															
供冷	混合模式															
供冷	综合															
照明	人工/自动															
照明	灯/发光体															

第二矩阵表头（设计）：

设计		形式	形式	立面	形式	城市	城市	城市	形式	立面	立面	构造	城市	立面	构造	构造
能源		平面进深大或小	单元房间或开敞平面	通风口	内院或中庭	空间朝向	复合功能或功能分区	紧凑或开放	立面朝向	开窗布置	遮阳措施	热质量	规则或不规则	开窗比	毒性和健康	绝热值
供冷	空调与自然通风															
供冷	机械与自然通风															
被动太阳能	有用的太阳能获得															
自然采光	采光可能性		A									B				
被动太阳能	分布															
自然采光	景观或私密															
被动太阳能	舒适性															
自然采光	分布															
通风	污染															
供热	分布															
供热	位置															
供冷	整合															
通风	风															
供冷	混合模式															
被动太阳能	控制															
通风	烟囱		C									D				
照明	手动/自动															
自然采光	舒适性															
通风	夜间供冷															
供热	燃料/工厂类型															
供热	发热器															
照明	灯泡/灯具															

注:

A. 设计和能源措施之间有大量联系;

B. 设计措施对能源产生影响;

C. 能源措施对设计产生影响;

D. 设计和能源措施之间联系较少。

图14.9 综合建筑设计系统关键参数矩阵图，表示建筑设计与能源措施相互影响的程度，并加以分区

- 太阳能获得；
- 自然采光；
- 太阳能获得的分布。

A区

可以发现，平面组织（大进深或浅进深，单元房间或开敞平面）与主要通风措施（机械或被动）以及其他低能耗措施（太阳能和采光）有很强的联系。这表明此类措施需要谨慎且完整地与设计方案相结合，特别是在城市和建筑形式方面。

B区

这一部分的许多重要环境措施会受到设计构思的影响，主要由立面和构造设计因素组成。自然通风的可能性（与空调或机械通风相对立）主要依靠开放的建筑形式和城市规划来实现，但也受到合理的立面和构造设计的影响（如遮阳、体量、开窗比等）。图14.10是图14.9复杂矩阵的简化形式。

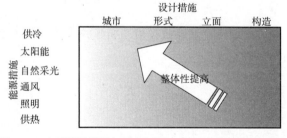

图14.10 表示关键能源和设计参数相互关系等级的简化矩阵图

D区

相反地，综合建筑设计系统矩阵图也显示出，有些环境措施只与少数设计参数有关，而与其他环境措施没有太大关系。例如，选择照明和供热设备就不会对设计策略产生多少影响。

C区

这部分主要是有部分环境潜力的设计措施。如平面形式会对烟囱通风产生影响，但不会显著影响立面和构造设计。

概览

综合建筑设计系统方法提供了评价城市环境中低能耗设计的设计参数之间的相互关系和整体性程度的灵活系统。通过增加和改变分析所需的参数实现系统的灵活性。可以根据项目的重点有所变化，如室内设计问题（如室内装修、视觉舒适性和热舒适性等）或更为广泛的城市议题（如微气候、交通和绿地等），设计团队可以根据综合建筑设计系统方法进行综合。当然，这些提供的变量应该是要首要考虑的因素。

题目

题目1

在决策成功的综合建筑设计中，设计团队的合作应起到怎样的作用？

题目2

自己做一个简化的矩阵图，表示立面设计、平面、剖面和自然采光设计之间的关系。

题目3

描述什么因素会对自然通风措施产生影响，以及是如何产生的？

答案

题目1

1. 综合方法的一个策略性目标是避免建筑和技术的冲突。这需要建筑师和工程师从设计活动一开始就进行紧密的合作。

2. 如果设计决策时没有对能源问题进行整体考虑，就很难仅仅通过技术应用提高节能潜力。同样，如果设计没有结合自然通风策略，能源密集型的机械系统对于设计也只能是治标不治本。

3. 如前文所述，综合设计必不可少，并且要通过设计团队及早和有效的合作来实现。

题目2

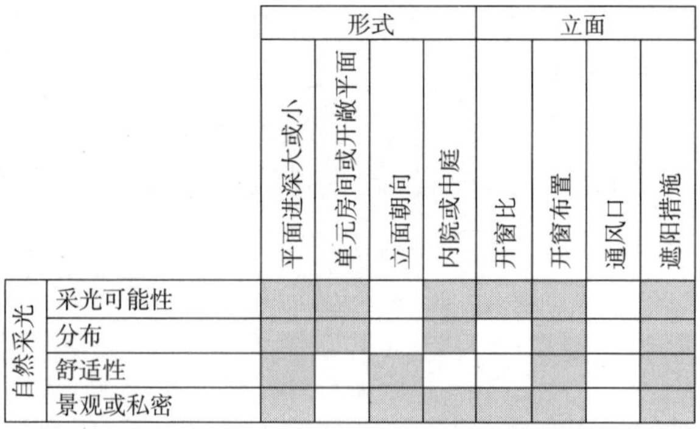

		形式				立面			
		平面进深大或小	单元房间或敞开敞平面	立面朝向	内院或中庭	开窗比	开窗布置	通风口	遮阳措施
自然采光	采光可能性	▨	▨			▨			
	分布	▨			▨				
	舒适性	▨					▨		
	景观或私密	▨							

图14.11　建筑形式和立面设计与自然采光标准矩阵图示例

题目3

• 平面形式：大进深、紧凑型平面会影响自然通风的效果，因此需要结合通风廊道进行设计。

• 朝向：能够获得太阳能的空间（特别是安装大面积玻璃的）或是朝向主导风向的，能够获得特定的通风措施。

• 用途分区：特定的空间用途需要较高或较低的通风频率。

• 单元房间的平面有碍空气对流，需要有针对性地设计通风廊道。

• 中庭能够产生烟囱效应和被动的通风预热，庭院则是相对安静、干净的新风的来源。

• 通风口的位置决定了烟囱效应可以实现的效果。

• 建筑构造能够减少被动措施的供冷负荷（绝热和热质量）。

英汉词汇对照